北京市科学技术研究院
首都高端智库研究报告

粉尘防爆技术与安全管理实务

靳江红　主编
赵 明　贾海江　王 慧　李 洁　副主编

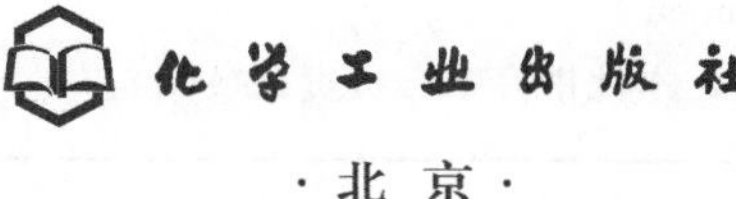

化学工业出版社
·北京·

内 容 简 介

《粉尘防爆技术与安全管理实务》通过对粉尘爆炸理论与防爆技术的深入研究，结合最新的粉尘防爆法规和标准，介绍了典型行业粉尘防爆安全管理，对粉尘爆炸场所的隐患排查及安全风险评估具有指导意义。本书共9章，分别为粉尘爆炸机理、粉尘防爆基本原理与技术措施、粉尘防爆电气技术、粉尘防爆非电气技术、粉尘爆炸预防技术、粉尘爆炸防护技术、主要行业粉尘防爆技术要求、涉爆粉尘企业隐患排查、粉尘防爆安全管理。

本书可作为从事粉尘防爆技术研究与应用的专业人员参考书，也可作为高等院校相关专业师生的教学参考书，以及安全风险评估从业人员的培训用书。

图书在版编目（CIP）数据

粉尘防爆技术与安全管理实务/靳江红主编；赵明等副主编. —北京：化学工业出版社，2023.8

ISBN 978-7-122-43505-7

Ⅰ.①粉…　Ⅱ.①靳…②赵…　Ⅲ.①粉尘爆炸-安全管理　Ⅳ.①TD714

中国国家版本馆CIP数据核字（2023）第087822号

责任编辑：高　震　徐雅妮　　文字编辑：段曰超　师明远

责任校对：李　爽　　装帧设计：韩　飞

出版发行：化学工业出版社（北京市东城区青年湖南街13号　邮政编码100011）

印　　装：北京天宇星印刷厂

787mm×1092mm　1/16　印张21¼　字数524千字　2023年8月北京第1版第1次印刷

购书咨询：010-64518888　　售后服务：010-64518899

网　　址：http://www.cip.com.cn

凡购买本书，如有缺损质量问题，本社销售中心负责调换。

定　　价：128.00元

编写人员名单

主　　编：靳江红
副 主 编：赵　明　贾海江　王　慧　李　洁
编写人员（按姓氏笔画排序）：
马智慧　马耀丽　王　辉　王妤甜
李冬雪　李培省　李鑫磊　张　杰
张　璞　陈晓玲　要栋梁　黄广渊
常　诚　颜会珠
审　　稿：汪　彤

前 言

近年，工业生产过程中粉尘爆炸事故频发，造成了严重人员伤亡和财产损失，如 2010 年河北秦皇岛骊骅淀粉厂发生淀粉粉尘爆炸重大事故，2012 年温州瓯海“8・5”铝粉尘爆炸重大事故，2014 年江苏昆山中荣“8・2”金属粉尘爆炸特别重大事故，2015 年内蒙古根河金河兴安“1・31”木粉尘爆炸较大事故，2021 年湖南宁乡“1・7”涉铝粉尘爆炸事故，2021 年宁夏银川“6・28”涉铝粉尘爆炸较大事故等。据不完全统计，2005～2018 年，我国共发生粉尘爆炸事故 82 起，平均每年就发生 5～6 起。发生粉尘爆炸事故的主要行业为：金属加工（铝镁制品打磨与抛光）、木材加工、化工（包括硅、硫黄）、食品与饲料、金属制粉等。主要涉爆粉尘种类有金属、木材、食品、硅粉、化学品、煤粉等。发生粉尘爆炸的原因均为安全设备设施和粉尘防爆安全管理缺失，但根本原因是粉尘防爆安全意识薄弱。

我国涉爆粉尘企业数量大，涉爆粉尘种类多，安全监管形势严峻。随着粉尘防爆技术和安全管理水平的逐步提升，国内外粉尘防爆标准有了很大变化，总体趋势是要求越来越严格。然而涉爆粉尘企业经济基础普遍较差，现阶段难以达到现行标准或者即将发布的新标准。因此，如何基于安全风险控制与管理的理念对涉爆粉尘企业进行隐患排查和治理并实现分级管控，是个非常现实的问题。

本书基于粉尘爆炸理论，首先概述了粉尘防爆技术，然后分章详细阐述了粉尘防爆电气技术、粉尘防爆非电气技术、粉尘爆炸预防技术、粉尘爆炸防护技术等，结合行业特点详述了涉爆粉尘企业隐患排查要点和治理要点，并提出企业在完成涉爆粉尘隐患治理之后的运行维护和日常安全管理要求，以及粉尘爆炸风险分级管控的思路。本书理论联系实际，对粉尘防爆安全管理具有指导意义，可作为粉尘防爆工程技术人员及安全管理人员的参考用书。

本书由靳江红担任主编，赵明、贾海江、王慧、李洁担任副主编。第 1 章、第 3 章、第 4 章和第 8 章由李洁、靳江红执笔，第 2 章由赵明执笔，第 5 章、第 6 章由王慧执笔，第 7 章、第 9 章由贾海江执笔。全书由靳江红统稿，汪彤审稿。李鑫磊整理了各章的基础材料，参加编写工作的还有常诚、马智慧、李冬雪、颜会珠、王好甜、马耀丽、要栋梁、李培省、张杰、张璞、陈晓玲、王辉、黄广渊。

由于作者水平所限，书中难免有不妥之处，敬请读者批评指正。

靳江红

2023 年 3 月于北京

目 录

第1章

粉尘爆炸机理

本章从粉尘爆炸基本概念入手，主要介绍了粉尘爆炸的主要参数及影响因素、粉尘爆炸的发展过程、杂混物爆炸、粉尘爆炸与气体爆炸的异同、粉尘爆炸基本参数的测定方法和标准。本章是粉尘防爆技术和安全管理的理论基础和依据。

1.1 粉尘爆炸概述

1.1.1 基本概念

① 可燃性粉尘 combustible dust（GB 15577—2018）：在大气条件下能与气态氧化剂（主要是空气）发生剧烈氧化反应的粉尘、纤维或飞絮。

② 粉尘云 dust cloud（GB/T 15604—2008）：悬浮在助燃气体中的高浓度可燃粉尘与助燃气体的混合物。

③ 粉尘层 dust layer（GB/T 15604—2008）：沉（堆）积在地面或物体表面上的可燃性粉尘群。

④ 粉尘比电阻 specific resistance of a dust（GB/T 15604—2008）：截面积为 $100mm^2$，长为 100mm 的粉尘层在规定试验条件下测得电阻，并经计算求得的比电阻值。

⑤ 粉尘比表面积 specific surface area of a dust（GB/T 15604—2008）：单位质量的粉尘颗粒表面积的总和。

⑥ 可燃性杂混物 combustible hybrid（GB/T 15604—2008）：可燃粉尘、可燃气体或可燃液体蒸气同助燃气体混合而成的多相流体。

⑦ 爆炸性粉尘环境 explosive dust atmosphere（GB 15577—2018）：在大气条件下，可燃性粉尘与气态氧化剂（主要是空气）形成的混合物被点燃后，能够保持燃烧自行传播的环境。

⑧ 粉尘爆炸 dust explosion（GB/T 15604—2008）：火焰在粉尘云中传播，引起压力、温度明显跃升的现象。

⑨ 粉尘爆炸危险场所 area subject to dust explosion hazards（GB 15577—2018）：存在

可燃性粉尘和气态氧化剂（主要是空气）的场所。

⑩ 粉尘爆轰 dust detonation（GB/T 15604—2008）：火焰速度超过原始粉尘云中声速的粉尘爆炸现象。

⑪ 二次爆炸 subsequent explosion（GB/T 15604—2008）：发生粉尘爆炸时，初始爆炸的冲击波将未发生爆炸区域内的沉积粉尘扬起，形成粉尘云，并被传播来的火焰引燃发生的爆炸。

⑫ 粉尘云爆炸极限浓度 limiting explosible concentration of a dust（GB/T 15604—2008）：粉尘云在给定能量点火源作用下，能发生自持燃烧的最低浓度或最高浓度，亦称为粉尘爆炸的下限浓度或上限浓度。

⑬ 粉尘最小点火能量 minimum ignition energy of a dust cloud（GB/T 15604—2008）：粉尘云处于最容易着火浓度条件下，使粉尘云着火的点火源能量的最小值。

⑭ 粉尘最大爆炸压力 p_{max}：maximum explosion pressure of a dust cloud（GB/T 15604—2008）：在规定容积和点火能量下，不同浓度粉尘云对应的爆炸压力峰值的最大值。

⑮ 粉尘最大爆炸压力上升速率 maximum rate of pressure rise of a dust explosion（GB/T 15604—2008）：粉尘爆炸产生最大爆炸压力时的压力（p）-时间（t）上升曲线的斜率的最大值，即 $(\mathrm{d}p/\mathrm{d}t)_{max}$。

⑯ 粉尘爆炸指数 explosion index of a dust cloud（GB/T 15604—2008）：在密闭容器内，粉尘爆炸试验中最大爆炸压力上升速率与容器容积的立方根的乘积为一常数，这个常数称为粉尘爆炸指数 K_{max}（或 K_{st}）。

$$K_{max}=(\mathrm{d}p/\mathrm{d}t)_{max}V^{1/3}$$

式中　V——容器的容积，L。

⑰ 粉尘爆炸最低氧含量 minimum oxygen content concentration for dust explosion（GB/T 15604—2008）：可使粉尘云爆炸的混合物中氧含量的最小体积浓度。

1.1.2　粉尘爆炸条件

粉尘爆炸的五要素即粉尘发生爆炸的条件，包括：可燃性粉尘、粉尘云、引火源、助燃物、空间受限。

① 存在可燃性粉尘，即存在能够与助燃气体发生氧化反应而燃烧的粉尘；

② 存在粉尘云，即可燃性粉尘悬浮在空气中，且粉尘浓度处于爆炸极限之内；

③ 存在引火源，即引火源具有足够的点燃能量或具有足够的表面温度；

④ 存在助燃物，通常指具有足够的氧含量；

⑤ 空间受限，即粉尘云要处于相对封闭的空间，在此空间内粉尘云被点燃后压力和温度才能急剧升高，从而发生爆炸。

1.1.3　可燃性粉尘

① 可燃性粉尘曾经也被称为爆炸性粉尘［参见《爆炸危险环境电力装置设计规范》（GB 50058）］，但现在一般被称为可燃性粉尘。

粉尘是否为可燃性粉尘（可以发生粉尘爆炸）与粉尘本身的特性有关，粉尘本身的特性

包括粉尘种类、粉尘粒度分布、粉尘含水量和惰性物质含量等。确定粉尘是否具有爆炸性，可通过采集粉尘样品进行实验室测试来判定。

② 参考《北京市涉爆粉尘企业安全管理指导书》，如果企业涉及以下可燃性粉尘，应考虑生产系统的粉尘火灾与爆炸危险。

a. 农产品、食品与饲料、动物制品。例如：玉米淀粉、面粉、咖啡、蛋白粉、大米粉、茶叶、烟草、皮革、奶粉、麦乳精、明胶粉、麦芽、可可粉、黄豆粉、大米淀粉、小麦淀粉、糖粉、石松子、木薯粉、乳清粉、苜蓿粉、苹果粉、香蕉粉、甜菜根粉、胡萝卜粉、椰壳粉、棉籽、大蒜粉、面筋粉、青草粉尘、啤酒花、柠檬皮粉、柠檬浆粉、柠檬酸渣、沙棘粉、莲子粉、亚麻籽、槐树豆胶、橡子粉、橄榄核、洋葱粉、欧芹、桃、花生、土豆、丝兰花籽、玉米粉尘、谷尘、黑麦粉尘、小麦粉尘、黄豆粉尘、调味品粉、向日葵粉、西红柿粉、核桃粉、黄原胶、骨粉、血粉、玉米芯、豆粕、棕榈粕、混合饲料、原粮杂质等。

b. 木材粉尘与造纸粉尘。例如：木粉（用于生产纤维素）、纸粉、木材加工产生的伴生粉尘、基于木材的造粒生物燃料的碎屑等。

c. 金属粉或金属粉尘。例如：铝（合金）粉、镁（合金）粉、锆粉、钴粉、钽粉、锌粉、镍粉、铁粉、钢粉、青铜粉、碱金属粉、钕铁硼粉、金属抛光产物粉尘等。

d. 非金属单质。例如：硫黄粉、白磷粉、红磷粉、硅粉、硼粉等。

e. 合成树脂。例如：漆粉、墨粉、粉末喷涂材料、ABS（丙烯腈-丁二烯-苯乙烯共聚物）、聚乙烯、聚丙烯、聚氯乙烯、酚醛树脂、环氧树脂、橡胶、聚酰胺树脂、聚丙烯酰胺、聚丙烯腈、三聚氰胺树脂（密胺树脂）、聚丙烯酸甲酯、聚乙烯醇、聚乙烯醇缩丁醛等。

f. 煤炭与碳素类粉尘。例如：褐煤、烟煤、无烟煤、活性炭、炭黑、焦炭、石油焦、泥炭、油页岩等。

g. 化学粉尘。例如：制药行业粉尘、除草剂、杀虫剂、医药中间体、农药中间体、抗氧化剂、缓释剂、羧甲基纤维素、甲基纤维素、己二酸、蒽醌、抗坏血酸、乙酸钙、硬脂酸钙、硬脂酸钠、硬脂酸铅、多聚甲醛、抗坏血酸钠等。

h. 纺织纤维。例如：棉、剑麻、黄麻、亚麻、羊毛、人造纤维（涤纶、氨纶、腈纶）等。

对于没有列出的粉尘，如果其成分不确定，需要通过实验测试确定其是否具有爆炸性；如果其成分均为不可燃粉尘，则不用考虑该种粉尘的粉尘爆炸风险。典型的不可燃粉尘包括：金属氧化物及其混合物（如生石灰、氧化镁、氧化铝、氧化铁、高岭土、白刚玉、黄刚玉、钛白粉）、非金属氧化物（如石英砂、二氧化硅）、金属氢氧化物（如熟石灰、氢氧化镁、氢氧化铝）、硅酸盐（如滑石粉、玻璃、石棉）、碳酸盐和碳酸氢盐（如碳酸钙、碳酸钠、碳酸氢钠）、硫酸盐（如硫酸钠、硫酸钙、硫酸钡）。

1.2　粉尘爆炸性参数

粉尘爆炸难易程度，即敏感度，通常以最低着火温度、最小点火能量、爆炸下限、最大允许氧含量、最大试验安全间隙等参数来衡量。这些参数的数值越小，说明粉尘爆炸越容易发生，亦即越危险。

粉尘爆炸猛烈程度，亦即烈度或猛度，通常以最大爆炸压力、最大压力上升速率、爆炸

指数 K_{max} 来衡量。这些参数数值越大，说明粉尘爆炸越猛烈，亦即破坏力越大。

由于影响粉尘爆炸因素很多，不同的粉尘比电阻、不同的测试装置、不同的操作方法或操作条件，所测得数据不同。为了使所测数据具有可比性，各国测试方法与装置日趋统一，于是出现了各种爆炸参数测定的国际标准。利用这些标准方法和装置所测数据，可以掌握各种粉尘的爆炸相对敏感度和烈度，可以结合大型试验得出一些可以利用的爆炸性数值，编制防爆计算图表，如泄爆诺谟图等。

这里要强调的是，由试验得出爆炸性数据，仅仅是小型试验数据，即粉尘爆炸性相对比较的参考数据，而不是大型现场条件下粉尘爆炸的预计数据。如实验室标准装置测出的粉尘云最低着火温度，不一定是现场粉尘着火所需的实际最低温度，因为现场的条件与标准装置的条件不一定相同。

这些试验数据不能直接应用于现场，而必须借助于经验、大型试验或由此得出的计算图表、经验公式或规定才能应用。

粉尘爆炸是气-固多相、快速、非稳态、高温和高压十分复杂的反应过程，至今尚未形成系统的理论直接应用于实际。因此，实验室测出的爆炸性数据，对于了解和控制爆炸的作用还是很有用的。几种代表性粉尘的爆炸特性如表 1-1 所示。

表 1-1　几种代表性粉尘的爆炸特性

名称	云状粉尘自燃点/℃	粉尘最小点火能量/mJ	爆炸下限/(mg/L)	最大爆炸压力/bar
铝(喷雾)	700	50	40	3.95
铝(烟雾)	645	20	35	6.06
铁(氢还原)	315	160	120	1.98
镁(喷雾)	600	240	30	3.87
镁(磨)	520	80	20	4.43
锌	680	900	50	0.899
铝-镁(50%-50%)	535	80	50	4.15
硫黄	190	15	35	2.79
聚苯乙烯	470	120	20	2.99
烟煤	610	40	35	3.13

注：1bar＝0.1MPa。

1.2.1　最低着火温度

粉尘最低着火温度（MIT）包括粉尘层最低着火温度（MITL）和粉尘云最低着火温度（MITC）。粉尘最低着火温度从温度的角度反映粉尘被点燃的敏感程度，一般适用于评价热表面点燃。粉尘最低着火温度是防爆电气设备选型的重要依据。粉尘最低着火温度综合考虑了粉尘层最低着火温度和粉尘云最低着火温度，并留出了安全裕量。

如果粉尘层最低着火温度测试用厚 5mm 的粉尘层，粉尘最低着火温度 MIT 为 2/3MITC 和 $MITL_{5mm}-75℃$二者之间的较小值。如果粉尘层着火温度测试用 12.5mm 厚的粉尘层，粉尘最低着火温度 MIT 为 2/3MITC 和 $MITL_{12.5mm}-25℃$二者之间的较小值。

（1）粉尘层最低着火温度

粉尘层最低着火温度（MITL）是按 GB/T 16430—2018《粉尘层最低着火温度测量方法》的测试方法和装置测定的，在热表面上规定厚度的粉尘层着火时热表面的最低温度。

在大气压、室温条件下，将粉尘层先后放在不同温度的热板上，测定粉尘的温度上升情况，粉尘温度超过热板温度 20K 的最低热板温度，即为该粉尘层最低着火温度。

粉尘层最低着火温度是防爆电气设备设计、选型及防爆设计的依据，也可用来估算粉尘安全堆放的尺寸。

粉尘层最低着火温度是指粉尘层在热表面上受热时，使粉尘层的温度发生突变（即被点燃）的最低热表面温度。粉尘层最低着火温度反映了粉尘在堆积状态时对点燃的敏感程度。在进行粉尘层最低着火温度测定时，可以采用厚 5mm 的粉尘层，测试结果记为 $MITL_{5mm}$，这是欧洲规定的方法。也可以采用厚 12.5mm 的粉尘层，测试结果记为 $MITL_{12.5mm}$，这是美国规定的方法。

(2) 粉尘云最低着火温度

粉尘云最低着火温度（MITC）是在粉尘云（粉尘和空气的混合物）受热时，使粉尘云内发生火焰传播的最低热表面温度。粉尘云最低着火温度反映了粉尘在悬浮状态时对点燃的敏感程度。

粉尘云最低着火温度在国际上主要用 IEC 测试方法测定，即在 G-G 炉中进行。测定粉尘云最低着火温度的 BAM 法，如图 1-1 所示。由于 BAM 炉是水平炉管，粉尘云不是直接被点燃，而是落在底面上，热解出的可燃气体先点燃，故所测数值一般较 IEC G-G 炉中测得的数值低 20℃，图 1-2 是最低着火温度测试的比较结果。

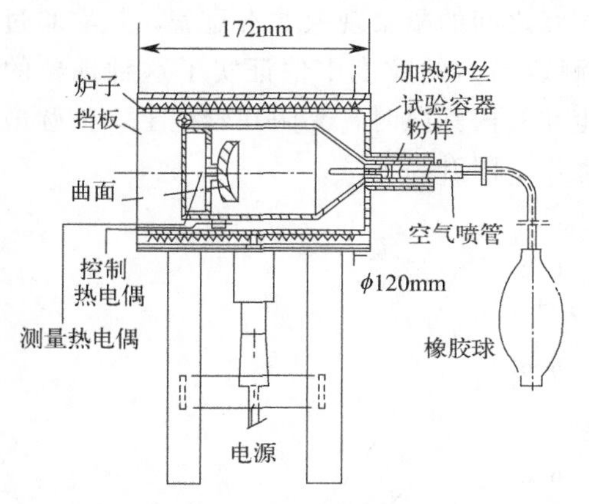

图 1-1　测定粉尘云最低着火温度的 BAM 法

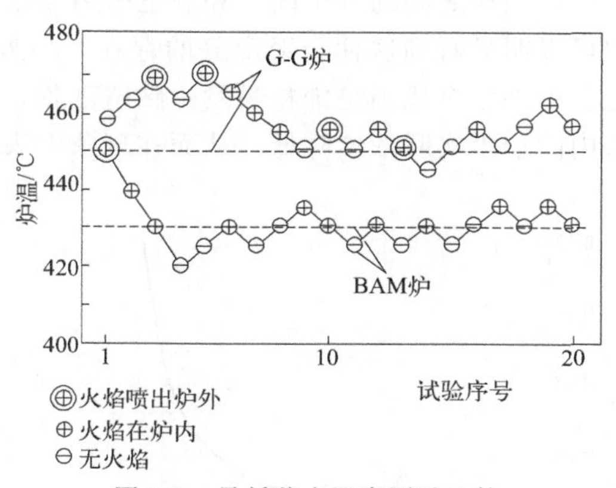

图 1-2　最低着火温度测试比较

1.2.2 粉尘爆炸极限

(1) 定义及常用测试方法

粉尘爆炸下限又称最低可爆浓度，与粉尘爆炸上限统称粉尘爆炸极限。前者指粉尘云能发生爆炸的最低可燃性粉尘浓度（单位体积粉尘云的粉尘质量）；后者指能发生爆炸的最高可燃性粉尘浓度。在爆炸下限与爆炸上限之间为爆炸区，在下限与上限以外为非爆炸区。粉尘爆炸极限是以粉尘在混合物中的质量浓度（g/m^3）来表示。许多工业可燃性粉尘的爆炸下限在 20～60g/m^3 之间，爆炸上限在 2000～6000kg/m^3 之间。一般情况下，粉尘的爆炸上限太高，在多数场合下都不会达到，所以没实际意义。爆炸下限的数值对安全来说具有重要的意义，因为爆炸下限在生产过程中较容易达到，确定各种物质的爆炸下限，并在生产中控制粉尘浓度小于爆炸下限，以确保安全。

粉尘爆炸必须有火焰传播，粉尘浓度低于爆炸下限，粉尘粒子间距过大，热损失大，已燃粉尘所产生的热量，不足以点燃邻近未燃粉尘，火焰不能传播下去，也就不可能爆炸；粉尘浓度大于爆炸上限，氧气不足以维持燃烧，火焰亦不可能传播，故也不能发生爆炸。

粉尘爆炸下限测试常用的装置有3种，分别为20L球形爆炸装置、20L筒形爆炸装置和15L北欧标准装置，其中20L球形装置被广泛采用。

(2) 可燃性粉尘爆炸下限的影响因素

粉尘的爆炸下限不是一个恒定的物理常数，受粉尘分散度、温度、湿度，挥发物含量，点燃源的性质、粒度、氧含量等因素的影响。一般分散度越高，挥发性物质含量越高，点燃能越大，初始温度越高，湿度越低，惰性粉尘和灰分越少，爆炸下限越低。

① 粉尘粒度。粒度越细的粉尘，其单位体积的表面积越大，分散度越高，爆炸下限值越低。对于某些分散性差的粉尘粒度在一定范围内，随粒度的减少，其爆炸下限值降低，如图1-3表示玉米粒径对爆炸下限的影响情况。但当低于某一值时，随粒度的降低其爆炸下限值反而增加。

如炸药梯恩梯和黑索今粉尘粒度对爆炸下限的影响：爆炸下限开始时随粉尘过筛目数的升高而降低，梯恩梯粒度在300目时爆炸极限达到最小值，而黑索今粉尘当目数升高到200～250目时，爆炸极限达到最小值，随着过筛目数的继续升高，爆炸下限值反而升高。其他粉尘如面粉等粉尘，也呈现类似的变化规律。这可能是两个原因引起的，原因之一是当粉尘粒度很细时，颗粒之间的分子间力和静电引力非常大，相互之间的凝聚现象非常显著，从实验过程中可以明显看到这种凝聚现象的存在，另外通过测定粉尘的粒度中值证实了这种现象的存在。另外一个原因是细粉易发生粘壁现象，即粉尘在管内弥散时，黏附在管壁上，使弥散在管内的粉尘实际浓度降低，从而在现象上表现为爆炸下限升高。

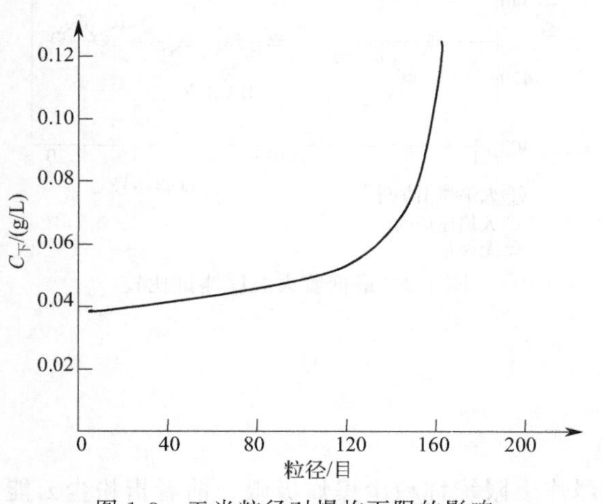

图1-3　玉米粒径对爆炸下限的影响

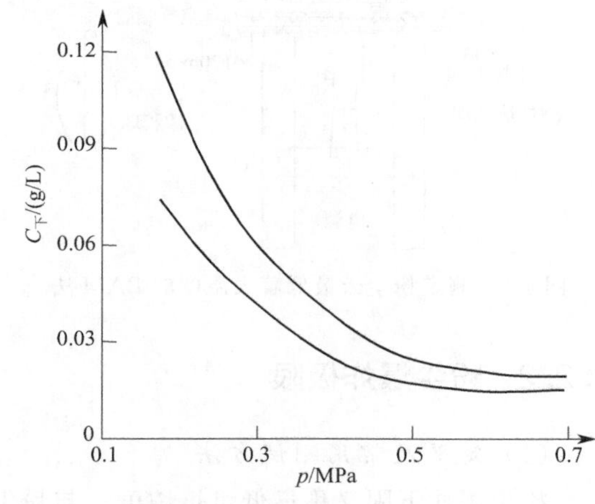

图1-4　喷粉气压对TNT、RDX爆炸下限的影响

② 喷粉气压。喷粉气压对梯恩梯（TNT）及黑索今（RDX）爆炸下限的影响见图1-4。从实验结果可知，炸药粉尘随喷粉气压的增大，爆炸下限降低，当喷粉气压达到某一值，爆炸下限值不再降低，而有上升的趋势。这是因为喷气不但有扬尘的作用，还有引起紊流的作用，当气流速度达到一定程度，紊流作用大于扬尘作用。

③ 惰性介质。对于一般工业粉尘，氧含量对爆炸下限有较大的影响。当加入惰性气体时，随着氧含量的减少（用CO_2、N_2等惰性气体稀释），爆炸下限增高，当接近极限氧浓

度时，爆炸下限迅速增加。当加入惰性粉尘时，由于其覆盖、阻隔、冷却等作用起到阻燃阻爆的效果，使爆炸下限升高。而对能自身供氧的火炸药粉尘，因为它们能靠自身供氧使反应继续下去，所以空气中的氧浓度对其粉尘的燃烧影响不大。不管在多大的氮气喷粉压力下均能燃烧，并随氮气喷粉压力的增大，紊流度增大，氧浓度降低，爆炸下限与在空气喷粉压力下一样，呈下降趋势。

④ 湿度。湿度对爆炸极限的影响也较大，当水分含量增加时，会使爆炸下限提高，含量超过一定程度时，甚至会导致物质失去爆炸性。因此，工业上也常采用细水雾来进行粉尘爆炸事故的预防和控制。

预防粉尘爆炸的一个有效方法，是将生产过程中的粉尘浓度控制在非爆炸区域。在运用爆炸极限参数时要注意，根据测试方法，极限粉尘浓度系理论平均浓度。因此，并非实际可爆粉尘浓度。有时实际上理论粉尘浓度并未达到爆炸下限，但是发生了爆炸，这往往是粉体分散不均，局部达到或超过爆炸极限的缘故。

1.2.3　最小点火能量

外界给予粉尘云或粉尘层，能使其点燃且火焰传播下去的最小热能，即粉尘云或粉尘层最小点火能量（MIE）。最小点火能量数值是在特定装置中，从最危险混合物的点燃测得。经常用的是粉尘云的最小点燃能量。

(1) 粉尘云最小电火花点燃能量

能使粉尘云中某一点点燃，且火焰能传播下去的最小电火花能量。

与气体的理论最小点火能量不同的是，除了火花的特性一样外，不同处有粉尘颗粒的悬浮，点火体积形状和气体流动性质就不同。因为需要气体流动去分散粉尘，因此气体紊流度要比测定气体点火能时高。

粉尘云的最小电火花点燃能量要比气体高得多，至少大一个数量级。

(2) 粉尘云机械冲击敏感度

加给粉尘云并使其点燃的最小机械冲击能量称为机械冲击敏感度。

(3) 粉尘云的摩擦敏感度

加给粉尘云并使其点燃的最小摩擦能量称为粉尘云摩擦敏感度。

(4) 电火花最小点火能量与冲击敏感度的比较

粉尘云的电火花最小点燃能量很小时，很容易被冲击试验的机械火花点燃，如表 1-2 所示。

表 1-2　冲击试验的电火花最小点燃能量

粉尘	电火花最小点燃能量/mJ	冲击试验点燃频率/%
干玉米粉尘	＜4.5	100
石松子粉	6	100
大麦蛋白质粉	13	10
大麦淀粉	18～22	0
玉米淀粉(湿度 10%～11%)	27～36	0
大麦纤维	47～59	0

注：冲击试验用在钛与锈铁间冲击的 20J 铝热闪光点火。

从表 1-2 中可知，最小点燃能量达 18mJ 以上的粉尘很难在冲击试验中点燃。

1.2.4 极限氧浓度

粉尘爆炸随氧含量的减小爆炸猛烈程度亦降低，直至不发生爆炸，此时氧的浓度称为最大允许氧含量（LOC）。如氧浓度稍大于此值，粉尘则会发生爆炸。

如氧含量降低至11.5%，最大爆炸压力上升速率约减至原来的1/10，甚至减得更多。因为氧含量减少，降低了粉尘燃烧速率。

预防粉尘爆炸的气体惰化措施，即控制系统中氧含量小于极限氧浓度。

1.2.5 最大爆炸压力与爆炸指数

国际标准《Explosion protection systems-Part 1：Determination of explosion indices of combustible dusts in air》（ISO 6184-1：1985）定义，每次爆炸的最高压力为 p_m，其最大的压力上升速率为 $(\mathrm{d}p/\mathrm{d}t)_m$。在所有粉尘浓度范围内的 p_m 数值中最大者，称为粉尘最大爆炸压力 p_{max}。在所有粉尘浓度范围内的 $(\mathrm{d}p/\mathrm{d}t)_m$ 数值中最大者，称为粉尘最大压力上升速率 $(\mathrm{d}p/\mathrm{d}t)_{max}$。爆炸指数的定义式为：

$$K=\left(\frac{\mathrm{d}p}{\mathrm{d}t}\right)_m V^{1/3} \tag{1-1}$$

式中 V——容器容积，m^3；

$(\mathrm{d}p/\mathrm{d}t)_m$——最大压力上升速率，MPa/s。

在所有粉尘浓度范围内 K 的数值中最大者为爆炸指数 K_{max}（或写成 K_{st}）。按 K_{max} 数值大小，可将粉尘爆炸猛烈程度分为下列3级：

St1级 $K_{max}<20.00\mathrm{MPa\cdot m/s}$；

St2级 $20.00\mathrm{MPa\cdot m/s}\leqslant K_{max}\leqslant 30.00\mathrm{MPa\cdot m/s}$；

St3级 $K_{max}>30.00\mathrm{MPa\cdot m/s}$。

K_{max} 数值越大，粉尘的爆炸越猛烈。

这些参数标志粉尘爆炸猛烈程度，在采用泄爆、抑爆、隔爆和爆炸的封闭技术时，都要用到这些参数。

粉尘的最大爆炸压力一般在0.5～0.9MPa，少数粉尘如铝粉达到1.2MPa。多数粉尘的爆炸指数 K_{max}，在10～20MPa·m/s左右，有时铝粉高至110MPa·m/s。

1.2.6 粉尘比电阻（电阻率）

过去常用“粉尘（层）比电阻”，但新标准中一般使用“粉尘电阻率”。根据GB/T 15604—2008《粉尘防爆术语》，粉尘比电阻是截面积为$100\mathrm{mm}^2$，长为100mm的粉尘层在规定试验条件下测得电阻，并经计算求得的比电阻值。

粉尘电阻率（ρ）是在标准测试装置的两电极间，电极与粉尘接触的单位面积内粉尘层单位电极距离的最小电阻，亦即两电极间粉尘层单位体积的最小电阻，单位为Ω·m。

粉尘电阻率表征粉尘的导电能力。在粉尘防爆中，它关系到静电火花和短路电火花引爆粉尘的问题。从防止静电引爆粉尘的观点看，粉尘越易导电，就越不容易积聚电荷发生静电引爆，即越安全。但是导电的粉尘容易引起电气设备短路，产生电火花而引爆粉尘。

我国 GB 3836.1—2021 标准中规定电阻率等于或小于 $10^3\Omega\cdot m$ 的可燃性粉尘为导电性粉尘。电阻率是在粉尘爆炸危险场所电气设备选型的根据之一。

1.2.7 粉尘云最大试验安全间隙

在特定的试验条件下，壳内所有浓度的被测粉尘云点燃后，通过一定长的接合面均不能点燃壳外同种粉尘云时，外壳空腔两部分之间的最大间隙称为粉尘云最大试验安全间隙(MESG)。此数据对设计隔爆型设备有用，但尚无标准。

1.3 影响粉尘爆炸的因素

可燃性粉尘能否着火、燃烧、爆炸，以及爆炸猛烈程度如何，是否能发展为爆轰，这些都取决于粉尘本身的物理化学性质和外界的条件。

1.3.1 粉尘的性质

粉尘的化学性质，主要指化学组成。化学组成不同，粉体的燃烧热值和氧化燃烧速率亦不同。粉体的物理性质，主要指粉体的粒度、形状和表面致密或多孔等性质。

(1) 燃烧热

燃烧热即单位质量可燃粉体完全燃烧时所放出的热量（kJ/kg)。燃烧热也可表示为单位摩尔氧气氧化可燃粉体所产生的热量（kJ/mol)。

粉体的燃烧热值越大爆炸越猛烈，因此热值的大小可粗略衡量粉尘爆炸相对猛烈程度。表 1-3 中列出了一些粉尘的燃烧热值。

表 1-3 粉尘氧化消耗每摩尔氧气所放出的燃烧热

物质	氧化产物(固)	燃烧热/(kJ/mol)
Ca	CaO	1270
Mg	MgO	1240
Al	Al_2O_3	1100
Si	SiO_2	830
Cr	Cr_2O_3	750
Zn	ZnO	700
Fe	Fe_2O_3	530
Cu	CuO	300
蔗糖	CO_2、H_2O	470
淀粉	CO_2、H_2O	470
聚乙烯	CO_2、H_2O	390
碳	CO_2	400
硫	SO_2	300

(2) 反应动力学性质

不同组成粉尘的反应动力学性质不同，其氧化燃烧速率也不同。粉尘反应动力学参数有频率因子、活化能。频率因子越大，反应速度越快；活化能越大越难反应，粉尘越稳定。

(3) 物理性质

粉体的粒径、形状与表面状况都影响氧化燃烧的速率，其中以粒径最为明显。

实验证明，含有小于 500μm 的可燃性粉尘可能发生爆炸。粒径如减小，则最大爆炸压力和最大压力上升速率都会增大，特别是对后者影响更大。粒径小于 50μm 对爆炸烈度影响更为明显。图 1-5 表示了粉尘粒径对 p_{max} 与 $(dp/dt)_{max}$ 的影响。

应当注意，在粉料处理过程中，由于磨损与冲击作用，大颗粒粉料也会产生细微粉尘，从而形成爆炸危险。

每种可燃粉尘存在一个临界粒径，当大于该粒径时，粉尘不再发生爆炸。对于大多数粉尘，500μm 可以视为不发生粉尘爆炸的临界粒径。

粉尘的粒径一般为近似对数正态分布（图 1-6）。粒度累计分布曲线的纵坐标 10% 对应的粒度为 d_{10}，纵坐标 50% 对应的粒度为 d_{50}，纵坐标 90% 对应的粒度为 d_{90}。d_{50} 反映了粉尘的平均粒径。

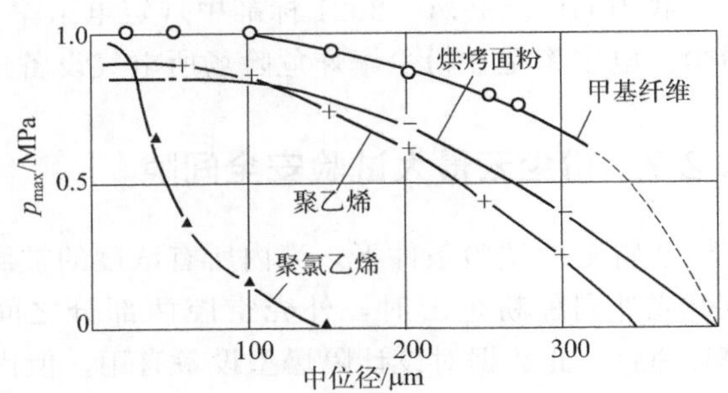

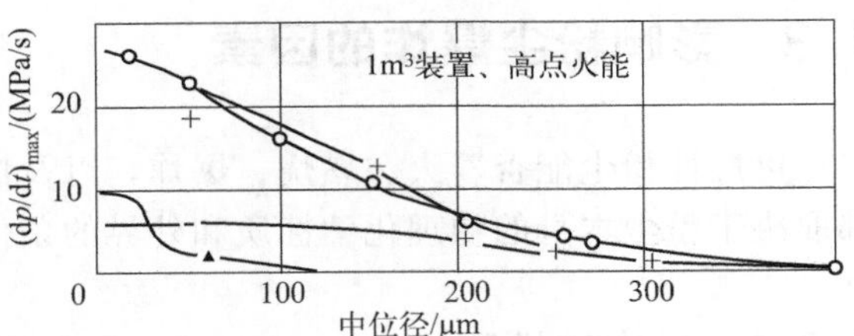

图 1-5　粉尘粒径对 p_{max} 与 $(dp/dt)_{max}$ 的影响

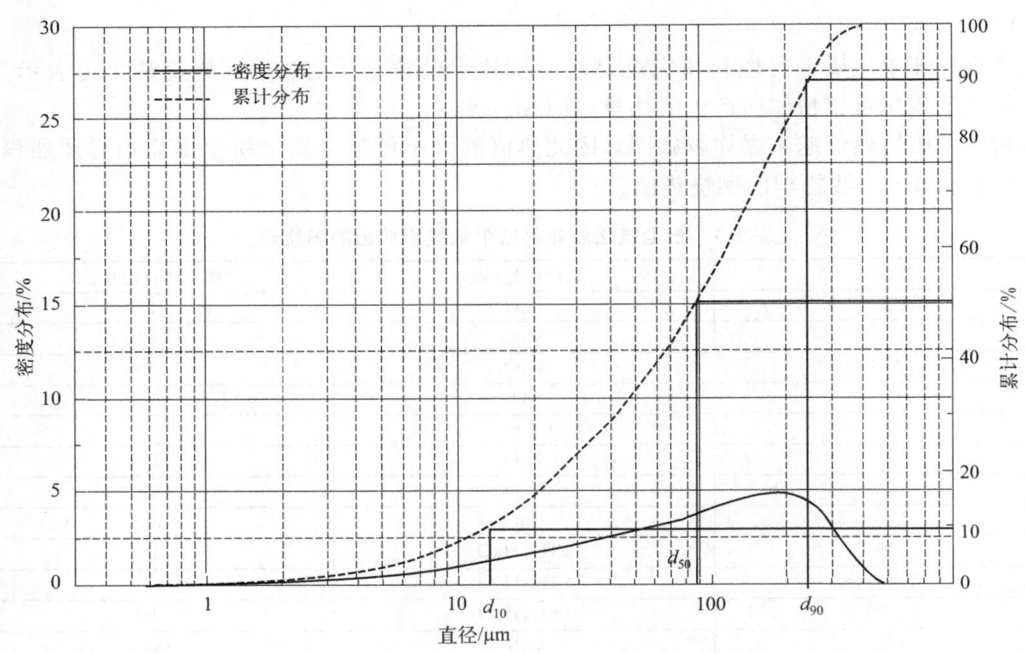

图 1-6　典型的粒径分布曲线

粉尘的粒径可以通过筛分法、激光散射法和显微照相法测定，各种测定方法都有优缺点。

当大部分（90%）粉尘的粒径大于 500μm，粉尘不易悬浮，一般不会发生粉尘爆炸。

当大部分（90%）粉尘的粒径大于 75μm，粉尘点燃能量通常大于 100mJ，发生点燃的可能性较低。

当大部分（90%）粉尘的粒径小于 75μm，粉尘点燃能量通常小于 100mJ，小粒径的粉尘，点燃能量甚至只有几毫焦。

1.3.2 粉尘云的特性

（1）粉尘浓度

粉尘爆炸最大压力和最大压力上升速率随粉尘浓度的增加达到某一最大值后，又随粉尘浓度的增加而降低，如图 1-7 所示。当粉尘以层状存在时，将沉积粉尘的质量除以包围体有效容积，可估算出形成粉尘云时的粉尘浓度。

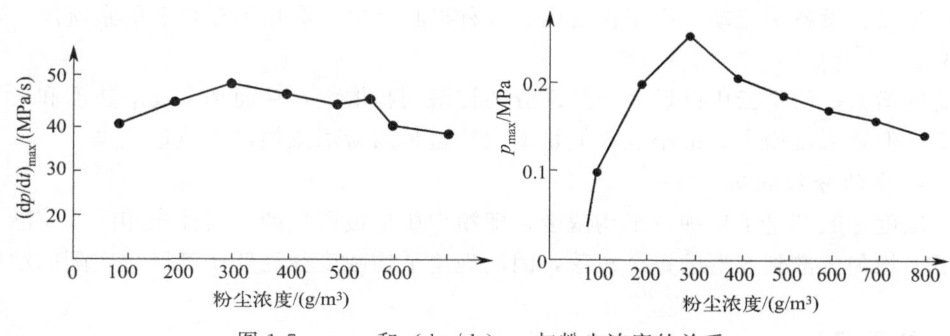

图 1-7 p_{max} 和 $(dp/dt)_{max}$ 与粉尘浓度的关系

（2）空气中氧含量

粉尘云气相中氧浓度的增加，会使爆炸的烈度与敏感度都增加，如图 1-8 所示，最大爆炸压力与最大压力上升速率都随氧浓度的减小而降低，粉尘浓度可爆范围变窄，如图 1-9 所示。

氧浓度降低，爆炸下限增大，最小点火能量增大，即变安全。

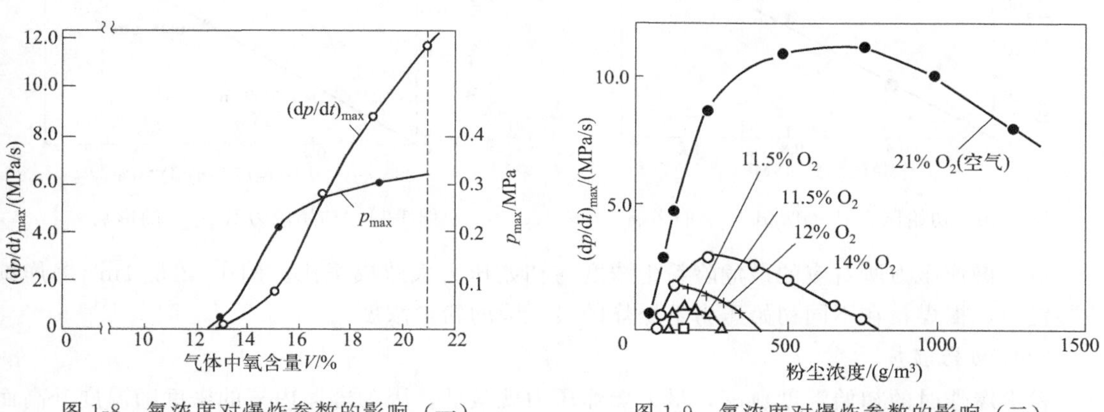

图 1-8 氧浓度对爆炸参数的影响（一）

图 1-9 氧浓度对爆炸参数的影响（二）

（3）粉尘湿度

吸附在粉体颗粒表面的水分，会使粉尘爆炸敏感度与烈度降低，即最低着火温度、最小点火能量、爆炸下限升高，最大爆炸压力、最大压力上升速率和爆炸指数 K_{max} 降低。因为，湿度增大，点火需消耗热量。再者，水分蒸发到气相中，会降低可燃混合物的活度。另外，湿度增大，还使得粉体颗粒变成较大的颗粒。

随着粉尘湿度增加，粉尘云最小点火能量上升，直至不能发生爆炸。一般有机粉尘湿度达到12%时，不再发生粉尘爆炸。

(4) 惰性物质含量

粉尘中惰性物质的含量增加时，点燃能量上升，直至不能发生爆炸。大部分有机粉尘在惰性物质含量达到60%～80%时不再发生粉尘爆炸。

(5) 紊流度

紊流实质是流体内部许多小流体单元，在三维空间做不规则的运动所形成许多小涡流的流动状态。初始紊流是在粉尘云开始点燃时流体的流动状态，这是第一种紊流。如果粉尘发生爆燃，周围的气体就会膨胀，加剧了未燃粉尘云的扰动，从而使紊流度增大，这是第二种紊流。粉尘云在设备中流动，由于设备内有各种形状接口，会增加粉尘云的紊流度，这是第三种情况。

紊流度增大，粉尘云中已燃和未燃部分的接触面积增大，从而加大反应速度和最大压力上升速率。但紊流度增大，最小点火能量增大，这是因为紊流加速了热量流失。

(6) 粉尘的分散状况

粉尘浓度一般都是采用理论平均浓度，即粉尘质量被所在的容器体积相除。实际上，粉尘通常是不均匀分散到容器的每个角落，因此理论平均浓度往往低于某区域实际的浓度。

1.3.3 外界条件

(1) 初始压力

粉尘云的初始压力增大，将使最大爆炸压力、最大爆炸压力上升速率大致与之成正比增长（图1-10、图1-11）。图1-11是烟煤粉尘云的初始压力对最大爆炸压力的影响。

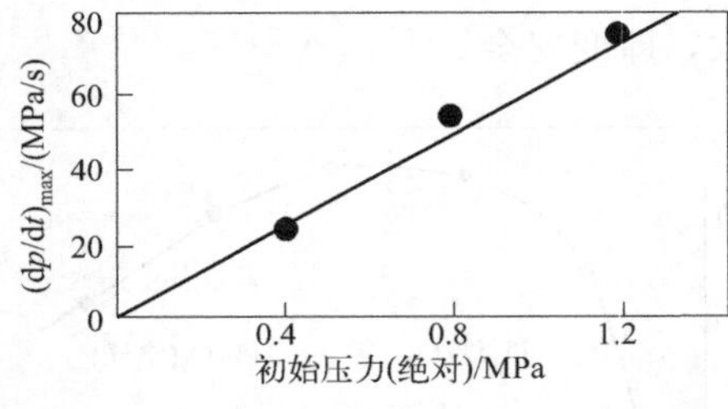

图1-10　初始压力对 $(dp/dt)_{max}$ 的影响

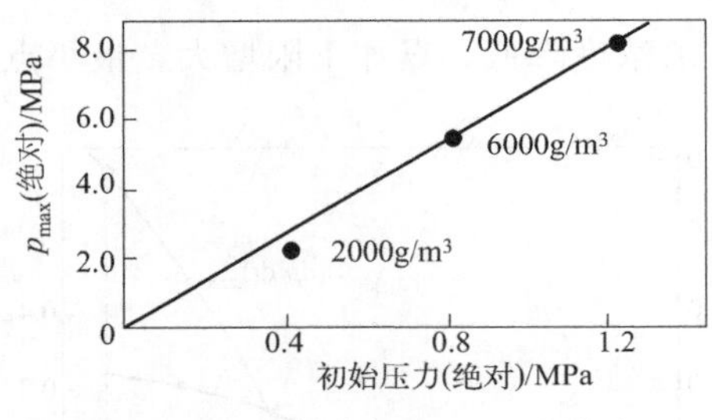

图1-11　初始压力对 p_{max} 的影响

最大爆炸压力所对应的最危险粉尘浓度与初始压力大致成正比。图1-12是 $1m^3$ 爆炸试验装置中，褐煤粉在不同初始压力下爆炸的最危险的粉尘浓度。

(2) 初始温度

粉尘爆炸时的初始温度愈高，最大爆炸压力就愈低，因为容器内氧的密度随温度升高而降低。但初始温度愈高，一般来说粉尘燃烧速率愈快，压力上升速率也随之加大，如图1-13所示，爆炸下限降低，最小点火能量亦降低。

(3) 点火源

最大爆炸压力与最大压力上升速率，在小于 $1m^3$ 的密闭容器中，随着点火源的能量增加而增大。在大容器中增大并不明显，只有当喷射火焰作为点火源时，由于火焰前沿紊流的

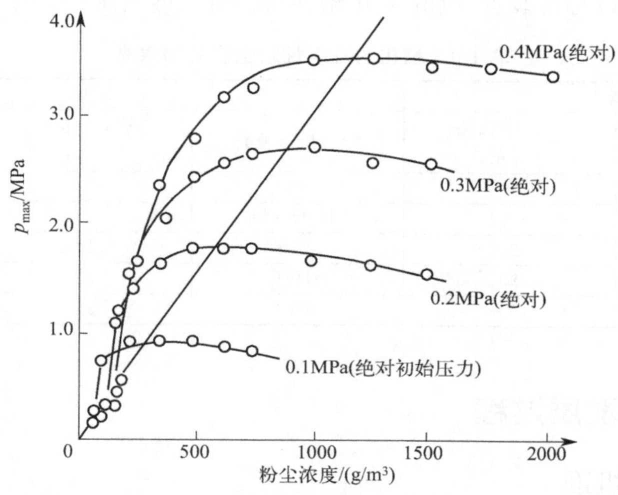

图 1-12　初始压力与最危险粉尘浓度的关系

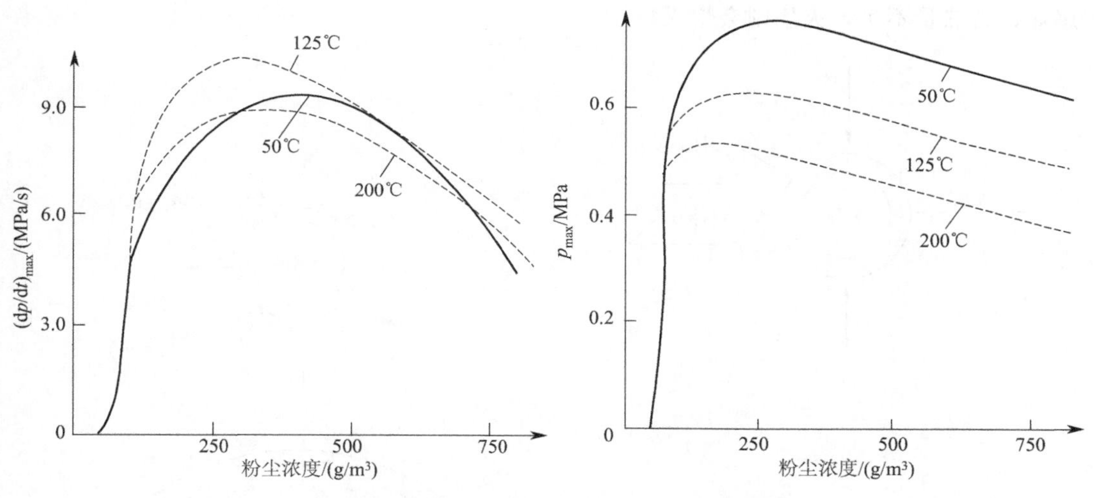

图 1-13　初始温度对 p_{max}、$(dp/dt)_{max}$ 的影响

影响，爆燃加剧。点火位置在包围体几何中心或位于管道封闭端时，爆炸烈度最大。

点火源有可能从一个包围体传送到另一个包围体，例如点火源可从粉碎机通过管道输送到除尘器。燃烧着的粉尘云，如果通过通道从一个包围体传播到另一个包围体时，则成为后者的强烈火源。

(4) 包围体的形状与尺寸

包围体的形状一般分为长径比小于 5 和大于 5 两类。后者由于火焰前沿的紊流加强了未燃区粉尘的扰动，从而加剧了爆燃。对一定管径，长度足够时，就有可能发展到爆轰。

(5) 惰性物质的加入

惰性气体如氮气或二氧化碳经常用于预防着火。惰性粉料的加入会吸收热量，因此能降低粉尘燃烧性，但用量相当大。有些惰性粉料如硅石（二氧化硅），可增加可燃性粉尘的分散度，反而有害。煤矿中常用矿石粉作为惰性粉尘以预防爆炸，但至少要使其浓度占 65%以上。

表 1-4 列出在 ISO 标准装置（$1m^3$）中惰性粉料惰化可燃性粉尘的试验情况。

表 1-4　惰化的可燃性粉尘实验结果表

可燃性粉尘		惰性粉尘		
可燃性粉尘种类	质量中粒径/μm	惰性粉尘种类	质量中粒径/μm	所需最少惰性粉尘质量/%
甲基纤维素	70	$CaSO_4$	<15	70
有机颜料	<10	$NH_4H_2PO_4$	29	65
烟煤	20		14	65
烟煤	20	$NaHCO_3$	35	65
糖	30	$NaHCO_3$	35	50

1.4　粉尘爆炸发展过程

1.4.1　粉尘爆炸机理

粉尘爆炸是一种链式连锁反应，当外界热量足够时，火焰传播速度将越来越快，最后引起爆炸；若热量不足，火焰则会熄灭。

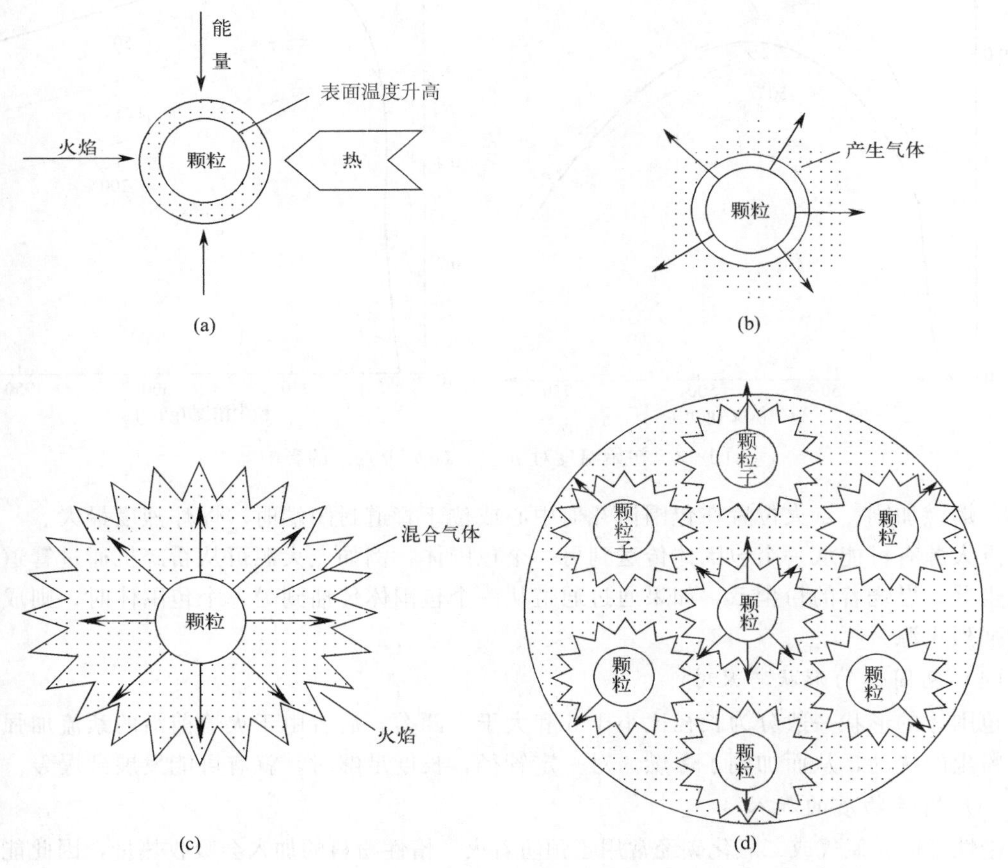

图 1-14　粉尘爆炸过程

粉尘爆炸时粉尘颗粒表面分子与氧气发生化学反应，具体过程如图 1-14 所示。

① 供给颗粒表面以热能，使其稳定上升，见图 1-14(a)。

② 颗粒表面由于热分解或干馏作用而生成气体分布在颗粒周围，见图 1-14(b)。

③ 分解（或干馏）气体与空气混合生成爆炸性混合气体，遇火产生火焰（发生反应），见图 1-14(c)。

④ 由于反应产生的热，加速了粉尘颗粒的分解，放出气体，与空气混合，继续发火传播，见图 1-14(d)。

粉尘爆炸过程与可燃气爆炸相似，但有两点区别：一是粉尘爆炸所需的最小点火能量要大得多；二是在可燃气爆炸中，促使稳定上升的传热方式主要是热传导，而在粉尘爆炸中，热辐射的作用更大。

1.4.2　粉尘二次爆炸

引起粉尘爆炸灾害的最初粉尘爆炸称为原爆。当原爆的火焰和冲击波向四周传播时，将粉尘层卷起，形成粉尘云，并将其点燃，形成猛烈的二次爆炸。由于其点火源为原爆火焰，能量强得多，冲击波使粉尘云紊流度更高。因此，二次爆炸猛烈得多，如图 1-15 所示。在某些情况下，粉尘爆炸还可能从爆燃发展到更猛烈的爆轰。

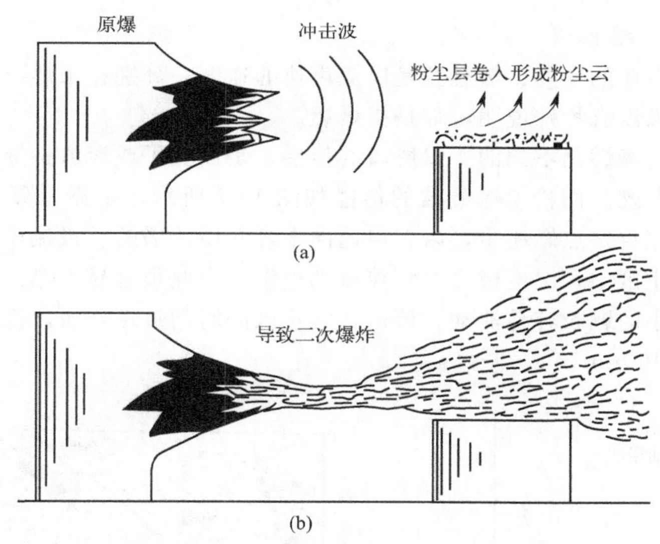

图 1-15　粉尘从原爆发展到二次爆炸示意图

火焰传播速度为火焰阵面在未燃粉尘云中传播的燃烧速率和火焰阵面前未燃烧粉尘云的流速（由气体膨胀引起的和原有的流速）。

如果原爆在巷道中传播，则火焰不断加速，火焰前沿粉尘的紊流度和点火源的能量都在不断增大，因此，火焰传播不断加速进行。从下面的试验可以了解粉尘爆炸的火焰被加速的过程。

在内径为 2.3m、长 230m（即长径比 $L/D=100$）的巷道做煤粉爆炸试验，其一端为封闭，另一端为全开口。85%煤粉的颗粒粒径小于 74μm，挥发分为 33%，点火源为 800g 的黑火药。先点燃 10kg 煤粉作为后面的点火源，在内径 2.3m、长 230m 的水平巷道，相当于 360g/m^3 的煤粉层中传播，其火焰传播速度一直沿传播方向加速达 800m/s，如图 1-16 所示。

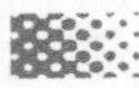

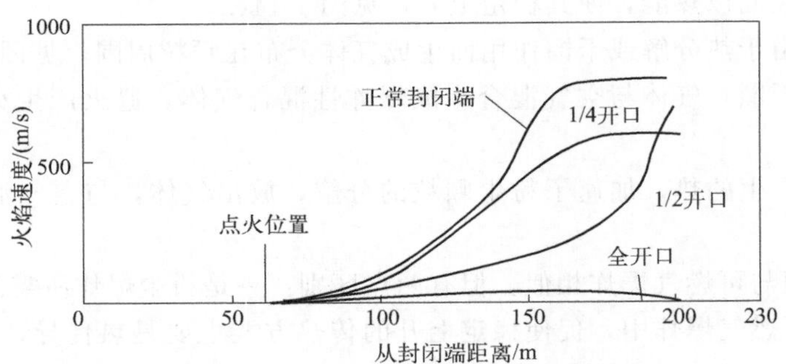

图 1-16　煤粉水平巷道中爆炸加速过程

1.4.3　粉尘爆轰

（1）粉尘爆燃与爆轰

粉尘火焰阵面以亚声速在未燃粉尘云中传播的过程称为粉尘爆燃。通常燃烧仅指爆燃。粉尘火焰阵面以超声速在未燃粉尘云中传播的过程，称为粉尘爆轰。它的爆炸猛烈程度要比爆燃大得多。

（2）粉尘爆轰传播机理

爆轰波是以超声速的速度、爆燃波是以亚声速的速度，分别在未燃介质中传播。前面所说的粉尘爆炸，如果没有特殊说明，都是指爆燃。

爆轰传播机理与爆燃是不同的。爆燃波的传播，是以分子或紊流扩散方式，将热量传给未燃粉尘，并将其点燃。而粉尘爆轰波的传播如图 1-17 所示，是靠爆轰波亦即激波将未反应介质极端绝热压缩直接点燃粉尘，以超声速向未燃介质传播的。极端压缩区位于激波后弯曲的滞止区。在滞止区中，温度极高，颗粒流动很慢，因此很容易点燃。太大的颗粒点燃所需时间过长，而太小的颗粒容易流动，停留在滞止区的时间过短，所以都不易点燃，最佳的颗粒粒径约为 20～100μm。

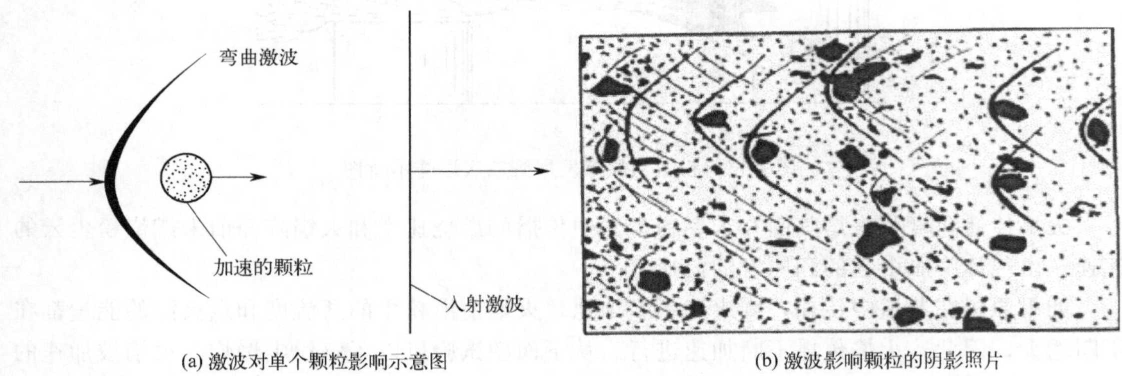

(a) 激波对单个颗粒影响示意图　　(b) 激波影响颗粒的阴影照片

图 1-17　激波与颗粒的相互作用

（3）爆轰的形成

① 直接激发爆轰。用高能量的气体炸药激发激波管中的可燃气体或粉尘，可使其发生爆轰。如充入氧气，则粉尘云较易产生爆轰。

② 火焰加速转变成爆轰。爆轰可以从粉尘爆燃火焰在长管道或通道中连续不断加速，然后形成稳定速度的自持性传播的爆轰波。其形成过程可由图 1-18 来说明。图中长管一端为开口，在闭口端粉尘或气体被点燃，产生了层流传播的起始火焰，燃烧物膨胀，形成了紊流，火焰在紊流中不断加速，而燃烧使气体膨胀未燃物的空气被压缩形成冲击波，此冲击波在火焰前面传播，而且火焰在加速过程中越来越接近前面的冲击波，当它赶上冲击波并以同样速度稳定传播时，气体或粉尘的爆轰便形成了。

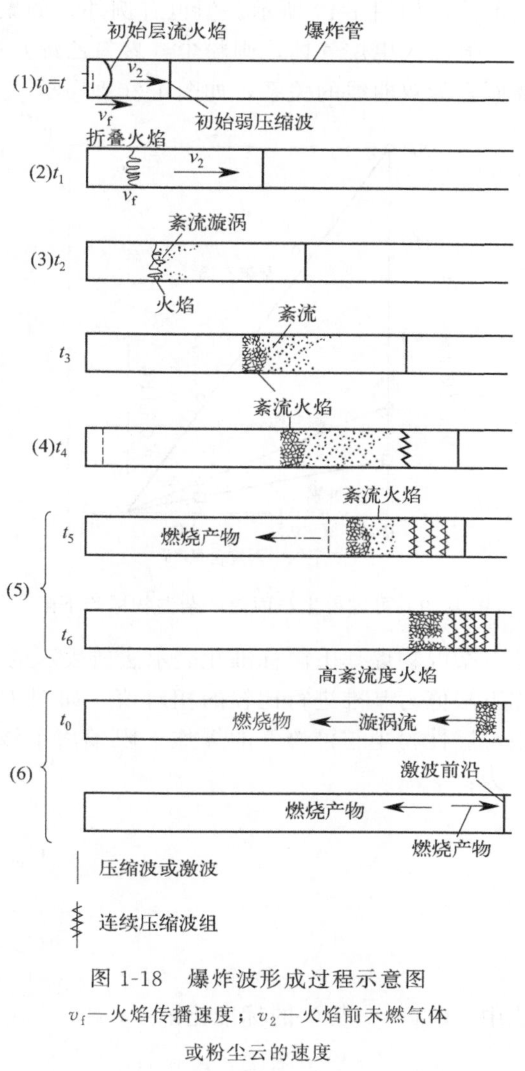

图 1-18　爆炸波形成过程示意图
v_f—火焰传播速度；v_2—火焰前未燃气体或粉尘云的速度

(4) 爆燃转爆轰理论

爆燃转为爆轰又称 DDT，恰普曼和焦格特对爆燃转爆轰的理论很有贡献，因此后人研究爆燃转爆轰的条件或理论时，往往称为 CJ 条件或 CJ 理论。库奇塔提出了 CJ 爆轰前压力比与爆轰阵面速度 v_D 的关系为：

$$\frac{p_2}{p_1}=\frac{1+\gamma_1(v_D/C_1)^2}{1+\gamma_2} \tag{1-2}$$

式中　p_2——爆轰前沿的压力，MPa；

p_1——爆轰前沿前未反应混合物的压力，MPa；

v_D——爆轰阵面速度，m/s；

γ_1、γ_2——未反应混合物、反应产物的绝热指数；

C_1——未反应混合物中的声速，m/s。

式(1-2) 说明了爆燃转爆轰时各有关参数的关系，亦即转变时的特征。但爆轰的转变机理尚待进一步研究。

在常温常压初始条件下，一般的碳氢化合物粉尘或气体在空气中的混合物，其爆轰传播速度约为 1500～2000m/s，有的煤粉达 2800m/s，其压力升高一般约为初始压力的 15～20 倍。

1.5 杂混物爆炸

在处理含有溶剂的产品或加热炭化有机粉尘时，经常有可燃性粉尘与可燃气体在空气中混合形成的杂混物。这种杂混物爆炸更为猛烈，而且也比未混合时更易点燃。

1.5.1 爆炸极限

根据查特里尔定律，随着可燃性粉尘中加入可燃气体量的增加，此粉尘的爆炸下限将直线下降，如图 1-19 所示。但也有例外，如聚氯乙烯粉尘中加入丙烷气体则符合查特里尔定律，但加入甲烷气体，则粉尘（聚氯乙烯）的爆炸下限与甲烷在空气中的含量不是呈直线下降而是为双曲线的关系，如图 1-20 所示。

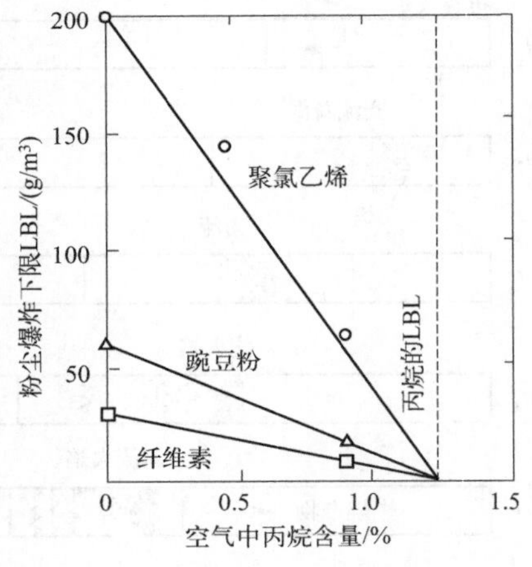

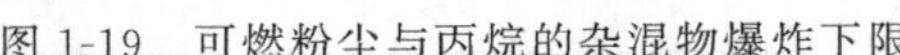

图 1-19　可燃粉尘与丙烷的杂混物爆炸下限

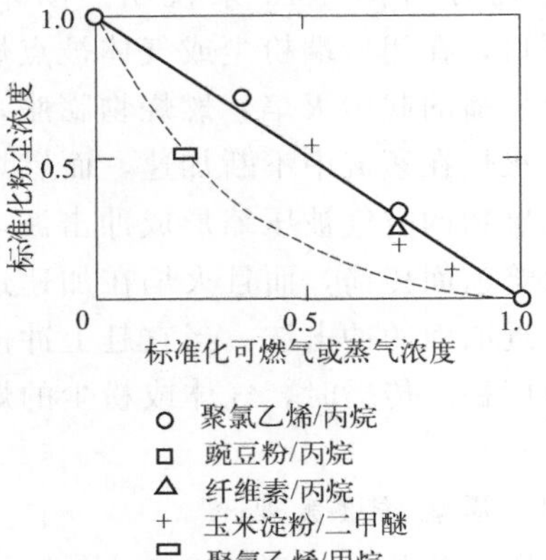

图 1-20　杂混物爆炸下限标准化表示法

杂混物爆炸下限标准化表示法所表示的爆炸下限值，是以纯可燃性粉尘或纯可燃气的爆炸下限值为基准进行比较的相对值，如图 1-20 所示。此法的优点是，直接可以知道杂混物中可燃性粉尘与可燃气的爆炸下限偏离了该纯粉尘或纯气体的爆炸下限的程度。其计算方法为：

$$C_{db}=\frac{C_d}{LEL_d} \tag{1-3}$$

$$C_{gb}=\frac{C_g}{LEL_g} \tag{1-4}$$

式中　C_{db}——粉尘的标准化浓度；

C_d——粉尘浓度，g/m³；

LEL_d——粉尘爆炸下限，g/m³；

C_{gb}——气体的标准化浓度；

C_g——气体含量，%；

LEL_g——气体爆炸下限，%。

1.5.2　爆炸猛烈程度

图 1-21 表明丙烷加入纤维素对 p_{max} 和爆炸压力上升速率的影响。从图 1-21 中可知，纯丙烷含量为 0.9%（体积分数）时，它是不可爆的，但加入纤维素粉尘中就可使杂混物的爆炸指数增高。

图 1-22 表明丙烷加入光学增白剂、纤维素、豌豆粉对粉尘爆炸指数的影响。它的加入对粉尘的 p_{max} 影响很小，但对 K_{max} 却有显著影响。K_{max} 与丙烷含量增加呈线性上升，而其下降仅在超过丙烷的最危险浓度以后。一般来说，这三种粉尘的爆炸指数 K_{max} 都在可混

合的气体不含该粉尘的爆炸指数 K_{max} 范围以内。实验发现，可燃气体对它与爆炸性猛烈的粉尘形成的杂混物的影响较小，但对它与爆炸性不强的粉尘如豌豆粉形成的杂混物影响较大。在进行防爆设计时必须考虑到杂混物爆炸的危险性更大，爆炸等级要上升。表 1-5 说明丙烷含量对爆炸等级的影响。

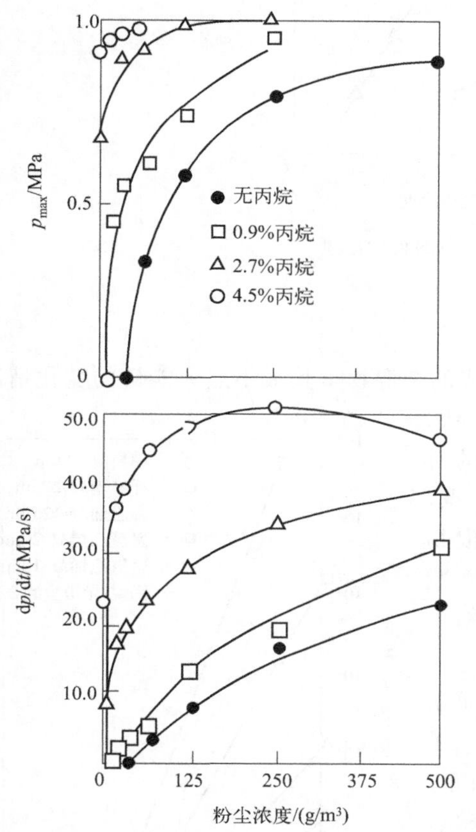

图 1-21 丙烷对纤维粉尘爆炸性的影响

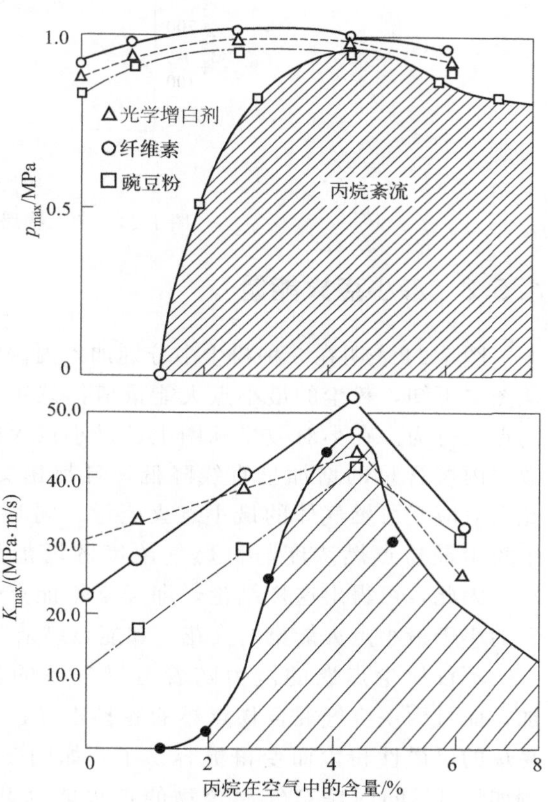

图 1-22 纤维粉尘对丙烷爆炸性的影响

表 1-5 丙烷含量对粉尘爆炸等级的影响 单位：%

项目	K_{max} /(MPa · m/s)	0	1.25①	2.5	4.25②
豌豆粉	11	St1	(St1/St2)③	(St2/St3)	St3
纤维素	22	St2	(St2/St3)③	St3	St3
光学增白剂	29.5	(St2/St3)	St3	St3	St3

① 丙烷 LEL，点火能 E=10000J；

② 丙烷最危险浓度；

③ 表示危险程度在两级之间。

图 1-23 表示不同浓度可燃气体加入纤维素粉尘后对 p_{max} 与 K_{max} 的最危险浓度的影响。从图中可知，p_{max} 的最危险浓度随可燃气标准化浓度的增加呈直线降低。K_{max} 的最危险浓度仅发生在可燃气体加入的浓度相当大时，才明显地随可燃气体标准化浓度的增加而呈直线降低。

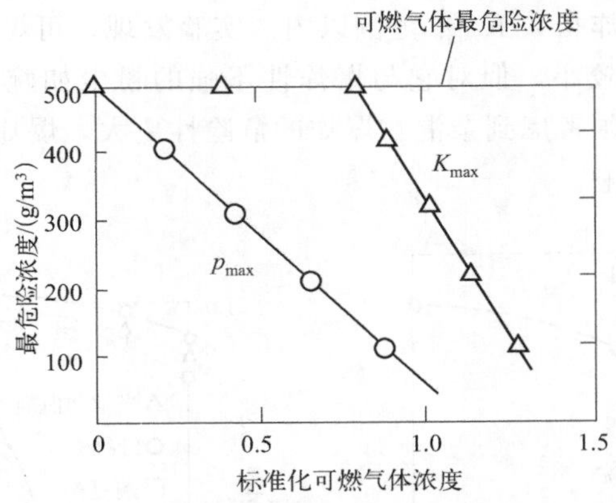

图 1-23 杂混物爆炸最危险的粉尘浓度

1.5.3 最小点火能量

图 1-24 表明在 5 种粉尘中分别加入丙烷所形成的杂混物，其最小点火能量的变化情况。从图中可知，粉尘的最小点火能量值仍然决定杂混物的点火行为。在半对数坐标图上，最小点火能量的对数与丙烷含量的增加呈直线降低，且都相交于一点，此点对应于可燃气体的最小点火能量。同时，杂混物中粉尘最易点燃浓度与可燃气浓度的增加呈线性减小。因此，可得出这样结论，即经常不能点燃纯粉尘云的小于最小点火能量的火花，却能点燃杂混物。

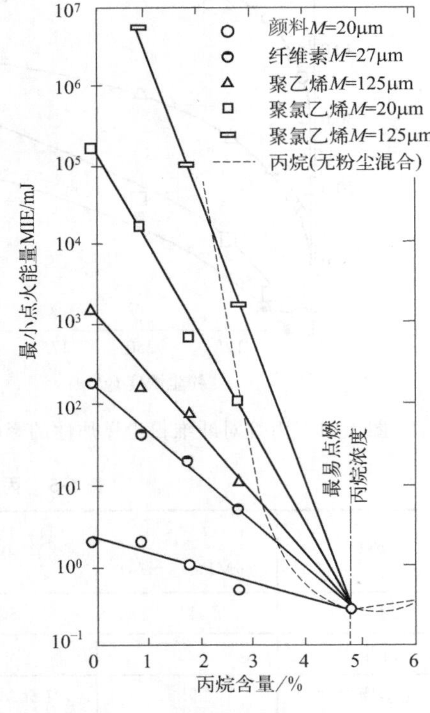

图 1-24 杂混物最小点火能量

不仅粉尘点燃的能力随着可燃气体的加入而增加，而且丙烷空气混合物点燃的容易程度也因加入了易爆的可燃性粉尘而变得更容易了，如图 1-24 所示。例如纯 3% 的丙烷空气混合物的点火能为几十毫焦，加入聚乙烯、聚氯乙烯粉尘，其混合物的点燃能可降至十几到几毫焦。有关丙烷或类似的可燃气体的杂混物点火行为介绍如下：

① 在难点燃的粉尘（MIE≥100mJ）中，加入可燃气体可使点火能量大大降低。

② 处理易点燃的粉尘（MIE≤10mJ）过程中加入可燃气体时（溶剂蒸气），危险性将增大。

③ 上面所说的两个范围可燃性粉尘最小点火能量不能明确地从它们的杂混物的点火特性区别，需要更多的安全考虑。

④ 如可燃气浓度超过爆炸下限，则很容易引起杂混物点燃。

1.5.4 最大允许氧含量

如果杂混物需要进行惰化处理，则必须知道可燃气体点燃特性，以减小含氧水平。氮气

中氧含量对静止状态和粉尘爆炸试验时的紊流状态点燃丙烷混合物可燃范围的影响，如图 1-25 所示。从图中可知，降低氧含量并不改变 C_3H_8 的爆炸下限，但明显降低爆炸上限，这与可燃性粉尘特性相同。点燃状态（静态或紊态）对点燃范围稍有影响，但并不影响最大允许氧含量（10%）。如用点火能为 10J 的连续感应火花测试方法，最大允许氧含量将为 11.8%。故在应用最大允许氧含量数据时要注意点火源的种类和能量。

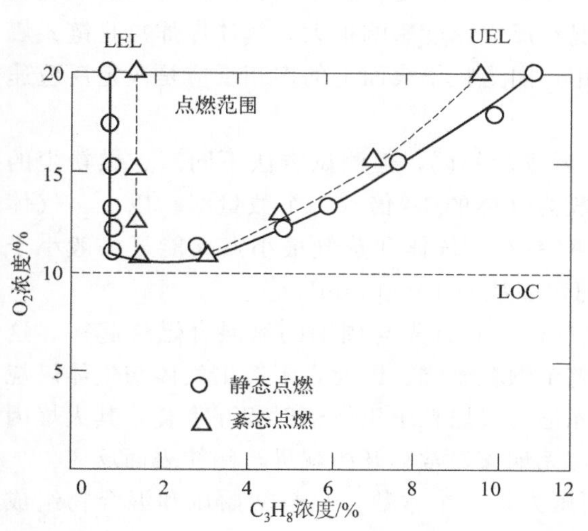

图 1-25　氧含量对混合物可燃范围的影响

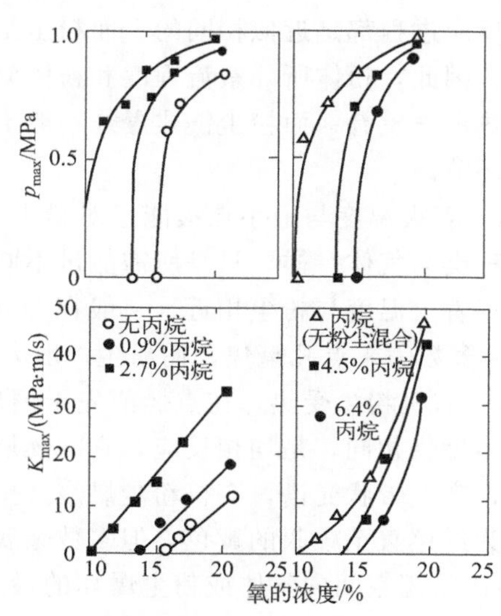

图 1-26　用氮气惰化豌豆粉、丙烷及其杂混物的惰化程度与爆炸性的关系

图 1-26 表明了用氮气惰化豌豆粉、丙烷及它们的杂混物的惰化程度与爆炸性的关系。豌豆粉的 LOC 为 15.5%，比丙烷的 LOC（10%）高得多。无论丙烷含量多少，降低氧含量，最大爆炸压力均减小。最初并不算大，但当氧含量接近可燃气和可燃粉的 LOC 时，p_{max} 的减小非常明显。丙烷含量对杂混物 LOC 有影响，当丙烷含量接近爆炸下限（LEL）时，爆炸指数 K_{max} 随氧含量的减少而直线下降，其下降趋势类似单独粉尘 K_{max} 与氧含量的关系。高含量丙烷的 K_{max} 趋近横坐标时，亦即 LOC 时，其 K_{max}-O_2（%）曲线走向与单独丙烷相似，如图 1-27 所示。

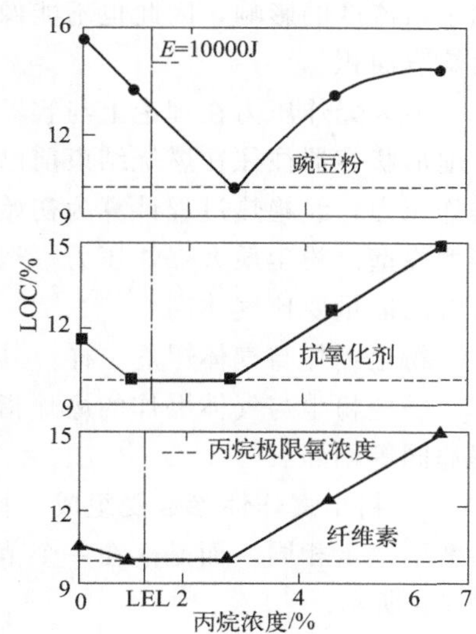

图 1-27　最大允许氧浓度与丙烷浓度的关系

一般来说，在豌豆粉不能发生爆炸的氧浓度下，豌豆粉与可燃气的杂混物却有可能发生爆炸。杂混物的 LOC，从单独粉尘的 LOC 起，随着丙烷浓度的增加，向着丙烷的极限氧浓度降低，当它们到达丙烷的 LOC 时，LOC 又随丙烷浓度增加而上升。

根据《Explosion protection systems-Part 1：Determination of explosion indices of combustible dusts in air》（ISO 6184-1：1985）规定的 $1m^3$ 标准爆炸装置和在 20L 球形爆炸装置中测得的最大允许氧含量结果，1985 年巴特克莱奇特得出可燃气的最大允许氧气浓度在

$1m^3$ 测试装置中测得的数值是 20L 测试装置中测得数值的 1.32 倍。

1.6 粉尘爆炸与气体爆炸的异同

① 气体是均相体系，可燃气体分子与氧气分子混合均匀。任何瞬间，气体的任一体积元中反应进程都是近似相同的。而粉尘是非均相体系，反应是在粉尘颗粒表面与四周氧气发生的。因此，粉体所处紊流程度和粉体分散状况对反应速度影响很大。气体爆炸总是链式爆炸与热爆炸重叠；而粉尘链式爆炸一般不起作用，因为粒子表面上的多相反应是决定反应速度的环节。

② 着火温度与最小点火能量对粉尘与气体虽概念相同，但测试方法不同。点燃粉尘的火源种类与气体一样，只是所需能量不同，一般为气体的 10 倍（一个数量级）以上。气体和蒸气着火温度与粉尘相近。一般在 200～600℃左右。气体和蒸气最小点火能量一般小于 1mJ，多数为零点几毫焦，而粉尘一般大于 1mJ，多数为 10～100mJ。

③ 有机粉尘受热，在点燃前先干馏出可燃气体，它首先与周围的氧混合燃烧起来，这与气体燃烧相同，是均相反应，它的燃烧引起整个颗粒燃烧。因此，干馏出气体与气体燃烧一样，产生带状光谱，有机粉尘燃烧产生带状光谱与炭黑粒子黑体辐射相互重叠，其火焰因此多为红色直至耀眼的黄色。但多数金属粉尘与无烟煤通常一开始就进行颗粒表面反应。

④ 密闭空间内气体或粉尘爆炸的最大爆炸压力是一个常数，只与初始压和混合物组成有关。按绝热过程假设计算，气体、空气混合物的爆炸压力为起始压力的 8～10 倍，实际上一般为 7～8 倍。密闭空间中粉尘爆炸与气体爆炸很接近，只是粉尘受重力影响其浓度随位置和时间的变化而变化，为了克服重力影响，试验中常吹入压缩空气，使粉尘悬浮，这就增加了紊流度的影响，因此也不能像气体那样，一开始燃烧就有连贯的火焰前沿，从而增大了火焰表面积。

最大爆炸压力在理论上与容器体积无关，但实际不然。对球形容器测定值往往较大，而其他形状容器往往在燃烧结束前已经接触到冷壁，从而使最终压力有所降低。粉尘爆炸最大爆炸压力，经绝热过程计算为初始压力的 12 倍，但实际很少达到。因紊流燃烧火焰很早就接触冷壁。粉尘最大爆炸压力一般比气体爆炸压力大。这是因为粉尘-空气混合物单位体积所含的能量要比气体高。

粉尘爆炸与气体爆炸一样，其爆炸压力上升速率与体积关系在一定条件下符合立方根定律。一些粉尘与气体爆炸的爆炸指数如表 1-6 所示。从表中可知，粉尘爆炸一般至少与气体爆炸同等剧烈。

⑤ 粉尘爆炸性参数受组成、粒度和颗粒形状的影响很大，故同名粉尘所测得的爆炸性参数不一定相同，而是落在一个范围内。气体爆炸是均相反应，所测得的数据基本相同，如表 1-6 所示。

表 1-6 粉尘与气体最大爆炸压力与 K_{max}

燃料种类	p_{max}/MPa	K_{max}/(MPa·m/s)
聚氯乙烯粉	0.67～0.85	2.7～9.8
奶粉	0.81～0.91	5.8～13.0
糖粉	0.82～0.94	5.9～16.5

续表

燃料种类	p_{max}/MPa	K_{max}/(MPa·m/s)
褐煤粉	0.81～1.00	9.3～17.6
米粉	0.77～1.05	8.3～21.1
铝粉	0.54～1.29	1.6～75.0
甲烷		5.5
丙烷		7.5
氢气		55.0

⑥ 可燃气与空气混合构成均相，所以爆炸极限稳定明确，如氧降至 13%（体积分数）以下，则密闭空间大多数气体和蒸气都没有爆炸危险，而粉尘-空气混合物很少出现均匀稳定，因此局部粉尘浓度随时发生变化。一般可燃性粉尘最大允许氧含量为 9%（体积分数），但铝粉为 5%，锆粉为 1%。总之，可燃性粉尘氧化燃烧为气-固多相反应，而气体燃烧是均匀反应；单位体积内含可燃物的能量粉尘比气体高，这是构成粉尘爆炸与气体爆炸不同的主要根源。

1.7 粉尘爆炸性参数测定方法

由 1.2 节可知，粉尘的爆炸性参数主要有：

① 粉尘层最低着火温度（MITL）；

② 粉尘云最低着火温度（MITC）；

③ 最小点火能量（MIE）；

④ 粉尘爆炸下限（LEL）；

⑤ 最大允许氧含量（LOC）；

⑥ 粉尘层电阻率（ρ）；

⑦ 最大爆炸压力（p_{max}）；

⑧ 最大压力上升速率 [$(dp/dt)_{max}$]；

⑨ 爆炸指数（K_{max} 或 K_{st}）。

目前，国内外粉尘爆炸参数测定方法逐步统一，以下将结合最新国家标准介绍粉尘爆炸性参数测定方法。

1.7.1 粉尘层最低着火温度测定方法

根据 GB/T 16430—2018《粉尘层最低着火温度测定方法》，推荐采用热板测试装置。粉尘层最低着火温度是指在热表面上规定厚度的粉尘层着火时热表面的最低温度。粉尘层在着火之前都要经历一段持续的自热过程（通常是由于空气的氧化放热），自热使粉尘层温度升高，氧化速率进一步加快。粉尘层着火取决于实际的工况，例如粉尘层厚度和环境温度分布等因素。

(1) 试验装置

试验装置如图 1-28 所示，其中金属环如图 1-29 所示。

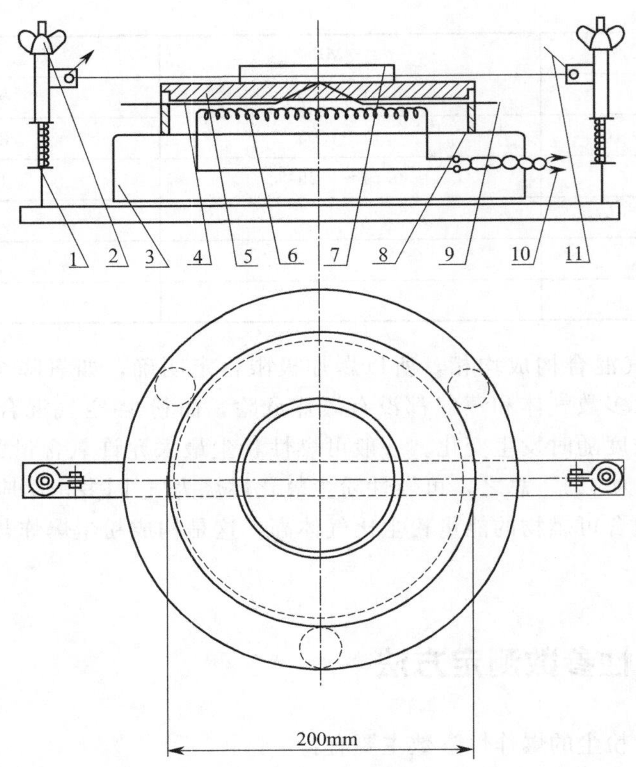

图 1-28　试验装置示意图

1—弹簧；2—热电偶高度调节旋钮；3—加热器底座；4—热表面记录热电偶；5—热表面；6—加热器；7—金属环；8—裙边；9—热表面控制热电偶；10—加热器引出线；11—粉尘层热电偶

（2）测定步骤

a. 试验装置应位于不受气流影响的环境中，环境温度保持在 15～35℃范围内。宜设置一个抽风罩，吸收试验过程中的烟雾和水蒸气。

b. 为了测定给定厚度的粉尘层最低着火温度，每次应采用新鲜的粉尘层进行试验。

c. 将热表面的温度调节到预定值，并使其稳定在一定范围内（试验期间，平板温度应保持恒定，其偏差在±5℃的范围内），然后将一定高度的金属环放置于热表面的中心处，再在 2min 内将粉尘填满金属环内，并刮平，温度记录仪随之开始工作。

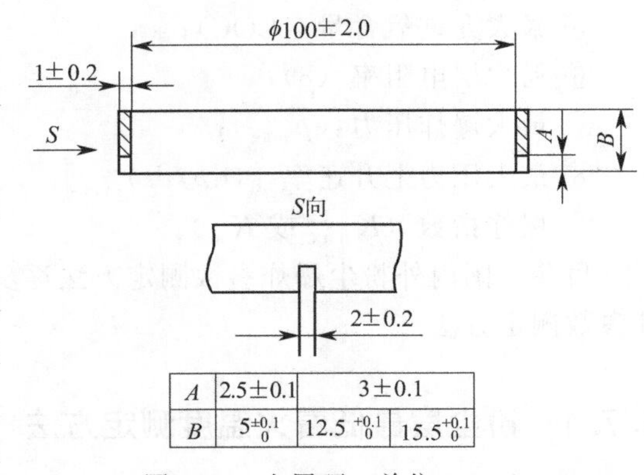

A	2.5±0.1	3±0.1	
B	$5^{\pm0.1}_{0}$	$12.5^{+0.1}_{0}$	$15.5^{+0.1}_{0}$

图 1-29　金属环（单位：mm）

保持温度恒定，直到观察到着火或温度记录仪证实已着火为止；或发生自热，但未着火，粉尘层温度已降到低于热表面温度的稳定值，试验也应停止。

如果 30min 或更长时间内无明显自热，试验应停止，然后更换粉尘层升温进行试验，如果发生着火，更换粉尘层降温进行试验。试验直到找到最低着火温度为止。

最高未着火的温度低于最低着火温度，其差值不应超过 10℃。验证试验至少进行 3 次。

如果热表面温度为 400℃时，粉尘层仍未着火，试验结束。

d. 除非能证明这个反应没有成为有焰或无焰燃烧，下列过程都视为着火：

粉尘有焰或无焰燃烧［如图 1-30(a)］；

高出热表面温度 250℃［如图 1-30(b)］；

温度达到 450℃［如图 1-30(c)］。

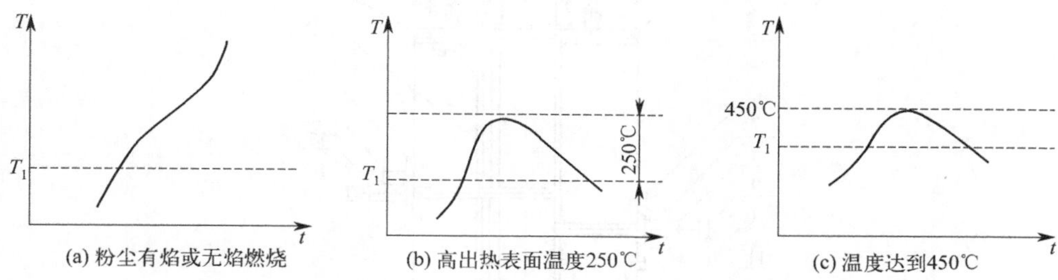

图 1-30　热表面上粉尘层的典型温度-时间曲线

T—粉尘层温度；T_1—热表面温度；t—试验时间

e. 给定物料的着火温度与粉尘层厚度有关，故可以用两个或更多的粉尘层厚度对应的最低着火温度值来推断其他厚度的最低着火温度。

1.7.2　粉尘云最低着火温度测定方法

根据 GB/T 16429—1996《粉尘云最低着火温度测定方法》，粉尘云着火温度是指在加热炉中的粉尘云发生着火时，加热炉中部内壁的最低温度。

(1) 测定装置

测定装置如图 1-31 所示，其中加热炉见图 1-32。加热炉的相关零部件见表 1-7。

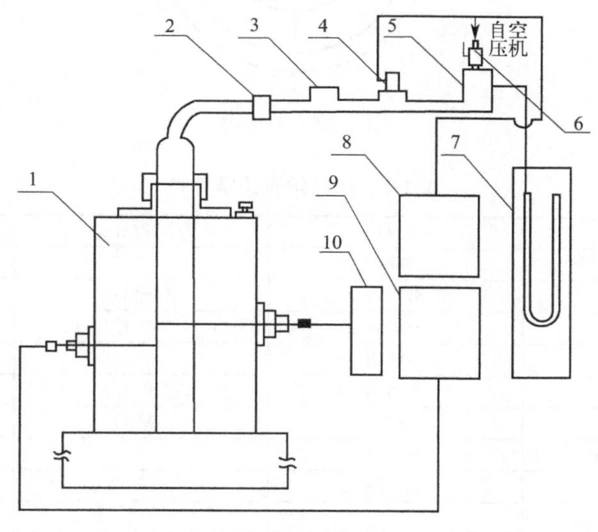

图 1-31　粉尘云最低着火温度测定装置

1—加热炉；2—连接头；3—储尘器；4—电磁阀；5—储气罐；6—闸阀；7—U 形管；8—稳压电源；9—温度控制仪；10—温度记录仪

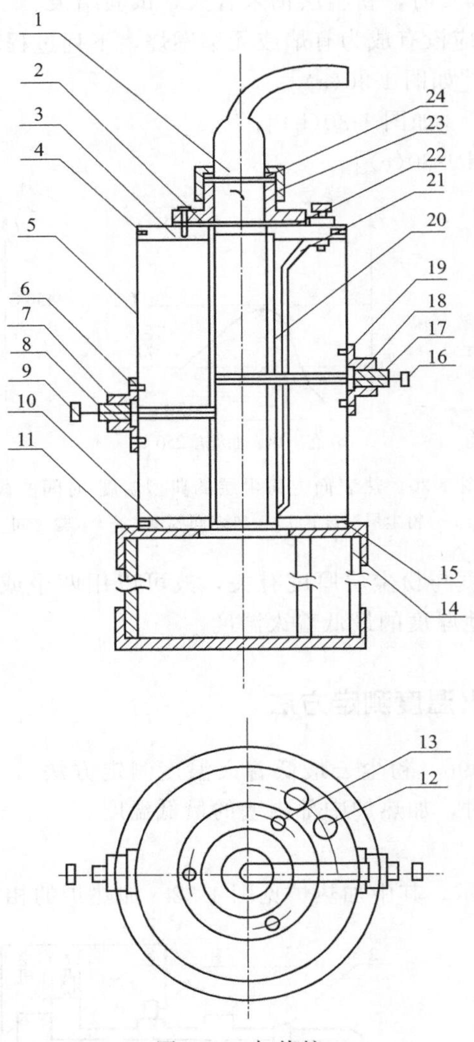

图 1-32　加热炉

表 1-7　加热炉有关零部件

序号	名称	材料	规格/mm	数量/(件/个)
1	玻璃适配器	玻璃		1
2	连接环	不锈钢	直径 90	1
3	顶盖	石棉	直径 150,厚度 12	1
4	固定座铆钉	不锈钢	M4	8
5	加热炉外壳	不锈钢	厚度 1.0	1
6	固定座铆钉	不锈钢	M3	2
7	热电偶固定座	不锈钢		1
8	调节器	不锈钢		1
9	热电偶			1
10	底盖	石棉	直径 150,厚度 12	1
11	加热炉支撑座	碳钢		1
12	接线柱	黄铜		2
13	连接环固定铆钉	不锈钢	M4	3

续表

序号	名称	材料	规格/mm	数量/(件/个)
14	支撑座围板	有机玻璃	厚度5.0	1
15	底盖固定铆钉	不锈钢	M4	8
16	热电偶			1
17	调节器	不锈钢		1
18	热电偶固定座	不锈钢		1
19	固定座铆钉	不锈钢	M3	2
20	石英管	石英	直径44,长度216	1
21	电阻丝	电工合金丝		
22	垫圈	石棉	直径90,厚度2.0	1
23	固定环	不锈钢	直径60	1
24	垫圈	石棉	直径45,厚度2.0	1

(2) 测定步骤

① 加热炉的安装。加热炉应安装在不受空气流动影响且能将粉尘和有毒气体抽出的罩子下面。

② 加热炉的标定。加热炉使用的热电偶应定期进行标定。

加热炉安装完毕后，应采用石松子粉进行标定。所测得的最低着火温度值为：450℃±50℃。标定用的石松子粉在常压、50℃下干燥24h，石松子粉的中位径为（30±5)μm。

③ 最低着火温度的测定。称量0.1g的粉尘装入储尘器中，将加热炉温度调到500℃，并将储气罐气压调到10kPa。打开电磁阀，将粉尘喷入加热炉内。如果未出现着火，则以50℃的步长升高加热炉温度，重新装入相同质量的粉尘进行试验，直至出现着火，或直到加热炉温度达到1000℃为止。

一旦出现着火，则改变粉尘的质量和喷尘压力，直到出现剧烈的着火。然后，将这个粉尘质量和喷尘压力固定不变，以20℃的间隔降低加热炉的温度进行试验，直到10次试验均未出现着火。

如果在300℃时仍出现着火，则以10℃的步长降低加热炉的温度。

当试验到未出现着火时，再取下一个温度值，将粉尘质量和喷尘压力分别采用较低和较高一级的规定值进行试验。如有必要，可进一步降低加热炉温度，直到10次试验均未出现着火。

(3) 着火的判别

试验时，在加热炉管下端若有火焰喷出或火焰滞后喷出，则判为着火；若只有火星而没有火焰，则判为未着火。

(4) 最低着火温度的确定

按上述方法所测得的粉尘出现着火时加热炉的最低温度，若高于300℃，则应减去20℃，若等于或低于300℃，则应减去10℃，即为粉尘云最低着火温度。

如果在加热炉的温度达到1000℃时，粉尘仍未出现着火，则应在试验报告中加以说明。

1.7.3 粉尘云最小点火能量测定方法

根据GB/T 16428—1996《粉尘云最小着火能量测定方法》，推荐采用20L球形爆炸试验装置或哈特曼管（Hartmann tube）作为测定粉尘云最小着火能量的试验装置。最小着火能量指能够点燃粉尘并维持燃烧的最小火花能量。

（1）测定系统

测定系统包括电火花发生系统和试验装置（20L 球形爆炸试验装置或哈特曼管）。

① 电火花发生系统。电火花发生系统可采用 3-电极辅助火花触发系统、电极移动触发系统、电压增加（涓流充电电路）触发系统、辅助火花触发的双电极系统、方形波火花发生系统的形式，在使用较大的试验容器时，应采用适当的措施，以防止边壁效应。

a. 3-电极辅助火花触发系统。该装置结构见图 1-33。

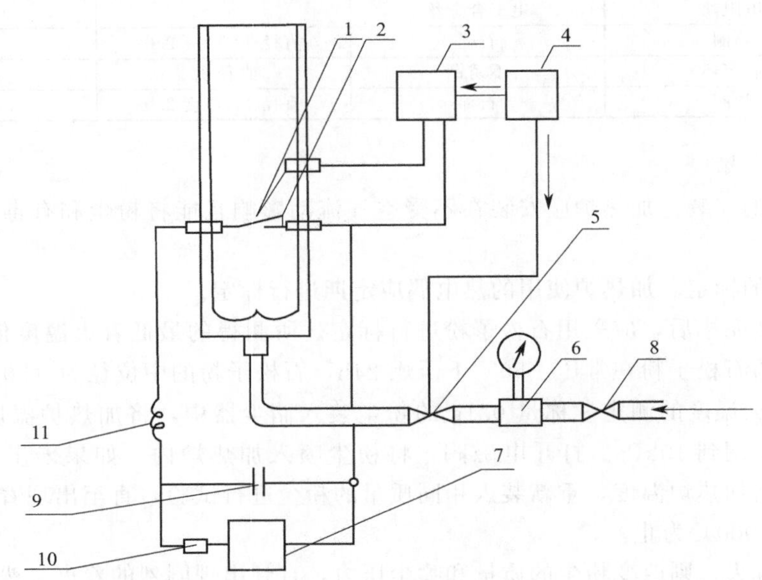

图 1-33　3-电极辅助火花触发系统试验装置图

1—辅助电极；2—主火花隙电极；3—辅助电路；4—控制装置；5—电磁阀；6—储气罐；7—充电装置；8—截流阀；9—电容器；10—充电电阻；11—电感

粉尘云的着火试验由控制装置完成。由控制装置打开电磁阀，使粉尘喷入试验装置，形成粉尘云，间隔预先确定的时间后，触发辅助火花，从而使电容器放电，形成主火花，提供试验用点火源。

b. 电极移动触发系统。该装置结构见图 1-34。

当高压发生器从电容器电路中断开后，由电-气动装置控制有一定气压的储气罐，释放压缩空气，使粉尘扩散形成粉尘云，延迟一定时间（由时间控制器设定）后，将高压电极推到规定位置，使电容器放电产生电火花。

c. 电压增加（涓流充电电路）触发系统。该装置结构见图 1-35。

高的直流电压使电容器的电位缓慢升高，直至产生火花。重复相同的操作可得到一系列相等的能量值。通过调节电容器电容和放电电压，可得到能量值超过 1.0mJ 的电火花。

试验时，首先应确定所需的火花能量值。选择一个合适值的电容器，调节电压和电极间距，直到在电极处产生所需能量值的电火花，接着将高电压电极接地，并把一定量的粉尘试样装入喷尘杯中。然后将直流电源接入电路中。当电极间刚产生火花时，将粉尘试样用压缩空气喷入试验装置，形成粉尘云。观察是否出现着火，并观察火焰的传播情况。

通常，第一次试验都是用较高的火花能量（如 500mJ）来进行的。如果出现着火，然后

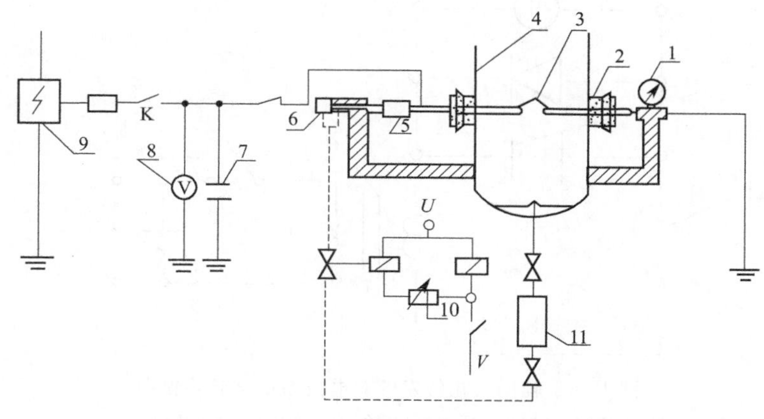

图 1-34　电极移动触发系统试验装置图

1—螺旋千分尺；2—固定座；3—电极；4—哈特曼管；5—聚四氟乙烯绝缘件；
6—双作用气动活塞；7—电容器；8—电压表；9—高压发生器；10—时间继电器；11—储气罐

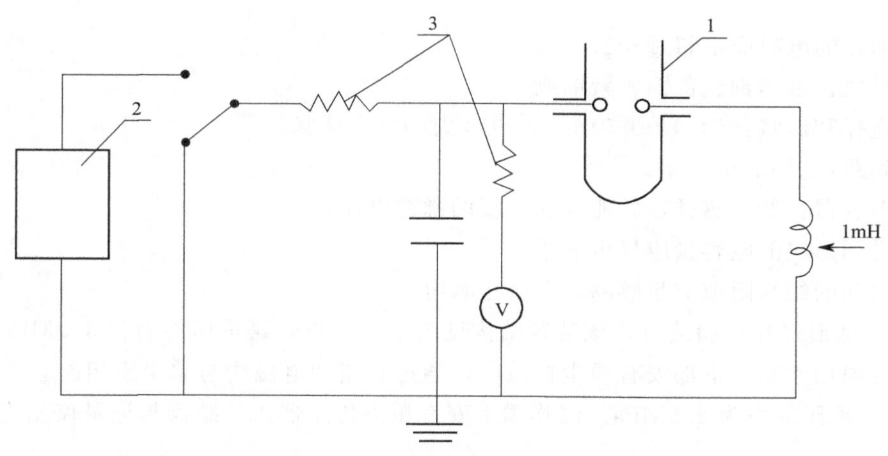

图 1-35　电压增加（涓流充电电路）触发系统试验装置图

1—试验装置；2—直流电源；3—去耦电阻

逐步地降低火花能量再进行试验，直至没有出现着火为止。

d. 辅助火花触发的双电极系统。该装置结构见图 1-36。

本电路不能用于无电感的试验。由于电容器的容量在 40pF 以下可调（以 10 的倍数调节），电压在 1000V 以下也可调（一般到 400～500V 为最低值），火花能量可调范围较宽。试验表明，这种触发方式难于产生低于 2～5mJ 的电火花。通过测量放电时火花隙处随时间变化的电流和电压，便可获得所需火花能量值。

e. 方形波火花发生系统。该系统的电容器容量较大，一般由几个大电容器或数十个小电容通过串、并联方式组成。电容器充电电压最高为 1500V。该系统的特点是：放电电流和放电电压在整个放电过程中呈方形波，使其在整个放电时间内，电火花的强度保持不变，从而避免放电过程的无功火花产生，使所测数据更准确。通过调节充电电压、可调电阻以及放电持续时间，可方便调节电火花的能量值。该系统的技术特征为：放电火花持续时间调节范围为 0.99～990ms，火花能量调节范围为 $(0.25\sim2.0)\times10^6$ mJ，可调电阻范围为 0～990Ω。

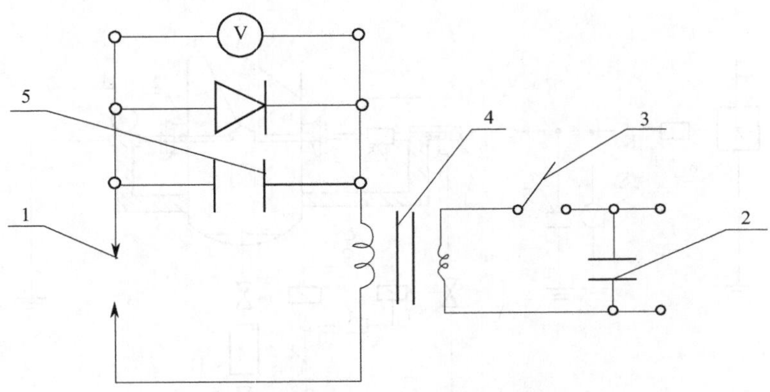

图 1-36　辅助火花触发的双电极系统试验装置图

1—火花隙；2—电容器；3—开关；4—变压器；5—主电容器

所有上述系统均具有下列特性：

放电回路的电感 1～2mH。当使用这个值来评价静电的危险性时，放电回路的电感应不超过 25μH。

放电回路的电阻应不超过 5Ω。

电极材料：不锈钢、黄铜、紫铜或钨。

电极直径和形状：(2.0±0.5)mm，电极尖端呈半球状。

电极间距：≥6mm。

储能电容器：低电感类，并能承受反复的脉冲电流。

电极排列形成的电容量应尽可能小。

电极之间的绝缘阻值应足够高，以防止漏电。

② 20L 球形爆炸试验装置。该装置结构见图 1-37。爆炸罐承压能力为 3.0MPa。爆炸罐壁外装有控温用水套，下部安有粉尘扩散器，通过管路和电磁阀与储尘罐相连通，储尘罐容积为 0.6L，承压能力为 2.5MPa。爆炸罐上安有压力传感器，传感器与记录仪相连。

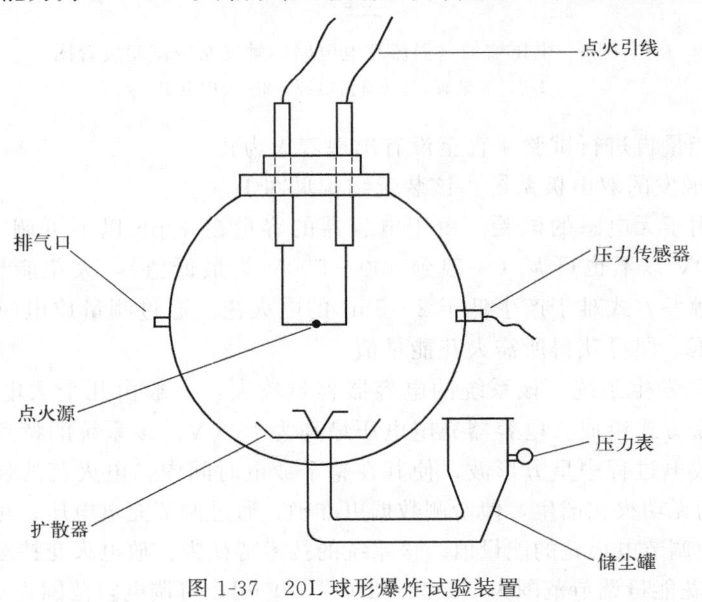

图 1-37　20L 球形爆炸试验装置

③ 哈特曼管。该装置结构见图 1-38。其容积为 1.2L，装置上部为石英玻璃管，便于观察粉尘的着火情况。扩散器为伞形，用以扩散粉尘。

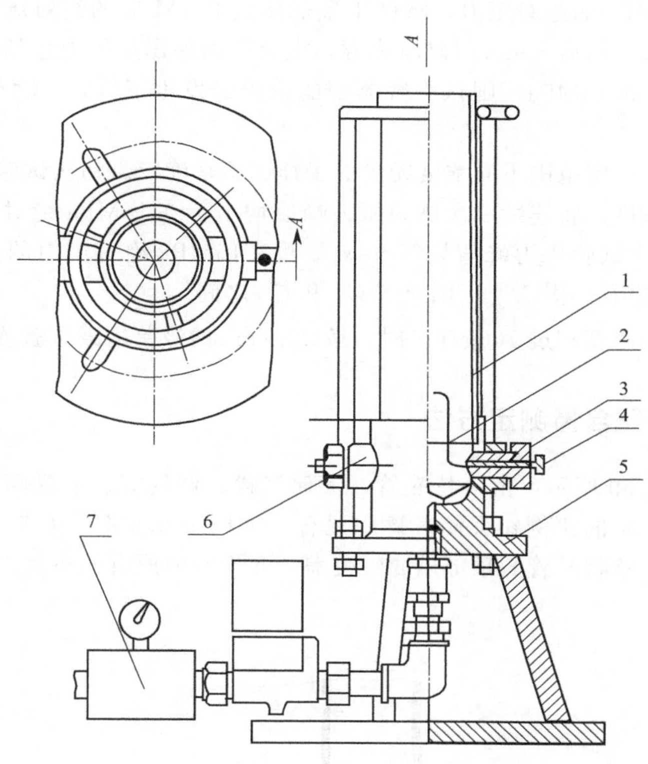

图 1-38 哈特曼管

1—石英玻璃管；2—点火电极；3—扩散器；4—铜套；5—底座；6—点火电极接头座；7—储气罐

(2) 测定步骤

在一定的粉尘浓度条件下，用一个能可靠点燃粉尘云的能量值的电火花开始，然后改变粉尘浓度、着火延迟时间和喷尘压力，并通过调节电容器电容和（或）电容器上充电电压，逐次减半降低火花能量值，直到连续 20 次试验均未出现着火为止。

注意：当使用 20L 球形试验装置时，着火延迟时间应为 120ms。

粉尘云最小着火能量 E_{min} 介于 E_1（连续 20 次试验均未出现着火的最大能量值）和 E_2（连续 20 次试验均出现着火的最小能量）之间。

1.7.4 粉尘云爆炸下限测定方法

根据 GB/T 16425—2018《粉尘云爆炸下限浓度测定方法》，推荐容积 20L 的球形不锈钢爆炸罐为测定最低可爆粉尘浓度的标准装置。

(1) 试验装置

试验装置适用于测定粒度不超过 75μm 和水分不超过 5%的可燃粉尘的爆炸下限。如果粒度较大或水分较高的粉尘能在爆炸罐中有效地扩散，则可用此装置进行测定，受试粉尘的粒度分布和水分应能代表使用物质的粒度分布和水分。

试验装置采用容积为 20L 的球形不锈钢爆炸罐，如图 1-37 所示。

(2) 试验程序

试验在常温常压条件下进行。在储尘罐中放入已知量的粉尘，然后将储尘罐密闭。把爆炸罐抽真空到 0.04MPa 的绝对压力，将储尘罐加压到 2.1MPa 的绝对压力。启动压力记录仪，开启喷尘电磁阀，滞后 60ms 引燃点火源，点火后如果爆炸压力包括由点火自身产生的压力大于（或等于）0.15MPa，则认为容器中的粉尘云发生了爆炸，对爆炸压力进行测定记录。

爆炸下限需通过一定范围不同浓度粉尘的爆炸试验来确定。初次试验时按 $10g/m^3$ 的整数倍确定试验粉尘浓度。将连续 3 次试验压力峰值均小于 0.15MPa 绝对压力的最高粉尘浓度定为 C_1，连续 3 次试验压力峰值均等于或大于 0.15MPa 绝对压力的最低粉尘浓度定为 C_2，所测粉尘试样爆炸下限 C_{max}，则介于 C_1 和 C_2 之间。

当所试验的粉尘浓度超过 $100g/m^3$ 时，按 $20g/m^3$ 的级差增减试验浓度。

1.7.5 最大允许氧含量测定方法

试验装置如图 1-39 所示，由哈特曼管、大储气罐、储气室、电磁阀和火花发生器等组成。空气和氮气按一定的比例在大储气罐中混合，加压至 0.9MPa（绝对），其比例决定了混合气中氧的含量。哈特曼管的顶部用滤纸覆盖，允许管内原有的空气进入大气，防止外面的空气混入管内。

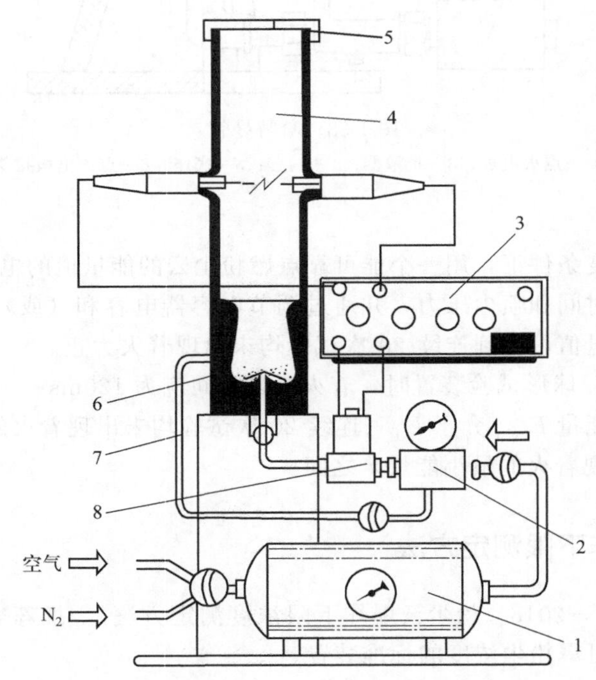

图 1-39 改进的哈特曼管装置

1—大储气罐；2—储气室；3—火花发生器及时间控制器；4—哈特曼管；
5—滤纸；6—粉室；7—洗气用导管；8—电磁阀

在大储气罐中加入一定比例的氮气，将此混合气体加压至 0.9MPa（绝对），通过储气

室和导管，缓缓使约3L的混合气体进入哈特曼管，使哈特曼管内的气氛与预混气体一致。启动控制钮，电磁阀打开，压缩空气将粉室内的粉尘样品吹入哈特曼管，在设定的点火延时后，点火头点火。观察粉尘云是否着火。每一氧浓度重复上述步骤20次，记下着火次数。改变氮的加入比例重复试验，作出着火频率和氧浓度的关系曲线。最大允许氧含量就是20次试验全不着火的氧浓度。

1.7.6 粉尘层电阻率测定方法

测定方法可参照GB/T 16427—2018《粉尘层电阻率测定方法》或GB/T 3836.12—2019《爆炸性环境 第12部分：可燃性粉尘物质特性试验方法》。两个测定方法类似，下面介绍GB/T 16427—2018中的试验装置和测定步骤。

(1) 试验装置

① 测定试验槽。测定试验槽由绝缘底板及其上放置的两块不锈钢电极和两绝缘端条组成，如图1-40所示。不锈钢电极尺寸：长（l）100mm、宽（b）20～40mm、高（h）10mm。两不锈钢电极相距（l_1）10mm。两绝缘端条尺寸：长（l_2）80mm、宽（b_1）10mm、高（h_1）10mm。绝缘底板厚5～10mm，材料为聚四氟乙烯（或玻璃）。

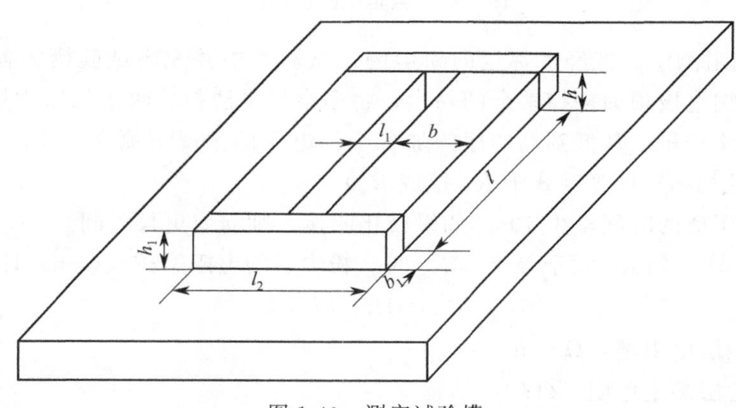

图1-40 测定试验槽

② 测定电路。测定电路原理图如图1-41所示。该电路具有7个挡次的直流电压：110V，220V，300V，500V，1000V，1500V，2000V。电压输出电路上有10kΩ的限流电阻，以保证电压为2000V时，线路短路电流限制在0.2A以内。全部电阻误差均为5%，功率为0.5W的高稳定性碳膜电阻。

也可采用其他类似性能和准确度的电路。

(2) 测定步骤

① 空试验槽电阻测定。在两不锈钢电极和绝缘端条安装到位的情况下，测定空试验槽的电阻R_0。电阻值按下式计算：

$$R_0=\frac{V_T R_T}{V_0}-10000 \tag{1-5}$$

式中 R_0——空试验槽测定电阻，Ω；

V_T——施加电压，V；

R_T——电阻挡，Ω；

V_0——电压测量值，V。

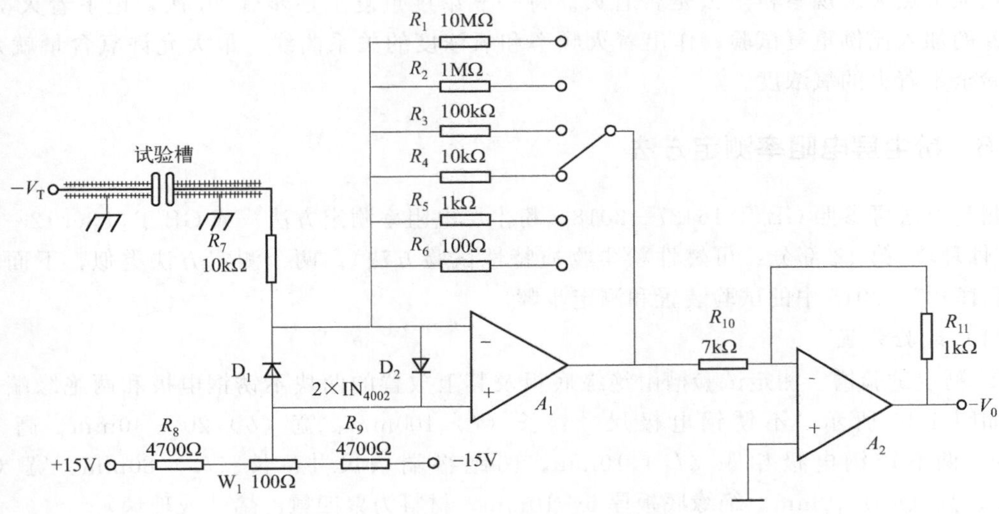

图 1-41 测定电路原理图

② 粉尘层电阻测定。把经过称量的粉尘倒入试验槽中并充满试验槽的各部位，然后用一把直尺沿不锈钢电极顶面刮掉多余的粉尘，将多余粉尘清扫、收集加以称量，从而计算出试验槽中粉尘的添加量。从低到高顺序施加各个挡电压的情况下测定粉尘层电阻 R_s。所测电阻 R_s 同样按式(1-5) 计算（式中 R_0 换成 R_s）。

施加每个电压值的时间至少 10s。如果极化明显，则需要更长时间。

③ 电阻率计算。如 R_0 大于等于 $10R_s$ 时，粉尘层的电阻率按式(1-6) 计算：

$$\rho=0.001R_s(hl/l_1) \tag{1-6}$$

式中 ρ——粉尘层电阻率，Ω·m；

R_s——粉尘层测定电阻，Ω；

h——电极高度，mm；

l——电极长度，mm；

l_1——两电极间隔距离，mm。

如果 R_0 小于 $10R_s$，粉尘层的电阻率按式(1-7) 计算：

$$\rho=0.001R_sR_0/(R_0-R_s)(hl/l_1) \tag{1-7}$$

1.7.7 粉尘云最大爆炸压力和最大压力上升速率测定方法

GB/T 16426—1996《粉尘云最大爆炸压力和最大压力上升速率测定方法》推荐的试验装置适用于测定粒度小于 75μm、水分低于 10%的可燃性粉尘的最大爆炸压力和最大压力上升速率。

(1) 试验装置

试验装置主要由容积为 $1m^3$ 的圆筒形爆炸室构成，圆筒形爆炸室的长度和直径比为 1∶1，装置结构如图 1-42 所示。

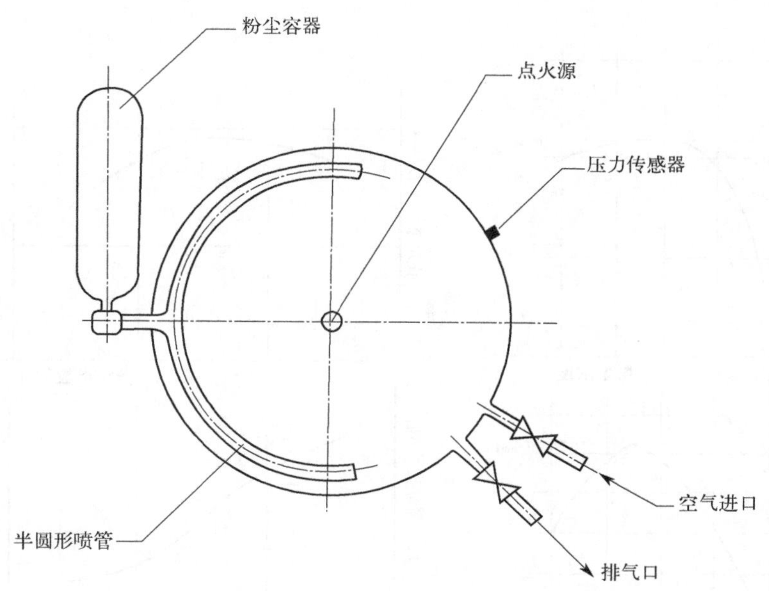

图 1-42　圆筒形爆炸室试验装置结构图

一个容积为 5L 的粉尘容器与爆炸室相连，注入该粉尘容器的喷尘气压可达 2.0MPa。该粉尘容器装有 19mm 快速开启阀，该阀门打开后能使容器中的粉尘在 10ms 内喷出。粉尘容器通过一根内径为 19mm 的管子与爆炸室内安设的半圆形喷管相连通。半圆形喷管内径为 19mm，喷管上分布着孔径为 4～6mm 的喷尘孔，喷尘孔的总断面积约为 $300mm^2$。

点火源是一总能量为 10kJ 的烟火点火具，点火源在对应于紊流指数（t_v）为 0.6s 的滞后时间点燃粉尘-空气混合物。点火剂的质量为 2.4g，由 40%的锆粉、30%的硝酸钡和 30%的过氧化钡组成。点火源由电引火头点燃，点火源位于爆炸室的几何中心。爆炸室壁上安有压力传感器以测定爆炸压力，压力传感器与记录仪相连接。

（2）测定步骤

把粉尘试样放入粉尘容器中，用压缩空气加压到 2.0MPa。将爆炸室抽成一定真空状态以确保爆炸室在点燃时处于大气压状态下。启动压力记录仪，打开粉尘容器的阀门，滞后点燃点火源，对爆炸压力进行测定记录。每次试验后，要用空气吹净爆炸室。

采用不同的粉尘浓度重复试验，以得到爆炸压力 p_m 和压力上升速率 $(dp/dt)_m$ 随粉尘浓度变化的曲线，根据曲线可求得最大爆炸压力 p_{max}、最大爆炸指数 K_{max}，如图 1-43 所示。

1.7.8　粉尘爆炸性数据

粉尘的着火性与爆炸性往往统称为爆炸性。目前粉尘爆炸研究仍处于实验和经验性阶段，实验室测得的爆炸性数据，并不能直接用于现场，还需根据经验或大型试验研究才能应用于实际。一些粉尘爆炸性数据参见本书附录。

由于影响粉尘爆炸因素很多，而附录中所列因素有限，因此附录中所列数据（包括国内所测数据）仅供参考。设计时，最好将所要处理的粉尘送防爆专业单位测定。

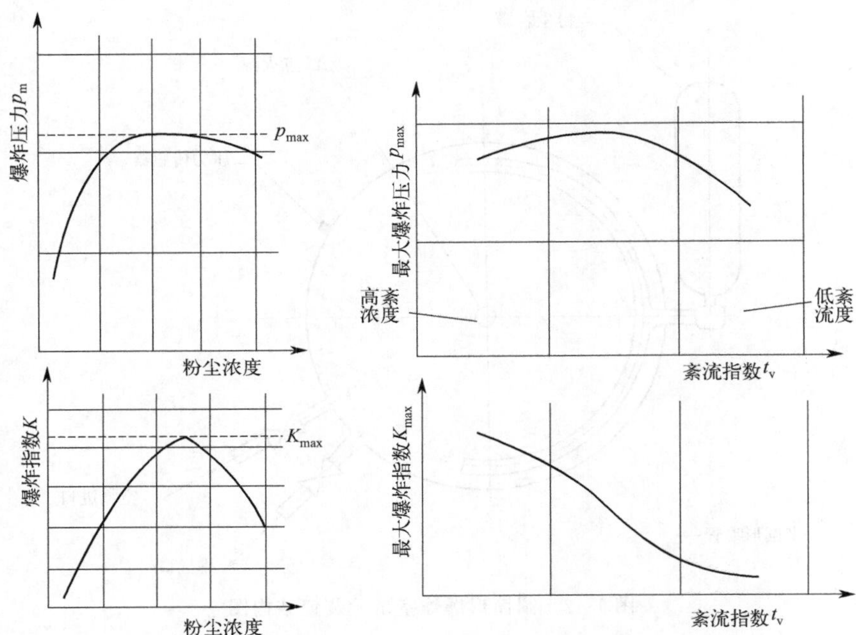

图 1-43　粉尘浓度与爆炸压力和爆炸指数关系图

第2章

粉尘防爆基本原理与技术措施

本章介绍粉尘防爆技术的理论基础。首先基于粉尘爆炸“五要素”阐述了粉尘防爆基本原理，然后从预防和控制角度分别阐述了粉尘防爆技术措施，最后基于工程实践给出了粉尘防爆技术措施的优选方法，以利于粉尘防爆措施的具体工程应用。

2.1 粉尘防爆基本原理

现代用于工业生产的可燃性粉尘种类繁多，数量庞大，而且生产过程情况复杂，因此需要根据不同的条件采取各种相应的防护措施。但从总体来说，防止发生粉尘爆炸的5个基本条件同时存在，是预防粉尘爆炸的基本理论。

粉尘爆炸属于化学性爆炸。从爆炸发生并产生破坏力的形成来看，粉尘爆炸一般需要具备5个条件，也称为粉尘爆炸“5要素”，即可燃性粉尘、粉尘云、助燃物、点燃源及空间受限。

① 可燃性粉尘：能够与助燃气体发生氧化反应而燃烧的粉尘；

② 粉尘云：可燃性粉尘悬浮在空气中，且粉尘浓度处于爆炸极限之内；

③ 助燃物：具有足够的氧含量；

④ 点燃源：具有足够的点燃能量或足够的表面温度；

⑤ 空间受限：粉尘云处于相对封闭的空间，在此空间内粉尘云被点燃后压力和温度才能急剧升高，从而发生爆炸。

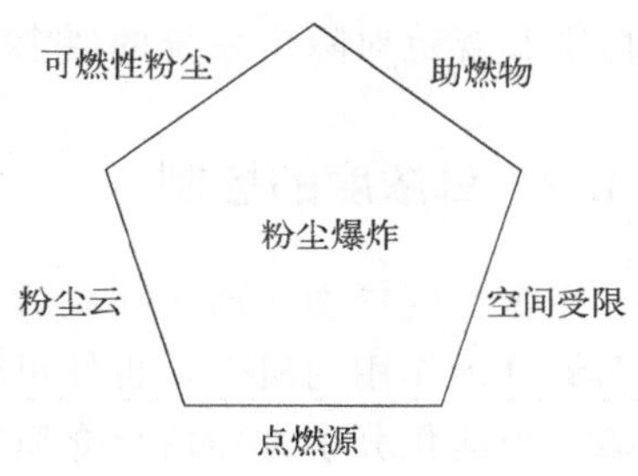

图 2-1 粉尘爆炸“5要素”

以上5个条件可以用粉尘爆炸五边形加以形象描述，如图2-1所示。当这5个条件同时出现时，爆炸破坏力便显现了出来，防爆技术就是根据爆炸五边形，采取相应的技术措施和管理措施，达到预防事故的目的。

2.1.1 可燃性粉尘浓度的控制

爆炸强度与可燃性粉尘云的浓度有密切关系，如图 2-2 所示。在浓度 C 的范围内，爆炸强度随浓度变化的关系近似于正半周期的正弦曲线。浓度超出这个范围则爆炸不能发生。对此现象的理论解释为：在可燃性粉尘云浓度接近氧化反应的化学当量浓度时，可燃性粉尘云能够完全燃烧，燃烧热释放量最大，爆炸强度也最大，如图 2-2 中的 B 点。图中爆炸强度以爆炸超压 p 表示，爆炸超压是常压下的可燃性粉尘云爆炸时产生的压力增量。若浓度由 B 点往低值方向变化，由于可燃物的数量减少，发热量相应减少，燃烧产生的温度也较 B 点低，由温升（燃气温度与室温之差）造成的压力增量要减少。当浓度低到 A 点时，可燃性粉尘的发热量已经低到不能维持火焰在粉尘云中传播所需要的最低温度，因而该粉尘云将不能点燃。若浓度由 B 点往高值方向变化，可燃性粉尘的数量固然增加，但此时助燃的氧气浓度低于化学当量浓度，不能满足粉尘云完全燃烧的需要，粉尘云发热量将比化学当量浓度时低，压力增量 p 也要减少，故在 BC 段，爆炸强度随着可燃性粉尘浓度的增加而减弱，到达 C 点浓度时，由于助燃氧气不足，可燃性粉尘云的燃烧发热量也低到不能维持火焰在粉尘云中传播所需要的最低温度，因而粉尘云不能点燃。这里的 A 和 C 是两个临界点，粉尘云在 A～C 点的浓度区间爆炸可以发生，粉尘云的浓度小于 A 和大于 C 点浓度都不能发生爆炸，A 点浓度称为爆炸下限浓度，C 点浓度称为爆炸上限浓度。

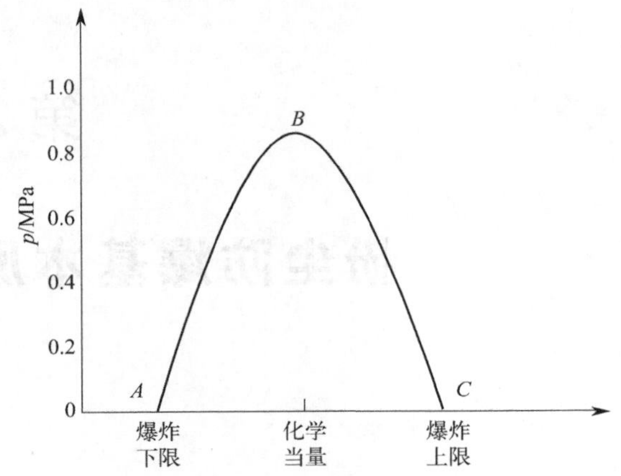

图 2-2 爆炸压力与可燃性粉尘浓度的关系

因此，可以通过对可燃性粉尘浓度的控制来预防爆炸事故的发生，或者把爆炸事故可能造成的破坏力降到最低限度。

第 5 章将详细阐述应用除尘系统控制可燃性粉尘的浓度以及从粉尘防爆角度阐述现有国家标准和规范对除尘系统的要求。

2.1.2 氧浓度的控制

在爆炸气氛加入惰化介质后，一方面可以使爆炸气氛中氧组分稀释，减少可燃性粉尘分子和氧分子作用的机会，也使可燃性粉尘组分同氧分子隔离，在它们之间形成一层不燃烧的屏障；当活化分子碰撞惰化介质粒子时，会使活化分子失去活化能而不能反应。另一方面，若燃烧反应已经发生，产生的自由基将与惰化介质粒子发生作用，使其失去活性，导致燃烧连锁反应中断；同时，惰化介质能大量吸收燃烧反应放出的热量，使热量不能聚积，燃烧反应不能蔓延到其他可燃组分分子上去，对燃烧反应起到抑制作用。由于上述作用，在可燃性粉尘-空气爆炸气氛中加入惰化介质实施惰化后，可燃性粉尘组分爆炸范围缩小；当惰化介质增加到足够浓度时，可以使其爆炸上限浓度、爆炸下限浓度重合；若再增加惰化介质浓度，此时可燃性粉尘-空气混合物将不再发生燃烧反应。例如，对苯二甲酸粉加入氮气惰化

后的行为具有这样的规律，如图 2-3 所示。

2.1.3 点燃源的控制

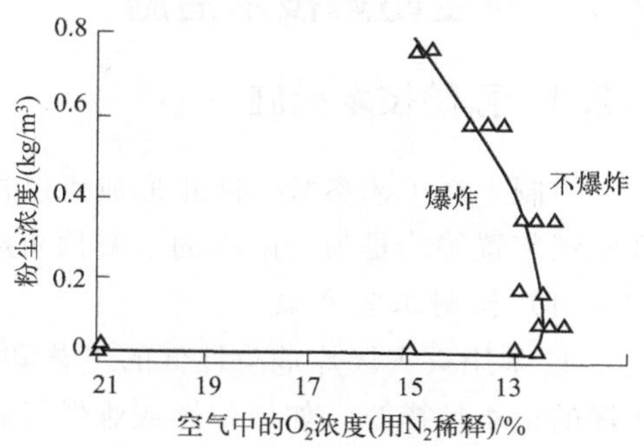

图 2-3　氮气对对苯二甲酸粉爆炸极限的影响

温度对化学反应速度的影响显著，从反应的活化能来看，不同分子要发生化学反应，分子必须相互碰撞，但能量较低的分子发生碰撞是不会发生反应的，只有具有较高能量的活化分子发生相互碰撞时，才能发生化学反应，我们把发生反应的碰撞叫作有效碰撞。提高反应温度，增大反应物浓度，就会增大活化分子数目，这样会导致有效碰撞次数的增加，从而加快了反应速度。例如，煤粉在外界达到一定的温度后会自燃，煤粉爆炸受温度影响的曲线如图 2-4 所示。当煤粉达到一定浓度后，热自燃的温度曲线保持恒定。

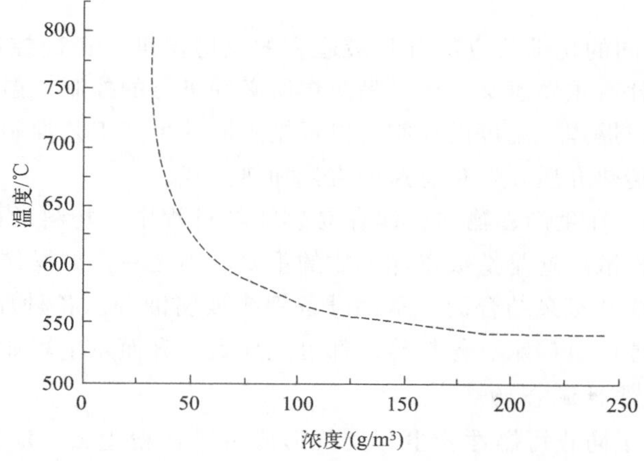

图 2-4　煤粉爆炸受温度影响的热自燃特性

可燃性粉尘具有一定浓度是发生其燃烧、爆炸反应，进而引起爆炸事故的基本前提；而温度（也就是通常所指的点燃源）是加快反应速度，引起爆炸事故的最初因素。因此，控制点燃源是防止爆炸事故的重要措施之一。

第 3 章、第 4 章将详细阐述如何控制各类点燃源，包括各种电气点燃源（如电火花等）与非电气点燃源（机械火花、静电等）。

2.1.4 减弱爆炸压力和冲击波

可燃性粉尘发生爆炸时，产生的高温高压气体产物以极高的速度膨胀，使包围体内压力骤增，进而使包围体炸裂，形成冲击波，造成破坏力。为了防止或减弱因爆炸而使包围体内压力的骤增，应尽可能地不使包围体相对封闭。为了预防冲击波的破坏力，亦可设计抗爆型包围体或设置隔爆墙等。

2.2 粉尘防爆技术措施

2.2.1 预防技术措施

控制生产工艺参数，防止形成可燃性粉尘云、控制点燃源以及生产过程的安全监控报警和联锁装置等均是粉尘防爆的重要预防措施。

(1) 控制工艺参数

① 采用火灾爆炸危险性低的工艺和物料。采用火灾爆炸危险性低的工艺和物料是防火防爆的根本性措施，如以不燃或难燃材料取代可燃材料、降低操作温度等。

② 投料控制。在工艺过程中进行投料控制，如控制工艺投料量，防止反应失控；控制生产现场易燃易爆物品的存放量，实行按用量领料、限制领用量、分批领料、剩余退库等措施。对于放热反应的工艺，应保持适当和均衡的投料速度，加热不能超过设备的传热能力，以避免引起温度急剧升高进而导致爆炸事故的发生。应严格控制反应物料的配比，尤其是对反应速度影响很大的催化剂，如果多加就可能发生危险。此外，在投料顺序和控制原料纯度方面都应十分注意。

③ 温度控制。不同的化学反应都有其最适宜的反应温度，正确控制反应温度不但对保证产品质量、降低消耗有重要意义，而且是防爆所必须进行的控制。温度过高，可能引起剧烈的反应而发生冲料或爆炸。温度的控制可以根据不同的生产工艺控制反应热量、防止局部热量积蓄，正确选择传热介质，避免急速的直接加热方式。

④ 防止物料泄漏。在生产、输送、储存易燃物料过程中，物料的跑、冒往往会导致可燃性粉尘在环境中的扩散，这是造成爆炸事故的重要原因之一，如操作不精心或误操作会造成槽满跑料、设备管线和机泵结合面不紧、设备管线被腐蚀等。各种原因造成的停车事故，如紧急情况下的突然停电、停水、停气等，都可能导致温升而发生爆炸。

(2) 防止形成爆炸性混合物

① 加强密闭。为了防止可燃性粉尘与空气形成可燃性粉尘云，应保证工艺设备和管道的密闭性。工艺设备的接头、检查口、挡板、泄爆口盖等均应封闭严密，防止可燃性粉尘逸出与空气混合形成可燃性粉尘云；对真空设备，应防止空气渗入设备内部达到爆炸浓度。为保证设备的密闭性，对危险设备和工艺管道系统应尽量采用焊接接头，减少法兰连接。若设备本身不能密封（如粉料进出工艺设备处），应采取有效的除尘措施，以防系统中可燃性粉尘逸出。加压或减压设备，在投产前和运行过程中应定期检查密闭性和耐压程度；对粉尘爆炸危险场所中的设备传动装置（齿轮、滑轮、胶带运输机托辊、轴承等）、润滑系统以及除尘系统、电气设备等进行检修维护。

② 厂房通风。实际生产过程中，要保证设备完全密封有时是很难做到的，总会有一些可燃性粉尘从设备系统中泄漏出来。因此，采用加强通风的方法使可燃性粉尘的浓度不至于达到危险的程度，是预防粉尘爆炸事故的重要措施之一。

通风按动力分为机械通风和自然通风，按作用范围可分为局部通风和全面通风。对有火灾爆炸危险厂房的通风，由于空气中含有可燃性粉尘，所以通风气体不能循环使用，送风系统应送入较纯净的空气。如通风机室设在厂房里，应有防爆隔离措施。输送温度超过 80℃ 的可燃性粉尘的通风设备，应采用非燃烧材料制成。空气中含有可燃性粉尘的厂房，应采用不产生火花的风机和设备。

③ 惰化防爆。惰化防爆是一种通过控制可燃混合物中氧气的浓度来防止爆炸的技术。向可燃性粉尘与空气混合物中加入一定的惰化介质，使混合物中的氧浓度低于其发生爆炸的最大含量，避免发生爆炸。

按惰化介质相态，惰化技术有两种，即气体惰化技术和固体惰化技术。气体惰化技术是指在可燃性粉尘所处环境中充入氮气、二氧化碳、卤代烃、氩气、氦气、水蒸气等惰性气体或灭火粉、化学干粉、矿岩粉等惰性粉尘，以稀释可燃组分并降低环境中氧含量，使之难以形成爆炸性混合物。固体惰化技术主要应用于可燃性粉尘惰化，即把碳酸钙、硅胶等耐燃惰性粉体混入可燃性粉尘中，防止其爆炸。这是因为添加的粉体具有冷却效果和抑制悬浮性效果，有时候还有负催化作用。目前这种方法一般用于煤矿中防范煤尘爆炸，在一般工业中使用的情况还不多。

根据惰化介质的作用机理，可将其分为降温缓燃型惰化介质和化学抑制型隋化介质。降温缓燃型惰化介质不参与燃烧反应，其主要作用是吸收燃烧反应热，从而使燃烧反应温度急剧降低，当温度降至维持燃烧所需的极限温度以下时，燃烧反应停止。降温缓燃型惰化介质主要有氩气、氦气、氮气、二氧化碳、水蒸气和矿岩粉类固体粉末等。化学抑制型惰化介质是利用其分子或分解产物与燃烧反应活化基团（原子态氢和氧）及中间自由基发生反应，使之转化为稳定化合物，从而导致燃烧过程连锁反应中断，使燃烧反应传播停止。化学抑制型惰化介质主要有卤代烃、卤素衍生物、碱金属盐类以及铵盐类化学干粉等。

④ 粉尘控制与清理。可燃性粉尘浓度的控制主要通过除尘设备完成。除尘器是用于捕集气体中固体颗粒的一种设备，分为干式除尘器、湿式除尘器。

作业场所积尘是粉尘发生二次爆炸的主因，初始爆炸的冲击波会将未发生爆炸的沉积粉尘再次扬起，形成粉尘云，并被初始爆炸形成的点火源引燃，形成猛烈的二次爆炸，导致爆炸威力增大，事故伤害程度急剧扩大。为了预防粉尘爆炸事故，避免二次爆炸的发生，应制定有效的粉尘清扫制度并严格执行，对可能积尘的粉尘作业区域和设备设施进行及时全面规范清理，粉尘作业区域应当保证每班清理，对除尘系统的清理应符合《粉尘爆炸危险场所用除尘系统安全技术规范》（AQ 4273）的相关要求。粉尘清理作业时，应根据粉尘特性采用不产生扬尘的清扫方法和防止产生火花的清扫工具，不使用压缩空气进行吹扫，宜采用负压吸尘方式清洁；对遇湿易燃的金属粉尘不应采用洒水增湿方式清扫，清扫收集的粉尘应落实防水防潮措施。

铝镁等金属粉尘和镁合金废屑的收集、储存等处置环节，应当避免粉尘废屑大量堆积或者装袋后多层堆垛码放；需要临时存放的，应当设置相对独立的暂存场所，远离作业现场等人员密集场所，并采取防水防潮、通风、氢气监测等必要的防火防爆措施。含水镁合金废屑应当优先采用机械压块处理方式。

（3）控制点燃源

在工业生产过程中，存在着多种引起火灾爆炸事故的点燃源，如明火、高温表面、摩擦与撞击火花、绝热压缩、辐射热、自燃发热、电气火花、静电火花、雷击等。由于生产过程情况复杂，可燃性粉尘种类繁多，各种可燃性粉尘的最小点火能量不同，产生点燃源的情况很多，有时甚至几种不同的点燃源同时起作用，因此，在有粉尘爆炸危险的场所应根据不同的条件采取严格的防火措施。

(4) 监控报警与安全联锁

爆炸事故预防检测控制系统是预防爆炸事故的重要设施之一，包括信号报警系统、安全联锁装置和保险装置等。生产中安装信号报警装置是用以出现危险状况时发出警告，以便及时采取措施消除隐患。在信号报警系统中，发出的信号常以声、光、数字显示。当检测仪表测定的温度、压力、粉尘浓度等超过控制指标时，警报系统即发出报警信号。

安全联锁是将检测仪器和生产设施按照预先设定的参数和程序连接起来；当检测出的参数超过额定范围时，生产设施就自动停止作业程序，达到安全生产的目的。当信号装置指示出已经发生异常情况或故障时，保险装置自动采取措施消除不正常状况和扑救危险状态。

干式除尘系统应结合工艺实际情况，安装使用锁气卸灰、火花探测熄灭、风压差监测等装置，以及相关安全设备的监测预警信息系统，加强对可能存在点燃源和粉尘云的粉尘爆炸危险场所的实时监控。铝镁等金属粉尘湿式除尘系统应当安装与打磨抛光设备联锁的液位、流速监测报警装置。

2.2.2 防护技术措施

在工业生产过程中，若不能预防粉尘爆炸事故的发生，应采用泄爆、抑爆、隔爆、抗爆中的一种或多种控爆方式，但不能单独采取隔爆。隔爆措施能够限制事故波及的范围，把事故的灾害降到最低限度。工程实际中所用的某些技术，如惰化防爆技术，既可以作为预防性措施，也可以作为防护性措施。

(1) 惰化防爆

惰化防爆（惰化）是一种通过控制可燃混合物中氧气的浓度来防止爆炸的技术。向可燃性粉尘与空气混合物中加入一定的惰化介质，如氮气、二氧化碳、水蒸气、卤代烃、氩气及岩石粉等，使混合物中的氧浓度低于其发生爆炸所允许的最大含量，避免发生爆炸。

实际上，惰化防爆技术既是预防性措施，又是防护性措施。为了预防爆炸事故的发生，预先加入的惰性介质，防止了爆炸的发生，提高了安全性，即使因生产工艺、产品性能等的要求，加入了不足以防止爆炸事故发生的惰性介质，在爆炸事故发生后，惰性介质仍起到了限制爆燃发展到爆轰的作用，减小了爆炸事故危害的程度。

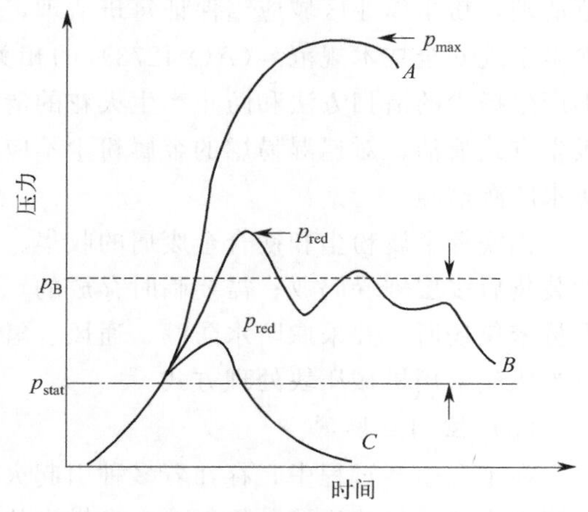

图 2-5 典型的未泄爆与泄爆的压力随时间变化曲线

(2) 爆炸泄压

粉尘爆炸泄压（泄爆）技术是缓解粉尘爆炸危害方法之一，是应用于可燃性粉尘处理设备的一种保护性措施。爆炸泄压不能预防爆炸，但能减轻爆炸危害。它是指在粉尘爆炸初始或扩展阶段，将包围体内高温高压燃烧物和未燃物，通过包围体强度最低的部分（即泄压口），向安全方向泄出，使包围体免遭破坏的技术。

如图 2-5 所示，曲线 A 是在无泄压装置、足够大强度的容器中，粉尘爆炸压力随时间变化情况。容器强度为 p_B，在容器上开一小泄压口，其他条件不变，则压力与时间的关系如曲线 B 所示，爆炸压力超过了容器的强度，容器仍被破坏。如泄压口开得足够大，最大爆炸压力如曲线 C 所示，低于容器的强度，容器不会因爆炸而被破坏。

实际生产过程中，主要从建筑物、容器、筒仓与设备、管道等方面考虑粉尘爆炸泄压。有粉尘爆炸危险的建筑物泄压可利用房间窗户、外墙或屋顶来实现，泄压口附近应设置足够的安全区，使人员不会受到危害。容器、筒仓与设备的强 度不足以承受其实际工况下内部粉尘爆炸产生的超压时，设置泄爆口，泄爆口应朝向安全的方向；对安装在室内的粉尘爆炸危险工艺设备应通过泄压导管向室外安全方向泄爆，泄压导管应尽量短而直，泄压导管的截面积应不小于泄压口面积，其强度应不低于被保护设备容器的强度；不能通过泄压导管向室外泄爆的室内容器设备，安装无焰泄爆装置。管道各段进行径向泄压，泄压面积应不小于管道的横截面积；管道如安装在建筑物内，则管道应设计为靠近外墙，并安装通向建筑物外的泄压导管。

（3）爆炸抑制

爆炸抑制（抑爆）技术是在爆炸发展的初期，利用监测到的危险信号，如温度升高、粉尘浓度达到爆炸极限、点火源的光信号、压力升高等，通过物理化学作用扑灭火焰，阻止爆炸传播，将爆炸阻隔在一定范围内的技术。

爆炸抑制系统按其触发方式可分为监控动作式和爆炸波从动式，按爆炸抑制作用的机制可分为降温型、传热屏蔽型、惰化型以及上述机制的联合作用型。

抑爆系统设计和应用应符合 GB/T 25445 的要求；如采用监控式抑爆装置，应符合 GB/T 18154 的要求。

（4）爆炸的阻隔

将一个设备内发生的粉尘燃烧或爆炸火焰通过物理化学作用扑灭，使之不致通过管道或通道传播到另一设备内的技术称为爆炸的阻隔，简称隔爆。工业上采用隔爆防护技术的原因有三：一是隔爆能阻止火焰的传播，减小火灾造成的损失；二是高速传播的火焰若不阻隔，喷射点燃引爆其他可燃物时会形成更大的爆炸压力，火焰喷射速度与最大爆炸压力的关系如图 2-6 所示；三是爆炸在设备与设备之间火焰加速会造成压力的叠加，易造成更大的损失，压力累计情况如图 2-7 所示。因此，隔爆技术在粉尘防爆中具有重要意义。

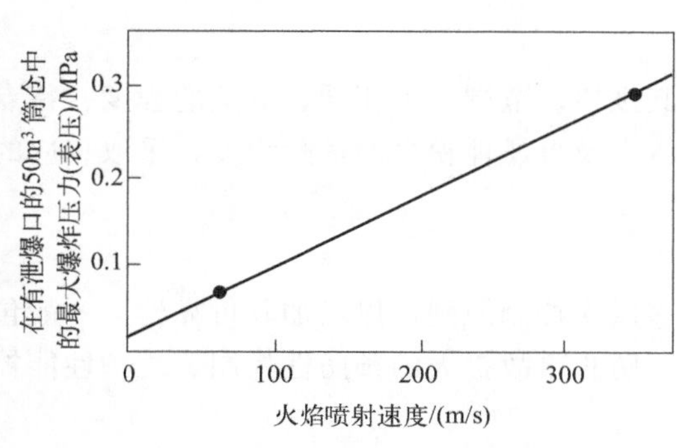

图 2-6　火焰喷射速度与最大爆炸压力的关系

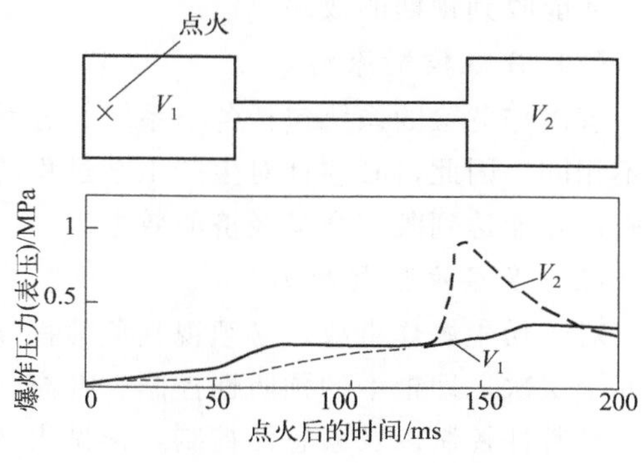

图 2-7　粉尘爆炸在设备之间传播时压力累计

通过管道相互连通的存在粉尘爆炸危险的设备设施，管道上宜设置隔爆装置进行爆炸阻隔；存在粉尘爆炸危险的多层建构筑物楼梯之间，设置隔爆门，隔爆门关闭方向与爆炸传播方向一致。

(5) 爆炸的封闭

封闭（抗爆）技术是利用封闭容器或设备将爆炸压力及火焰封闭住，使周围人员免遭伤害。这类爆炸封闭装置需能经受一定可燃性粉尘的最大爆炸压力而不被破坏。此类设备必须设计成压力容器（通常称为耐压容器）或抗爆容器。

压力容器和抗爆容器在封闭爆炸时的区别在于：压力容器既不允许出现破裂，也不允许出现永久性塑性变形，而抗爆容器则允许塑性变形的发生。

生产和处理能导致爆炸的粉料时，若无抑爆装置，也无泄压措施，则所有的工艺设备采用抗爆设计，且能够承受内部爆炸产生的超压而不破裂；各工艺设备之间的连接部分（如管道、法兰等），应与设备本身有相同的强度；高强度设备与低强度设备之间的连接部分，应安装隔爆装置；耐爆炸压力和耐爆炸压力冲击设备应符合 GB/T 24626 的相关要求。

2.2.3 粉尘防爆技术措施的优选方法

生产过程的爆炸危险程度是选择防爆技术措施的主要依据。首先分析生产过程的爆炸危险性，对产品和生产工艺的全过程进行认真的分析研究。分析生产过程中的危险性，主要是了解生产中使用的原料、中间产品和成品的物理、化学性质和危险特性，所用可燃性粉尘数量，生产中采用的设备类型，选择的反应温度、压力等工艺条件，以及其他可能导致发生爆炸危险的各种条件。

选择防爆技术措施时，要考虑生产工艺的要求，做到既经济又合理，有效地避免事故的发生或将事故发生率降到最低限度，即使万一发生了事故，也可限制其波及的范围，把爆炸事故的灾害降到最低限度。

选择防爆技术措施时，还应遵循以下原则。

(1) 动态控制原则

有爆炸危险的系统是运动变化的，而非静止不变的。例如，有可燃性粉尘参与的各种生产过程中，各种工艺参数如温度、压力、反应速度是变化的，只有正确、适时地采取措施控制，才能收到预期的效果。

(2) 分级控制原则

有爆炸危险的系统包括各子系统、分系统。其规模、范围互不相同，危险的程度、特点亦不相同。因此，必须针对生产工艺过程的不同特点及可燃性粉尘的危险程度，采取相应的措施，才能达到既安全又经济的效果。

(3) 多层次控制原则

对于粉尘爆炸事故，必须视其危险程度采取多层次控制原则，以增加其可靠性。一般包括 6 个层次，即根本的预防性控制、补充性控制、防止事故扩大的预防性控制、维护性能控制、经常性控制以及紧急性控制，详见表 2-1。

表 2-1　控制爆炸危险的方案

顺序	1	2	3	4	5	6
目的	预防性	补充性	防止事故扩大的预防性	维护性能	经常性	紧急性
分类	根本性	耐负荷	缓冲、吸收	强度与性能	防误操作	紧急撤退人身防护
内容提要	不使产生爆炸事故	保持防爆强度、性能，抑制爆炸	使用安全防护装置	对性能做预测监视及测定	维持正常运转	撤离人员
具体内容	1. 物质性质燃烧有毒 2. 反应危险 3. 起火、爆炸条件 4. 固有危险及人为危险 5. 危险状态改变 6. 消除危险源 7. 抑制失控 8. 数据监测 9. 其他	1. 材料性能 2. 缓冲材料 3. 结构构造 4. 整体强度 5. 其他	1. 距离 2. 隔离 3. 隔爆阀 4. 检测、报警与控制 5. 使事故局部化	1. 性能降低否 2. 强度退化否 3. 耐压 4. 安全装置的性能检查 5. 材质退化否 6. 气密性管理	1. 运行参数 2. 工人技术教育 3. 其他条件	1. 危险报警 2. 紧急停车 3. 撤离人员 4. 个体防护用具

预防粉尘爆炸事故隐患应以预防性措施为主，即在生产过程中防止出现爆炸发生的条件；控制性措施为辅，即尽量避免发生爆炸或减少爆炸发生后的灾害后果。具体来说，可以按照以下顺序考虑并选择防爆措施：

① 强化技术攻关，提升设备本质安全。在设计处理可燃粉料的工艺时，进行本质安全防爆设计，在工艺设计上采取预防措施，使危险发生的频率降低，或把其后果的严重性控制到最小。在涉及铝镁等金属制品打磨抛光作业的企业，采用湿式除尘工艺，在有砂光打磨工艺的木制品加工企业设置火花探测报警和灭火装置，在人员密集作业场所采用“机械化换人、自动化减人”等技术手段，开展技术攻关和工艺改造，严格控制粉尘作业场所人数，从源头上降低安全风险。

② 控制和消除点燃源。点燃源是可燃性粉尘发生燃烧爆炸的必要条件之一，控制和消除点燃源是最有效的预防措施之一。一般粉尘的最小点火能量都在毫焦数量级，实际生产过程中这个数量级的点火源时时处处存在，例如电气火花、静电火花、雷电、高温表面等，因此，必须严格控制和消除粉尘作业场所的点燃源。

③ 采取密封措施，防止粉尘逸散。尽量采用封闭型的工艺设备，敞开式的工艺设备应加轻质难燃材料的防尘罩。各工艺设备连接处、吸尘口、检查口、挡板阀、泄爆口、清扫口等均密封良好，防止粉尘外溢。不能密封的部位可用难燃的材料做成“围裙”围在其周围，以防粉尘逸出。

④ 设置监测报警装置。监测报警系统是预防粉尘爆炸事故的重要措施之一，干式除尘系统应结合工艺实际情况，安装使用锁气卸灰、火花探测熄灭、风压差监测等装置，以及相关安全设备的监测预警信息系统；铝镁等金属粉尘湿式除尘系统应当安装与打磨抛光设备联锁的液位、流速监测报警装置。

⑤ 尽量减少积尘，合理处理集尘。应制定有效的粉尘清扫制度并严格执行，对可能积

尘的粉尘作业区域和设备设施进行及时全面规范清理，防止粉尘作业区域及设备设施内部产生大量积尘。及时清理沉降室、积尘室或积尘袋内的积尘，集尘不应返回流程，应将集尘集于一处，及时运走。对遇湿自燃的金属粉尘，不应采用洒水增湿方式清理，其收集、堆放与储存时应采取防水防潮措施，并宜采取脱水、压块处理。

⑥ 泄爆、抑爆和隔爆、抗爆措施。为确保生产安全，减少爆炸的损失，对存在粉尘爆炸危险的工艺设备，采用泄爆、抑爆和隔爆、抗爆中的一种或多种控爆方式，但不能单独采取隔爆。通过管道相互连通的存在粉尘爆炸危险的设备设施和建筑，管道上设置隔爆装置，建筑楼梯之间设置隔爆门。生产和处理可燃性粉尘时，若无抑爆装置，也无泄压措施，则所有的工艺设备应采用抗爆设计，且能够承受内部爆炸产生的超压而不破裂。

第3章

粉尘防爆电气技术

本章主要介绍用于爆炸性粉尘环境中的电气设备，即粉尘防爆电气设备，包括粉尘防爆电气设备的分类、分级，粉尘爆炸危险区域划分，以及粉尘防爆电气设备的选型、安装、运行和维护。本章对涉爆粉尘企业电气防爆整改具有一定指导意义。

3.1 可燃性粉尘的分类和分级

3.1.1 可燃性粉尘的分类

从防爆电气角度来说，可燃性粉尘、纤维或飞絮等（炸药粉尘或纤维除外）属于Ⅲ类可燃性性物质（Ⅰ类：矿井甲烷；Ⅱ类：除煤矿外的工业企业的爆炸性气体、蒸气、薄雾）。与可燃性物质相对应，粉尘防爆电气设备是Ⅲ类设备，这在电气设备防爆标志中可以看出。

3.1.2 可燃性粉尘的分级

GB 50058—2014《爆炸危险环境电力装置设计规范》、GB/T 3836.1—2021《爆炸性环境 第1部分：设备 通用要求》，将Ⅲ类爆炸性物质按其爆炸性和导电性进行分级，共分为A、B、C三级。A级为爆炸性纤维（可燃性飞絮），B级为非导电粉尘，C级为导电性粉尘。爆炸危险性由高到低依次为C级、B级、A级。

需要指出的是，与可燃性气体不同，对可燃性粉尘不再进行温度组别划分。可燃性粉尘的着火温度包括粉尘云最低着火温度和粉尘层最低着火温度。粉尘层最低着火温度通常又可分为粉尘层厚度为5mm的最低着火温度和粉尘层厚度为12.5mm的最低着火温度。这些着火温度通常可通过查阅相关标准、手册获得，亦可按照相关标准，通过试验测得，测定方法和标准详见1.7.1节和1.7.2节。

3.2 爆炸性粉尘环境危险区域划分

3.2.1 爆炸性粉尘环境危险区域划分原则、条件及范围确定

爆炸性粉尘环境是指在大气环境条件下，可燃性粉尘与空气形成的混合物被点燃后，能够保持燃烧自行传播的环境。

GB 50058—2014《爆炸危险环境电力装置设计规范》、GB/T 3836.35—2021《爆炸性环境 第35部分：爆炸性粉尘环境场所分类》、GB/T 25285.1—2021《爆炸性环境 爆炸预防和防护 第1部分：基本原则和方法》、AQ 3009—2007《危险场所电气防爆安全规范》等现行国家标准、行业标准中将爆炸性粉尘环境危险区域划分为20区、21区、22区三类。

3.2.1.1 危险区域划分原则

爆炸性粉尘环境危险区域划分主要考虑粉尘源等级，其原则详见表3-1。

表3-1 爆炸性粉尘环境危险区域划分原则

粉尘源等级	粉尘云	厚度可控的粉尘层	
		经常受干扰	极少受干扰
持续的	20区	21区	22区
主要的	21区	21区	22区
次要的	22区	21区	22区

注：1. 持续的——粉尘云持续存在或存在很长时间或经常短时间反复出现的场所。

2. 主要的——在正常情况下，周期性或者有时出现的场所。

3. 次要的——在正常情况下不会产生泄漏，如果发生泄漏，不会经常发生或短时间存在的场所。

3.2.1.2 危险区域划分条件

GB 50058—2014《爆炸危险环境电力装置设计规范》、GB/T 3836.35—2021《爆炸性环境 第35部分：爆炸性粉尘环境场所分类》、GB/T 25285.1—2021《爆炸性环境 爆炸预防和防护 第1部分：基本原则和方法》中规定的划分条件基本一致，但与AQ 3009—2007《危险场所电气防爆安全规范》在具体划分条件上略有差异，AQ 3009—2007中考虑了粉尘层的问题。各标准的划分条件详见表3-2。

表3-2 各标准爆炸性粉尘环境危险区域划分条件差异

标准编号	爆炸性粉尘环境危险区域划分条件		
	20区	21区	22区
GB 50058—2014	空气中的可燃性粉尘云持续、长期或频繁地出现于爆炸性环境中的区域	在正常运行时，空气中的可燃性粉尘云很可能偶尔出现于爆炸性环境中的区域	在正常运行时，空气中的可燃性粉尘云一般不可能出现于爆炸性粉尘环境中的区域，即使出现，持续时间也是短暂的
GB/T 3836.35—2021	基本一致	基本一致	基本一致
GB/T 25285.1—2021	基本一致	基本一致	基本一致
AQ 3009—2007	考虑可能形成无法控制和极厚的粉尘层	考虑出现粉尘层的情况	强调在异常条件下； 偶尔出现可燃性粉尘云并短时间存在； 偶尔出现可燃性粉尘堆积； 可能存在粉尘层并产生可燃性粉尘空气混合物； 考虑不能保证排除可燃性粉尘堆积或粉尘层时的情况

3.2.1.3　危险区域范围确定

GB 50058—2014《爆炸危险环境电力装置设计规范》中规定的爆炸性粉尘环境危险区域范围与 GB/T 3836.35—2021《爆炸性环境 第 35 部分：爆炸性粉尘环境场所分类》、AQ 3009—2007《危险场所电气防爆安全规范》中的规定略有不同。上述标准规定的主要区别详见表 3-3。

表 3-3　各标准爆炸性粉尘环境危险区域范围确定的主要区别

标准编号	爆炸性粉尘环境危险区域范围确定的主要区别		
	20 区	21 区	22 区
GB 50058—2014	20 区范围主要包括粉尘云连续生成的管道、生产和处理设备的内部区域。当粉尘容器外部持续存在爆炸性粉尘环境时，可划分为 20 区	1. 含有一级释放源的粉尘处理设备的内部可划分为 21 区。 2. 由一级释放源形成的设备外部场所，其区域的范围应受到粉尘量、释放速率、颗粒大小和物料湿度等粉尘参数的限制，并应考虑引起释放的条件。对于受气候影响的建筑物外部场所可减小 21 区范围。21 区的范围应按照释放源周围 1m 的距离确定。 3. 当粉尘的扩散受到实体结构的限制时，实体结构的表面可作为该区域的边界。 4. 一个位于内部不受实体结构限制的 21 区应被一个 22 区包围。 5. 可结合同类企业相似厂房的实践经验和实际因素将整个厂房划为 21 区	1. 由二级释放源形成的场所，其区域的范围应受到粉尘量、释放速率、颗粒大小和物料湿度等粉尘参数的限制，并应考虑引起释放的条件。对于受气候影响的建筑物外部场所可减小 22 区范围。22 区的范围应按超出 21 区 3m 及二级释放源周围 3m 的距离确定。 2. 当粉尘的扩散受到实体结构的限制时，实体结构的表面可作为该区域的边界。 3. 可结合同类企业相似厂房的实践经验和实际的因素将整个厂房划为 22 区
GB/T 3836.35—2021	管道、加工和处理设备内存在的区域。如果粉尘集尘器外部持续存在爆炸性粉尘环境，则划分为 20 区	明确 21 区的范围为三维空间概念，包括释放源周围 1m，垂直向下延至地面或者楼板水平面的区域。 考虑粉尘层范围和该粉尘层受扰动产生粉尘云的可能性	22 区按释放源周围 3m 的距离确定。 考虑粉尘层范围和该粉尘层受扰动产生粉尘云的可能性
AQ 3009—2007	考虑粉尘层的情况； 工作区应采取措施避免形成 20 区	考虑粉尘层的情况； 规定特定情况下，爆炸性粉尘环境危险区域范围取决于粉尘层的范围	考虑粉尘层的情况； 规定典型情况下，22 区的范围应包括释放源水平 1m 和垂直向下到地面或固体底面的范围；若释放源会引起更大范围的粉尘层，则粉尘层存在的范围均应包括在此区域内

由表3-3可以看出，GB 50058—2014《爆炸危险环境电力装置设计规范》按照释放源等级进行爆炸性粉尘环境危险区域范围确定；未明确禁止工作场所形成20区；未考虑粉尘层；将22区的范围按超出21区3m及二级释放源周围3m的距离确定。GB/T 3836.35—2021《爆炸性环境 第35部分：爆炸性粉尘环境场所分类》对20区、21区及22区的划分与范围确定基本与GB 50058—2014相同，但GB/T 3836.35—2021考虑了粉尘层范围和该粉尘层受扰动产生粉尘云的可能性。GB 50058—2014和GB/T 3836.35—2021对22区范围的划定为2级释放源3m范围内，大于AQ 3009—2007《危险场所电气防爆安全规范》中规定的1m。

GB 50058—2014《爆炸危险环境电力装置设计规范》是在总结国内工程设计经验的基础上，参考国际相关标准修订而成的，其部分规定相较国内其他相关标准较为保守，与部分国内现行标准尚存在一定差异，在实际工作中可能会出现依据不同标准对同一爆炸性粉尘环境进行危险区域划分和范围确定时，危险区域类别及范围不尽相同情况，给防爆电气选择等后续工作造成一定的困扰。因此，应由具有丰富经验且熟悉工厂环境的专业人员会同安全、过程控制、电气等领域的专家，结合实际情况进行场所划分。

3.2.2 爆炸性粉尘环境危险区域典型场所举例

爆炸危险区域的场所分类图内区域标识情况详见图3-1。

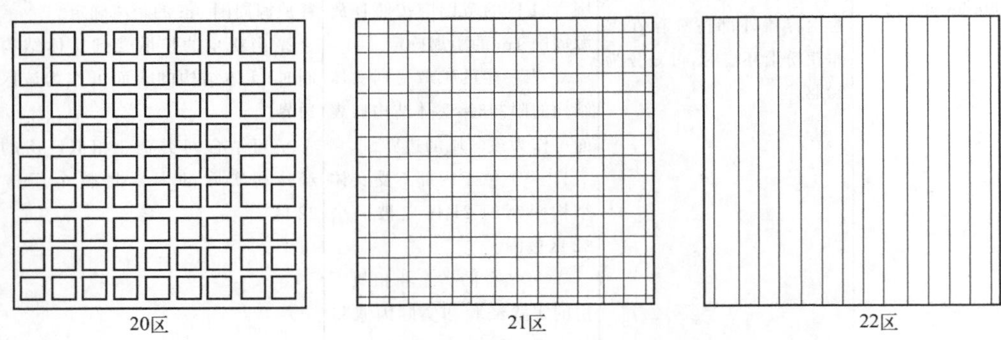

图3-1 场所分类图内区域标识

3.2.2.1 无通风的建筑物内的投料口

通常采用人工投料到料斗中，从料斗靠气动把排出的物料输送到装置的其他部分。料斗部分通常装满物料。

20区：料斗内部爆炸性粉尘-空气混合物经常出现或持续存在。

21区：敞开的人孔是1级释放源。在人孔周围，从人孔边缘延伸一定距离，并且向下延伸至地面确定为21区。

22区：22区可能在21区附近，因为粉尘积聚成层，或者如果粉尘由非常细小的颗粒组成，在异常操作条件下偶尔会在正常的21区边界外出现。

如果粉尘层堆积，考虑粉尘层的范围，搅动该粉尘层产生的粉尘云的情况和现场清理的水平后，可要求更进一步分类。如果在粉尘袋子排放期间因空气的流动可能偶尔携带粉尘云

超出了 21 区范围，可能需要划分 22 区。

不通风建筑物内的倒袋站爆炸危险区域划分情况详见图 3-2。

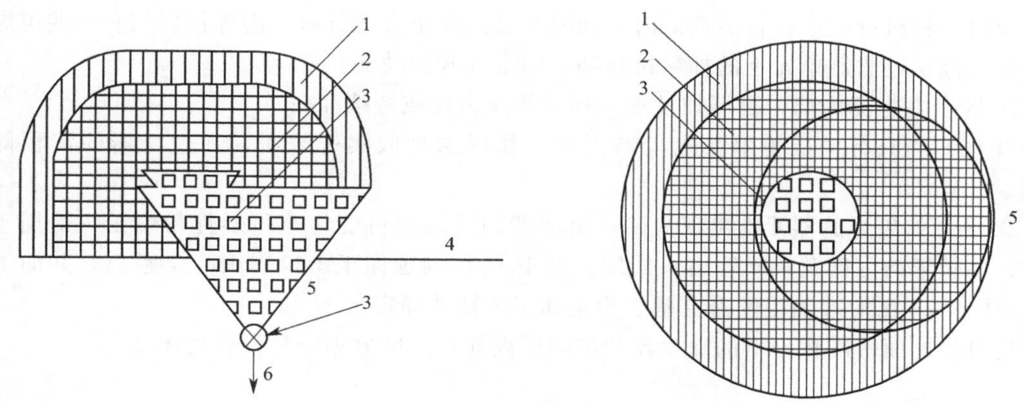

图 3-2　不通风建筑物内的倒袋站爆炸危险区域划分情况示意图

1—22 区；2—21 区；3—20 区；4—地板；5—袋子排料斗；6—通过旋转阀进行处理

3.2.2.2　通风良好的倒袋站

该系统与不通风建筑物内的倒袋站相似，仅增加通风措施，以将粉尘尽可能地限制在系统内。

20 区：料斗内部爆炸性粉尘环境经常出现或持续存在。

22 区：敞开的人孔是 2 级释放源。在正常情况下，因为吸尘系统的作用没有粉尘泄漏。在该人孔周围，并从人孔边缘延伸一定距离，且延伸至地面仅确定为 22 区。22 区的准确范围需要基于粉尘和工艺特性确定。

通风良好的倒袋站爆炸危险区域划分情况详见图 3-3。

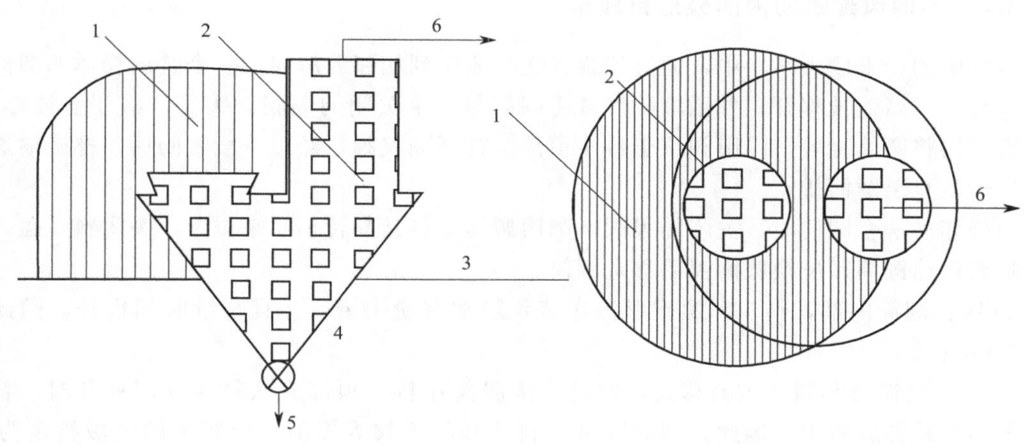

图 3-3　通风良好的倒袋站爆炸危险区域划分情况示意图

1—22 区；2—20 区；3—地板；4—袋子排料斗；5—通过旋转阀进行处理；6—在容器内抽吸

3.2.2.3 建筑物外面带净化出口的除尘器和过滤器

除尘器和过滤器是抽吸系统的一部分，被抽吸的物料通过连续运行的旋转阀门并落入密封料箱内，粉料量很小，自清理的时间间隔很长。在正常运行时，内部仅偶尔有一些可燃性粉尘云。位于过滤器单元上的抽风机将抽吸的空气吹到外面。

20 区：除尘器内部，因爆炸性粉尘环境频繁出现或持续存在。

21 区：当只有少量粉尘在除尘器正常工作时未被收集起来时，在过滤器的沉积侧为 21 区。

22 区：如果过滤器元件出现故障，过滤器的清洁侧可能含有可燃性粉尘云，适用于过滤器、抽吸管的内部及抽吸管出口周围。22 区的范围延伸至出口周围一定距离，并向下延伸至地面。22 区的准确范围需要基于粉尘和工艺特性确定。

建筑物外面带净化出口的除尘器和过滤器爆炸危险区域划分情况详见图 3-4。

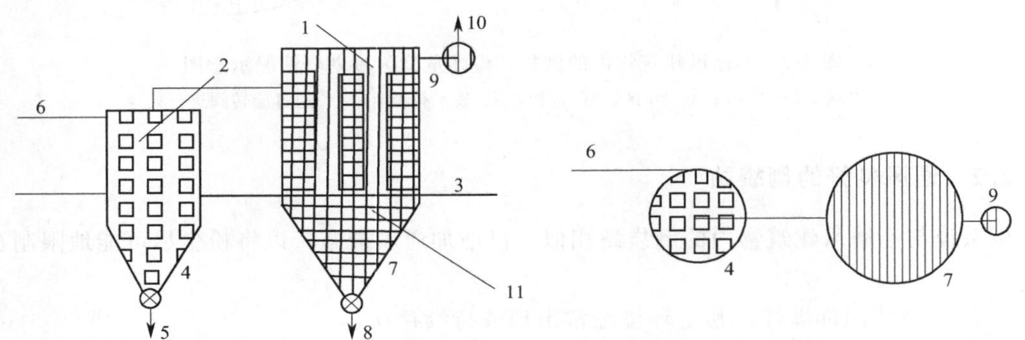

图 3-4 建筑物外面带净化出口的除尘器和过滤器爆炸危险区域划分情况示意图

1—22 区；2—20 区；3—地面；4—除尘器；5—筒仓；6—入口；
7—过滤器；8—至粉料箱；9—排风扇；10—至出口；11—21 区

3.2.2.4 不通风建筑物内的鼓形自卸车

将桶中的粉末倒入料斗中，通过螺旋输送机输送到相邻的房间。一个装满粉体的圆筒被置于平台上，筒盖被移开，并用液压气缸将圆筒与一个关闭的隔膜阀夹紧。漏斗盖被打开，圆筒搬运器将圆筒翻转，隔膜阀位于料斗顶部。打开隔膜阀，经过一段时间后，螺旋输送机将粉体运走直至圆筒排空。

当操作另一个圆筒时，关闭隔膜阀，圆筒搬运器将其翻转至原来位置，关闭料斗盖，液压气缸放松该圆筒，更换圆筒盖后移走圆筒。

20 区：圆筒内部，料斗和螺旋形传送装置经常有粉尘云，并且持续时间很长，因此划分为 20 区。

21 区：当筒盖和料斗盖被移走，并且当隔膜阀在料斗顶部或从料斗顶部移开时，将以粉尘云的形式释放粉尘。因此，圆筒顶部、料斗和隔膜阀等周围一定距离的区域被定为 21 区。21 区的准确范围需要基于粉尘和工艺特性确定。

22 区：因可能偶尔泄漏和搅动大量粉尘，整个房间的其余部分划为 22 区。

不通风建筑物内的鼓形自卸车爆炸危险区域划分情况详见图 3-5。

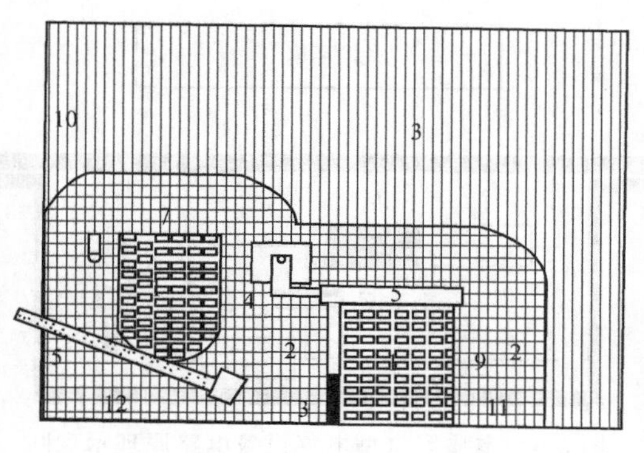

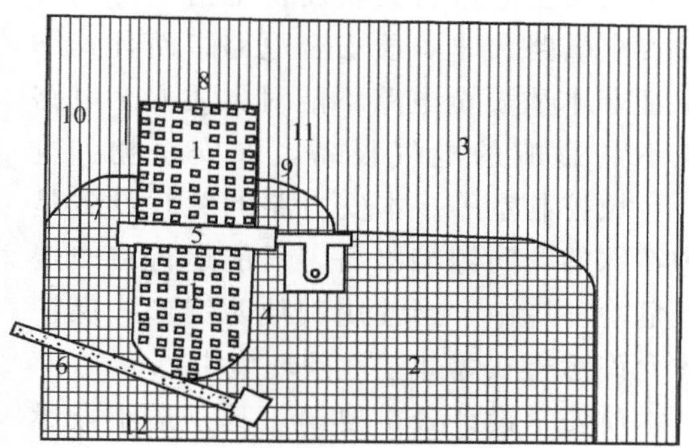

图 3-5 不通风建筑物内的鼓形自卸车爆炸危险区域划分情况示意图

1—20 区；2—21 区；3—22 区；4—料斗；5—隔膜阀；6—螺旋形输送装置；
7—料斗盖；8—圆筒平台；9—液压气缸；10—墙壁；11—圆筒；12—地面

3.3 粉尘防爆电气设备

可燃性粉尘环境不同于爆炸性气体环境。首先，可燃性粉尘的堆积不利于设备的散热，容易形成热点燃源；其次，粉尘进入电气设备内部不利于设备安全，特别是导电粉尘进入外壳可直接产生短路电火花点燃源。为此，对于可燃性粉尘环境必须选用可燃性粉尘环境用电气设备，一般不能将爆炸性气体环境用防爆电气设备用于爆炸性粉尘环境。

现有粉尘防爆电气设备的主要形式有本质安全型 Ex iD、防粉尘点燃外壳防护型 Ex tD、浇封保护型 Ex mD 和正压保护型 Ex pD，以下将详细阐述其原理并分析比较其应用特点。

3.3.1 本质安全型

3.3.1.1 防爆原理

本质安全设备（intrinsic safety apparatus）的粉尘防爆型与本质安全型气体防爆型的防爆原理一样，其型式试验也都遵循 GB/T 3836.4—2021《爆炸性环境 第 4 部分：由本质安全型“i”保护的设备》。本质安全型粉尘防爆电气设备有 Ex iaD、Ex ibD 两种保护等级。其中，iaD 适用于 20 区、21 区、22 区，设备保护级别（EPL）为 Da；ibD 适用于 21 区和 22 区，设备保护级别（EPL）为 Db。

本质安全技术，常简称为“本安”技术，它是一种以抑制点火源能量为防爆手段的“安全设计”技术。要求设备在正常工作和电路发生短路、开路绝缘击穿等故障状态下可能产生的电火花和热效应分别小于可燃性粉尘的最小点火能量和点燃温度。例如，铝粉的最小点火能量为 29mJ，大米淀粉的最小点火能量为 300mJ（数据引自《工贸行业重点可燃性粉尘目录 2015 版》）。

本质安全技术实际上是一种低功率设计技术，因此它能很好地适用于工业过程自动化仪表。

图 3-6 所示为本质安全型电气设备电路原理示意图。

本质安全电路的关联设备是指同时包含本质安全电路和非本质安全电路，而且其结构保证非本质安全电路不能对本质安全电路产生不利影响的电气设备，如安全栅、电源、区域控制室等。本安电路的关联设备是一种特殊的非防爆型设备，只能运行在非爆炸性危险环境中，当使用其他防爆形式保护后才允许运行在爆炸性危险环境中。

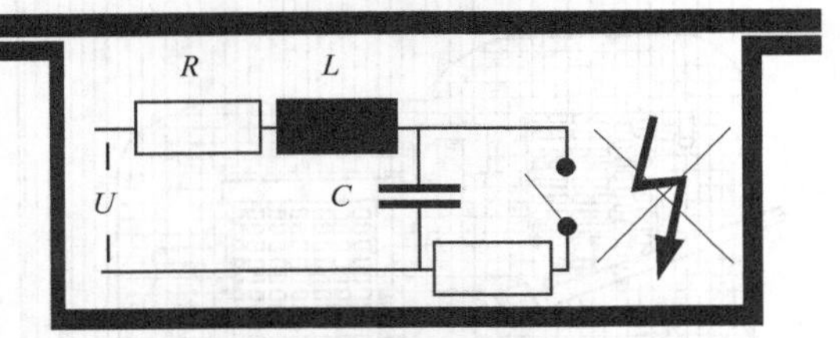

图 3-6　本质安全型电气设备电路原理示意图

本质安全设计最重要的工具是最小点燃曲线（最小点燃电流曲线和最低点燃电压曲线）。本质安全设计最基本的技术措施包括：

① 限制电路中的电压和电流；

② 限制电路中的电容、电感等储能元件；

③ 本质安全电路与非本质安全电路的隔离；

④ 设计相应的可靠元件和组件；

⑤ 本质安全系统的配置应符合安全参数匹配原则。

3.3.1.2　防爆结构和安全要求

由于已经对电路本身采取了保护措施，所以本质安全设备不需要将外壳作为保护措施。但是，由于导电部件可能削弱本质安全性能，例如任何类型的粉尘都可能减小可靠的爬电距离，所以粉尘防爆电气设备在结构上有其特殊要求，外壳或浇封的整体完整性、耐久性和重要性远远高于 GB/T 3836.4—2021《爆炸性环境　第 4 部分：由本质安全型“i”保护的设备》。具体要求如下所示：

① 设备外壳防护等级至少为 IP6X。没有 IP6X 外壳防护等级的设备部件，如果对其进行有效浇封，且浇封厚度≥1mm，则可认为其能有效地防止粉尘进入。

② 基于故障分析，本质安全型粉尘防爆电气设备应满足ⅡB 类气体防爆电气设备的技术要求。

③ 对于超过功率限制极限的所有电气设备或电气设备的部件，应按照 GB 3836.1 限制其暴露表面的温度。

④ 对于无外壳保护，且正常条件下需湮灭粉尘的设备，如温度传感器或其他测量元件等，所有的温度测定均需在最不利的故障条件下进行，但不必考虑电流、电压和功率的安全系数。在测试过程中还应考虑电位计整体结构的安装方式、散热性能及冷却效果。

无外壳也无浇封的电路设备或电气部件（如非绝缘探头），宜进行限能保护以避免由于能量耗散直接进入堆积的粉尘层（通过与导电性粉尘的能量匹配）引起的点燃或部件表面的热点燃。

⑤ 本质安全电路端子与非本质安全电路端子之间可采用间距、安装在不同外壳保护罩或在同一个保护罩内用端子间绝缘隔板（隔板厚度不小于 0.9mm）/接地金属隔板（隔板厚度不小于 0.45mm）进行隔离，以保证接线端子裸露导电部件之间的最短距离不小于 50mm；不同本质安全电路之间的电气间隙至少 6mm，距接地部件至少 3mm（如安全分析时未考虑接地连接）。

⑥ 用于连接外部本质安全电路的插头和插座，应与连接非本质安全电路的插头和插座分开，并且不能互换。在本质安全装置或关联装置为外部连接设备配备一个以上插头和插座时，并且它们之间互换会对防爆形式产生不利影响时，则应这样设置：插头、插座不能互换，例如锁住；配对的插头、插座应能鉴别，例如用标志或色标，使得在错配时易于发现。当插头或插座不是与导线一起预制时，接线用连接件应符合上述⑤的规定。

3.3.2 防粉尘点燃外壳保护型

防粉尘点燃外壳保护型（dust ignition protection by enclosure type）是粉尘防爆电气设备的特有形式，是指所有的电气设备有外壳防护以避免粉尘层或粉尘云被点燃的防爆形式，用符号“tD”表示，EPL为Da、Db或Dc。

外壳保护型设备防止粉尘点燃主要是限制外壳最高表面温度和采用“尘密”或“防尘”外壳来限制粉尘进入。就限制粉尘进入要求而言，GB 3836.31—2021《爆炸性环境 第31部分：由防粉尘点燃外壳“t”保护的设备》详细规定了设备的外壳结构形式和尺寸要求，有点类似于气体“隔爆”型外壳结构的设计要求。

GB 3836.31—2021中，防粉尘点燃外壳保护型用“t”来表示，有3个保护等级，即ta、tb、tc，并给出了防粉尘点燃外壳保护型设备保护等级、设备类别与外壳防护等级之间的关系，如表3-4所示。

表3-4 保护等级、设备类别与防护等级的关系

保护等级	ⅢC类	ⅢB类	ⅢA类
ta	IP6X	IP6X	IP6X
tb	IP6X	IP6X	IP5X
tc	IP6X	IP5X	IP5X

从表3-4可以看出，除爆炸性纤维环境形成的21区、22区和爆炸性非导电性粉尘环境形成的22区采用外壳防护等级IP5X的电气设备外，其他等级的粉尘爆炸危险区域均采用外壳防护等级为IP6X的电气设备。

鉴于GB 3836.31—2021于2021年10月11日发布，2022年5月1日实施，目前粉尘防爆电气设备的产品仍符合标准。符合GB 12476.5—2013《可燃性粉尘环境用电气设备 第5部分：外壳保护型“tD”》的外壳保护型粉尘防爆电气设备有两种不同形式：A型和B型，这两种形式具有相同的保护水平。它们的主要区别如表3-5所示。

表3-5 外壳保护A型与B型的区别

类型	A型(欧洲)	B型(北美)
区别	主要根据性能要求编写	主要根据规范性要求编写
	最高表面温度是在相关粉尘层厚度为5mm的情况下测定,而且安装规程要求在粉尘表面温度和点燃温度之间的安全裕度为75K	最高表面温度是在相关粉尘层厚度为12.5mm的情况下测定,而且安装规程要求在粉尘表面温度和点燃温度之间的安全裕度为25K
	测定粉尘进入的方法根据GB 4208外壳防护等级(IP代码)	测定粉尘进入的方法为热循环试验
	防尘方法采用IP等级	防尘设计考虑热循环影响

A型外壳防护型电气设备可用于20区、21区和22区，标志为“tD A20/21/22 IP6X/5X”，但有附加要求，如下所述。

① 防护等级为 IP6X 的尘密外壳可用于 20 区、21 区和有导电粉尘的 22 区；

② 防护等级为 IP5X 的尘密外壳可用于无导电粉尘的 22 区。

B 型外壳防护型电气设备可用于 20 区、21 区，标志为“tD B20/21”，但有补充要求，如下所述：

（1）接合面

平面接合面从外壳内部到外部应有最小接合宽度，表面之间应有最大允许间隙（表 3-6）。接合面、间隙示意图如图 3-7。

表 3-6 平面接合面

平面接合面的最小接合宽度 W/mm	5	22
接合面之间最大允许间隙 G/mm	0.05	0.22

注：对于 5～22mm 之间的接合面宽度，在接合面宽度大于 5mm 时，每增加 1mm，间隙可增大 0.1mm。

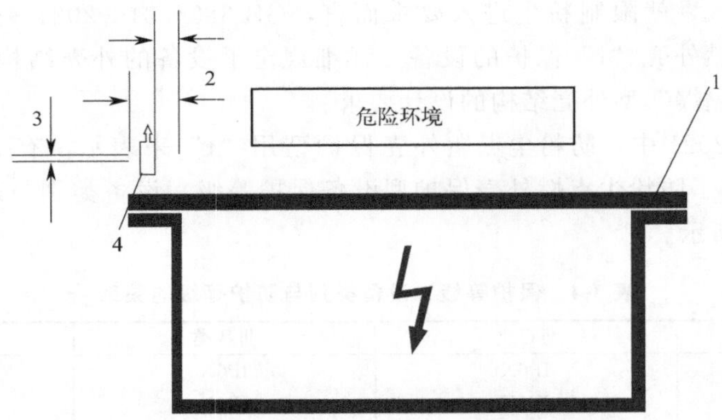

图 3-7 外壳防护型接合面、间隙示意图

1—外壳；2—接合面宽度；3—结合面间隙；4—螺栓

止口接合面的轴向长度和径向长度均不小于 1.2mm 时，它的直径间隙按照表 3-6 所示的平面接合面间隙。另外，止口接合面的径向长度不超过表 3-6 中所示的最大允许间隙。

衬垫接合面的最大开口尺寸与最小有效宽度的匹配情况见表 3-7。最大开口尺寸在 305～915mm 之间，最大开口尺寸大于 305mm 时，每增加 1mm，衬垫接合面的有效宽度应增大 0.003mm。

表 3-7 衬垫接合面

最大开口尺寸 o/mm	305	915	>915
衬垫接合面要求的最小有效宽度 W/mm	3	4.8	9.5

（2）转轴、操纵杆或芯轴

对于在 20 区和 21 区使用的粉尘防爆电气设备，不应仅依靠转动接触密封来隔绝粉尘，还应该满足转轴最小通路长度和最大允许直径间隙。转速≥100r/min 和转速<100r/min 的转轴结构尺寸要求详见表 3-8、表 3-9。

表 3-8 转速≥100r/min 的转轴

转轴的最小通路长度 L/mm	12.5	38.5
最大允许直径间隙(D_2-D_1)/mm	0.26	0.57

表 3-9　转速＜100r/min 的转轴

转轴的最小通路长度 L/mm	12.5	38.5
最大允许直径间隙(D_2-D_1)/mm	0.13	0.21

转轴、操纵杆或芯轴的通路长度在 12.5～25.5mm 之间，大于 12.5mm 的通路长度每增加 1mm，最大直径间隙可增加 0.006mm。

(3) 螺杆

穿透外壳壁的螺栓，螺栓无螺纹部分和外壳的间隙孔之间的最大直径间隙不应超过 0.26mm，通路长度不应小于 12.5mm。

3.3.3　浇封保护型

粉尘浇封型（dust encapsulation protection type）防爆电气设备用符号“mD”表示，分为 Ex ma、Ex mb、Ex mc 3 种保护等级。其中，ma 适用于 20 区、21 区、22 区，设备保护级别（EPL）为 Da；mb 适用于 21 区和 22 区，设备保护级别（EPL）为 Db；mc 适用于 22 区，设备保护级别（EPL）为 Dc。

3.3.3.1　防爆原理

浇封型电气设备是一种将整台设备或其中部分元器件浇封于浇封剂（浇封化合物/复合物）中，在正常运行和规定的过载或规定的故障下不能点燃周围的爆炸性混合物的电气设备，如图 3-8 所示。

浇封型电气设备相对较新，在没有形成专门标准之前，这种防爆形式被称为特殊型。它越来越广泛地用于电子组件单元（电子整流器）、线圈部件、超声波探头、电磁阀、电磁流量计、指示灯等产品。浇封型技术通常也可与其他防爆技术一起使用，如与本质安全技术一起使用，作为本安技术的补充措施，用来处理储能组件或功率耗散元件，如用来降低功率元件温升、结构间距保护等。

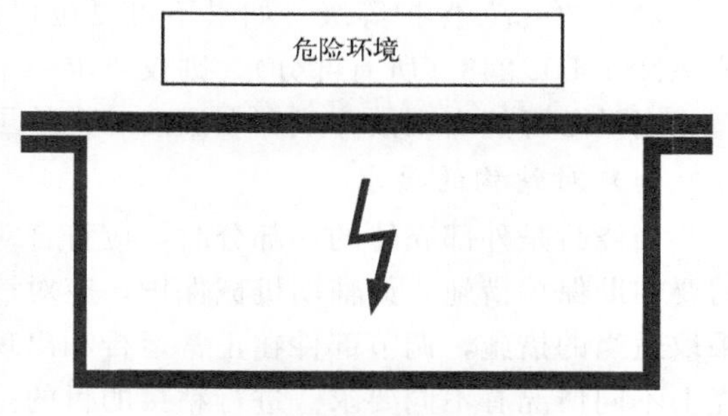

图 3-8　浇封型原理示意图

在下列条件下，“maD”保护等级的设备应不能引起点燃：①正常操作和安装；②任何规定的异常条件；③规定的故障条件。

对于“maD”保护等级，浇封电路中任意一点的工作电压不应超过 1kV。对于“maD”保护等级，仅当元件在故障条件会对设备产生机械的或热的破坏时，才应对它们采取附加的保护。或者当内部元件的故障导致的温度升高可能使浇封系统失效时，应考虑确定极限温度。

在下列条件下，“mbD”保护等级的设备应不能引起点燃：

① 正常操作和安装；

② 规定的故障条件。

3.3.3.2 防爆结构和安全要求

(1) 电源要求

应规定电源限值（额定电压和预期的短路电流）以确保在相关的“maD”或“mbD”保护等级下不超过限制的温度。所有的保护装置如电气保护装置、热保护装置、内置保护装置应符合相关要求。

(2) 对复合物的要求

GB 3836.9—2021《爆炸性环境 第9部分：由浇封型“m”保护的设备》第5章中规定了所使用的复合物和浇封的工艺方法。

至少应提供用于浇封型“mD”复合物特性的技术说明文件。

选择浇封材料应做出适宜的考虑，以允许在正常操作和出现允许的故障时复合物的变形。

(3) 对温度的要求

在正常运行期间，温度不应超过允许的最高表面温度和复合物连续运行温度的最大值。“mD”型设备应采取保护措施，使在规定的故障条件下，“mD”型设备的浇封不受影响。

基于安全考虑要求采用保护装置限制最高表面温度，保护装置应设置在外部或直接集成在设备内部。“maD”保护等级的保护装置应是不可复位的，“mbD”保护等级的热保护装置可以是复位式的。保护装置应能断开其安装电路中的最大故障电流。保护装置的额定电压不应低于安装电路中的工作电压。如果“m”型设备包含单体电池或电池组，并且设有控制装置能够防止过高温度，同时也能够保护复合物内部的所有其他元件不超过最高表面温度，则该控制装置也能作为保护装置。

对于“ma”保护等级，如果不可复位保护装置符合 GB 9364（所有部分）、GB 9816.1 或 ANSI/UL 248（所有部分），则仅要求一个保护装置，电气保护装置也是如此。

当设备可能出现故障或存在温度上升的可能性时，应考虑确定极限温度。

(4) 对结构的要求

当浇封是外部壳体的一部分时，应符合对非金属外壳和外壳的非金属部件的要求。如果需要辅助保护措施，如辅助机械保护，应对该设备加“X”符号，并且提供必要的说明。应采取适当的措施，调节部件在正常运行和出现故障时产生膨胀现象。对复合物是否黏附在外壳上不同情况有不同要求。进行粘接的目的是阻止可燃性粉尘和潮气进入界面（如：外壳与复合物的界面，复合物与未完全埋入复合物的部件，例如印制电路板和接线端子等的界面）。如果粘接要求保持防爆形式，则在完成所有规定试验之后粘接应保持防爆形式完好。具体应用的复合物与每种复合物所起的作用有关。通常，对复合物进行一次试验不能满足浇封“mD”的全面应用。

浇封之前，开关触点应配置一个附加外壳。如果开关电流大于额定电流的 2/3，或电流超过 6A，附加外壳应用无机材料制成。需要指出的是，ma 级与 mb 级粉尘防爆电气设备对开关触点的要求一样，即浇封之前，给开关触点配置一个附加外壳。这较气体防爆电气设备的安全要求不同：ma 级浇封型气体防爆电气设备中，不应设有开关触点，而 mb 级气体防爆电气设备的开关触点安全要求与粉尘防爆电气设备一样。

如果复合物坚硬，应采用适当的方式对连接电缆的护套进行保护，防止受到损害。如果引入装置为电缆形式与“mD”型设备永久性连接，则应进行拔脱试验。

穿过复合物表面的裸露带电部件应采用其他防爆形式进行保护。

3.3.4 正压保护型

正压保护分为三种保护等级（pxb、pyb、pzc），依据外部爆炸性环境要求的设备保护级别（Mb、Gb、Db、Gc 或 Dc）是否有潜在内释放源，以及正压外壳内设备是否有点燃能力进行划分，见表 3-10。正压外壳和正压系统的设计要求按保护等级来确定，见表 3-11。

表 3-10 各标准爆炸性粉尘环境危险区域划分条件差异

是否有内释放条件？	外部爆炸性环境要求的最高设备保护级别	外壳内是否含有点燃能力的设备？	保护等级
否	Mb、Gb 或 Db	是或否	pxb
否	Gb 或 Db	否	pyb
否	Gc 或 Dc	是或否	pzc
是，气体/蒸气	Mb、Gb 或 Db	是或否，并且有点燃能力的设备不在稀释区域内	pxb
是，气体/蒸气	Gb 或 Db	否	pyb
是，气体/蒸气	Gc 或 Dc	是，并且有点燃能力的设备不在稀释区域内	pxb
是，气体/蒸气	Gc 或 Dc	否	pyb
是，液体	Gb 或 Db	是或否	pxb(惰性的)
是，液体	Gb 或 Db	否	pyb(惰性的)
是，液体	Gc 或 Dc	是或否	pzc(惰性的)

注：1. 如果可燃性物质是液体，则绝不允许正常释放。

2. 如果在正压保护等级之后标明是“（惰性的）”，则保护气体应是惰性气体。

表 3-11 保护等级的设计准则

设计准则	“pxb”保护等级	“pyb”保护等级	带指示器的“pzc”保护等级	带报警的“pzc”保护等级
外壳防护等级按照 GB/T 4208 或 GB/T 4942.1	最低为 IP4X	最低为 IP4X	最低为 IP4X	最低为 IP3X
外壳抗冲击能力	应用 GB/T 3836.1	应用 GB/T 3836.1	应用 GB/T 3836.1	GB/T 3836.1 中数据取半值
对Ⅰ类和Ⅱ类检查换气周期	要求安装一个定时装置并且监测压力和流量	标志时间和流量	标志时间和流量	标志时间和流量
防止炽热颗粒由通常关闭的释放孔排出进入要求 EPL 为 Mb、Gb 或 Db 的区域	要求使用火花和颗粒挡板，通常不产生炽热颗粒的除外	无要求①	“pzc”保护等级不能用于要求 EPL 为 Mb、Gb 或 Db 的区域	“pzc”保护等级不能用于要求 EPL 为 Mb、Gb 或 Db 的区域
防止炽热颗粒由通常关闭的释放孔排出进入要求 EPL 为 Gc 或 Dc 的区域	无要求②	无要求②	无要求②	无要求②
防止炽热颗粒由通常开启的孔排出进入要求 EPL 为 Mb、Gb 或 Db 的区域	要求使用火花和颗粒挡板	要求使用火花和颗粒挡板	“pzc”保护等级不能用于 EPL 为 Mb、Gb 或 Db 的区域	“pzc”保护等级不能用于 EPL 为 Mb、Gb 或 Db 的区域
防止炽热颗粒由通常开启的孔排出进入要求 EPL 为 Gc 或 Dc 的区域	除非通常情况下不产生炽热颗粒，否则需要火花和颗粒挡板	无要求①	除非通常情况下不产生炽热颗粒，否则需要火花和颗粒挡板	除非通常情况下不产生炽热颗粒，否则需要火花和颗粒挡板

续表

设计准则	"pxb"保护等级	"pyb"保护等级	带指示器的"pzc"保护等级	带报警的"pzc"保护等级
不需工具打开的门或盖	警告	警告，为了防止因外壳打开，爆炸性气体或粉尘被点燃，门和盖应标志："警告：严禁在爆炸性环境中打开！"②	警告，为了防止因外壳打开，爆炸性气体或粉尘被点燃，门和盖应标志："警告：严禁在爆炸性环境中打开！"③	警告，为了防止因外壳打开，爆炸性气体或粉尘被点燃，门和盖应标志："警告：严禁在爆炸性环境中打开！"③
不需工具移除的门或盖	联锁	警告，为了防止因外壳打开，爆炸性气体或粉尘被点燃，门和盖应标志："警告：严禁在爆炸性环境中打开！"①	警告，为了防止因外壳打开，爆炸性气体或粉尘被点燃，门和盖应标志："警告：严禁在爆炸性环境中打开！"③	警告，为了防止因外壳打开，爆炸性气体或粉尘被点燃，门和盖应标志："警告：严禁在爆炸性环境中打开！"③
开启外壳前内部热部件需要冷却时间	正压外壳为"pxb"保护等级，且符合GB/T 3836.1的打开时间要求。如果正压保护中断，应采取适当措施，在设备内部发热元件表面温度冷却到低于允许的最高值之前防止可能出现的任何可燃性混合物与热元件任何表面的接触	无要求①	警告，为了防止因外壳打开，爆炸性气体或粉尘被点燃，门和盖应标志："警告：严禁在爆炸性环境中打开！"	警告，为了防止因外壳打开，爆炸性气体或粉尘被点燃，门和盖应标志："警告：严禁在爆炸性环境中打开！"

①"正压外壳为'pxb'保护等级，且符合GB/T 3836.1的打开时间要求。如果正压保护中断，应采取适当措施，在设备内部发热元件表面温度冷却到低于允许的最高值之前防止可能出现的任何可燃性混合物与热元件任何表面的接触"不适用于"pyb"保护等级，因为既不允许内部热部件，也不允许正常产生炽热颗粒。

② 对火花和颗粒挡板没有要求，因为在非正常运行时当排气孔打开，外部环境不大可能在爆炸极限范围内。

③ 对于"pzc"保护等级外壳工具打开没有要求，因为在正常工作时，外壳是正压的，所有门和盖均处于正确位置。如果把门或盖移去，外部环境不大可能在爆炸极限范围内。

所谓正压型电气设备，指具有正压外壳的电气设备，该外壳能保持内部气体的压力高于外部环境大气压力，且能阻止外部爆炸性混合物的进入。其防爆标志为"p"（pressurization）。GB/T 3836.5—2021《爆炸性环境 第5部分：由正压外壳"p"保护的设备》中所指的正压技术属于1区防爆技术，较为广泛地应用于爆炸性危险场所的大型电气设备或电气装置中，如大型电动机、电气控制柜等。

3.3.4.1 防爆原理

在电气设备内充入具有一定压力的保护性气体（空气或惰性气体），可使其内部可能产生火花、电弧和危险温度的电气元器件处于保护性气体之中，即消除外壳内部的任何爆炸性气体，保持外壳内部为"安全区域"，将电气点火源与爆炸性气体混合物隔离。此时非防爆电气设备几乎不受任何约束地在外壳内部使用。

图3-9所示为正压型防爆的原理示意图。

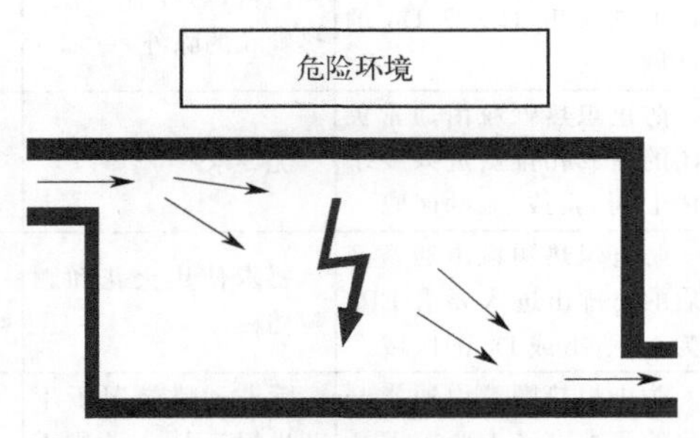

图3-9 正压型防爆原理示意图

主要技术措施：用空气或惰性气体换气，在规定时间内进行换气后，当外壳内部压力高于设计规定值（最小50Pa）时，外壳内部电气设备自动得电；当内部压力低于规定值时就切断主电源。注意：压力监控设备通常需要采取其他防爆技术。正压型是一种相对较复杂的防爆技术，但有时它是唯一的解决方法（例如：大型分析仪器）。

3.3.4.2 防爆结构

（1）电气性能

外壳内装设备的电气性能应能使设备的功能达到其全部额定值，并且认可的过载（如果有）不会对外壳造成损害或不使表面温度上升超过规定极限。应考虑防止潜在电弧故障可能导致外壳故障的安全措施，考虑故障水平时同时将配置的保护和安全装置考虑在内。

（2）机械强度

在正常运行时和在所有排气孔封闭的状态下，正压外壳和它们的连接部件应具有足够的机械强度，应能够承受1.5倍最大正压的压力；最低压力至少为200Pa的压力不变形或损坏。

如果运行中产生的压力可能引起外壳管道或连接部件变形，则应设置安全装置，将最大内部正压限制到低于对防爆形式可能产生不利影响的水平。对于承受压力超过1kPa的表面积大的设备（例如：金属板外壳），可能要求压力容器的法定授权机构认可。

（3）门和盖

由于存在外部爆炸性粉尘环境，如果因设备内部零件的表面温度或部件上的剩余能量（大于0.2mJ）可能带来爆炸危险而必须延迟打开外壳时，则门和盖应设置警告，给出在断开电源之后遵守的延迟时间。

不使用工具就能打开的门和盖应与电源联锁以便切断电气设备的所有电源。

在静态正压的情况下，门和盖只能用工具才能打开，并且应设警告语："正压外壳应在非危险场所打开!"。

如果为了能够在使用中进行检查而设置门和盖，则应在其上设警告语或等效警告语："严禁带电打开!"。

除非在运行期间有针对性调整采取措施，在这种情况下警告语应写明："打开前阅读使用说明书"。

为有效吹扫，外壳应提供适当数量的开口，开口的数量应按设备的设计和分布来选择，特别要考虑电气设备可能被分成一个个小空腔吹扫的需要。

正压电气设备的门和盖应同电气回路进行联锁。当门或盖开启时，未进行防爆处理的电气元器件的电源自动切断；当门或盖未可靠关闭前，不能重新供电。

对于静态正压型电气设备，门和盖需采用专用工具才能打开，而且设备外壳明显部位设有警示标志："警告！严禁在危险场所开启!"。

（4）进（出）气口

对于静态压力保护的外壳，应有一个或多个进气口，充气正压达到正压保护后，所有的进气口应关闭。

对于泄漏补偿正压保护的外壳，应有一个或多个进气口。

对于用连续流动保护气体正压保护的外壳，应有一个或多个进气口和一个或多个出气口，用于连接保护气体的进风道和出风道。

当保护性气体的相对密度>1时，进气口设在外壳上部，排气口设在下部；当保护性气体的相对密度<1时，进气口设在外壳下部，排气口设在上部。进气口、排气口不应设在外壳的同侧。

(5) 外壳防护等级

导线的引入应采用电缆引入装置或导管直接引入外壳内，并能保持保护功能的方法，或采用符合可燃性粉尘环境用电气设备的防爆形式之一保护的独立接线盒。

通常，正压外壳的防护等级不低于IP4X（不要求第二位特征数字，即防水等级无要求），在潮湿和煤尘环境中，正压型电气设备外壳的防护等级不低于IP44。

(6) 导流板

为使爆炸正压型防爆电气设备外壳得到充分吹扫，在正压外壳内设置一些导流板。

(7) 火花和炽热颗粒挡板

正压型电气设备的排气口位于爆炸性气体环境中时，应采用火花和炽热颗粒挡板，阻止外壳内的炽热颗粒和可能的放电火花通过外壳窜出来形成点燃源。这种挡板应该使排出气流在它的流通方向上至少发生8次90°的方向改变。

(8) 电气间隙和爬电距离

由于正压型电气设备所用的电气绝缘材料与其他防爆形式的防爆电气设备一样，因此，电气间隙和爬电距离也一样。

(9) 温度极限

设备应按GB 3836.1—2021《爆炸性环境 第1部分：设备通用要求》进行分组，并按下列温度较高者进行确定：

① 外壳的最高外表面温度；

② 用符合可燃性粉尘环境用电设备的防爆形式保护的内部零件以及当用于正压的保护气源取消或失效时仍保持带电的内部零件（例如：电加热器）的最高表面温度。

在正常运行期间，可能暴露于爆炸性粉尘环境的内表面的温度超过GB 3836.1—2021《爆炸性环境 第1部分：设备通用要求》针对设备温度组别规定的最高值，当正压保护中断时应采取适当措施，在内表面冷却到低于允许的最高值之前防止可能出现的任何爆炸性粉尘环境与该表面接触。以上要求可通过正压外壳和管道接头的设计和结构或其他的方法来达到。例如：替换（或辅助）保护气源进入工作状态或将正压外壳内的热表面安装在尘密或浇封外壳内。

在确定旋转电机温度时，还应考虑工作制的影响。

3.3.4.3 安全要求

(1) 静态正压保护除外的安全要求

① 应采取保护措施避免安装在正压外壳中的电气设备在形成正压之前通电。所有安全装置应：a. 用符合可燃性粉尘环境用电气设备的某一种防爆类型保护；b. 非电气的并且不能引起点燃；c. 位于非危险场所。本部分要求的安全元件构成控制系统的安全相关的部件。

外壳应在系统供电的电源接通或再接通之前进行吹扫，以便清除正压保护系统故障之后或正常停机之后偶然聚集在外壳内的剩余可燃性粉尘。应规定安全装置的最大和最小动作值及公差。

② 压力或流量响应装置。为报警器和电气脱扣装置运行而设置的压力响应装置应在外壳内压力低于允许最小值或超过允许最大压力时动作。

为报警器和电气脱扣装置运行而设置的流量监控装置应在外壳内压力低于允许最小值或超过允许最大值时动作，并且流量监控装置应位于出口处。

风扇电动机或控制器上的电气联锁不适合显示正压故障，当发生风扇皮带滑动、风扇在转轴上松动或风扇反转时，电气联锁不显示正压故障。

③ 电源。如果没有提供正压保护系统停机或故障之后避免粉尘进入的保护，则应设置警告牌，标明在接通电源之前清除内部粉尘。

④ 切断电源。如果本部分要求切断电源，按照 GB/T 3836.15—2017《爆炸性环境 第15部分：电气装置的设计、选型和安装》的规定切断所有带电导线，包括中性线。

⑤ 正压故障。正压保护系统的设计原理是正压故障自动断开系统电源和/或启动报警器。

为避免正压保护的电气设备在保护气体供应中断的情况下可能引起爆炸，应采取下列措施，这些措施应考虑设备的性能、当时的环境条件及监控装置和警告的使用。

对正压保护设备的要求随下列有关的危险等级不同而不同：所有设备的类型；场所的分类；具体安装和工艺要求。这些条件要求断开电源和报警，或只要求报警。无论采取什么保护措施，还应采取下列措施：

a. 所有的在无正压的情况下通电的电气设备应适用于所处位置的爆炸性粉尘环境。

b. 一个设置可视或声音报警设备，在负责人员直接看到或听到报警信号时立即采取必要的行动。

c. 应使用压力监控装置、流量监控装置或两种装置来监控正压功能是否符合要求。

对正压保护故障的要求见表3-12。

表3-12 对正压保护故障的要求

区域类别	外壳中设备的类型	
	有点燃能力的电气设备	正常运行中无点燃源的设备
20区	不适用①	不适用①
21区	A	B
22区	B	不要求内部正压

① 对20区用所有设备的要求仍在考虑之中。

表3-12中：

A 切断电源：

下列要求适用：

a. 应设置自动装置以切断所有保护设备的电源，除非设备由可燃性粉尘环境用电器设备的一个或多个防爆形式保护，且在正压和/或保护气体流量低于最小规定值时，启动声音和/或可视的报警器，在特殊情况下，当设备用于意外断电可危及装置或人员安全的装置中时，则可要求调整，重新设置一个连续的声音或可视报警器直到恢复正压或采取另外一种适当的措施为止。

b. 不使用工具就能打开的门和盖应联锁，以便在开启任何门或盖时关掉所有的由可燃性粉尘环境用电气设备的一个或多个防爆形式保护的部件的电源，如有时，包括所有相的电源和中性线。必须防止电源在所有的门和盖重新关闭之前再次接通。

c. 警告语应固定在设备明显处，写明下列警告语或等效警告语："警告：吹扫后送电"。

B 仅报警：

下列要求适用：

a. 应设置自动装置，在正压和/或保护气体流量低于最小规定值时，向操作者提供声音和/或可视报警器，以便能采取适当的措施。

b. 所有不用工具就能打开的门和盖应设置警告语："警告：在可燃性粉尘环境，严禁带电打开"。

c. 警告语应固定在设备明显处，写明下列警告语或等效警告语："警告：吹扫后送电"。

⑥ 过压等级。相对于外部大气压力，在可能产生泄漏的正压外壳及其管道内的各点的压力应保持 50Pa 的最低过压。

外壳和管道不同系统中的压力分布实例见图 3-10、图 3-11。旋转电机宜采用封闭式结构。如设备具有通过内风扇加速循环的内部封闭式冷却回路，应考虑使用增压设备，因为这些风扇可以在壳体部件上产生负压，如果正压保护失效会发生外部粉尘随后进入的危险，如图 3-11。

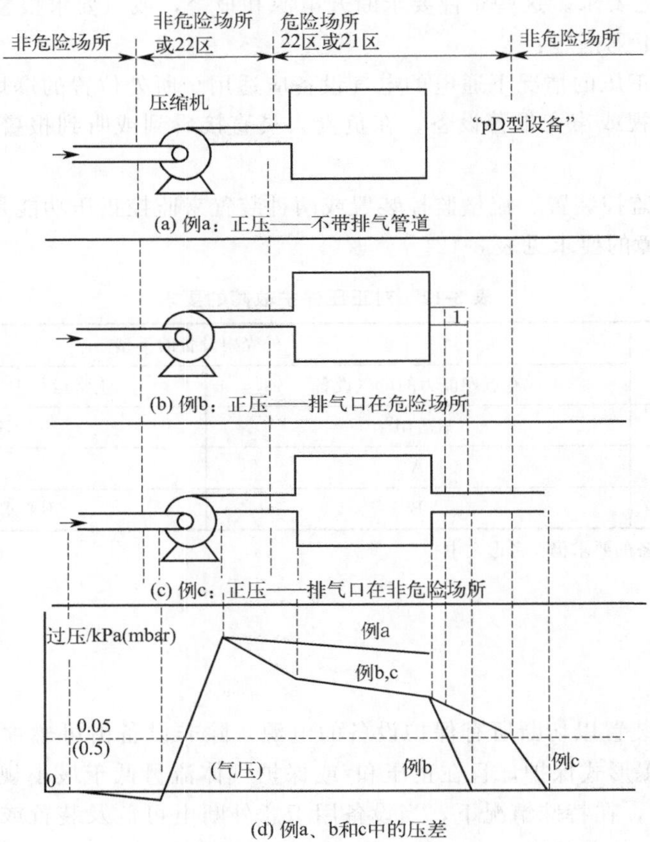

图 3-10　沿管道和通过正压对正压保护故障的要求

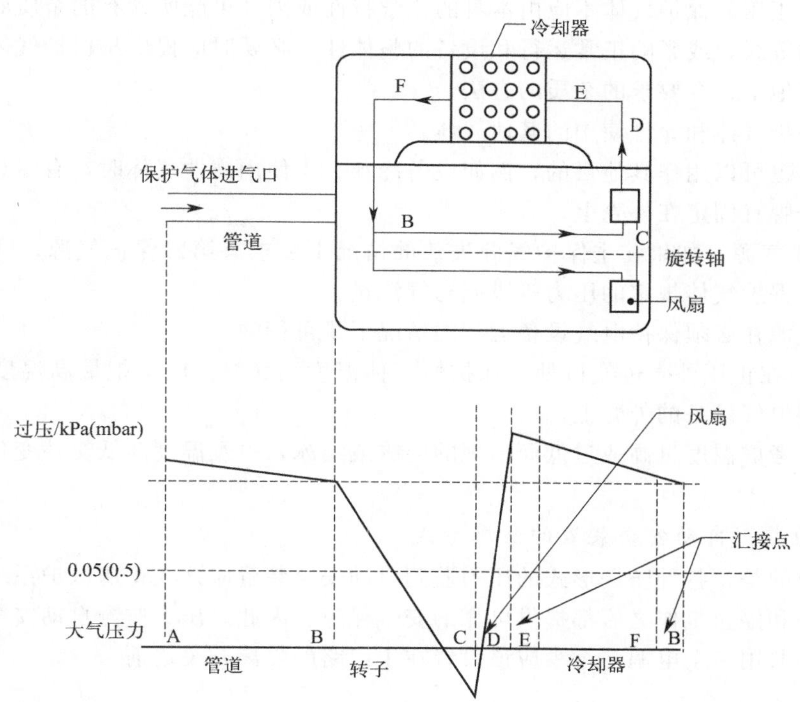

图 3-11　带风扇的正压型旋转电机中的静态过压示例

⑦ 潜在点燃源。当被保护的设备内装带点燃源的部件（例如：电池）时，在设计设备时应采取适当的措施，保证这些部件设计成带有适合于外部和内部环境特征的防爆形式，以避免火花偶然产生。这些部件应该清晰地标识。

⑧ 内装部件。外壳内在没有保护气体的情况下继续运行的任何部件，如在未运行期间加热设备的装置，应用符合可燃性粉尘环境用电气设备的防爆形式之一加以保护，以适用于具体危险场所。

⑨ 独立外壳。如果设备是用来构成多个外壳装置的一部分，共用同一个保护气源，设计时应考虑整个装置的最不利条件。

如果共用保护装置，在下列情况下打开门或盖时不必切断全部电源或启动报警器：a. 打开门或盖之后无保护措施的设备，在打开门或盖之前，应断开其电源，或为达到共同的目的，将门与电源联锁；b. 共用保护装置继续用于监测其他设备。

（2）静态正压保护的安全要求

正压外壳应采用制造规定的方法在非危险场所充入惰性气体。

应提供一个或多个自动安全装置，以便在正压外壳内的过压下降至低于规定的最低值时动作。当设备运行时应能检查这些安全装置是否正确动作。这些自动装置只能使用工具或钥匙才能重新复位。

最低过压值应大于正常运行时一周期内所测得的最大压力损失，此周期不小于内装元件冷却到所涉及的粉尘最高允许的表面温度以下所需时间的 100 倍，至少为 1h。在正常运行规定的最恶劣的条件下，最低过压值至少应高于外部压力 50Pa。

（3）保护气体的供给

① 保护气体类型。清洁的空气、氮气等惰性气体常作为保护性气体。保护气体应用于

保持外壳中的正压。保护气体不应由本身的化学特性或因其可能所含有的杂质而降低保护等级低于规定的等级，或影响正常运行和设备的整体性。必要时应提供从保护气体中消除任何油或水分或其他不符合要求的杂质的方法。

应规定保护气体和允许使用的其他气体。

保护气体也可以用作其他目的，例如设备冷却。当使用惰性气体时，有窒息的危险，因此合适的警告牌宜固定在外壳上。

② 第二供气源。如果在主保护气源失效的情况下要求有第二保护气源，则每一气源均应能独立维持保护气体规定的压力等级或送气流量。

第二供气源在必须保持电气设备运行的情况下是可行的。

③ 温度。在正压外壳进气口处，保护性气体温度≤40℃。应该把最高温度或最低温度标志在正压型电气设备的外壳上。

有时需要考虑温度过高或过低而出现的凝露或结冰，以及温度高低交替变化引起的“呼吸”作用。

(4) 压力监测自动安全装置的防爆形式

需要指出的是，各种防爆形式的压力监测自动安全装置应该在正压保护系统投入工作之前、运行之中和停止工作之后都提供可靠的安全保障。因此，压力监测自动安全装置的电源不应和主回路共用一个电源，至少应该设置在主回路的隔离开关之前。

3.3.4.4 应用特点

一般情况下，正压保护仅仅针对设备所处环境中的可燃性气体。但在某些化工工艺中，往往存在工艺管道需要通过正压型防爆电气设备的情况，这样电气设备内部就可能存在可燃性气体释放源。这时，正压保护应该同时考虑对内部的可燃物质采取相应的安全措施。

按照设备的结构、功能和正压保护形式的不同，正压型电气设备分为：静态正压型电气设备和非静态正压型电气设备。按照设备内是否含有释放源，非静态正压型电气设备又可分为：内含释放源的正压型电气设备和不含释放源的正压型电气设备。

静态正压型防爆电气设备在实际中应用不多，本书不再详述。对于内含释放源的正压型电气设备一般采用“通风正压”“补偿正压”两种形式。

“通风正压”式也称为连续稀释式。通风气体采用空气时，需将正压外壳内释放出来的可燃性气体浓度稀释至其爆炸下限的25%以下；通风气体采用惰性气体时，需将正压外壳内释放出来的可燃性气体稀释至它的氧含量不超过2%。

“补偿正压”式也称为泄漏补偿式，保护性气体采用惰性气体。补偿正压式只适用于外壳内含释放源的爆炸上限≤80%，而且正压补偿之后外壳内的混合物的氧含量不超过2%。补偿正压式比较常用，正压外壳内的压力一般为150～200Pa。

一般情况下，换气的进气口和排气口均应设在安全场所。但在特殊情况下，取风口可设在危险场所，要求高于地面9m或超出爆炸危险区1.5m以上。

如果有电火花可能从排气口排出，则排气管道出口应设置阻火器。

需要指出的是，正压保护型粉尘防爆电气设备没有考虑内部有释放源的情况。

3.4 粉尘防爆电气设备选型

3.4.1 选型原则

粉尘防爆电气设备选型的首要原则是安全原则，即选用的防爆电气设备必须与爆炸危险场所的区域等级和爆炸性物质的级别和引燃温度相适应，以保证防爆安全。此外，选用防爆电气设备还应满足法规原则，即必须遵守国家相关法律、法规、标准；遵循环境适应原则，考虑设备使用场所环境温度、湿度、大气压、介质腐蚀性以及应用具有的外壳防护等级等。同时，防爆电气设备选型还要遵循方便维护、经济合理等原则，在相同功能要求条件下，防爆电气设备结果越简单越好；选择防爆电气设备除考虑价格外，还应对设备的可靠性、寿命、运转费用、耗能、维修时的备件等做全面分析平衡，以选择最佳的防爆电气设备。

3.4.2 选型步骤

应按爆炸性危险场所所处区域、类级别和可燃性物质引燃温度等，确定适用于爆炸性气体/粉尘环境中的防爆电气设备。具体可参见图3-12。

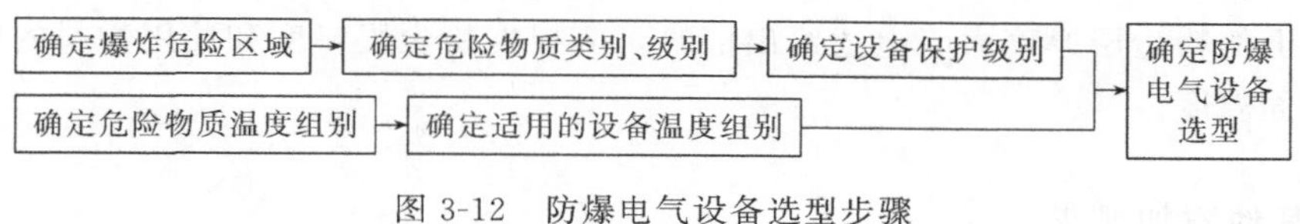

图3-12 防爆电气设备选型步骤

3.4.2.1 根据危险场所区域、类级别选择防爆电气设备

危险场所区域、防爆电气设备保护级别（EPL）、类级别之间的关系详见表3-13。

表3-13 危险场所区域、防爆电气设备保护级别（EPL）、类级别之间的关系

危险场所	20区		21区		22区	
ⅢA	Da	ⅢA、ⅢB或ⅢC	Da或Db	ⅢA、ⅢB或ⅢC	Da、Db或Dc	ⅢA、ⅢB或ⅢC
ⅢB		ⅢB或ⅢC		ⅢB或ⅢC		ⅢB或ⅢC
ⅢC		ⅢC		ⅢC		ⅢC

3.4.2.2 根据物质引燃温度选择防爆电气设备

物质温度组别、电气设备最高表面温度、气体/蒸气引燃温度和适用的设备温度组别之间的关系详见表3-14。

表3-14 物质温度组别、电气设备最高表面温度、气体/蒸气引燃温度和适用的设备温度组别之间的关系

物质温度组别	电气设备允许最高表面温度/℃	气体/蒸气引燃温度/℃	适用的设备温度组别
T1	450	>450	T1～T6
T2	300	>300	T2～T6
T3	200	>200	T3～T6
T4	135	>135	T4～T6
T5	100	>100	T5～T6
T6	85	>85	T6

Ⅲ类电气设备的最高允许表面温度是由相关粉尘的最低点燃温度减去安全裕度确定的，通常直接标温度值。

(1) A型设备

A型设备最高表面温度不应超过相关粉尘云最低点燃温度（T_{cl}）的2/3，即$T_{max} \leqslant 2/3 T_{cl}$。当存在粉尘层厚度至5mm时，其最高表面温度不应超过相关粉尘层厚度为5mm的最低点燃温度（T_{5mm}）减去75℃，即$T_{max} \leqslant T_{5mm} - 75℃$。取两者中较小值作为选用设备允许的最高表面温度。

(2) B型设备

B型设备最高表面温度不应超过相关粉尘云最低点燃温度（T_{cl}）的2/3，即$T_{max} \leqslant 2/3 T_{cl}$。当存在粉尘层厚度至12.5mm时，其最高表面温度不应超过相关粉尘层厚度为12.5mm的最低点燃温度（$T_{12.5mm}$）减去25℃，即$T_{max} \leqslant T_{12.5mm} - 25℃$。取两者中较小值作为选用设备允许的最高表面温度。

例如，面粉的$T_{cl}=380℃$，$T_{5mm}=300℃$，则：

$$T_{max}(1)=2/3\times 380=253(℃) \tag{3-1}$$

$$T_{max}(2)=300-75=225(℃) \tag{3-2}$$

所以选用设备允许的最高表面温度≤225℃，即应选择T3组别的电气产品（200℃）。

当设备上的粉尘层厚度大于上述给出值时，应根据粉尘层厚度和使用物料的所有特性确定其最高表面温度。

3.4.2.3 其他附加要求

爆炸性粉尘环境用电气设备不适用于火药、炸药环境。火药、炸药环境所选用防爆电气设备可参照《民用爆破器材工程设计安全规范》(GB 50089—2018)、《火炸药危险环境用电气设备及安装》(GB/T 35686—2017) 等。

对于爆炸性气体和粉尘同时存在的区域，其防爆电气设备的选择应该既满足爆炸性气体的防爆要求，又满足爆炸性粉尘的防爆要求，其防爆标志同时包括气体和粉尘的防爆标识。

对于在粉尘爆炸性危险区域使用的辐射设备和超声波设备，以及在安全场所使用但其辐射或超声波可能进入爆炸性危险场所的设备时，还必须满足GB/T 3836.15—2017《爆炸性环境 第15部分：电气装置的设计、选型和安装》的规定要求。

安装在爆炸粉尘环境中的电气设备应采取措施防止热表面点可燃性粉尘层引起的火灾危险。

3.5 粉尘防爆电气安装、运行和维护

3.5.1 粉尘防爆电气线路

3.5.1.1 可燃性粉尘环境电气线路的安装布线类型

用于20区、21区和22区场所中的布线类型：

① 电缆穿入螺纹的、无缝或有缝焊管中；

② 电缆本身防机械损坏，并且可防止可燃性粉尘侵入。

电缆类型示例：

① 聚氯乙烯、氯丁橡胶热塑性或弹性绝缘的屏蔽电缆、铠装电缆或类似的整体护套电缆；

② 有铠装或无铠装的无缝铝护套密封电缆；

③ 有绝缘或无绝缘套的金属护套矿物绝缘电缆。

注意：矿物绝缘电缆可能需要降级使用以限制表面温度。

电缆系统和附件应尽量安装在免受机械损伤、腐蚀、化学影响及热作用的地方。如果不可避免，则应安装在导管内或选择合适的电缆（例如：为了把机械损坏的危险降至最小，可采用铠装、屏蔽、无缝、铝护套、矿物绝缘金属护套或半刚性的护套电缆）。

如果电缆或导管系统会受到震动，则应设计成能经受震动而不损坏的结构。注意：应采取措施防止安装在温度低于－5℃环境中的 PVC 电缆护套或绝缘材料损坏。

3.5.1.2　电缆和导管系统

电缆和导管系统应满足 GB/T 3836.15—2017《爆炸性环境 第 15 部分：电气装置的设计、选型和安装》中的规定。

电缆和导管的引入装置的结构和固定应不会损坏它们所在电气设备的防爆特性。当选用引入装置时，应适合电缆引入装置制造厂规定的全部电缆尺寸范围。

(1) 电缆

① 护套抗拉强度低的电缆（即通常所知的“易剥离”的电缆），除非安装在导管中，否则不能用于危险场所。

② 用于危险场所固定布线的电缆应与使用的环境条件相适宜。

③ 移动式和便携式电气设备使用的电缆应为具有加厚氯丁橡胶或其他等效合成橡胶护套的电缆、具有加厚坚韧橡胶护套的电缆或具有同等坚固结构护套的电缆。导线应拧成股，并横截面积最小为 $1.0mm^2$。如需要接地保护（PE）导线，应以类似于其他导线的方式单独绝缘，并且应并入电源电缆护套中。

对于移动式或便携式电气设备，如果电缆中使用金属挠性铠装或屏蔽层，则铠装或屏蔽层不应作为唯一的保护导线使用。电缆应适合电路保护布局，例如，当使用接地监控时，应包括所需的导线数量。如果设备需要接地，除接地导体（PE）之外，电缆还包括接地的挠性金属屏蔽层。

对地电压不超过 250V，额定电流不超过 6A 的便携式电气设备可采用：普通的氯丁橡胶或其他等效的合成橡胶护套电缆；普通的坚韧橡胶护套电缆；含有同等坚固结构护套电缆。

对于承受机械力作用的便携式电气设备，例如：手灯、脚踏开关、桶式喷雾泵等则不允许采用这些电缆。

④ 对于需要经常短距离移动的固定式设备（如导轨上的电机），终端连接用电缆的布置应允许电缆必要的移动但不损伤电缆，或者也可采用适合移动式设备使用的电缆类型。当固定布线本身采用的电缆类型不适合必要的移动时，应采用有适当保护的接线盒连接固定布线与设备布线。若使用挠性金属管，金属管及其附件的结构应能避免由于使用对电缆造成的损坏。应保持适当接地和等电位连接，挠性管不应作为唯一的接地措施。挠性管不应有粉尘进

入，且不应削弱其连接设备外壳的完整性。

⑤ 危险场所用软电缆应选用下列电缆：普通的坚韧橡胶护套软电缆；普通氯丁橡胶护套软电缆；加厚的坚韧橡胶护套软电缆；加厚的氯丁橡胶护套软电缆；与加厚橡胶护套软电缆耐用结构相当的塑料绝缘电缆。

⑥ 无护套单芯线，除非安装在配电盘上、外壳或导管系统内，否则不应用作带电导体。

⑦ 当带有非绝缘导体的高架布线向危险场所内的设备供电或提供通信服务时，应在非危险场所内连接，然后通过电缆或导管继续向危险场所供电。注意：非绝缘导体不宜安装在上述危险场所上方。非绝缘导体包括的项目，如吊车局部绝缘的导电轨系统以及低压和特低压轨道系统。

⑧ 电缆及其附件在安装时，应根据实际情况及其安装位置防止遭到机械损伤、腐蚀或化学影响（例如：溶剂的影响），防止高温和紫外线辐射的影响。

如不可避免，应采取保护措施，如安装在导管内，或者选择合适的电缆（例如：为了最大限度降低遭到机械损坏的危险，可使用铠装电缆、屏蔽电缆、无缝铝护套电缆、矿物绝缘金属护套或半刚性护套电缆）。

如果电缆要承受振动，应设计成能承受振动但不会损坏的结构。

在−5℃以下的温度条件下安装时，宜采取措施防止电缆护套或绝缘材料遭受损害。

当电缆固定在设备或电缆托架上时，电缆槽的弯曲半径宜符合电缆制造商的要求，或至少为电缆直径的8倍，以防止电缆遭到损坏。电缆的弯曲半径宜从电缆引入装置末端至少25mm处开始。

⑨ 电缆的表面温度应不超过装置的温度组别。

当确认电缆有较高的工作温度（例如：105℃）时，该温度与电缆中铜的温度有关，与电缆护套的温度无关。由于热量散失，电缆温度不可能超过T6，当需要使用高温度电缆时，要在设备的证书或制造商的建议文件中说明。

⑩ 用于设备外部固定布线的电缆，防止火焰传播的性能应符合GB/T 18380.12的试验要求，电缆埋在地下，放置在充砂槽/导管内或采取其他防止火焰传播措施的情况除外。

⑪ 电气设备的电缆连接应保持相关防爆型防爆性能的完整性。

当电缆引入装置的防爆合格证带有符号“X”时，电缆引入装置只能用于固定设备。如果另外需要夹紧装置防止电缆拔脱和扭转将力传递到外壳内的导体终端，应提供夹紧装置，并且放置在距电缆引入装置终端300mm以内的地方。

对于便携式设备，仅应使用不带“X”符号的引入装置。

选择的电缆引入装置和/或电缆应能减少电缆“冷变形”的影响。

锥形螺纹（包括NPT螺纹）电缆引入装置不能用于不带螺纹孔压盘的外壳上。

(2) 导管系统

导管进入或离开危险场所的地方应配有导管密封装置，以防止可燃性粉尘从危险场所传播到非危险场所。在密封装置和危险场所边界之间不应有连接器、耦合器或其他附件。

导管的引入可以通过螺纹旋入螺孔中或紧固在光孔中；螺纹和光孔可设在外壳壁上或连接板上，而该板是装配在外壳壁内部、其壁上，或合适的填料盒上，它与外壳为一整体或连接在外壳壁上。

电气设备外壳上不装电缆或导管引入装置时，其通孔堵封件，应与设备外壳一起符合有关防爆形式的规定要求。堵封件只能用工具才能拆除。

导管密封装置应在外护套四周密封，并且电缆应有效填充，或者在导管内单个导体周围密封。密封工艺应使其不收缩、不透水、不受危险场所内化学物质的影响。

如果外壳需要保持适当的防护等级（如IP54），应在紧邻外壳处配置有导管密封装置的导管。

导管所有螺纹连接处应用扳手紧固。

用导管系统作接地保护导体时，螺纹连接应适用于电路被熔断器或断路开关适当保护时承载的故障电流。

如果导管安装在腐蚀性场所内，导管材料应防腐，或者导管应有适当的防腐保护措施。

能导致电解腐蚀的金属组合应避免使用。

导管内可使用无防护的绝缘单芯或多芯电缆，但是，当导管内有三根或多根电缆时，电缆的总截面积，包括绝缘层应不超过导管总截面积的40%。

长距离布线的外壳应有适当的排液装置，以确保冷凝物的排放符合要求。另外，电缆绝缘应有适当的防水特性。

为满足外壳防护等级的要求，除了采用密封装置之外，导管和外壳间还可能需要密封（例如：用密封垫圈或不沉淀油脂）。

如果导管是唯一的接地连续性措施，则密封宜不降低接地路径的有效性。

仅用于机械保护的导管（通常指“敞开”的导管系统）不需要符合本章的要求。但是，应采取预防措施在导管进入或离开危险场所的地方安装导管密封装置，防止导管移动或潜在爆炸性环境通过。

3.5.1.3 防爆附件

如果附件用于互连电缆和设备（例如：分线盒），则其外壳形式应适用于所在区域。

3.5.1.4 布线一般要求

（1）布线线路

凡与危险场所无关的电缆应尽可能不通过危险场所。电路经过非危险场所，穿过危险场所到另一个非危险场所时，危险场所内的布线系统应与线路的EPL要求相适应。

（2）终端保护

如果使用多股绞线，应保护绞线终端以防止绞线分散，例如可用电缆套管或芯线端套，或靠端子的类型保护，不能仅靠焊接。

（3）未使用的芯线

除本质安全电路和限能电路外，危险场所内多芯电缆中未使用的芯线应接地，或者采用与防爆形式相适应的端接方式充分绝缘，不允许仅用胶带绝缘。

（4）未使用的通孔

电气设备上未使用的电缆引入装置或导管引入装置通孔，应用于防爆形式相适应的封堵件堵塞。封堵件要符合GB 3836.1的要求，并且只能借助工具才能拆除。

（5）意外接地

除加热带外，电缆金属铠装/护套与有可燃性气体、蒸气或液体的管道系统、设备之间应避免意外接触。

(6) 静电聚积

电缆敷设路线的布置应不会因粉尘的通过而受到摩擦和静电的聚积，并应采取措施防止电缆外表上的静电聚积。

(7) 粉尘聚积

电缆敷设路线的布置应使其聚积粉尘量最少，同时便于清理。当采用线槽、管道或地沟装设电缆时，应采取预防措施以防止可燃性粉尘的通过或聚积。

(8) 热额定值

如果电缆上易于形成粉尘层并且会削弱空气的自由流动，减少电缆的载流量。尤其是出现低点燃温度的粉尘，则应考虑。

(9) 穿过

如果电缆通过地板、墙壁、间隔或天花板，则其通孔应密封以防可燃性粉尘通过或聚积。

(10) 连接

危险场所内使用的电缆不宜有中间接头，不可避免时，连接应在接线盒内进行，或者按照制造商说明使用环氧树脂或者有热缩管或冷缩管的轴套进行密封。

对于常需短距离移动（例如：滑轨上电机）固定设备的端子连接，电缆的布置应允许必要的移动而无损于电缆或采用适于移动设备的一种电缆形式。

如果固定布线自身形式不适合于必要的移动，则应提供用于连接固定布线的合适的防粉尘点燃接线盒。

如果采用金属软管，该管和其配件应设计成不得损坏电缆的结构，应保持适当的接地或跨接接地，且它的使用不应削弱所连设备外壳的整体性。

3.5.2 粉尘防爆电气设备

① 粉尘防爆电气设备的安装应依据 GB/T 3836.15—2017《爆炸性环境 第 15 部分：电气装置的设计、选型和安装》和 GB/T 16895.3—2017《低压电气装置 第 5-54 部分：电气设备的选择和安装 接地配置和保护导体》。

② 粉尘防爆电气设备的接地和地电位平衡应满足 GB/T 3836.15 的要求。

③ 所有的安装活动应确保不削弱外壳防护等级，如设备外壳接合面应紧固严密，密封垫圈完好，转动轴与轴孔间的防尘密封应严密，透明件应无裂痕，未使用的电缆引入装置应合适地堵封。

④ 电气接线应满足电气间隙、爬电距离的要求，并确保设备的绝缘整体性。

⑤ 布线方式：电缆布线或钢管保护布线。

粉尘防爆电气设备可采用电缆布线或钢管保护布线，布线系统应避免粉尘积聚，并采取措施避免产生静电危险。

⑥ 20 区电气设备的安装需特别考虑（IEC 在考虑中），必要时可咨询防爆检验机构。

通常，防爆电气设备的安装除应遵守上述安装要求外，还必须同时遵守产品使用说明书中规定的全部防爆安全注意事项。一般情况下，一个经国家指定的防爆检验机构检验认可的防爆电气设备，其产品使用说明书中会列出检验机构对产品认证的防爆安全使用条件（包括产品拆卸、安装、维护和检修的相关要求），这些要求必须在产品安装和使用过程中得以满足。

第4章

粉尘防爆非电气技术

本章所指的非电气防爆技术主要包括防静电技术、防机械火花及热表面的防爆技术。

4.1 粉尘静电防护技术

4.1.1 静电的产生、放电与引燃

4.1.1.1 静电产生的原因

由于不同物质使电子脱离原来的物体表面所需要的功（为逸出功或脱出功）有所区别，因此，当它们两者紧密接触时，在接触面上就发生电子转移。逸出功小的物质易失去电子而带正电荷，逸出功大的物质增加电子则带负电荷。各种物质逸出功的不同是产生静电的基础。

静电的产生与物质的导电性能有很大关系。电阻率越小，则导电性能越好。根据大量实验资料得出结论：电阻率为 $10^{12}\Omega \cdot cm$ 的物质最易产生静电；而大于 $10^{16}\Omega \cdot cm$ 或小于 $10^{9}\Omega \cdot cm$ 的物质都不易产生静电。如果物质的电阻率小于 $10^{6}\Omega \cdot cm$，因其本身具有较好的导电性能，静电将很快泄漏。但如汽油、苯、乙醚等，它们的电阻率都在 $10^{11} \sim 10^{14}\Omega \cdot cm$，都很容易产生和积聚静电。因此，电阻率决定了静电能否积聚。

表4-1列举了一些常用物质的电阻率。

表4-1 常用物质的电阻率

名称	电阻率/(Ω·cm)	名称	电阻率/(Ω·cm)
蒸馏水	10^{6}	石油醚	8.4×10^{14}
硫酸	1.0×10^{2}	汽油	2.5×10^{13}
醋酸	8.9×10^{8}	煤油	7.3×10^{14}
醋酸甲酯	2.9×10^{5}	轻质柴油	1.3×10^{14}
醋酸乙酯	1.0×10^{7}	苯	$(1.6\times10^{13})\sim(1.0\times10^{14})$
醋酐	2.1×10^{8}	甲苯	$(1.1\times10^{12})\sim(2.7\times10^{13})$
乙醛	5.9×10^{5}	二甲苯	$(2.4\times10^{12})\sim(3\times10^{13})$
甲醇	2.3×10^{6}	庚烷	1.0×10^{13}

续表

名称	电阻率/(Ω·cm)	名称	电阻率/(Ω·cm)
己烷	1.0×10^{18}	绝缘纸	$10^{9}\sim10^{12}$
液体烃类化合物	$10^{10}\sim10^{18}$	尼龙布	$10^{11}\sim10^{13}$
液氢	4.6×10^{19}	油毡	$10^{8}\sim10^{12}$
硅油	$10^{13}\sim10^{15}$	干燥木材	$10^{10}\sim10^{14}$
绝缘用矿物油	$10^{15}\sim10^{19}$	导电橡胶	$(2\times10^{2})\sim(2\times10^{3})$
米黄色绝缘漆	$10^{14}\sim10^{15}$	天然橡胶	$10^{14}\sim10^{17}$
黑色绝缘漆	$10^{14}\sim10^{15}$	硬橡胶	$10^{15}\sim10^{18}$
硅漆	$10^{16}\sim10^{17}$	氯化橡胶	$10^{13}\sim10^{15}$
沥青	$10^{15}\sim10^{17}$	聚乙烯	$>10^{18}$
石蜡	$10^{16}\sim10^{19}$	氯乙烯	$10^{12}\sim10^{16}$
人造蜡	$10^{13}\sim10^{16}$	聚苯乙烯	$10^{17}\sim10^{19}$
凡士林	$10^{11}\sim10^{15}$	聚四氟乙烯	$10^{16}\sim10^{19}$
木棉	10^{9}	糠醛树脂	$10^{10}\sim10^{13}$
羊毛	$10^{9}\sim10^{11}$	酚醛树脂	$10^{12}\sim10^{14}$
丙烯纤维	$10^{10}\sim10^{12}$	尿素树脂	$10^{10}\sim10^{14}$
绝缘化合物	$10^{11}\sim10^{15}$	聚硅氧烷树脂	$10^{11}\sim10^{13}$
纸	$10^{5}\sim10^{10}$	密胺树脂	$10^{12}\sim10^{14}$
乙醇	7.4×10^{8}	聚酯树脂	$10^{12}\sim10^{15}$
正丙醇	5.0×10^{7}	丙烯树脂	$10^{14}\sim10^{17}$
异丙醇	2.8×10^{5}	环氧树脂	$10^{16}\sim10^{17}$
正丁醇	1.1×10^{8}	钠玻璃	$10^{8}\sim10^{15}$
正十八醇	2.8×10^{10}	云母	$10^{13}\sim10^{15}$
丙酮	1.7×10^{7}	二硫化碳	3.9×10^{13}
丁酮	1.0×10^{7}	硫	10^{17}
乙醚	5.6×10^{11}	琥珀	10^{18}

物质的介电常数是决定静电电容的主要因素，它与物质的电阻率同样密切影响着静电产生的结果，通常采用相对介电常数来表示。相对介电常数是物质的介电常数与真空介电常数的比值（真空介电常数为 8.85×10^{-12}F/m），表 4-2 列举了一些物质的相对介电常数。

表 4-2 物质的相对介电常数表

名称	相对介电常数	名称	相对介电常数
氢	1.000264	酚醛塑料	4～6
空气	1.000586	有机玻璃	3～3.6
二氧化碳	1.000985	石英玻璃	3.5～4.5
己烷	1.9	硼硅玻璃	4.5
硅油	2.5	钠钙玻璃	6.8
变压器油	2.2～2.4	水晶	3.6
石蜡	1.9～2.5	块滑石	5.6～6.5
纸	1.2～2.6	云母	5～9
干木材	2～3	瓷	5～6.5
硬橡胶	3.0	氧化钛陶瓷	60～100
聚乙烯	2.25～2.3	异丙醇	25
聚氯乙烯	5.8～6.4	水	75～81
赛璐珞	3.0	钛酸钡	2000～3000

两种不同的物体在紧密接触、迅速分离时，由于相互作用，电子从一个物体转移到另一

个物体。除摩擦外，有撕裂、剥离、拉伸、撞击等也都同样如此。在工业生产过程中，如粉碎、筛选、滚压、搅拌、喷涂、过滤、抛光等工序，都会发生类似的情况。

某种极性离子或自由电子附着在与大地绝缘的物体上，也能使该物体呈带静电的现象。

带电的物体还能使附近与它并不相连接的另一导体表面的不同部分也出现极性相反的电荷的现象。

某些物质在静电场内，其内部或表面的分子能产生极化而出现电荷的现象，叫静电极化作用。例如在绝缘容器内盛装带有静电的物体时，容器的外壁也具有带电性，就是这个道理。

4.1.1.2　产生静电的几种形式

(1) 接触起电

接触起电可发生在固体-固体、液体-液体或固体-液体的分界面上。气体不能由这种方式带电，但如果气体中悬浮有固体颗粒或液滴，则固体颗粒或液滴均可以由接触方式带电，以致这种气体能够携带静电电荷。

两种不同的固体紧密接触且距离小于 25×10^{-8}cm 时，少量电荷从一种材料迁移到另一种材料上，于是两种材料带异性电荷，材料之间出现 1V 量级的接触电位差。将两材料分离时，必须做功以克服异性电荷之间的吸引力，同时，两种材料之间电位差也将增大。在分离过程中，若还有一些接触，这个增大的电位差有将电荷跨过分界面拉回的趋势。若是两种导体，在分离时电荷完全复合，每一导体带电都为零。如果一种材料或两种材料都是非导体，则不能完全复合，分开的材料上会保留部分电荷。因为接触时两表面间的空隙极小，所以，尽管保留的电荷量极小，但在分离后两表面之间的电位差很容易达到数千伏。如果将相接触的两材料互相摩擦，分离后带电将会增加。

液体的接触带电主要取决于离子的出现。一种极性的离子（或粒子）吸附于分界面上，并吸引极性相反的离子，于是在邻近表面处形成一个电荷扩散层。当液体相对分界面流动时，就将扩散层带走，产生异性电荷的分离。与固体中的情况一样，只要液体的非导电性能阻止电荷复合，分离时将因做功而产生高电压。这种过程在固体-液体和液体-液体交界面都会发生。

(2) 破断起电

不论材料破断前其内部电荷分布是否均匀，破断后均可能在宏观范围内导致正负电荷分离，产生静电，这种起电称为破断起电。固体粉碎、液体分裂过程的起电都属于破断起电。

(3) 感应起电

导体能由其周围的一个或一些带电体感应而带电。任何带电体周围都有电场，电场中的导体能改变周围电场的分布，同时在电场作用下，导体上分离出极性相反的两种电荷。如果该导体与周围绝缘则将带有电位，称为感应带电。导体带有电位，加上它带有分离开来的电荷。因此，该导体能够发生静电放电。

(4) 电荷迁移

当一个带电体与一个非带电体相接触时，电荷将按照各自电导率所允许的程度在它们之间分配，这就是电荷迁移。当带电雾滴或粉尘撞击在固体上（如静电除尘）时，会产生有力的电荷迁移。当气体离子流射在初始不带电的物体上时，也会出现类似的电荷迁移。

4.1.1.3 影响静电产生的因素

静电产生受物质种类、杂质、表面状态、接触特征、分离速度、带电历程等因素的影响。

(1) 物质种类

相互接触的两种物体材质不同时，界面双电层和接触电位差亦不同，起电强弱也不同。在静电序列中相隔较远的两种物体相接触产生的接触电位差较大。

(2) 杂质

一般情况下，混入杂质有增加静电的趋向。但当杂质的加入降低了原有材料的电阻率时，则有利于静电的泄漏。由于静电产生多表现为界面现象，所以，当固体材料表面被水及污物污染时会增强静电。

(3) 表面状态

表面粗糙，使静电增加；表面受氧化，也使静电增加。

(4) 接触特征

接触面积增大、接触压力增大都可使静电增加。

(5) 分离速度

分离速度越高，所产生静电越强，所产生静电大致与分离速度的二次方成正比。

(6) 带电历程

带电历程会改变物体表面特性，从而改变带电特征。一般情况下，初次或初期带电较强，重复性或持续性带电较弱。

4.1.1.4 静电的积聚和放电

(1) 静电积聚

绝缘体带电后材料本身的高电阻而使电荷保持在绝缘体上，被绝缘的导体也将使电荷保持在导体上，二者均称为静电的积聚。通常情况下，纯净的气体是绝缘体，因此悬浮状态的颗粒云、液滴云或雾都能将它们的电荷保持很长时间而与其自身的电导率无关。

在所有情况下，电荷以一定速率泄漏，其速率由系统内绝缘体的电阻决定。因此，系统危险程度直接取决于该系统的电阻、电阻率或电导率大小。静电泄漏是按指数规律进行的。

在许多工业生产过程中，静电连续产生，并积累在一个孤立的导体上。例如，稳定的带电液体或粉体，流入一个孤立金属容器时就是如此。孤立导体上的电位是电荷的输入速率与泄漏速率平衡的结果，其等效电路如图 4-1 所示。

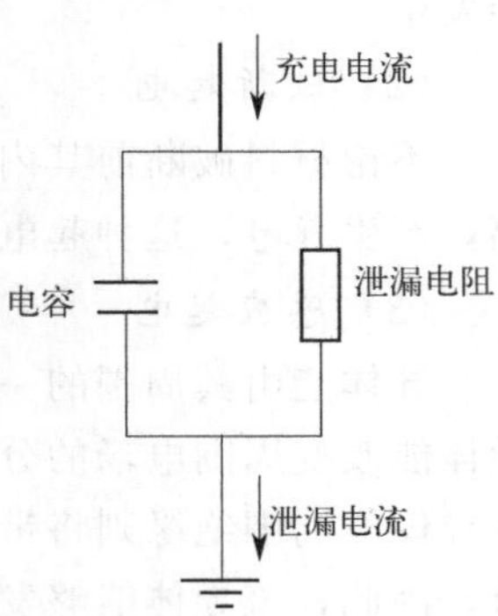

图 4-1 带静电导体的等效电路

(2) 静电放电

积聚在液体或固体上的电荷，对其他物体或接地导体放电时可能引起灾害。静电放电在形式上和引燃能力上有很大差别。图 4-2 绘制了几种常见静电放电的火花形状。

① 火花放电。火花放电是发生在液态或固态导体之间的放电。其特征是有明亮的放电通道，通道内有很高的电流，整个通道内的气体完全电离，放电

很快且有很响的爆裂声。

两导体之间的电场强度超过击穿强度时就会发生火花放电。对于平行板或曲率半径很大的面，如果间隙为 10mm 或 10mm 以上，击穿强度约为 3×10^3kV/m；如果间隙减小，击穿强度随之略增大。

因为发生放电的是导体，所以电荷几乎全部进入火花，即几乎火花消耗掉所有静电能量。如果导体和大地之间的放电通路上有电阻，火花能量将小于该值，但火花持续时间较长。表 4-3 中给出了一些典型物体的电容值。

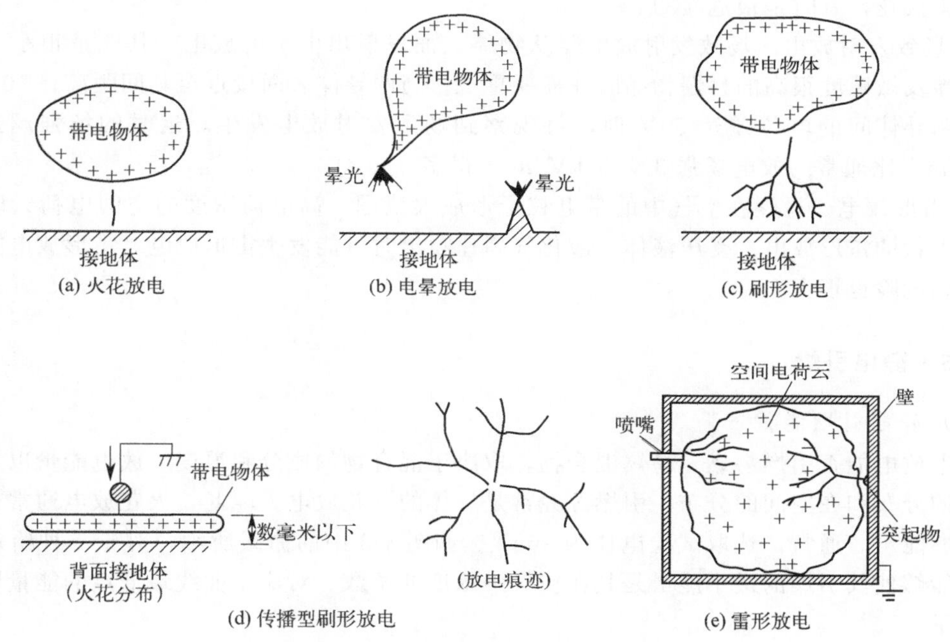

图 4-2　静电放电

表 4-3　典型物体的电容

物体	电容/pF	物体	电容/pF
小金属器具(勺子、喷嘴)	10～20	大型工程器材(反应室)	100～1000
小容器(水桶、50L 圆桶)	10～100	直接被接地体围绕	100～1000
中型容器(250～500L)	50～300	人体	100～300

② 电晕放电。当导体上有曲率半径很小的尖端存在时，则发生电晕放电。电晕放电可能指向其他物体，也可能不指向某一特定方向。

电晕放电时，尖端附近的场强很大，尖端附近气体被电离，电荷可以离开导体；而远离尖端处场强急剧减小，电离不完全，因而只能建立起微小的电流。电晕放电的特征是伴有“嘶嘶”的响声，有时有微弱的辉光。

电晕放电可以是连续放电，也可以是不连续脉冲放电。电晕放电的能量密度远小于火花放电的能量密度。在某些情况下，如果升高尖端导体的电位，电晕会发展成为通向另一物体的火花。

③ 刷形放电。刷形放电发生在导体与非导体之间，是自非导体上许多点发出短小火花的放电。每个火花由非导体表面能够流进其内的电量来决定。其放电总体经常有刷子似的形

状。如果导体很尖，导体处的放电将具有电晕放电那样向前扩展的特征。

刷形放电的局部能量密度可能具有引燃能力。实验结果表明，释放能量一般不超过 4mJ。

当高电阻率绝缘膜背面贴有金属导体、薄膜两平面带有异性电荷时，薄膜被极化，处于类似已充电电容内的电介质状态。如果一个导体从另一面接近非导体表面，则总的静电场将促使表面上大面积电离。这时非导体表面较大面积上的电荷会通过周围的电离了的气体快速流向初始放电点，构成所谓传播型刷形放电。这种放电是沿绝缘表面进行，并能形成能量很大的密集火花，有时是很危险的。

④ 场致发射放电。场致发射放电是从物体表面发射出电子的放电。其能量很小，因此只有在涉及敏感度很高的易爆物品时才需要重视。当两导体表面接近至其间距离在 10^{-3} mm 以下，两导体间的电位差达 50V 时，可观察到场致发射放电发生。这时的场强超过 5×10^4 kV/m，比通常的放电场强 3×10^3 kV/m 大得多。

⑤ 雷形放电。悬浮在空气中的带电粒子形成大范围、高电荷密度的空间电荷云时，可发生闪雷状的雷形放电。受压液体、液化气高速喷出时可能发生雷形放电。雷形放电能量很大，引燃危险也很大。

4.1.1.5 静电引燃

（1）静电引燃能量

静电放电能否引燃易燃、易爆混合物，取决于混合物的成分和温度、放电能量以及能量随时间的分布和在空间的分布。引燃源经常是导体的火花放电。因此，火花放电通常被用来测试引燃能量。通常，选取试验电压为 10kV。如图 4-3 中的曲线所示，对于一种给定的可燃物，能够使其引燃的最小能量是其在空气中浓度的函数。对应于曲线最低点的能量即最小引燃能量。

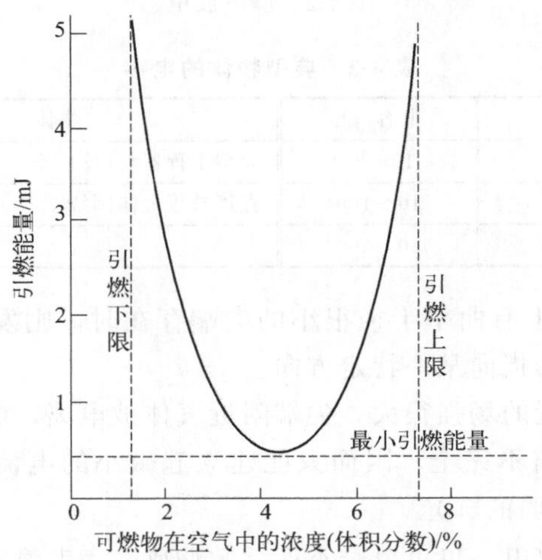

图 4-3 引燃能量与可燃物浓度的关系

大多数有机蒸气和烃类气体的最小引燃能量都在 0.01～0.1mJ 之间。乙炔和氢在空气中的最小引燃能量都是 0.02mJ 左右，而炸药的最小引燃能量可低至 0.001mJ。

一些气体、蒸气与空气形成的混合物的最小引燃能量见表 4-4，一些粉体与空气形成的混合物的最小引燃能量见表 4-5。

表 4-4　气体、蒸气与空气形成的混合物的最小引燃能量

名称	最小引燃能量/mJ	名称	最小引燃能量/mJ
丙烯腈	0.16	醋酸乙酯	0.46
乙炔	0.019	二乙醚	0.19
乙醛	0.376	二甲醚	0.29
丙酮	1.15	环已烷	0.22
异丁烷	0.52	氢	0.019
乙烷	0.25	甲苯	2.5
乙胺	2.4	二硫化碳	0.009
氨	680	丁烷	0.25
丁酮	0.27	丙醛	0.32
乙烯	0.096	丙烯	0.282
环氧乙烷	0.065	苯	0.20
氯丁烷	1.2	庚烷	0.24
氯丙烷	1.08	甲醇	0.14
醋酸	0.62	硫化氢	0.077
甲烷	0.28	1,3-丁二烯	0.13
丙烷	0.25	已烷	0.24
丙烯乙醛	0.13	异戊烷	0.21
环丙烷	0.17	异辛烷	1.35
环戊烷	0.23	异丙醇	0.65
三乙胺	1.15	氯化丙烷	0.23

表 4-5　粉尘最小引燃能量　　单位：mJ

名称	悬浮状	层积状	名称	悬浮状	层积状
铝	10	1.6	酞酸酐	—	15
铁	20	7	阿司匹林	25	160
镁	20	0.24	聚乙烯	15～30	—
钛	10	0.008	聚丙乙烯	15	—
锆	5	0.0004	酚醛树脂	10	40
硅	80	2.4	醋酸纤维	10	—
硫	15	1.6	环氧树脂	9	—
硬酯酸铝	10	40	聚甲基苯烯酸甲酯	15	—
聚氯乙烯	40	—	米	40	—
聚丙烯腈	20	—	小麦淀粉	25	—
尼龙	20	—	软木	35	—
人造丝	240	—	砂糖	30	—
橡胶	50	—	大豆	100	—
虫胶	50	—	玉米	50	—
麻	35	—	奶粉	50	—
纸	60	—	棉花	25	—
小麦	40	—	木质素	20	—

由表 4-5 所列数据可以看出，悬浮状粉尘云的最小引燃能量多为几十毫焦；不同种类粉尘的最小引燃能量在很大的范围内变化。粉尘云的最小引燃能量既取决于其化学成分，也取决于其颗粒大小和分布。颗粒减小或细小颗粒所占的比例增加，都会使最小引燃能量降低。

(2) 静电放电引燃能力的确定

① 火花放电。导体的火花放电时间极短、能量又很集中，构成最严重的静电引燃危险。

为了确定火花放电的引燃能力，通常可将储存的静电能量（即$\frac{1}{2}CV^2$）与所考查的可燃物的最小引燃能量直接加以比较。如果放电路径上有电阻，则储存能量的一部分会耗散在电阻上，且火花延续时间会延长。

② 电晕放电。电晕放电引燃能力比火花放电要小得多。因此，电晕放电能够用于感应式静电消除器以消除静电。但在有些场合，系统设计时应考虑其危险性。

③ 刷形放电。来自非导体的刷形放电，由于高绝缘电阻阻碍电荷的流动，所释放能量的速率比较低，但刷形放电比电晕放电的引燃能力大。对于传播型刷形放电，无论有无金属背衬，其引燃能力都很强。

需要精确确定刷形放电的引燃能力时，应直接用有关的可燃物做引燃试验。对于传播型刷形放电，如果能够估计出储存在非导体上静电的总能量，可将其与最小引燃能量做比较，以确定放电的引燃能力。

不同类型的引燃性静电放电详见图 4-4。

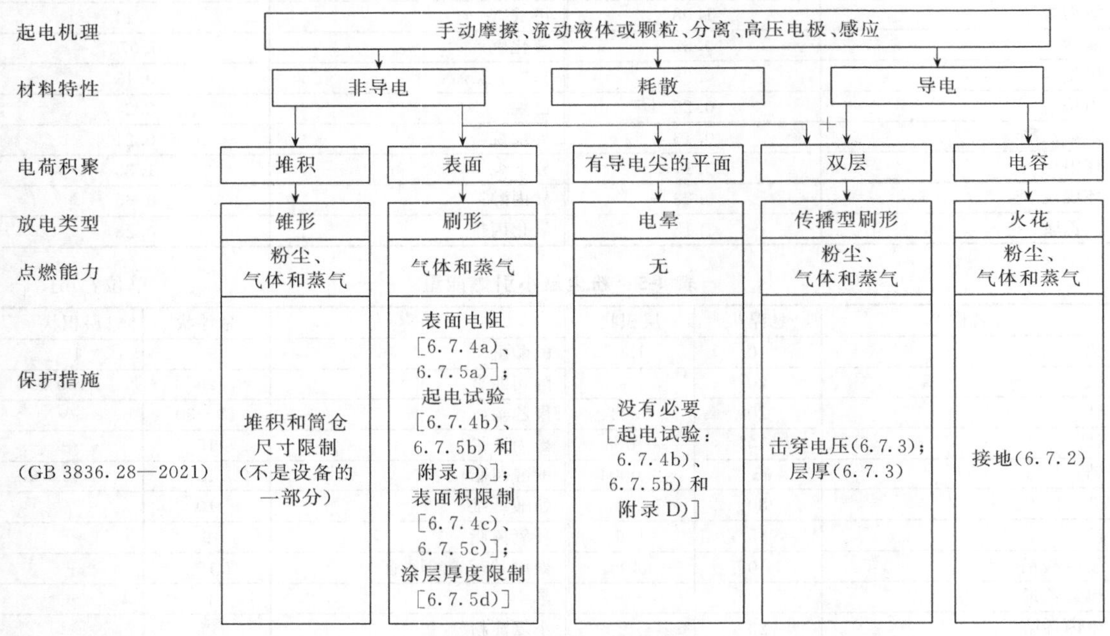

图 4-4 不同类型的引燃性静电放电

(3) 静电引燃界限

① 导体放电引燃。导体放电通常属于火花放电。火花能量与导体积蓄的静电能量基本相等，即发生火花放电时，静电能量全部用于引燃。因此，可以用混合物的最小引燃能量作为引燃界限。如用导体电位或电量表示，其引燃界限分别为：

$$U=\sqrt{\frac{2W_{min}}{C}} \tag{4-1}$$

$$Q=\sqrt{2CW_{min}} \tag{4-2}$$

式中 W_{min}——最小引燃能量，J；

C——放电导体间的电容，F。

② 非导体放电引燃。非导体放电一般是刷形放电和电晕放电。一次放电只能释放带电体积蓄的部分能量。因此，准确的引燃界限是很难确定的。表 4-6 列举了一些混合物的引燃界限。

表 4-6 混合物的引燃界限

混合物	最小引燃能量/mJ	引燃界限/kV
氢和氧	<0.01	1
氢、乙炔与空气	0.01～0.1	8～10
大部分可燃气体或蒸气与空气	0.1～1	20～30
粉尘	>1	40～60

对于传播型刷形放电，面电荷密度 $2.5\times10^{-4}C/m^2$ 可用作引燃界限。

在电荷分布不均匀，或非导体内带有低电阻率的带静电的局部，或带电体附近有接地导体，或带电情况变化较大的情况下，应降低引燃界限。

(4) 空间电荷放电引燃

对于最小引燃能量 0.1mJ 以下的混合物，电晕放电即认为是有危险的。对于最小引燃能量 0.1～1mJ 的混合物，直径（圆筒形的直径和高度；方形的长度、宽度和高度）0.7m 以上的空间电荷云，可将平均电场强度 1kV/cm 作为引燃界限。对于直径（圆筒形和方形同上）1.5m 的空间电荷云，可将平均电场强度 3～5kV/cm 作为引燃界限。

4.1.2 防止静电危害的基本措施

防止静电首先要设法不使静电产生；对已产生的静电，应尽量限制，使其达不到危险的程度。其次，使产生的电荷尽快泄漏或中和，从而消除电荷的大量积聚。

4.1.2.1 减少摩擦起电

在传动装置中，应减少皮带与其他传动件的打滑现象。如皮带要松紧适当，保持一定的拉力，并避免过载运行等。选用的皮带应尽可能采用导电胶带或传动效率较高的导电的三角胶带。

在输送易燃易爆物体的设备上，应采用直接轴（或联轴器）传动，一般不宜采用皮带传动；如需要皮带传动，则必须采取有效的防静电措施。

尤其应限制粉尘在管道中的输送速度。粉尘越细，摩擦碰撞的机会越多，越容易产生静电。所以，粉尘越细，速度应越慢。具体的速度应根据粉尘种类、空气相对湿度、环境温度、管道材质、管径等而有所不同，应通过电压测定来控制。

4.1.2.2 静电接地

静电接地的作用是泄放导体上可能集聚的电荷，使导体与大地等电位，使导体间电位差为零。

(1) 静电接地原理

静电接地就是用接地的办法提供一条静电荷泄漏的通道。实际上，静电的产生和泄漏是并行的，是给带电体输入和输出电荷的过程。物体上所积累的静电电位，当对地电容一定时，完全取决于物体的起电量和泄漏电量之差。其中静电起电速率是一个随机变量，随时间变化可以很缓慢增加，也可能急剧变化。为了确保物体静电安全，就以泄漏（接地）的办法来解决。

静电接地的应用范围是有条件的，并不是一切物体带电都可以借助于接地的办法来解决。一般说来，可能引起火灾、爆炸和危及场所安全的金属导体、设备，属于静电导体的非金属材料，人体都必须进行静电接地。同时还需考虑全系统接地的问题，否则接地反而会造成静电放电现象。例如，当处于绝缘状态的带电人体（或物体）与接地体接近或接触时，产生放电火花。相反，接地的人体（或物体）接近带电的孤立导体时，同样会产生火花放电。

（2）静电接地电阻的确定

静电接地电阻的大小取决于收集电荷的速率和安全要求。该电阻制约着导体上的电位和储存能量的最大值。实验和现场证明，在生产中，可能达到的最大起电速率 $q_f=10^{-4}$A，大多数情况下 $q_f=10^{-6}$A。根据加工介质的最小点火能量，可以确定生产工艺中最大安全电位 V_m。于是，满足上述条件的接地电阻 R 就可以确定下来。

$$R<\frac{V_m}{q_f} \tag{4-3}$$

选择电阻应注意以下几点：

① 两种金属接触良好时，其间电阻很少超过数欧。通常小于 100Ω 是很容易的，而且，除非设备有严重问题或经常受到腐蚀，不可能随着时间恶化到高于 $10^6\Omega$ 的水平。

② 金属与金属相接时，若其间电阻达数千欧，则说明其间存在腐蚀性生成物或油漆。这时，电阻随着时间有升高到超过 $10^6\Omega$ 的危险。

③ 供防静电的接地与其他用途的接地共用时，接地电阻应满足供电和配电系统接地或防雷接地的要求。

为了检测方便，可指定静电对地电阻须在 10～1000Ω 之间，即实际选定的电阻值比作为上限的值 $10^6\Omega$ 小得多。

10Ω 的标准对金属系统是适用的，而对于含有非金属成分（如塑料）的系统不完全适用。对于有非金属成分的系统应分别对待，并符合本书 4.1.2.3（2）、（3）的要求。

（3）静电接地方式

① 直接接地。直接接地就是电气接地，即用金属导线把带电体直接和接地干线连接起来。

② 间接接地。间接接地就是使金属以外的物体进行静电接地，将其表面的全部或局部与接地体紧密相接。或者说，通过具有一定电阻值的静电导体将带电体和接地体连接起来。

（4）静电接地的方法

静电接地装置可以与其他接地装置共用接地极，也可以单独埋设接地极。静电接地装置各部应连接良好、可靠；不应埋于腐蚀性强的地方；能防止机械损坏，便于检修，不妨碍作业。

接地线应采用足够机械强度、耐腐蚀、不易折断的多股软铜线或连接体。移动设备的接地应采用 4～10mm² 的多股软铜线。

接地线与接地端子的连接如图 4-5 所示。固定设备用螺栓连接，有相对位移的地方应加挠性电线。移动设备用专用线夹、鳄形夹或蝶形夹连接。地下部分用焊接。配管跨接办法如图 4-6 所示。如有必要，设备的旋转部分可用碳刷与滑环连接。

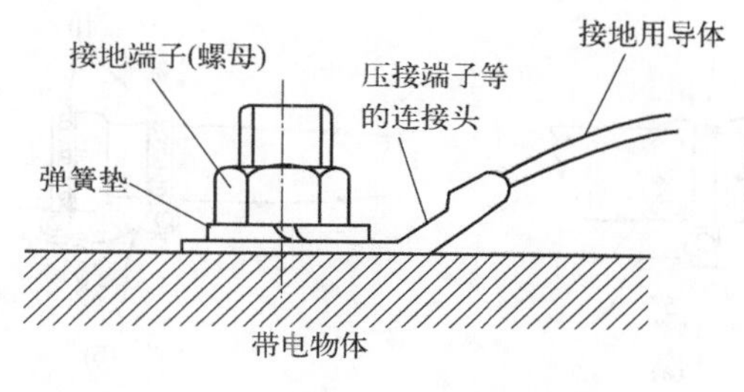

(a) 固定设备接地

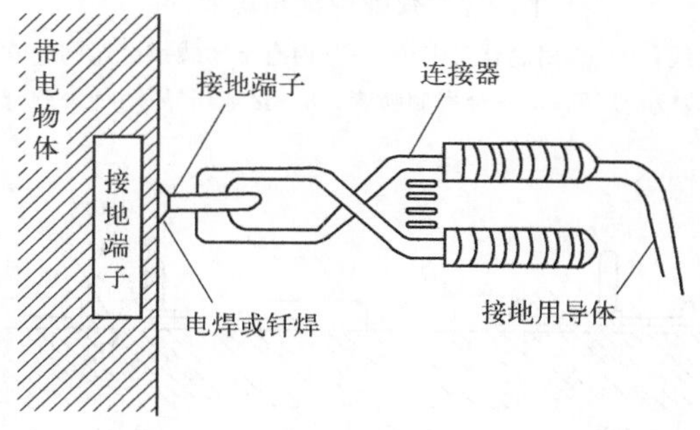

(b) 移动设备接地

图 4-5　接地线与接地端子的连接

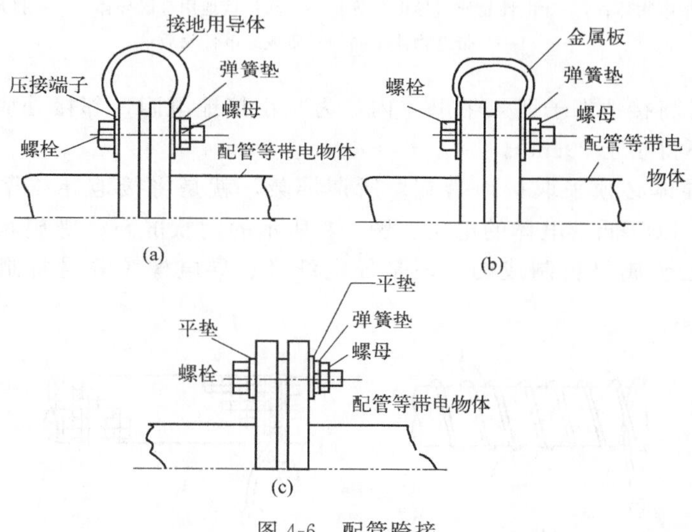

图 4-6　配管跨接

汽车槽车、火车槽车均应接地；作业结束后方可拆除接地。汽车槽车行走时，宜采用导电橡胶带拖行接地，而不宜采用金属链条拖行接地。

金属采样器、检尺器、测量器应经导电性绳索接地。

应尽量采用内部有螺旋状金属线或金属网的软管。金属线或金属网与管口金属连接件互相连接起来，并予以接地［图 4-7(a)］。软管上的金属喷嘴等亦应与软管跨接并接地［图 4-7(b)］。对于导电橡胶制成的软管，亦应接地，并保证有足够大的接触面积。

非金属导体的接地，其接地端子可按图 4-8 进行，图(a) 是在带电体外侧用螺栓固定接

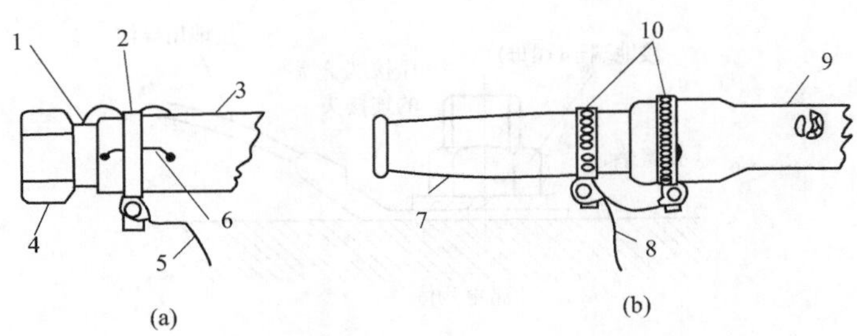

图 4-7　软管跨接和接地

1—锡焊或钎焊的金属线；2—金属制软管卡子；3—内有金属线或金属网的软管；4—连接金具；5—接地用导体；6—金属线或金属网；7—金属制喷嘴；8—接地用导体；9—软管；10—金属制软管卡子

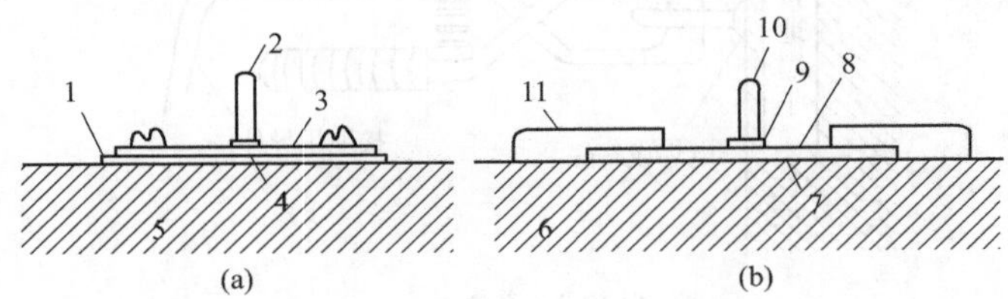

图 4-8　非金属导体接地

1—与带电物质之间紧密结合的金属箔等；2—接地端子；3—间接接地用金属导体；4，9—锡焊或钎焊；5，6—带电物体；7—导电性物质（导电膏等）；8—间接接地用金属导体；10—接地管子；11—与带电物体相同的材质或导电性物质

地端子，图(b) 是将接地端子埋入带电体内。为减小接地电阻，邻接处应垫金属箔、涂导电膏，结合面积不得小于 $20cm^2$。

用于屏蔽的导体必须采取接地措施。所谓屏蔽，就是将接地导体靠近带电体，使其间电容大大增加，以降低带电体的电位。图 4-9 所示的网状屏蔽、螺旋状屏蔽以及其他形状的屏蔽，不论是金属材料制成的，还是导电纤维、导电橡胶等材料制成的，均应良好接地。

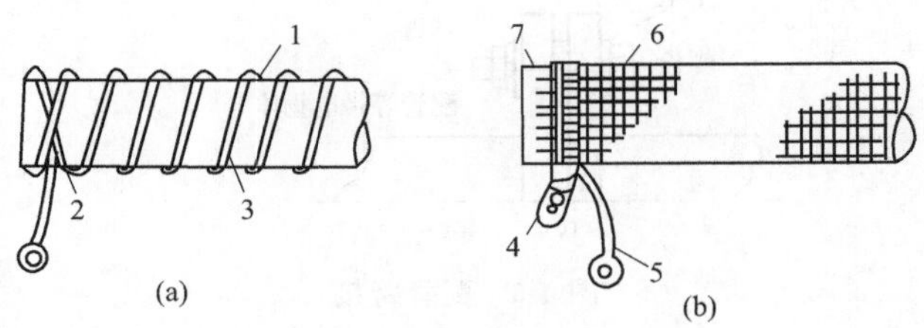

图 4-9　屏蔽和接地

1—软管或管；2—锡焊或钎焊；3—细金属线；4—软管卡子等；5—接地用端子；6—软管或管；7—金属网

4.1.2.3　实际系统中的接地要求

(1) 金属系统

① 固定结构。金属设备的主体结构以及固定在上面的主要部件，例如反应器、研磨

机和油罐，以及诸如管道之类的器具，通常都是用螺栓固定或焊接在一起的永久性装置。一般情况下，它们直接与电网的接地系统相连接。通常，10Ω 作为最大电阻值以避免静电灾害是合理的。多数情况下，不需要特别接地即可达到这个要求，只有当接地电阻最大限值设备的设计和使用不进行专门接地很难使其对地电阻保持在低水平的情况下才有必要专门接地。

有时，管道可能是与主体结构连接得不很好的临时装置，并混用数段非导体管段，这就需要专门接地。用屏蔽连接器将各金属管段连接起来的办法往往会遇到实际困难，因此，只有当接地电阻最大阻值设计允许超过 10Ω 时才采用这种方式。

如果设备主要部件与主体结构设有直接的电气连接，例如可伸缩的底座、振动式底座、负载箱上的部件等，除非可以使用选定的更大的电阻，应专门接地以保证对地电阻在 10Ω 以下。

② 可移动的金属部件。在许多情况下，设备的各种构件、滚筒、车载油罐等不能通过设备的主体与大地永久性相接，其对地电阻可能远远低于 $10^6\Omega$。

但在某些场合，例如放在干水泥地面或汽车轮胎上的场合，其电阻就不能适当控制，而且会随着使用远远超过 $10^6\Omega$。在这种情况下应采取适当的接地措施。其对地电阻最好保持在 10Ω 以下；其最低要求是：只要将易燃液体装入或倒出容器时可能出现可燃混合物且部件上可能积聚静电电荷者，即应保持前面所介绍的接地状态。

(2) 带有不导电零件的金属设备

金属结构的设备往往带有一些不导电的零件，这些零件会影响导电连续性和接地效果，如润滑油和润滑脂，以及用聚四氟乙烯和聚氯乙烯等高电阻率非导体制成的部件。正常情况下，设备的所有金属部件都应接地。其方法为直接接地或通过适当的接地连接线接地，且所有对地通路的电阻均应小于 10Ω。即使由于相关设备的设计使接地遇到一定的困难也应设法解决。

对于静电泄漏而言，小于 $10^6\Omega$ 的对地电阻是完全合适的。很多场合可以利用这一条件。用于转动轴、搅拌器等润滑的油或脂就是这样的例子。用导电刷压在转动轴上虽然有一定的作用，但导电刷很难调节，也难以保持原有状态，长期使用效果不稳定。测试表明，轴承润滑薄层的穿跨电阻不超过 $10^3\Omega$。这就是说，不用特殊接地装置也能泄放静电。对于其他设备部件，例如滚筒传送器或螺旋进料器，很难达到 10Ω。这时，只要对地电阻小于 $10^6\Omega$ 即可。在这些情况下，只要能同时满足下列两个条件，即可认为对地电阻在 $10^6\Omega$ 以内：

① 按非导体的体积电阻率和泄漏通道尺寸计算出其电阻小于 $10^6\Omega$；

② 正常运转情况下，所做的测试与计算结果相符，电阻稳定保持在 $10^6\Omega$ 以下。

这种方法省略了为满足 10Ω 的标准所需要的专门接地装置。

当涉及高电阻率聚合物时，几乎不可避免地会出现 $10^6\Omega$ 以上的电阻。唯一的解决办法是将孤立导体与邻近的接地金属器件连通起来。其最大对地电阻的合适值为 10Ω。有聚四氟乙烯包封的球形阀门、由外覆聚四氟乙烯喷层垫圈绝缘的管道隔离环、各塑料接口之间的金属管道以及塑料管线末端的金属喷嘴等属于这种情况。

主要问题是确定可能绝缘的设备部件。在很多情况下，设备内部的非导电部分是看不见的，而且不能用外部电阻测试法来确定。因此，任何非导体材料的变更，都应仔细分析非导体材料的引入是否会造成金属部件的绝缘。

(3) 高绝缘非导体材料

玻璃、高绝缘聚合物等材料经常被用作设备的主要部件。上述方法亦可用于高绝缘材料。应当满足的基本条件是非导体部件任何一点对地电阻都小于100Ω。但是，需要有大量紧密相邻的接地点才能做到这一点。这是很难做到的，因此，非导体将可能长时间保留电荷。

高绝缘非导体尽管可能引燃一些易燃混合物，总的来说，其放电能量较小。但是，如果高绝缘非导体受到电材料（例如：水）的表面污染，且污染没有覆盖整个表面，又不与地相连，则可构成能够形成高能量火花的绝缘体。非导体系统经常含有金属部件，如果这些金属部件不接地也可能产生放电火花。例如，塑料管线上的连接螺栓和支撑法兰及绝缘墙面覆盖层的金属网等金属部件。

鉴于高绝缘非导体的静电特性和起火危险，在可能的情况下，应避免在有大量可燃混合物或可燃液体的场所使用这些材料。

非导体系统中的所有孤立导体都应接地。但是，在很多情况下，需要使用特殊的接地装置，且其状态保持和检查是比较困难的，也就是不一定都是理想情况。仅仅没有接地并不一定引燃成灾，起火危险还取决于：①非导体带电的概率；②导体产生可燃火花的概率；③出现可燃混合物的概率。

应当估算静电引燃的概率，并运用最适宜的方法来减小这个概率，使之不高于其他引燃源引燃的概率，并达到用户能够接受的水平。在0区和1区，必须采取适当的方法，防止非导体和导体上产生和保留静电荷以消除静电灾害；而且，几乎所有情况下都涉及一定形式的接地问题。在2区，如果静电不是操作中的普遍问题，且不太可能达到危险程度，则引燃概率很低，可以免去非导体系统中导体的防静电接地。

(4) 导体材料和抗静电材料

这些材料既具有聚合材料的性能（如抗腐蚀性），又具有体积电阻率低的特点。利用其低电阻率防止静电积聚至危险程度，当然，必须与大地相连接。通常电阻在$10 \sim 10^4 \Omega$之间，一般情况下，用$10^6 \Omega$作为最大对地电阻是合适的，只有在特殊场合而且估计了灾害情况后才能选用$10^8 \Omega$以上的对地电阻。

(5) 接地要求

就阻值而言，尽管能够采用高达$10^6 \Omega$的电阻，但只要电阻能够比较方便地保持在低水平上，则固定金属设备所有部位的对地电阻的合适值为10Ω。

除固定设备在绝缘底座上，或在衔接处可能出现高电阻率污物等情况外，一般不需要专门接地。活动金属部件的对地电阻也应为10Ω及以下。活动金属部件的对地电阻可用专门的接地连线来完成。

一般来说，用于有可燃混合物存在的场合的设备，不应采用高绝缘材料制作构件。对于不同场所，无法提出通用的接地要求，而应采取不同的安全措施。

4.1.2.4 降低电阻率

当物质的电阻率小于$10^6 \Omega \cdot cm$时，就能防止静电荷的积聚。

(1) 添加导电填料

用掺入导电性能良好物质的方法可降低电阻率。如在橡胶的炼制过程中，掺入一定的石

墨粉，使之成为导电橡胶；在塑料生产中，掺进少量的金属粉末和石墨粉使之成为低电阻性塑料，均能降低电阻率。

(2) 采用防静电剂

防静电剂以油脂为原料，主要成分为季铵盐，它的作用是使化纤、橡胶、塑料等物体的表面吸附空气中的水分，增加电导率。如 SN 阳离子抗静电油剂，在聚乙烯化纤纺织和聚乙烯醇合成纤维抽丝过程中，只要涂抹少量，即能使静电电压限制在几十伏内。在生产涤纶纤维上使用的阳离子型 PK 抗静电油剂和在长纤维上使用的 MOA3、KP 油剂等，也都有较好的防静电性能。在生产防静电输送带时，即在原料丁腈橡胶中，加入防静电剂；在聚酯薄膜或其他塑料制品上，加入或涂上 SM 防静电油剂也都有一定效果。在化纤纺丝中加入环氧丙烷亲水基因，在感光胶片上涂上防静电剂等，都能使表面电阻率或体积电阻率大大降低而减少静电的积聚。

4.1.2.5　增加空气湿度

当空气的相对湿度在 65%～70%以上时，物体表面往往会形成一层极微薄的水膜。水膜能溶解空气中的 CO_2，使表面电阻率大大降低，静电荷就不易积聚。如果周围空气的相对湿度降至 40%～50%时，静电不易逸散，就有可能形成高电位。增加空气湿度的常用方法是向空气中喷水雾，一般均选用旋转式风扇喷雾器，如果该设备不防爆，必须从墙外吹入。

4.1.2.6　空气电离法

利用静电消除器来电离空气中的氧、氮，使空气变成导体，就能有效地消除物体表面的静电荷。常用的静电消除器有：

① 感应式静电消除器。它还可以分为钢件接地感应式、刷形感应式、针尖感应式等几种，主要用于造纸、橡胶、纺织、塑料等生产及加工行业。

② 高压式静电消除器。它主要有外加式、工频交流式、可控硅、交流高频高压式等，在化工、纺织等工业中可根据不同的要求选用。此外，还有高压离子流、放射性辐射等形式，适用于其他特殊场所。

4.1.3　静电放电火花危险性的控制与消除

4.1.3.1　固体带电

固体绝缘材料正越来越多地用于化工生产设备和构件。由于固体绝缘物没有自由电子，其表面常常因有杂质吸附、氧化，形成了具有电子转移能力的薄层，因此在摩擦、滚压、挤压、剥离等情况下能产生静电。

可以通过降低电阻率（如在聚合材料制成的产品中，加入适量的添加剂——炭黑，可制成导电制品）、增大湿度、电离、接地、接地金属网的应用等方法消除或减少因静电的积聚而产生放电火花。

① 橡胶制品在生产的压延工序中，胶料在压延机滚筒的滚压下，由于压力较高、受压面积大，电荷转移较快，产生的静电电压很高，一般采用局部增湿，使相对湿度在 75%以

上，以减少静电。

② 运输传送设备也极易产生静电，如橡胶平皮带、塑料带、合成纤维带、牛（猪）皮带的高速传动和输送等都常有静电产生。对皮带式输送机上正在运转的硬聚乙烯托辊进行测试，其静电压高达 45000V。由此可见，在有可燃性粉尘场合，传送带的传动轴、辊均不得采用电阻率较高的绝缘材料，以免静电放电引起燃烧、爆炸。

③ 不同的磨料相互摩擦时产生的静电压也各不相同。据实测，在转速固定不变，温度为（20±3)℃，空气相对湿度为（65±5)%的条件下，不同物体相互摩擦产生的静电电压如表 4-7。

表 4-7　各种磨料相互摩擦产生的静电电压值

磨料	磨料				
	牛皮纸	锦纶	羊毛	蚕丝织物	涤纶
	静电压/V				
薄涤纶	780				
厚涤纶	1400				
毛料	300				
蚕丝织物	100	−2000			3200
羊毛		−150		500	3000
涤纶织物		−2700	−3000	−2000	
锦纶			2000	3000	3000
棉织物				0	180

由表 4-7 可见，当穿着服装不当，也易因摩擦而产生静电。所以，在易燃易爆场合，工作人员不应穿着合成纤维织物的衣服，以免发生危险。维纶吸水性良好，性质也与棉相似，相对来说比较安全，但在空气中相对湿度低时，静电电压仍相当大。

④ 在纺织工业中，为了预防合成纤维在加工过程中产生静电，应使车间保持一定的湿度，以利织造。

⑤ 在胶片生产中，由于高速拖动薄膜，也会产生静电。

⑥ 化纤织物、塑料等作为抹布擦拭时，会产生静电，所以在爆炸危险场所，应禁止使用。又如向易燃易爆反应釜内投料时，也不得将物料从塑料袋中直接倾倒，而应先在安全地区倒入木桶内，然后从木桶中倒入反应釜，以防止塑料摩擦产生静电。

4.1.3.2　粉尘带电

(1) 粉尘带电过程

粉体物料是指聚积的由物质分散成细小颗粒组成的粉末状物料。在工业生产加工过程中，物料颗粒之间或物料与器壁之间免不了互相碰撞摩擦，进行反复的接触和分离，这样，它们之间就会产生电子转移现象，使粉体及器壁分别带上不同极性的静电。

粉体是处于特殊形态下的固体，其静电的产生也符合偶电层的基本原理。粉体物料与整块固体相比，具有易分散、易飞扬而悬浮于空气中的特点。由于易分散性，粉体表面就比同样质量、同样材料的整块固体的表面积大很多倍，例如把直径 100mm 的球状材料分成等直

径的 0.1mm 的粉尘时，表面积就增加 1000^2 倍以上。表面积增加，表面摩擦的机会多，产生静电也就多。由于有悬浮性，粉尘颗粒处于悬浮时与大地总是绝缘的，因此所带静电不易泄漏。所以即使是金属粉体处于悬浮状态时也易带电。烟火药混药过程中掺有铝粉、镁粉的药剂，静电也很高。就是电阻率很低的木炭，它与硫黄进行粉体混料时，产生的静电也可达数千伏。

在粉尘摩擦起电过程中，同时也存在着电荷通过器壁、管壁、工装、设备甚至大气向外泄放的过程。

（2）影响粉尘带电的因素

影响粉尘带电的因素很多：粉体材料性质（包括化学组成、颗粒大小、形变状态、表面几何特性、化学结构），接触的器壁材料的导电性，接触面大小，接触时间，碰撞相对速度，环境的温度、湿度，以及介质条件、周围是否存在电场等。一般说来，高绝缘物料易起电，器壁或管壁越粗糙，粉尘带电越多，粉体颗粒越小，其表面积越大，越易受到静电力的干扰，所以带电荷就越多。实验表明，静电事故多数发生在粒径小于 100μm 左右的粉尘。粉尘被输送、搅拌、混合时间越长，发生摩擦和碰撞的次数越多，粉体带电越多。但颗粒在碰撞的同时，也发生着中和电荷的过程，因而经过一定时间后，静电的产生和消失接近平衡，带电状态趋于饱和。此外，粉尘带电还与管道和器壁的结构有关。弯曲的管道比平直的管道容易产生静电，管道收缩部分比均匀部分容易产生静电；管道或料槽安装的角度对静电也有一定的影响。

（3）粉尘静电的控制

① 限制粉尘在管道中的输送速度。粉尘越细，摩擦碰撞的机会越多，越容易产生静电。所以，粉尘越细，速度应越慢。具体的速度应根据粉尘种类、空气相对湿度、环境温度、器壁粗糙度等而有所不同，应通过电压测定来控制。

② 管道内壁应尽量光滑，以减少静电聚集。管道弯头的曲率半径要大，不宜急转弯，以减少摩擦阻力。

③ 粉尘捕集器的布袋，应用棉布或导电织品制作，因合成纤维织物易产生静电，不宜采用。

④ 在允许增加湿度的条件下，可将空气相对湿度增加到 65%以上，以减少静电。

4.1.4　静电测量

静电测量就是用相应的测量装置测量有关静电的物理参数。主要的静电参数有：静电电位；介质的质量电量密度和体积电量密度；静电放电火花的放电电量、放电能量、放电电流；电阻、电容、电感；介质的表面电阻率和体电阻率、介电常数；放电时间常数等。测量用的仪器设备有静电电位仪、高阻计、电容电桥、电感电桥、检流计、示波器、静电衰减仪、法拉第筒、静电感度测量装置等。

静电测量时应注意：

① 应选用使用方便、可靠性高的测量仪表。在爆炸危险场所测量仪表应选用防爆型。

② 测量前仔细阅读仪表使用说明，了解其测量原理和使用范围。

③ 测量前调零、调整灵敏度并选择量程。

④ 测量分析有测量导致引爆的危险性，在排除引燃危险性以后再进行测量，并应事先

考虑发生意外情况时的应急措施。

⑤ 为防止测量时发生放电，应使测量仪表的探头缓慢接近带电体，即使防爆型仪表也应如此。

⑥ 同一项目应测量数次，在重现性较好的情况下，取其平均值。

⑦ 除记录测量数据外，还应记录环境温度和相对湿度。

4.1.4.1 接触剥离带电的静电测量

塑料、橡胶等制品生产加工中经常会遇到接触分离、压制剥离而引起的带电现象。当压制件或半成品从底板上或辊筒上取下的瞬间，静电电位很高。可在底板上（或辊筒相连接部位）接出导线，用静电电位仪加以测量。测量时，必须使底板对地绝缘，在引出线上并联对地电容和微电流计，根据静电电位仪和微电流计的读数即可计算出剥离时的电荷量。油槽车油面电位测定如图 4-10 所示。

4.1.4.2 摩擦带电的测量

摩擦带电可采用探棒测量静电电位，即将静电电位仪的电极板接于有绝缘棒的探针上，如图 4-11 所示，可以对带电体任何部位的静电电位进行测量。这种方法对于测量动态带电体比较合适方便。

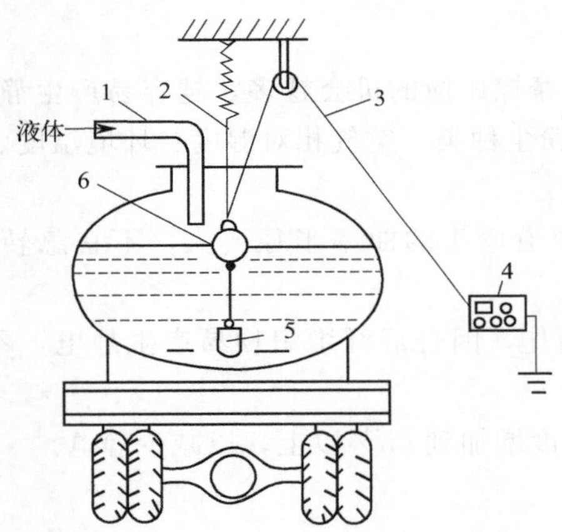

图 4-10 油槽车油面电位测定示意图

1—管道；2—绝缘绳；3—导线；4—静电电位仪；5—悬锤；6—空心铜球

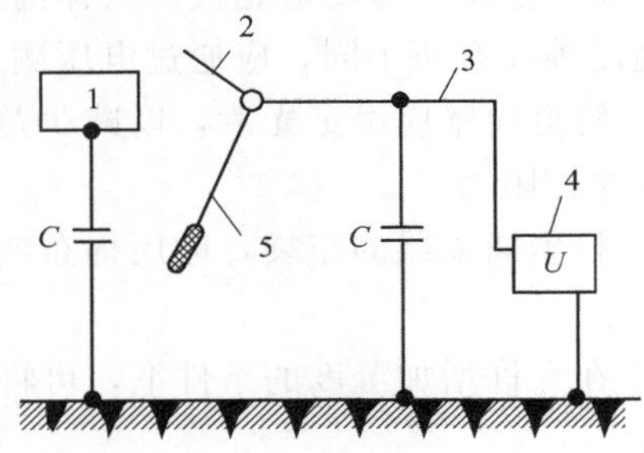

图 4-11 探棒测量静电电位示意图

1—带电体；2—探针；3—电极板；4—静电电位仪；5—绝缘棒（探棒）

4.1.4.3 粉尘喷出带电的测量

粉尘喷出带电的测量方法与气体、液体喷射带电的测量方法相同。

一般测量介质的电位（U）、泄漏电流（I）和静电电容（C），从而计算出电荷（$Q=CU$），并估算放电火花能量（$E_j=\frac{1}{2}CU^2$）。气体静电的综合测量装置见图 4-12。开启阀门，使气瓶内的气体经过管道，从喷嘴高速喷出，就可分别测量。

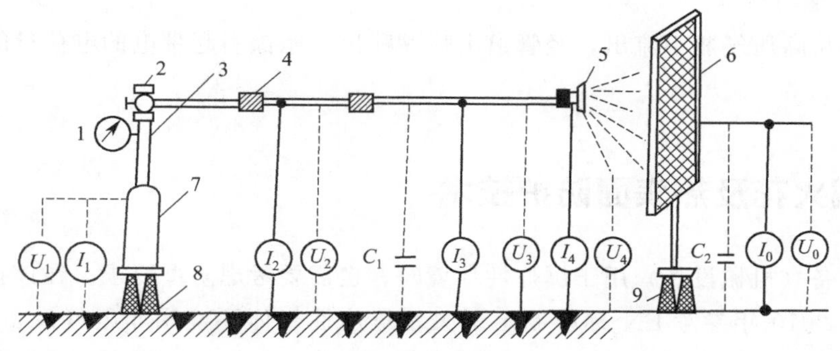

图 4-12　静电的综合测量装置

1—气压表；2—阀门；3—金属管；4—绝缘管；5—喷嘴；
6—金属网；7—高压气瓶；8，9—绝缘支柱

（1）静电泄漏电流的测量

由于静电电流极小，需用微电流计。如采用 ZC36 型 10^{-14} A 微电流测试仪，分别测得 $I_1 \sim I_4$，则气体喷出在空间由金属网收集的静电电流为 $I_0=-(I_1+I_2+I_3+I_4)$。

（2）静电电位的测量

如图 4-13 虚线所示，可用接触式静电电压表或静电计接于金属管壁和金属网，直接读出各部位的不同静电电位；也可用感应式非接触静电电位仪测量，分别测得各部位的电位 $U_1 \sim U_4$。

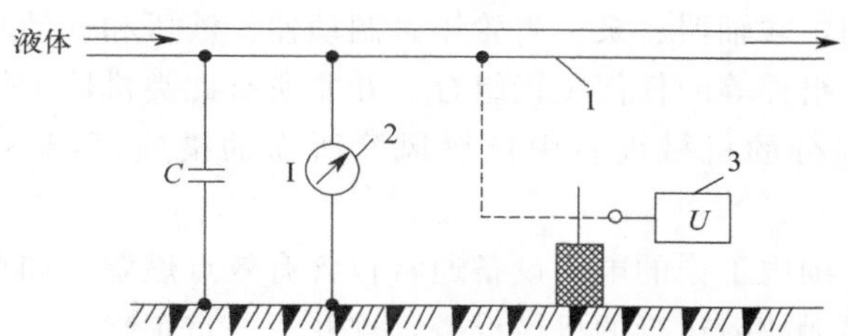

图 4-13　静电电位测量（测管壁法）示意图

1—管道；2—微电流计；3—静电电位仪

（3）静电电容的测量

如图 4-14 虚线所示，可用 VC 静电测量仪所加的电容测量线路，方便地测得管道系统的对地电容 C_1 和收集金属网的对地电容 C_2。

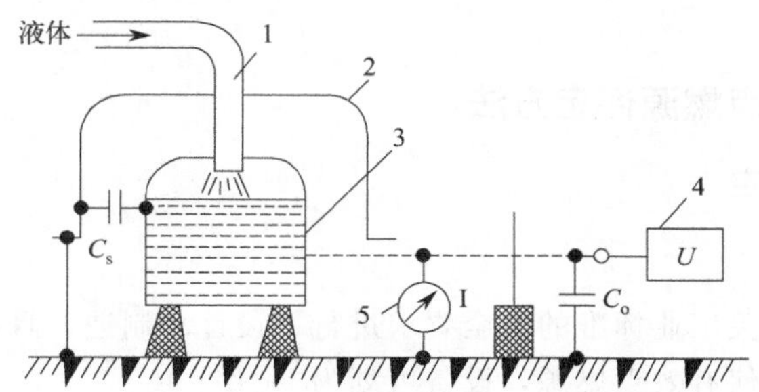

图 4-14　法拉第筒法示意图

1—管道；2—外金属容器；3—内金属容器；4—静电电位仪；5—微电流计

(4) 带电量的估算

高压气体从高压气瓶中流出，经管道由喷嘴喷出，摩擦引起带电的电荷量的计算公式为 $Q=I_0t=U_0C_2$。

4.2 机械火花及热表面防护技术

非电气设备（机械设备）用于爆炸性环境时，也需要考虑防爆要求。在该技术的标准化方面，我国于 2010 年参考 EN 标准制定了关于爆炸性气体环境用非电气设备的 GB 25286（所有部分），由通用要求部分和 5 个防爆形式部分组成。上述标准发布实施以来，非电气防爆技术有了一定的新发展。在国际标准方面，基于 EN 标准于 2016 年发布了《Explosive atmospheres-Part 36：Non-electrical equipment for explosive atmospheres-Basic method and requirements》（ISO 80079-36：2016）和《Explosive atmospheres-Part 37：Non-electrical equipment for explosive atmospheres-Non-electrical type of protection constructional safety "c", control of ignition sources "b", liquid immersion "k"》（ISO 80079-37：2016），分别规定了爆炸性环境用非电气设备通用要求和专用防爆形式要求，其主要技术内容也能适用于我国的情况。为适应防爆技术和产业发展，并与国际标准发展相一致，需要对 GB 25286 进行整体修订，纳入 GB/T 3836 并形成 GB/T 3836.28《爆炸性环境 第 28 部分：爆炸性环境用非电气设备 基本方法和要求》。

非电气设备的示例：联轴器、泵、齿轮箱、制动器、液压和气动马达以及实现机器、风扇、发动机、压缩机、组件等的任何装置组合。并非所有此类机器都使用防爆电动机作为动力，降低作为机器一部分的机械设备中点燃风险所需的措施可能不同于用于电气设备的措施。

虽然在设计参数范围内工作的电气设备通常包含有效点燃源，如火花部件，但对于设计为在预定维护操作之间无故障运行的机械设备，这并不一定正确。

通常需要考虑两种机械点燃情况，由机器中的故障（如轴承过热）引起的点燃，或由机器正常工作（如热的制动表面）引起的点燃。

经验表明，至关重要的是对整个机械设备进行全面的点燃危险评定，以确定所有潜在点燃源，并确定它们是否能在机械设备的预期寿命内成为有效点燃源。一旦了解并记录了这些点燃风险，就能根据所要求的设备保护级别（EPL）来分配保护措施，以将这些点燃源生效的可能性降至最低。

4.2.1 非电气设备点燃源评定方法

4.2.1.1 点燃危险评定

(1) 通用要求

如果设备已按照相关工业标准的安全要求进行了设计和制造，且点燃危险评定确认设备在正常运行中不出现任何有效点燃源，设备可划为 Dc 级。

如果点燃危险评定能保证爆炸性粉尘环境用设备在正常运行和预期故障时不出现任何有效点燃源，设备可划为 Db 级。

如果点燃危险评定能保证爆炸性粉尘环境用设备在正常运行、预期和罕见故障时不出现任何有效点燃源，设备可划为 Da 级。

图 4-15 解释了点燃源类型的关系。

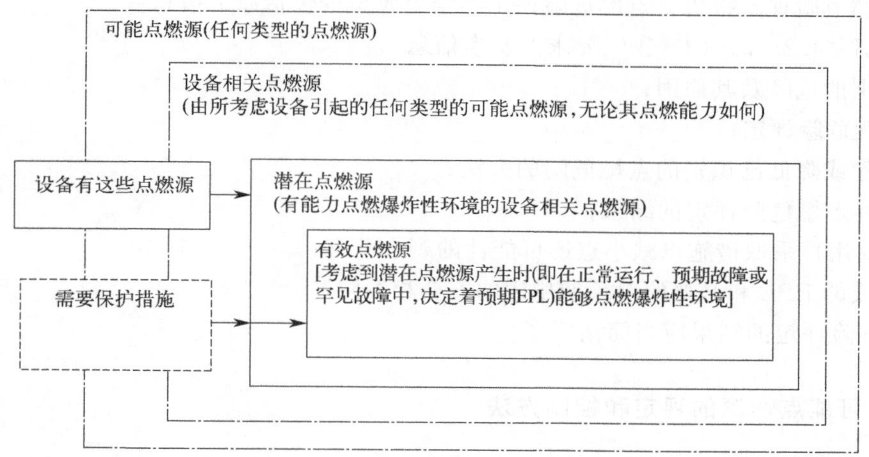

图 4-15　点燃源定义之间的关系

（2）点燃危险评定程序

① 正式点燃危险辨识与评定。设备应经过正式文件化的点燃危险评定，以识别正常运行、预期故障和罕见故障期间可能出现的所有潜在点燃源。随后，根据设备的预期 EPL，可以对每一个潜在点燃源采取风险降低措施，以尽量减小它们成为有效点燃源的可能性。

形成正式文件的过程应适用于保护功能的设计、制造、安装、检查、试验和维护要求。保护措施/防爆形式应按下列顺序进行考虑：

a. 尽量减小形成点燃源的可能性；

b. 尽量减小点燃源成为有效点燃源的可能性；

c. 尽量减小爆炸性环境接触点燃源的可能性；

d. 控制爆炸并阻止火焰传播。

根据预期 EPL，应考虑所有潜在点燃源，还应考虑合理预期下的误用造成的点燃源。

② Ⅲ类设备的评定。评定时，应列出在正常运行、预期故障和罕见故障期间 Da 级设备，在正常运行和预期故障期间 Db 级设备，在正常工作期间 Dc 级设备出现的所有有效点燃源或可能成为有效点燃源的潜在点燃源，还应指出采用的减小点燃可能性的方法，这些方法可以按照专用防爆形式标准。

③ 故障评定。当设备保护级别（EPL）要求评定预期故障和罕见故障时，评定还应考虑设备部件失效能导致点燃设备内部或构成设备一部分的任何可燃性物质（例如润滑油），或者因此成为或产生点燃源。

④ 点燃危险评定所需基本信息。点燃危险评定应依据下列信息：

a. 设备描述；

b. 制造商描述（例如在标志中和使用说明书中）的设备预期用途；

c. 材料及其特性；

d. 设计图纸和规格书；

e. 已知的相关信息，例如负载、强度、安全系数、工作制等；

f. 设计计算结果；

g. 已进行的检查结果；

h. 安装、操作和维护要求。

⑤ 点燃危险评定报告。点燃危险评定的结果应至少包括以下信息：

a. 本书“4.2.1.1（2）④”要求的基本信息；

b. 识别的危险及其原因；

c. 点燃危险评定；

d. 消除或降低已识别的点燃危险的方法；

e. 最终点燃危险评定的结果；

f. 需要用户采取措施以减小点燃可能性的剩余危害；

g. 形成的 EPL 和必要的对预期用途的安全相关限制。

点燃危险评定的结果应当简洁明了。

4.2.1.2 可能点燃源的评定和控制方法

（1）总则

下面介绍涉及不同类型的点燃源和控制方法的评定，以尽可能降低潜在点燃的可能性，取决于其预期 EPL。

雷电引起的点燃风险对于机械设备制造商来说并不重要，通常在设备安装时由用户采取防雷措施。

（2）热表面

① 通则。如果爆炸性环境接触到热表面，则可能发生点燃。不只是热表面本身可能成为点燃源，与热表面接触而发生自燃的粉尘层或可燃固体也可能成为爆炸性环境的点燃源。

设备的最高表面温度决定了设备是否能成为点燃源。

② 环境温度。如果设备设计在－20～40℃的正常环境温度范围内使用，不需要标志环境温度范围。如果设备设计在不同的环境温度范围内使用，应标志环境温度范围。

尽管范围部分给出的标准大气条件温度范围是－20～60℃，但设备使用的正常环境温度范围依然是－20～40℃，另有规定和标志时除外。

③ 确定最高表面温度。作为点燃危险评定的一部分，应确定设备的最高表面温度。这个最高表面温度是按本书“4.2.3.1　最高表面温度测定”中所给安全裕度调整的最高表面温度，适用于设备的任何可能暴露在爆炸性环境中或者可能形成粉尘层的部位，并考虑到其尺寸和成为点燃源的能力。

评定还应考虑到为限制最高表面温度而安装的任何整体装置（例如：液力联轴器使用的低熔点可熔排放塞）。如果使用温度限制装置，则应满足防爆形式“b”的要求。确定最高表面温度时应考虑设备设计时确定的最高环境温度和最不利的工作状态。

通过测量或计算确定最高表面温度，应在使设备在最不利的工作条件下运行，但应用的点燃防爆形式可以允许这些故障。最高表面温度的计算或测量应包括 Db 级设备的预期故障，以及不使用附加保护措施的 Da 级设备的罕见故障。

设备的最高表面温度根据本书“4.2.3.1　最高表面温度测定”确定，包括此处给出的安全裕度：用于标志设备的规定温度，此温度是设备或者适当爆炸性气体的温度组别。由于应用本书“4.2.3.1　最高表面温度测定”中规定的安全裕度，实际测量或计算的最高表面温度通常低于标志的最高表面温度。

通过计算获得最高温度的方法适用于不能在全负载或最大预期负载和最高环境温度下进行实际试验的设备，例如非常大的机器。

④ Ⅲ类设备。Ⅲ类设备应按实际最高表面温度确定，并依此标志。

如果实际最高表面温度不取决于设备本身，而主要取决于运行条件（如泵内加热的液体），相关信息应在使用说明书中给出，并且设备应标志温度范围。

对无粉尘层设备确定的最高表面温度（本书“4.2.3.1　最高表面温度测定”）不应超过指定的最高表面温度。

对于有粉尘层设备的最高表面温度，不应超过指定的最高表面温度，还应考虑粉尘层厚度的影响，粉尘应覆盖设备四周，另有规定除外，并按照 GB/T 3836.1—2021 的规定标志“X”。

（3）火焰和热气体

如果点燃危险评定表明火焰和热气体（包括热颗粒）可能由设备的预期使用而引起，应根据 EPL 采取合适的保护措施降低点燃的可能性，并记录这项措施。

（4）机械产生的火花和热表面

① 总则。由于摩擦、冲击或磨损过程，颗粒可能与固体材料分离并由于分离过程中使用的能量而变热。如果这些颗粒由可氧化物质组成，它们会发生氧化过程，从而达到更高的温度。这些颗粒（火花）可能点燃可燃气体和蒸气以及某些粉尘-空气混合物（特别是金属粉尘-空气混合物）。在沉积的粉尘中，火花可能引起焖燃，并且可能成为爆炸性环境的点燃源。

② 单次冲击产生的火花的评定。

a. 单次冲击火花作为潜在点燃源的评定。此评定不适用于来自磨削、摩擦和采矿单次冲击火花（见 GB/T 3836.30）的点燃源。

在点燃危险评定中，如果满足下列条件之一，则不需要将金属部件之间的单次碰撞视为潜在点燃源：ⅰ. 冲击速度小于 1m/s，最大冲击能量小于 500J，并且不使用铝、钛和镁与铁素体钢的配合；或者只有在不锈钢不能腐蚀、表面上不能沉积氧化铁和/或生锈颗粒时才能使用铝与不锈钢（≥16.5%Cr）配合（对不锈钢性能的适当参考应在技术文件和使用说明书中给出）；或者不使用硬钢与硬钢配合；或者硬钢不用在可能撞击花岗岩的地方；或者只有在表面上不能沉积氧化铁和/或生锈颗粒时才能使用铝与铝配合。ⅱ. 使用无火花金属配合，并且冲击速度小于或等于 15m/s，对于粉尘环境的最大势能小于 125J。

b. 单次冲击火花作为有效点燃源的评定。如果冲击速度小于 15m/s，且最大可能势能小于表 4-8 中给出的值，则由冲击产生的点燃源不必视为有效点燃源。

表 4-8　Da、Db 和 Dc 级设备单次冲击能量限制

设备保护级别(EPL)	单次冲击能量限制	
	无火花金属	其他材料，不包括“4.2.1.2(4)②a. ⅰ.”
Da	125J	20J
Db 和 Dc	500J	80J

注：不适用于范围之外的爆炸性烟火或自反应性粉尘。

表4-8的内容支持制造商决定潜在点燃源是否能够成为有效点燃源。如果一次冲击在点燃危险评定过程中假定的能量比表中给出的能量低，则点燃源不必被视为有效点燃源。

另外，如果能量超过表4-8中给出的能量，并不一定意味着会成为有效点燃源。在这种情况下，点燃危险评定需要评定所有方面，并且需要证明冲击的可能性低到可以接受的程度。

如果冲击能量大于表4-8中的冲击能量，则需要对其进行评定，在这种情况下，应考虑冲击何时发生以及冲击是否能够点燃爆炸性环境（即在正常运行、预期故障或罕见故障期间），这决定预期的设备保护级别（EPL）。

如果能通过失效模式和影响分析（FMEA）或其他一些同等有效的方法在规定的运行参数范围内证明不能发生由机械故障引起的单一冲击，则不必将其视为有效点燃源，具体取决于设备保护级别（EPL）。

在某些情况下，不锈钢/不锈钢的组合可以避免单次的冲击火花。经验表明，在升降车上使用铜包叉使冲击火花和短暂摩擦加热的点燃风险降到极低的水平。

c. 摩擦产生的火花和热表面的评定。摩擦和磨削能导致火花以及热表面，应予以考虑，对于热表面，本书4.2.1.2（2）适用。

摩擦产生的潜在点燃源是否应视为有效点燃源取决于何时发生，即发生在正常运行、预期故障或罕见故障期间。

相对接触速度1m/s通常用作极限值，低于该极限值，摩擦点燃源不能点燃爆炸性环境。间隙中粉尘的污染导致低速下的摩擦点燃源（例如在轴承、密封件、机械线性执行器或连杆中）。有一些例外情况，例如对点燃极其敏感的硫粉尘，具有高接触负荷时。

d. 含有轻金属的外部设备件。如果点燃风险评定显示存在由引燃性的摩擦、冲击或磨损火花引起的点燃风险，则GB/T 3836.1—2021的金属外壳要求适用。

（5）除杂散电流外的电点燃源

当电气设备与机械设备一起使用时，电气设备应符合GB/T 3836的相关部分。

GB/T 3836.1—2021已经考虑了射频（RF），包括光辐射的电磁波、电离辐射和超声辐射。

（6）杂散电流、阴极防腐

① 内部来源。由设备本身中的杂散电流产生的杂散电流引起的点燃源，应相应考虑（例如，感应驱动过程，如滑动永磁体联轴器）。

② 外部来源。如果外部杂散电流源可能影响设备的防爆，说明书应包括降低点燃风险的指南。

杂散电流可能在导电系统或系统的部件中流动：

a. 作为发电系统中的返回电流，特别是在电气铁路和大型焊接系统附近，例如，当导轨和铺设在地下的电缆护套等导电电气系统元件降低了该返回电流路径的电阻时；

b. 由于电气装置故障导致的短路或接地故障；

c. 由于外部磁感应（例如，具有大电流或射频的电气装置附近）；

d. 由于雷电（见适当的标准，例如GB/T 21714）。

（7）静电

① 总则。在某些条件下可能出现引燃性静电放电。带电荷的绝缘导电部件的电荷放电

能够很容易导致引燃火花。对于由非导电材料（大多数为塑料以及其他材料）制成的带电荷部件，也可能出现刷形放电。在特殊情况下，在快速分离过程中（例如，薄膜越过滚筒、传动带、装载臂操作和大量烃类化合物转移），也可能出现传播型刷形放电。也可能出现散装材料造成的锥形放电和电子云放电。

电晕放电（从导体的尖点或边缘）和闪电状放电（例如在火山喷发期间的大灰云中）也是已知的，但不必认为是点燃源。

对于爆炸性环境，电晕放电不具有点燃性，并且在工业操作中遇到的带电云中从未观察到闪电状放电。

火花放电、传播型刷形放电和锥形放电可能点燃爆炸性环境，取决于它们的放电能量。

刷形放电几乎能点燃所有爆炸性气体环境。可燃性粉尘，只要没有可燃性气体或蒸气，就不能被刷形放电点燃，与最小点火能量无关。

对设备的非导电部件和金属部件上的非导电层的要求仅适用于暴露在爆炸性环境中且有可预见的静电起电机制的情况。

② 导电部件的接地连接件。设备的所有导电部件应布置成它们之间不太可能存在危险的电位差。如果隔离的金属部件很可能被起电并作为点燃源，那么应提供接地端子。

③ 预防高效电荷产生机制（在非导电层和涂层上导致传播型刷形放电）。传播型刷形放电被认为是爆炸环境中的有效点燃源。它们可能在金属表面的非导电层和涂层的高效起电后出现。在设备中可以通过确保各层的击穿电压小于 4kV 或排除任何比手动摩擦表面更强的起电机制来防止传播型刷形放电。

对于Ⅲ类设备，也可以通过确保非导电层的厚度大于 8mm 防止传播型刷形放电点燃。

对于厚度超过 8mm 的非导电层，可能会发生刷形放电，但对于 EPL Da、Db 和 Dc 设备而言它们被认为不是点燃源，因为它们对粉尘环境不是引燃性的。

④ Ⅲ类设备。对于Ⅲ类设备，刷形放电不会点燃爆炸性粉尘环境，因此，如果不能发生传播型刷形放电，对这种涂层的厚度或表面积没有限制。如果能发生传播型刷形放电，本书 4.2.1.2（7）③中给出的要求适用。

（8）放热反应

① 如果已确定由于放热反应（包括粉尘自燃）引起的危险，则应符合以下设备和元件的特定要求。

② 应尽可能避免使用自燃物质。

③ 当必须处理此类物质时，应根据具体情况采取必要的保护措施：惰化；稳定；改善散热，例如将物质分成较小的部分；限制温度和压力；在较低温度下储存；限制停留时间。

④ 应避免与处理物质发生危险反应的结构材料。

⑤ 对于因铁锈和轻金属（例如铝、镁或其合金）的冲击与摩擦引起的危险的保护措施，见本书 4.2.1.2（4）。

⑥ 通常非自燃的材料在某些条件下可能变成自燃的，例如，在惰性环境中研磨轻金属。

4.2.1.3　其他考虑因素

（1）运动部件间隙中粉尘或其他物质的沉积

点燃危险评定应考虑由两个运动部件或运动部件和固定部件之间的粉尘或其他物质沉积

引起的点燃风险。如果粉尘或其他物质长时间保持与同一运动部件接触，会被加热并导致粉尘或其他物质燃烧，随后可能会点燃爆炸性环境。即使是缓慢移动的部件也可能导致温度大幅上升。

在某些类型的粉末处理设备中，这种类型的点燃风险是不可能避免的。在这种情况下，应采用一个或多个保护措施。

(2) 阻火器中的粉尘或其他可燃物质的沉积

点燃风险评定应考虑由阻火器固定部件之间的粉尘或其他物质所引起的点燃风险。

(3) 外壳打开时间

外壳打开时间比点燃源降为非有效点燃源所需的时间短时（例如，允许内装热部件的表面温度降至设备标志的温度组别或最高表面温度以下），外壳应加“警告标志”，详见本书4.2.4.3（3）。

(4) 设备的非金属外壳和非金属部件

① 根据点燃评定，与防爆有关的设备非金属外壳和非金属部件（例如塑料部件、玻璃窗等）以及金属部件上的非导电层应符合本书4.2.1.3（4）的要求，也应符合本书4.2.3.3的要求。

② 材料规格。材料应按本书4.2.4的规定进行说明并形成文件。材料的说明应包括GB/T 3836.1—2021中要求的非金属外壳和外壳非金属部件材料的详细规格。

③ 热稳定性。塑料材料的温度指数TI至少应比最高工作温度高20K。

相对热指数（RTI-机械）可以根据ANSI/UL746B来确定，以替代TI。

弹性体应具有连续工作温度（COT）范围，其最低温度低于或等于最低工作温度，最高温度至少比最高工作温度高20K。

(5) 可拆卸部件

保持保护等级所必需的部件应确保不会因意外或因疏忽被移除。为此，采用的紧固件只能用工具或钥匙帮助拆卸。

(6) 黏结材料

如果安全或防爆形式取决于使用的黏结材料，则GB/T 3836.1—2021的要求适用。

(7) 透明件

对于第Ⅲ类Da和Db级设备，其完整性与防点燃保护相关的透明件应能够通过本书4.2.3.3（1）规定的相关试验或提供保护盖或永久保护网以通过相关试验。观察窗通常用于检查带有旋转部件的设备所使用的润滑剂的状态（例如液位、质量）。

在做出试验决定之前，应检查是否可能发生观察窗损坏，具体取决于其位置和安装位置，以及损坏是否会导致：①液体损失，可能导致自发干运行并且在日常维护周期内无法检测到；②泄漏物质的自燃，因为它与热表面接触，因此可能作为爆炸性环境的点燃源。

如果根据①液体损失没有危险，或根据②自燃不相关，损坏的观察窗不被认为对防爆形式至关重要，可以免除根据本书4.2.3.3（1）的冲击试验。

(8) 储存的能量

当设备被设计为在探测到爆炸性环境时断开电源，说明书应包括以下方面的指导：

① 在探测到爆炸性环境和设备断电期间降低点燃风险；

② 避免因断电而引起的点燃危险。

4.2.2　点燃危险评定示例

非电气设备最重要的点燃源是静电放电、热表面和机械火花。实际设备可能具有不同的和/或其他点燃源。

点燃危险评定始终取决于个别设计和产品的特定用途。以下两个点燃危险评定示例均为爆炸性气体环境的非电气部件和非电气设备，爆炸性粉尘环境下的非电气部件和非电气设备可参照执行。

4.2.2.1　非电气部件点燃危险评定

表 4-9 给出了一个（不完整的）示例，阐述了如何记录点燃源对搅拌器的危险评定，该搅拌器假定在 EPL Ga 内部和 EPL Gb 之外。此示例仅适用于搅拌器的 EPL Ga 部分。它不是确定的，可以采用替代措施。

通过搅拌器元件与容器壁的磨削接触或通过搅拌器元件和容器壁之间的外来固体颗粒产生机械火花。磨削接触的另一种可能性是搅拌轴的振动，这是由临界转速、外部振动或轴承失效造成的。

搅拌器的设计和制造使其能够在规定的运行条件范围内实现其安全功能。如果搅拌器与可移动容器相结合，不能仅仅通过使用说明书来预期模具对准是令人满意的。概念设计确保了运动部件之间的安全中心。这可以通过机械夹紧单元和安全电路来实现。搅拌器设计不宜被错误使用。搅拌器被设计为不能安装在不适用的容器上（例如中型散装容器 IBC）。

EPL Gc 设备在正常运行期间不会产生有效点燃源。相关示例是可起电悬浮液和流体之间由搅动而引起的起电。仅通过设备设计无法避免这种点燃危险。在这种情况下，宜避免爆炸性环境，这是对预期用途的限制。材料的选择、适当的尺寸以及运动部件和固定部件之间的最小距离是为了避免机械火花和热表面。

为了满足 EPL Gb 设备的要求，避免了例如由于没有润滑引起的流体润滑滑环密封缺陷等预期故障。包括致动关闭开关在内的液位监测被认为是有效的。预期故障的其他示例是机械磨损、超过润滑使用寿命或腐蚀。

对于 EPL G 设备，考虑了两个预期故障导致的罕见故障和点燃危险。例如，这里提到了轴导向装置的滚动轴承的失效。轴承在 1 区中使用并且可以评定以满足 EPL Gb 要求，但是在轴承失效的情况下，它可能在 0 区中产生点燃危险。适当的措施可以是包括执行器关闭的轴承连续监测装置。其他示例如稳定性不足、在不允许的临界旋转频率下运行、零件缺失、安全装置失效或爆炸性混合物由于密封元件（例如垫圈或旋转机械密封）有缺陷而进入设备的未充分保护部分。

对于 EPL G 设备，两种罕见故障组合或罕见故障预期故障的组合可以忽略不计。在这些情况下，点燃危险被认为是不可能的。例如，一方面，即使将对轴的移动有影响的部件选择足够的强度，轴与容器之间的磨削依然不可避免；另一方面，在临界旋转频率下的运行，即使该速度不可能是搅拌器的设计。

表 4-9　搅拌器的点燃源危险评定报告示例

序号	1		2					3			4					
	点燃风险		在不采用附加措施的情况下评定发生频率					用于防止点燃源生效的措施			采用措施后发生频率					
	a	b	a	b	c	d	e	a	b	c	a	b	c	d	e	f
	潜在点燃源	基本原因描述（哪种情况会产生哪种点燃危险）	正常运行	预期故障	罕见故障	不相关	原因分析	应用措施的描述	依据（引用标准、技术规则、实验结果）	技术文件（包括第1栏中列出的相关特征的证据）	正常运行	预期故障	罕见故障	不相关	设备保护级别	必要的限制
1	静电放电	隔离导电部件	√				隔离导电部件产生电容，可能通过静电感应起电产生危险的静电	部件之间的等电位连接；外壳的接地；安装信息	GB/T 3836.28—2021中6.7.2	材料规格(7.3.2)；部件清单、位置（或图纸编号）				√	Ga	
2	静电放电	隔离部件，例如非金属材料		√			正常运行期间不起电；材料是外壳的外部；起电可能由人（操作者）产生	在50%相对湿度下表面电阻<1 GΩ	GB/T 3836.28—2021中6.7.5a)、8.4.8	材料规格(6.7、7.4.2、7.4.3)；部件清单、位置；图纸编号				√	Ga	
3	静电放电	隔离部件，例如非金属材料		√			正常运行期间不起电；材料是外壳的外部；起电可能由人（操作者）产生	表面电阻<50 GΩ，相对湿度50%，或面积<2500mm^2	GB/T 3836.28—2021中6.7.5或表8	材料规格(6.7、7.4.2、7.4.3)；部件清单、位置；图纸编号				√	Ga	ⅡB
4	静电放电	在搅拌期间液体起电	√				在正常运行时，使用的可起电液体趋于静止	预期用途的限制：只能使用具有高电导率(>1000pS/m)的液体（或者需要使用惰化）	GB/T 3836.26	特殊使用条件；在说明中提醒，章节、条款				√	Ga	是①
5	热表面	轴在套管内研磨				√	根据现有技术设计，所有引起偏转部件的安全系数>3	不需额外措施	GB/T 3836.29 "c"	结构措施设计图纸编号				√	Ga	
6	热表面	轴承的损坏对0区的影响（轴承位于容器分离板附近的1区）			√		轴承故障应视为罕见故障（对于EPL Ga设备）	轴承的故障将由热传感器检测到。最高温度<150℃（防爆形式"b"）	GB/T 3836.28—2021第5章、GB/T 3836.29"c"和"b"	关于热试验的型式试验报告编号；监控系统（从外部供应商处购买）的证书和说明，用于爆炸性环境，并用作控制点燃源型"b"的监控装置（"b1"型）				√	Ga	T3

续表

序号	1		2					3			4					
	点燃风险		在不采用附加措施的情况下评定发生频率					用于防止点燃源生效的措施			采用措施后发生频率					
	a	b	a	b	c	d	e	a	b	c	a	b	c	d	e	f
	潜在点燃源	基本原因描述（哪种情况会产生哪种点燃危险）	正常运行	预期故障	罕见故障	不相关	原因分析	应用措施的描述	依据（引用标准、技术规则、实验结果）	技术文件（包括第 1 栏中列出的相关特征的证据）	正常运行	预期故障	罕见故障	不相关	设备保护级别	必要的限制
7	热表面	EPL Gb 或 Db 设备（齿轮）的轴承损坏对 0 区的影响（轴承位于容器分离板附近的 1 区）			√		摩擦损失会加热分离板	轴承的故障将由热传感器检测到。最高温度＜155℃（防爆形式“b1”）	GB/T 3836.28—2021 第 5 章、GB/T 3836.29“c”和“b”	关于热试验的型式试验报告编号；监控系统（从外部供应商处购买）的证书和说明，用于爆炸性环境，并用作控制点燃源型“b”的监控装置（“b1”型）				√	Ga	T3
8	热表面	刷的摩擦热；旋转机械密封的相对运动		√			在正常运行期间产生温度＜温度组别 T4 的 80％	最大表面温度在最不利的条件下确定。或者，安装温度监控和限制系统（防爆形式“b1”）。极限最高温度为 100℃	GB/T 3836.28—2021 第 5 章、GB/T 3836.29“b”	关于热试验的型式试验报告编号；监控系统（从外部供应商处购买）的证书和说明，用于爆炸性环境，并用作控制点燃源型“b”的监控装置（“b1”型）				√	Ga	T4
9	机械火花	由于不可接受的振动而导致轴断裂产生的机械火花			√		设备不是为运动中的液体表面通道而设计的，不能排除可预见的误用	液位监控系统（防爆形式“b1”），以避免液体表面通道	GB/T 3836.29“b”	监控系统（从外部供应商处购买）的证书和说明，用于爆炸性环境，并用作控制点燃源型“b”的监控装置（“b1”型）				√	Ga	
10	机械火花	在壳体的范围内研磨轴或搅拌器		√			如果容器不居中，则不能排除机械研磨	定义旋转元件和容器之间的最小间隙。容器夹紧单元是一个互锁装置	GB/T 3836.28—2021 第 5 章、GB/T 3836.29“b”	结构措施设计图纸编号；监控系统（从外部供应商处购买）的证书和说明，用于爆炸性环境，并用作控制点燃源“b”的监控装置（“b1”型）				√	Ga	

续表

序号	1		2					3			4					
	点燃风险		在不采用附加措施的情况下评定发生频率					用于防止点燃源生效的措施			采用措施后发生频率					
	a	b	a	b	c	d	e	a	b	c	a	b	c	d	e	f
	潜在点燃源	基本原因描述（哪种情况会产生哪种点燃危险）	正常运行	预期故障	罕见故障	不相关	原因分析	应用措施的描述	依据（引用标准、技术规则、实验结果）	技术文件（包括第1栏中列出的相关特征的证据）	正常运行	预期故障	罕见故障	不相关	设备保护级别	必要的限制
11	机械火花	容器中刷被研磨	√				在正常运行期间在负载下研磨刷	使用性能适合的材料，静态弹簧负载	GB/T 3836.28—2021第5章、GB/T 3836.29“c”	结构措施设计图纸编号				√	Ga	
12	机械火花	轴导向装置轴承的损坏可能导致在容器中研磨搅拌器（0区）；搅拌器和容器之间的距离可能会不可接受地降低			√		轴承的故障应被视为罕见故障（对于EPL Ga设备）	轴承故障将通过振动监控系统（防爆形式“b1”）检测到	GB/T 3836.28—2021第5章、GB/T 3836.29“b”	监控系统（从外部供应商处购买）的证书和说明，用于爆炸性环境，并用作控制点燃源“b”的监控装置（“b1”型）				√	Ga	
13	机械火花	轴承松动			√		未紧固的结合面	通过额外的力紧固结合面，例如使用螺钉定位	GB/T 3836.29“c”	关于热试验的型式试验报告编号；结构措施设计图纸编号；说明书				√	Ga	
14	机械火花	部件耐久性的问题，例如轴			√		可能的腐蚀	适当的材料选择	GB/T 3836.29“c”	结构措施设计图纸编号				√	Ga	
15	机械火花	离合器故障（0区离合器）			√		根据现有技术设计，安全系数>3	仅在旋转方向上使用刚性离合器	GB/T 3836.29“c”	结构措施设计图纸编号				√	Ga	
16	机械火花	容器不可接受的振动会导致搅拌器损坏			√		不能排除内部和外部振动源	实验确定和排除临界速度，限制预期用途	GB/T 3836.29“c”	关于确定临界速度试验报告编号；特殊使用条件；在说明书中提醒，章节、条款；标志铭牌上的临界速度范围				√	Ga	是①
17	机械火花	通过人孔意外进入工具等金属物品			√		如果不存在液体，则形成多个火花	向用户提供的信息，以防止金属物品掉入容器中	—	说明书				√	Ga	

续表

序号	1		2					3			4					
	点燃风险		在不采用附加措施的情况下评定发生频率					用于防止点燃源生效的措施			采用措施后发生频率					
	a	b	a	b	c	d	e	a	b	c	a	b	c	d	e	f
	潜在点燃源	基本原因描述（哪种情况会产生哪种点燃危险）	正常运行	预期故障	罕见故障	不相关	原因分析	应用措施的描述	依据（引用标准、技术规则、实验结果）	技术文件（包括第 1 栏中列出的相关特征的证据）	正常运行	预期故障	罕见故障	不相关	设备保护级别	必要的限制
18	电气火花	电气设备 Gb、ⅡB、T3，与 0 区解除			√		因未检测到泄漏而导致 0 区变化	自然通风，结构措施，以避免放置电气设备的区域形成 0 区	GB 3836.20	结构措施设计图纸编号				√	Ga	
19	…	进一步点燃源分析					…									
包含所有存在点燃危险情况下的 EPL															Ga	ⅡB T3①

①需要限制预期用途。

表 4-10　泵的点燃危险评定示例

序号	1		2					3			4					
	点燃风险		在不采用附加措施的情况下评定发生频率					用于防止点燃源生效的措施			采用措施后发生频率					
	a	b	a	b	c	d	e	a	b	c	a	b	c	d	e	f
	潜在点燃源	基本原因描述（哪种情况会产生哪种点燃危险）	正常运行	预期故障	罕见故障	不相关	原因分析	应用措施的描述	依据（引用标准、技术规则、实验结果）	技术文件（包括第 1 栏中列出的相关特征的证据）	正常运行	预期故障	罕见故障	不相关	设备保护级别	必要的限制
1	热表面	耗散发热	√				泵在正常运行期间具有最高温度	最大表面温度在最不利的条件下确定（ΔT 45K）安装旁路（溢流）以确保最小流量。指定储罐的最小剩余容积	GB/T 3836.28—2021 中 8.2	关于热试验的型式试验报告编号			√		Gb	T4

续表

序号	1		2					3			4					
	点燃风险		在不采用附加措施的情况下评定发生频率					用于防止点燃源生效的措施			采用措施后发生频率					
	a	b	a	b	c	d	e	a	b	c	a	b	c	d	e	f
	潜在点燃源	基本原因描述（哪种情况会产生哪种点燃危险）	正常运行	预期故障	罕见故障	不相关	原因分析	应用措施的描述	依据（引用标准、技术规则、实验结果）	技术文件（包括第1栏中列出的相关特征的证据）	正常运行	预期故障	罕见故障	不相关	设备保护级别	必要的限制
2	热表面	将机械能耗散为热量		√			在上游外部阀门关闭	最大表面温度在最不利的条件下确定。安装温度监控和限制系统（防爆形式"b1"）极限温度为100℃	GB/T 3836.28—2021中8.2和GB/T 3836.29"b"	关于热试验的型式试验报告编号；监控系统（从外部供应商处购买）的符合性证明和使用说明书，用于爆炸性环境，并用作控制点燃源型"b"的监控装置（"b1"型）			√		Gb	T4①
3	热表面	离合器片的摩擦力		√			离合器开始滑动并产生热量	最高表面温度（ΔT 30K）在最不利的条件下测定。耦合时间和最大扭矩规定。过载受限并在达到温度组别限制之前关闭	GB/T 3836.29"c"	关于热试验的型式试验报告编号			√		Gb	T5
4	电气设备	内部电机		√			电气设备是可能点燃源	仅使用具有符合性认证的电气设备	GB/T 3836	证书和说明书			√		Gb	ⅡB T3 Gb
5	机械火花	在干运行条件下转子摩擦		√			不能排除转子的机械摩擦。考虑轴承的故障	根据GB/T 6391计算轴承规定寿命。在这些情况下，通常会将故障视为罕见故障	GB/T 3836.29"c"第5章	描述和计算的编号；设计图纸编号			√		Gb	
6	静电放电	非导电液体的转移导致静电荷	√				液体的电导率没有定义	预期用途的限制：只能使用具有高电导率（>1000pS/m）的液体，仅使用导电液体。乙醇是导电液体，需要正确接地设备	GB/T 3836.26	说明书，章、条款警告：泵运行涉及在流动的液体中产生静电电荷的风险。用户宜根据GB/T 3836.26采取措施				√	Ga	
7		更多点燃源														
包含所有存在点燃危险情况下的EPL															Gb	T3

①需要限制预期用途。

4.2.2.2　非电气设备点燃危险评定

表 4-10 给出了一个（不完整的）示例，说明如何记录泵的点燃危险评定。这个例子不是确定的，可以采用替代措施。评定表末尾是泵的设备保护级别结果。假设泵位于 1 区域中并且用于将可燃液体从储罐泵送到反应器。

在连续正常运行（EPL Gc）期间加热，在最高环境温度下具有最大负载。宜考虑入口和出口处的流体压力以及腐蚀和输送的流体的温度。如果最大表面温度不取决于泵本身，而主要取决于输送的加热流体，则制造商无法确定温度等级。它由用户根据制造商在说明书中提供的信息确定。

如果出现预期的干扰或通常必须考虑的设备故障（EPL G），宜注意：在最大压力下以低进料速度继续运行，零件和部件因操作条件和尺寸不合格而失效，污染物的吸入，机械紧固件的松动或由于冲击、摩擦引起的应力。

罕见故障（EPL G，未在表 4-10 中处理）可能是关闭压力管路（关闭的出口）的操作，点燃控制装置失效或由于两个预期故障组合导致的新的点燃危险。

4.2.3　验证和试验

原型产品或样品应按照型式试验要求进行试验。认为不必要的试验项目可以取消，但应记录取消试验的理由。

不必重复已经在 Ex 元件上进行过的试验。

4.2.3.1　最高表面温度测定

最高表面温度应按照设备保护级别（EPL），在最不利负载时的最不利条件下测定。测定最高表面温度应考虑 Dc 级设备的正常运行，Db 级设备的预期故障，Da 级设备的罕见故障，以及任何控制或限定温度的附加措施。

应考虑不利条件，如设备的工作制、过载保护装置失效时最大连续负载。

涉及的设备表面温度和其他部件的温度，应在静止的空气中测量，设备安装在正常工作位置。允许由于设备功能而发生的空气运动。应确定与爆炸性环境接触的设备最热点的温度，从而确定最高表面温度。

对于可以在不同位置使用的设备，应测量每个位置上的温度并考虑最高温度。

宜选择和布置测量装置（如温度计、热电偶、非接触式温度测量装置等）和连接电缆，使其不会显著影响设备的热性能。

当温升速度不超过 2K/h 或构成设备一部分的限温装置动作后所测得的温度为最终温度。

如果没有限温装置，最终温度值应修正到设备额定最高环境温度，用额定环境温度与试验时的环境温度之差加到测得的温度值上进行修正。

对于Ⅲ类设备，测得的最高表面温度不应超过设备上标志的实际的最高表面温度。

在直接测量表面温度不能实现的情况下，可以应用其他方法，例如计算。

4.2.3.2　热表面点燃试验

在特殊情况下，如果有书面证据证明爆炸性环境不能被所考虑的热表面点燃，则可以超过上述温度限值。

应对样品进行试验，证明在特定气体/空气混合物存在下进行试验时，不会引起可燃混合物的自燃。

评定应包含规定的设备保护级别（EPL）的条件。

进行点燃试验以确定发生自燃的温度或确定不发生自燃的最高温度。随后，对该温度施加以下安全裕度：

① 对于温度组别 T6、T5、T4 和Ⅰ类：25K；

② 对于温度组别 T3、T2、T1：50K。

安全裕度应通过类似部件的经验或在特定温度组别的代表性混合物中对设备本身的试验来保证。

合格判据：冷焰的出现应视为点燃。点燃检测应目视或通过测量温度（例如通过热电偶）。

4.2.3.3 机械试验

（1）抗冲击试验

GB/T 3836.1—2021《爆炸性环境 第 1 部分：设备 通用要求》规定的抗冲击试验适用。

采用机械危险程度等级低的冲击进行试验的设备，应标志符号“X”。

（2）跌落试验

手持设备或个人携带式设备，在准备好使用的状态下，应进行 GB/T 3836.1—2021《爆炸性环境 第 1 部分：设备 通用要求》规定的跌落试验。

（3）结果判定

冲击试验和跌落试验不应引起使设备防爆形式失效的任何损坏。

外风扇的保护罩和通风孔的挡板不应产生位移或变形，以免引起与运动部件摩擦。

4.2.3.4 与防爆形式有关的设备非金属部件的附加试验

（1）试验温度

试验应分别根据允许的最高和最低工作温度进行。

试验过程中的试验温度应为：

对于上限试验温度，最高工作温度提高 10～15K；

对于下限试验温度，最低工作温度提高 5～10K。

（2）Ⅲ设备的试验

两样品依次做耐热试验、耐寒试验、机械试验，最后进行有关防爆形式规定的试验。

（3）耐热试验

决定防爆形式完整性的非金属外壳或外壳的非金属部件，应进行耐热试验，根据表 4-11 规定进行。

按照表 4-12 试验结束后，非金属外壳或外壳的非金属部件应在（20±5）℃和相对湿度（50±5）%的环境中放置（24±8）h 后再进行耐寒试验。

耐热试验不会对玻璃和陶瓷材料产生不利影响，不必进行此试验。

表 4-11 耐热试验

工作温度 T_s	试验条件	替代试验条件
$T_s \leqslant 70$℃	相对湿度(90±5)%、T_s+(20±2)℃(但不低于 80℃)下 672_0^{+30}h	
70℃<$T_s \leqslant 75$℃	相对湿度(90±5)%、T_s+(20±2)℃下 672_0^{+30}h	相对湿度(90±5)%、(90±2)℃下 504_0^{+30}h。然后在 T_s+(20±2)℃下干燥 336_0^{+30}h
T_s>75℃	相对湿度(90±5)%、(95±2)℃下 336_0^{+30}h。然后在 T_s+(20±2)℃下干燥 336_0^{+30}h	相对湿度(90±5)%、(90±2)℃下 504_0^{+30}h。然后在 T_s+(20±2)℃下干燥 336_0^{+30}h

注：T_s 为设备在包括环境温度和其他任何外部热源或冷源的额定条件下运行时，设备上特定的点所达到的最高或最低温度。

表 4-12 环境温度标志

设备	使用时的环境温度	附加标志
正常情况	最高：+40℃；最低：−20℃	无
特殊情况	由制造商声明并在使用说明书中规定	T_a 或 T_{amb} 附加特殊范围，例如，0℃ ≤ T_a ≤ +40℃或符号"X"

(4) 耐寒试验

与防爆形式有关的非金属部件，应按照本书 4.2.3.4 (1) 降低了的最低工作温度对应的试验温度条件下放置 24_0^{+2}h。

耐寒试验不会对玻璃和陶瓷材料产生不利影响，不必进行此试验。

(5) 机械试验

与防爆形式相关的设备非金属部件的机械试验应按照本书"4.2.3.3 机械试验"进行。

应遵守下列具体条件：

① 冲击试验。冲击点应选在可能受到冲击的外部部件上，如果非金属外壳由另外一外壳保护，仅对保护外壳进行冲击试验。

试验应按本书"4.2.3.4 (1) 试验温度"的规定，先在最高试验温度条件下进行，然后在最低试验温度条件下进行。

② 跌落试验。手持设备或携带式设备应按本书"4.2.3.4 (1) 试验温度"的规定，在最低试验温度条件下进行跌落试验。

(6) 与防爆和防护相关的设备非导电部件的表面电阻试验

表面电阻试验按照 GB/T 3836.1—2021《爆炸性环境 第 1 部分：设备 通用要求》规定进行。

(7) 热剧变试验

热剧变试验按照 GB/T 3836.1—2021《爆炸性环境 第 1 部分：设备 通用要求》规定进行。

4.2.4 其他要求

4.2.4.1 文件

(1) 技术文件

技术文件应对设备的防爆安全方面进行正确和完整的规定。

文件应包含点燃风险评定报告以及以下内容：

① 设备描述；

② 点燃风险评定要求的设计和生产图纸；

③ 理解图纸所需的描述和解释；

④ 如需要，材料证书；

⑤ 本书 4.2.3 要求的试验报告；

⑥ 本书 4.2.4.2 要求的说明书。

(2) 对文件的符合性

制造商应进行必要的验证或试验，以确保生产的非电气设备符合技术文件。

可以采用统计方法来验证符合性，不是要求对部件进行 100% 检查。

(3) 防爆合格证

防爆产品应取得防爆合格证，确认设备符合要求。防爆合格证可针对 Ex 设备或 Ex 元件。

Ex 元件防爆合格证（合格证编号以符合“U”后缀区别）用于不完整的、在合并入 Ex 设备前需要进一步评定的设备部件。防爆合格证的限制条件中应包含正确使用 Ex 元件的必要信息。Ex 元件防爆合格应说明其不是 Ex 设备防爆合格证。

(4) 标志责任

按照本书 4.2.4.3 要求对设备进行标志。

4.2.4.2 使用说明书

应至少包括以下内容：

① 重述设备所标志的信息，以及任何适当的附加信息以便于维护（例如进口商、维修商的地址等）。

② 安全说明书：投入运行；使用；组装和拆卸；维护；安装；调试；必要时，培训说明；允许对设备能否在预期运行条件下在预定场所安全使用做出决定的详细信息；相关参数，最高表面温度和其他极限值；适用时，包括点燃风险评定报告中确定的需要安装人员或用户提供附加保护措施的剩余风险在内的特殊使用条件。

③ 适用时，包括经验证明可能出现误用的详细情况在内的特殊使用条件。

④ 必要时，可以用于设备的工具的基本特性。

⑤ 设备符合的包括发布日期在内的标准清单。防爆合格证可用于满足此要求。

⑥ 已确定的相关点燃危险和实施的保护措施的总结。

4.2.4.3 标志

(1) 位置

应在设备外部的主要部件上设置清晰且不可磨损的标志，并且在设备安装之前应可见。

安装设备后标志可见是很有用的。

如果标志位于设备的可拆卸部件上，则在安装和维护期间，设备内部的重复标志可能有助于避免与类似设备混淆。

(2) 通用要求

标志应包括：

a. 制造商名称或注册商标。

b. 制造商规定的产品型号标识。

c. 符号 Ex。

d. 字母“h”（保护等级不适用于字母“h”）。

e. 适用时，设备类别Ⅲ的符号。

实际最高表面温度不取决于设备本身，而主要取决于运行条件（如泵中的加热流体），制造商不能只标志温度组别或最高表面温度，应标志温度组别范围或温度范围（例如 T6…T4 或 85℃…150℃）来包含对此情况的参考，相关信息应在说明书中给出。

f. Ⅲ类设备，以摄氏度（℃）标志最高表面温度并在前面加字母“T”，例如 T90℃。

g. 相应的设备保护级别 Da、Db 或 Dc。

h. 适用时，对于Ⅲ类设备，按照表 4-12 标志环境温度。

i. 序列号（批号可以视为序列号的替代）。

j. 防爆合格证颁发机构的名称或标志。防爆合格证编号形式如下：两位数字的年份，随后是该年度防爆合格证顺序号，由四位数字组成，它们与年份之间用“。”分开。

k. 如果有特殊使用条件，则在防爆合格证编号后面加上符号“X”。也可给出适当说明的警告标志代替所要求的“X”标志。

l. 有关防爆形式的专用标准中规定的其他标志。如：设备结构标准通常要求的任何标志。

m. 标志 c.～h. 应在同一行，并应各自用小空格隔开。

n. Ex 元件不应包含温度组别或最高表面温度标志。

(3) 警告标志

如果设备需要，应按照表 4-13 的描述标出警告标志，内容在“警告”一词之后，可以用技术上等效的文字代替，多个警告可以组合成一个等效的警告。

表 4-13 警告标志内容

设备	适用内容	警告标志
a)	如果不能通过设备的设计避免静电放电点燃的风险	警告：潜在静电电荷危险——见说明书
b)	外壳打开的时间比点燃源降为非有效点燃源所需的时间短时（例如，允许内装热部件的表面温度降至设备标志的温度组别或最高表面温度以下）	警告：断电后延时 Y 分钟后方可打开（“Y”分钟为延时时间）
c)	外壳打开的时间比点燃源降为非有效点燃源所需的时间短时（例如，允许内装热部件的表面温度降至设备标志的温度组别或最高表面温度以下）	警告：爆炸性环境存在时严禁打开

(4) 小型设备的标志

在表面积很小的设备上，允许标志有所减少，并且可以在包装和随附文件上给出所有其他标志，但应至少有下列信息：

① 制造商名字或注册商标；

② 符号 Ex，后跟字母“h”（保护等级不适用于字母“h”）；

③ 防爆合格证编号，如适用，包含符号“X”。

(5) 标志示例

符合 EPL Db 的非电气设备，适用于含有ⅢC 类粉尘的爆炸性粉尘环境，最高表面温度低于 120℃。示例如表 4-14。

表 4-14 标志示例

内容	示例
制造商名称	制造商××
型号	型号 AB8
符号：Ex；字母："h"；Ⅲ类（ⅢC）设备；最高表面温度：T120℃；EPL Db	Ex h ⅢC T120℃ Db
序列号	Ser. No. 12456
防爆合格证编号	××××

4.3 常用的爆炸性环境用非电气设备

当非电气设备采用防爆形式“d”“p”“t”时，考虑非电气设备的性质及点燃源。防爆形式“d”“p”“t”的保护概念分别基于电气设备的防爆型式：GB/T 3836.2 中定义的“d”、GB/T 3836.5 中定义的“p”、GB/ T 3836.31 中定义的“t”，所有技术要求均适用。

当对非电气设备采用防爆形式“d”“p”或“t”时，非电气设备的性质和点燃源应予以考虑。

在采用结构安全、控制点燃源、液浸的方法保护设备或设备组件（包括相互连接的部件）之前，应先按照第 4.2.1 节进行点燃危险评定。以下分别介绍结构安全型、控制点燃源型和液浸型非电气设备的技术要求。

4.3.1 结构安全型“c”

4.3.1.1 定义及评定示例

结构安全型“c”（constructional safety“c”）是一种防点燃保护形式，采用结构性措施以防止活动部件造成的热表面、火花和绝热压缩引起点燃的可能性。

根据 GB/T 3836.28—2021 的所有点燃危险评定由整个设备的制造商完成。下面示例说明了对滑环密封进行的点燃危险评价的可能方法。

为了满足必要类别的不同要求，需要评估密封件是否可能发生故障。根据现有技术设计和制造的滑环密封件能够满足 EPL Gc 的要求而无须任何附加的保护措施（如本书表 4-15 中序号 1）。要达到更高水平的 EPL Gb，需要采取附加措施。这些措施在本书表 4-15 中序号 2 中描述。EPL Ga 的示例在本书表 4-15 中序号 3 中给出。

对于 EPL Ga 需要考虑设备的罕见故障以及防点燃保护系统的故障。在这种情况下使用防点燃保护系统 b1 是可以接受的。

防点燃保护系统需要能够在启动防点燃保护系统的时间内检测到监测参数，而不会有任何不安全的时间延迟。有必要证明将点燃源切换到安全状态的能力。传感器与点燃源的耦合非常重要。不可能检测到的，例如当传感器放置在滑环密封件的保护液储罐中时，由于在允许的时间内磨损点处的罕见故障引起的温度梯度。对于某些应用，需要附加监控冷却液流量以避免过多的局部热量。需要在考虑环境温度的情况下选择保护液，以避免液体在密封间隙中蒸发。

总的来说，只有在每个单元上进行动态例行试验并且在考虑到单元在组件中的安装位置的情况下，才能评定滑环密封。

表 4-15　填料函密封的点燃源危险评定报告示例

序号	1		2					3			4					
	点燃风险		在不采用附加措施的情况下评定发生频率					用于防止点燃源生效的措施			采用措施后发生频率					
	a	b	a	b	c	d	e	a	b	c	a	b	c	d	e	f
	潜在点燃源	基本原因描述（哪种情况会产生哪种点燃危险）	正常运行	预期故障	罕见故障	不相关	原因分析	应用措施的描述	依据（引用标准、技术规则、实验结果）	技术文件（包括第 1 栏中列出的相关特征的证据）	正常运行	预期故障	罕见故障	不相关	设备保护级别	必要的限制
1	热表面	滑环密封件的活动和固定部件之间的摩擦与产品润滑	√				正常运行时的摩擦生热	在型式试验中的最不利条件下正常运行期间测定表面温度；测量温度＜130℃（135℃减去 5K，用于型式试验）	GB/T 3836.28—2021 中 8.2	型式试验记录，说明书中的维护要求		√			Gc	T4
除序号 1 外，应用防爆形式“c”，以及产生的点燃源频率																
2	热表面	滑环密封件的活动和固定部件之间的摩擦与产品润滑	√				正常运行时的摩擦生热；由于正常的泄漏量，预计不存在润滑液	在型式试验中的最不利条件下正常运行期间测定表面温度；测量温度＜130℃（135℃减去 5K 进行型式试验）；用附加的热虹吸冷却装置进行润滑，该装置具有强制循环，例如通过泵（维护程序的规范和更换流体的时间段）	GB/T 3836.28—2021 中 8.2 及 GB/T 3836.29—2021	型式试验记录；说明书中的维护要求			√		Gb	T4
除序号 2 外，应用防爆形式“c”和防爆形式“b”（作为第二种独立防爆形式），以及随之的点燃源频率																

续表

序号	1		2					3			4					
	点燃风险		在不采用附加措施的情况下评定发生频率					用于防止点燃源生效的措施			采用措施后发生频率					
	a	b	a	b	c	d	e	a	b	c	a	b	c	d	e	f
	潜在点燃源	基本原因描述（哪种情况会产生哪种点燃危险）	正常运行	预期故障	罕见故障	不相关	原因分析	应用措施的描述	依据（引用标准、技术规则、实验结果）	技术文件（包括第1栏中列出的相关特征的证据）	正常运行	预期故障	罕见故障	不相关	设备保护级别	必要的限制
3	热表面	滑环密封件的活动和固定部件之间的摩擦与产品润滑温度组别T4	√				正常运行时的摩擦生热不会导致低于T4的有效点燃源； 由于正常的泄漏量，可以预见没有润滑液； 错误的操作压力和堵塞或中断的润滑系统被认为是罕见故障	在型式试验[①]中的最不利条件下正常运行期间测定表面温度； 测得温度＜100℃（低于135℃的80%）对于EPL Ga设备，需要减去5K进行型式试验；使用附加的热虹吸冷却装置进行润滑，该装置具有强制循环，例如，通过合适的监测装置或泵（维护程序的规范和更换流体的时间段）；根据故障模式对液体进行附加的监测：确保液体填充液位；监测滑环密封的静止部件的温度，要求温度组别的80%；压力；流量	GB/T 3836.29—2021					√	Ga	T4

①型式试验可由制造商或实验室根据合格评定程序进行。

4.3.1.2 通用要求

设备应按照相关工业标准的安全要求设计和制造，并能够在制造商规定的运行参数下运行，包括承受预期的机械和温度应力。

这些要求也适用于设备的连接部件，包括接合面（例如黏结、锡焊或熔接）。

4.3.1.3 防护等级

（1）通则

GB/T 4208 规定的设备外壳防护等级（IP）取决于设备预期工作负荷和设计使用的环境类型。应确定适当的额定外壳防护等级作为点燃危险评定的一部分，并且如果与防点燃保护相关，外壳防护等级应能满足该要求。

根据 GB/T 4208 确定的防护等级不是用以阻止爆炸性气体的进入。

（2）特殊情况下的防护等级

以下几点规定了用于爆炸性环境的外壳最低防护等级。

① 设备用于爆炸性气体环境，固体外物进入能引起点燃，但粉尘进入无影响的情况下，点燃危险评定应确定防外物进入等级并且不低于 IP20。

② 设备用于爆炸性气体环境，粉尘或液体进入能引起故障并导致出现点燃源的情况下，防护等级最低为 IP5X（对粉尘）和 IP4X（对液体）。

③ 设备用于爆炸性粉尘环境，粉尘的进入能导致出现点燃源或着火的情况下，防护等级应为 IP6X。

④ 设备用于爆炸性粉尘环境，粉尘、固体外物和液体的进入不大可能引起点燃的情况下，无防点燃保护目的的防护等级要求。

外壳常用来作为安全保护，例如 IP2X 用来防止人体的部位进入外壳接触旋转部件。

4.3.1.4 活动部件的密封

（1）无润滑的衬垫、密封、套筒、风箱和隔板

无润滑的衬垫、密封、套筒、风箱和隔板不应成为有效点燃源。例如，如果存在产生能成为有效点燃源的机械火花和热表面的危险，这种情况轻金属不应用于这些部件。

非金属材料应耐变形和抗老化，规定寿命内不会降低防爆性能。

（2）填料函密封

只有当制造商的说明书中限定了其运行时的最高表面温度时才可以使用，或者提供自动控制装置。

（3）润滑密封

需要补充润滑剂防止设备部件的接触面产生热表面的密封设计，应确保有充分的润滑剂，或由下列方法之一进行保护：

① 提供一种有效方法监测润滑剂持续存在；

② 提供温度监测装置，在温度升高时发出警报；

③ 将设备设计成能够通过 GB/T 3836.29—2021 中附录 B 所述的“干运行”试验，而不会超过设备的最高表面温度和/或出现会降低其防点燃保护性能的损坏。

监控应是连续的或通过适当的检查。润滑剂的液位不易观察到的地方（如采用润滑脂密封），使用说明中应包含相关信息。

4.3.1.5 设备润滑剂/冷却剂/液体

规定用于防止潜在引燃性热表面或机械火花的润滑剂和/或冷却剂的自燃温度（见 GB/T 3836.11）应比使用液体的设备的最高表面温度高 50K。

任何能够释放的液体都不应造成点燃，例如由于高温或静电释放。

4.3.1.6 振动

应避免振动（设备自身产生或安装地点存在）导致产生热表面、机械火花或保护失效这些有效点燃源。

为避免过度的振动，使用说明应规定设备的运行速度范围。

4.3.1.7 活动部件要求

（1）通则

点燃危险评定（见 GB/T 3836.28—2021）应指出由于早期故障或磨损可能产生不安全的振动、冲击或摩擦的活动部件。考虑设备 EPL 和说明书，这类部件的结构在整个使用寿命期间应不会使其成为点燃源。

如果运动部件的材料熔点低于设备最高表面温度或不能引起引燃性热表面或机械火花，则不需要附加保护措施（如低熔点耐磨保护板、金属外壳内使用塑料风扇或低熔点无火花扇叶的金属风扇）。

（2）间隙

无润滑活动部件和固定部件之间的间隙尺寸，其设计应使能产生潜在引燃性热表面或机械火花的摩擦接触的可能性适合于预期 EPL。

（3）润滑

依靠润滑介质防止温升超过最高表面温度或造成引燃性机械火花的活动部件，应确保有效润滑，例如通过：甩油润滑器；蓄油池、泵和油冷器给油；自动润滑系统；足够的维护程序以便通过手动或目视方式进行例行润滑或油位验证。

当上述这些方法不能实现要求的 EPL 时，应采用其他能监控有充足润滑剂的方法，例如，采用液位、流量、压力或温度传感器在润滑剂达到规定的危险润滑条件前执行报警或关闭功能。

当设备设计成用来处理液体且处理的液体用于润滑、冷却、淬火或防点燃保护，或者当设备的安全运行（例如泵的运行）需要特殊启动条件，使用说明书中应阐明。

4.3.1.8 轴承要求

（1）通则

轴承基本上分为三种类型：平面滑动轴承、旋转滑动轴承和滚动轴承。当评定轴承时，作为 GB/T 3836.28—2021 要求的点燃危险评定的一部分，至少以下内容应予以考虑：

a. 轴承对设备预期用途的适用性，如速度、温度、负载以及速度和负载的变化；

b. 轴承基本的额定寿命，见 GB/T 6391 对滚动轴承的规定；

c. 轴承在轴承室和转轴上的配合（公差、圆度和表面质量），同时考虑孔与轴承配合对轴承的径向和轴向负载；

d. 轴承的正确位置定位；

e. 最严酷运行条件下转轴和外壳热膨胀造成的轴承轴向和径向负载；

f. 防止水和固体颗粒进入轴承的保护，如需要，以避免过早损坏；

g. 轴电流保护，包括杂散环流（例如，在滚珠轴承的滚珠和滚珠轴承座圈之间的接触点产生时引起过早破坏的引燃性火花或电火花腐蚀）；

h. 依据轴承类型需要的润滑剂，提供充分润滑（例如，对于滑动轴承，边界润滑、混合膜或全膜液压润滑为最常用的方式）；

i. 在建议的维护周期内维护（例如振动、温度）；

j. 发生不能接受的磨损或推荐寿命周期到期时，进行更换；

k. 保护轴承免受振动，尤其是处于停止状态时；

l. 特殊初始磨合期是必要的，这一阶段可能出现有效点燃源，相应的信息应在使用说明中给出。

需要说明：目前，还没有一种适当的试验性检验方法能证明已知类型的轴承在工作中成为点燃源的风险很低。滚珠和滚柱轴承制造商对工作中可能出现机械故障的概率（如元件变形或疲劳剥落，或其中一个元件发生散裂引起的故障），规定一个基本额定寿命值。进行点燃危险评定时可用此基本额定寿命，确定可能导致产生引燃性热表面或火花的轴承故障的危险。根据滚珠/滚柱轴承理论上转动 100 万转能承受的轴向和径向负载之和，确定其基本额定寿命。通常以预期寿命运行圈数或预期寿命工作小时数为单位，用“L”值表示。为将工作中故障危险降至最低，制造商注意，良好的设计、轴向和径向负载比、结构、润滑、冷却和维护程序极为重要。同时推荐在运行期间进行定期检查，以探测临界故障。如果轴承起绝缘体作用，采用结构措施以避免设备部件孤立（见 GB/T 3836.28—2021）。

轴承工作寿命很大程度取决于工作条件，因此不可能可靠地计算其工作寿命。

平面轴承不受影响，因为不可能计算其工作寿命。

(2) 润滑

依靠润滑介质防止温升超过最高表面温度或造成引燃性机械火花的轴承，结构应确保润滑介质始终存在。这可以通过终身密封轴承、甩油润滑器、自动润滑系统或监测油位的手控系统，以及关于定期维护和推荐检查频率的适当说明书来实现。

当上述这些方法不能实现要求的 EPL 时，应采用其他能监控有充足润滑剂的方法，例如采用液位、流量、压力或温度传感器在润滑剂达到规定的危险润滑条件前执行报警或关闭功能。

当设备设计成用来处理液体且处理的液体用于润滑、冷却、淬火或防点燃保护，或者当设备的安全运行（例如泵的运行）需要特殊启动条件，使用说明书中应阐明。

(3) 化学兼容性

轴承的制造材料对预期使用接触的液体或蒸气应有耐腐性。同样，轴承结构所用材料包括轴承罩应对其能够接触的液体或溶剂有耐腐性。应特别注意非金属部件可能膨胀。当液体或蒸气能溶解到轴承的润滑剂中时，即使在这种情况下润滑剂仍应保持“发挥作用”。

4.3.1.9 动力传动系统要求

(1) 齿轮传动

齿轮传动应符合本书4.3.1.2要求。当点燃危险评定（见GB/T 3836.28—2021）显示仍然可能有点燃源时，应采用其他防点燃保护形式(如液浸型保护)。

当设备包含改变齿轮齿数比（手动或自动）的部件时，变速装置的布置应确保其产生的温度不能超过最高表面温度或不能产生引燃性机械火花。

(2) 皮带传动

① 皮带传动类别。主要有两种皮带传动类别：

a. 摩擦（平面、楔形、棱形）皮带传动，能预见产生高的表面温度和危险；

b. 同步（正时）皮带传动，正相互作用的皮带齿和皮带轮凹槽之间在正常情况下无摩擦热。

② 静电起电。动力传动皮带在运行中应不能够产生引燃性的静电放电。

皮带传动不能用于EPL Ga或Da设备。符合GB/T 10715和GB/T 32072的皮带适用于除ⅡC类之外的EPL Gb或Db设备。皮带速度不应超过30m/s。有连接件的皮带的带速度不超过5m/s。

皮带电阻随着运行时间而增加，在制造商使用说明中应规定重新检验或更换的周期。

皮带不适合作为驱动器和滑轮间的接地通道。

③ 皮带张力。皮带在滑轮上松弛或打滑，可能产生静电或高的表面温度，正确的皮带张力应在制造商的使用说明中规定并且被维护。

用于确保适当皮带张力的装置还可以用来探测断裂的皮带。

④ 皮带偏离。如果运行时偏离定位，可能致使表面温度超过最高温度，应维持正确的定位。

设计和安装均正确的皮带驱动在接近其能力极限运行，正常运行的典型表面温升：摩擦驱动为50K；同步驱动为25K。温升超过上面数值会减少皮带工作寿命。

⑤ 接地和等电位连接。包含皮带的设备支架、底盘或结构，应由导电材料制造，并应设计一条接地泄漏通道使皮带上产生的静电导走。支架、底盘或结构包括驱动滑轮或传动卷筒以及与皮带驱动相关的惰轮或惰辊。当泄漏通道与地之间的电阻超过1MΩ时，独立部件和地之间应采用特殊的等电位连接。

当驱动滑轮或驱动惰辊由主电源供电的电机驱动时，通常考虑电机提供的接地电气连接。

使用说明中应包括安装和维护期间进行等电位连接检查的要求。

⑥ 机械故障的检测。输出功率轴堵转，但同时输入轴持续旋转，使得驱动能够产生高于最高表面温度的热表面，驱动应有措施检测堵转的输出，并防止点燃。

皮带传动配备有堵转、滑动、断带和偏离检测装置的，在故障期间进行最高温度评估时应考虑到。

说明书应包括动力传输能力、最大皮带速度、正确张力范围及如何测量、滑轮系统的对准公差。

通过异常的工艺参数也能检测出故障。

(3) 链条驱动

链条驱动应符合本书 4.3.1.2 要求。

运行速度大于 1m/s 并含有潜在点燃源（依据 GB/T 3836.28—2021 点燃危险评定确定）的链条驱动，采取措施确保链条与其相关扣齿连续正向啮合。当上述措施不能实现时，链条驱动应安装一个装置，在链条断裂、脱扣或松弛度超过说明书规定的限值时，能断开驱动链轮的驱动力。

(4) 其他驱动

其他驱动应符合本书 4.3.1.2 的要求。

(5) 流体静力/流体动力/气动设备

① 热表面。流体静力/流体动力和气动动力传输设备应由管道、外壳和/或其他外部部件构成。这些部件即使在最高公称额定状态下连续工作也不会产生超出最高表面温度的热表面。

② 流体静力/流体动力设备。流体静力/流体动力设备应符合 GB/T 3766 的要求。

能够释放的动力传输液体如果能产生点燃风险，则其最高温度不应超过设备的最高表面温度。

合适的过热保护装置可以是液压联轴器中的易熔塞，在过载/过热期间熔化，将动力传输液体从联轴器中释放出来。

为防止液体燃烧点燃爆炸性环境，动力传输液体应具有适当的耐燃性。

国家法规常常要求某些液压系统采用不同的耐燃液体，例如，用于采矿。

③ 气动设备。气动设备应符合 GB/T 7932 的要求。

气动设备用空气压缩机应：

a. 在吸入系统上装一个过滤器，防止粉尘或类似外物进入压缩腔；

b. 仅使用耐点燃或耐炭化的润滑剂。制造商说明书中应建议适合的润滑剂。

压缩机润滑剂炭化（暴露于高温所致）导致在压缩机输出过程中形成油性碳沉积物。这些沉积物能够造成压缩机输出过热甚至爆炸。

如果安装柔性空气传输管，管子不应采用能炭化和形成灼热颗粒的弹性材料制造。

4.3.1.10 离合器和联轴器要求

(1) 通则

离合器和联轴器的安装布置或对其进行的监控，应确保其暴露于爆炸性环境的固定或活动部件的温度不会超过设备的最高表面温度。如果离合器或联轴器的部件含塑料或其他非金属部件，则其材料或安装布置应排除产生引燃性静电放电的可能。

上述类型离合器和联轴器的例子为摩擦片离合器、钟形离心式离合器、液压联轴器、扭矩转换器和构控式液压联轴器。

(2) 滑动

在完全啮合期间，输入和输出机构之间不应产生可能超过最高表面温度的滑动或类似相对运动。可通过下列一种或多种预防措施实现：

① 安装过载/过热保护装置，如液压联轴器中的易熔塞，在过载/过热时通过“断开”

释放联轴器中的动力传输液体；

② 安装控制装置，合理布置，如果联轴器的任何部件或离合器组件，或其外壳达到最高表面温度，能断开输入驱动电源；

③ 安装控制装置，合理布置，如果由于故障、错误调节或机构/摩擦垫（如离合器片）过度磨损导致发生滑动，能断开驱动源。

(3) 摩擦

为防止不安全的摩擦热，机构从开始启动到完全啮合或完全脱离所需的最长时间内，不应使设备超过最高表面温度。满足此要求的一种方法是确定最大安全啮合时间，见 GB/T 3836.29—2021 中附录 B.2。

4.3.1.11 柔性联轴器

当在设计参数范围内运行时，柔性联轴器不应产生超过允许最高表面温度的热表面，也不应出现产生点燃源风险的碎裂，例如，通过运动的金属部件间的接触。制造商应采用已制定的计算方法或试验来确定设计参数。

为减少发生引燃性静电放电的可能性，柔性联轴器应按 EPL 进行设计和选材制造。

连接轴间不必是电气通路，除非连接的机器的其他部件必须通过联轴器接地。

为避免接触产生引燃火花，柔性联轴器采用非金属元件隔离金属部件的情况下，使用说明书应规定安装和维护程序以减小正常使用时金属间接触的可能性。

设计成用于调整同心度的柔性联轴器的安装应使偏心不超过制造商规定的最大值，应考虑预期的移动和设备安装后的屈曲。尤其是毂内径应足够精确以保证联轴毂的同心运转，且轴的直径公差应确保安全和准确安装。

制造商的使用说明书应包括最大转矩、最大旋转速度、角度限值和线性对准偏差，材质为聚合物或金属的弹簧元件在限定参数下正常运行时的温升，其他必要的安全使用信息。

4.3.1.12 制动器和制动系统要求

(1) 紧急停止用制动器

仅在紧急状况下停止设备用的制动器，结构应符合以下要求：

① 紧急停止的可能性无明确规定的紧急制动器应满足本书“4.3.1.12 (2) 工作制动器”的要求。

② 紧急停止罕见发生的 EPL G/Db 紧急制动器不需要增加保护。如果由于出现爆炸性环境要求紧急停止，则制动器应满足本书“4.3.1.12 (2) 工作制动器”的要求。

③ EPL Gc/Dc 紧急制动器不需要增加保护。如果由于出现爆炸性环境要求紧急停止，则制动器应满足本书“4.3.1.12 (2) 工作制动器”的要求。

(2) 工作制动器

工作制动器（包括摩擦制动器和液压减速器）的结构应使其允许耗散的最大动能既不会超过最高表面温度，也不会在任何暴露于爆炸性环境的部件处产生引燃性机械火花。

（3）停车制动

如果制动器没有完全释放，停车制动应安装联锁装置防止施加驱动动力。或者安装控制装置来监控制动完全释放前设备/机器的运动并发出声音报警提示操作者。

4.3.1.13　弹簧和受力元件要求

必要时，弹簧和受力元件的结构应带有润滑或冷却，使暴露于爆炸性环境的部件，如果在工作中破裂或断裂，既不会产生超过最高表面温度的热表面，也不会产生引燃性机械火花。

4.3.1.14　传送带要求

（1）静电要求

传送带在工作中应不会产生引燃性静电放电。静电性能按照 GB/T 3836.26 评定。

（2）材料

结构材料应为不燃或不支持或传播燃烧，应选择进行了点燃危险评定的材料。

需要说明的是：符合 GB/T 3836.30 的地下矿用传送带符合此要求。按行业规定，矿用传送带需要通过更严格的耐火试验，进行试验时，用丙烷燃烧器燃烧试验样品；在矿井通道中进行完整的火焰试验时，一个旋转传送带驱动滚轴与一个固定传送带接触。

（3）皮带张力

皮带在传送带驱动或其他滚轴上松弛或滑动，致使能产生高于最高表面温度的热表面的传送带系统，应采取措施来确保维持制造商推荐的正确的皮带张力。

正常皮带张力可通过监测皮带张力或者比较驱动滚轴和皮带的相对速度来实现。监测可是连续的或适当的检查。制造商应规定驱动辊和皮带的最大允许速度差。

如果比较驱动辊和皮带的相对速度，二者差值大于 10%，驱动动力宜断电。

（4）排列

由于运行偏轴能导致产生高于最高表面温度的热表面的传送带系统，应配置探测偏轴的措施。

（5）接地和等电位连接

包含皮带的设备的支架、底盘或结构，应由导电材料制造，并应设计一条接地泄漏通道使皮带上产生的静电导走。支架、底盘或结构包括驱动滑轮或传动卷筒以及与皮带驱动相关的惰轮或惰辊。当泄漏通道与地之间的电阻超过 1MΩ 时，独立部件和地之间应采用特殊的等电位连接。

当驱动滑轮和驱动辊由主电源供电的电机驱动时，通常考虑电机提供的接地电气连接。

制造商使用说明书中应规定安装和维护期间应进行等电位检查。

4.3.2　控制点燃源型“b”

4.3.2.1　定义

控制点燃源型“b”（protection by control of ignition source“b”）为一种防点燃保护形式，机械或电气装置与非电气设备一起使用，以手动或自动降低潜在点燃源转变为有效点燃源的可能性。

例如，可能是指示缺油的液位传感器、指示发热轴承的温度传感器或指示超速的速度传感器。

4.3.2.2　通则

对于控制点燃源型“b”，控制系统的要求：①适合控制特定点燃源；②对于要实现的EPL有足够可靠性。

目的是使用尽可能简单的系统来实现相关的保护等级。

简单系统指机械开关系统（包括液压和气动系统）或机电开关系统。例如：①需要操作人介入的传感器连接报警灯的系统；②斗式提升机上有带式偏离开关，发生偏离时提升机停止；③通过润滑来保持安全的机器上带有油压开关；④热控旁路阀来控制泵的流体温度；⑤离心式调速器控制机械速度。

按照功能安全标准［GB/T 20438（所有部分）、GB/T 21109（所有部分）或GB/T 16855.1］证明可靠的系统可以找到并且可用来证明满足可靠性要求。使用经功能安全标准认证的系统不是本文件的要求。

4.3.2.3　控制参数的确定

（1）通则

如果按GB/T 3836.28—2021进行点燃危险评定已经显示出有潜在点燃源，并且制造商已经决定使用规定的保护措施减小潜在点燃源转变为有效点燃源的可能性，设备制造商应通过计算或型式试验确定与潜在点燃源有关的控制参数（例如温度、速度、压力等）。为能够处理这些控制参数有必要确定设备相应的正常运行参数。适用的情况下，应考虑预期和罕见故障下的控制参数。

传感器常安装在设备上来监控设备的正常运行。当发生偏离正常运行时，它们会发出报警或开关信息。这些信息会进行本地处理或过程控制系统处理。传感器的信息一些情况下用于产生报警或开关功能来减小潜在点燃源成为有效点燃源的可能性。

（2）安全临界值的确定

在安全临界值以上或以下都有可能使潜在点燃源成为有效点燃源，所以制造商应确定每个安全临界值。这些关于控制点燃源的设定值应在被控设备的使用说明书中给出并清晰标明为安全临界值。

被确定的安全临界控制参数的例子：

①（正常或异常）摩擦或（机械自身或过程产生）发热导致的最高表面温升；

② 超过后会导致产生有点燃能力的崩裂或摩擦火花的最大允许超速；

③ 超过后会导致产生有点燃能力的崩裂或摩擦火花的最大允许过压；

④ 固定和活动部件之间的间隙减小到能够点燃水平之前的最大允许振动；

⑤ 在滑动或摩擦导致产生有点燃能力的火花或热表面之前，摩擦片/离合摩擦衬片的最大允许磨损量；

⑥ 保持热表面低于环境点燃温度的冷却液最小数量或流量（流速）；

⑦ 用来减小出现有点燃能力的摩擦热或火花可能性所需的润滑剂最低液位；

⑧ 防止活动部件和固定部件接触的最大允许偏移。

4.3.2.4　防止点燃系统的设计与设置

(1) 性能要求或运行特性的确定

制造商应规定用于设备的防止点燃系统/装置的性能要求或运行特性（例如，装置是否易熔塞），其中宜考虑：

① 潜在点燃源转变为有效点燃源的变化速度；

② 传感器/探测器的响应时间；

③ 防止点燃系统/装置的响应时间；

④ 正常参数和临界参数的层级不同（例如正常工作温度和临界温度）；

⑤ 需要考虑的安全系数。

(2) 使用说明

防止点燃系统的设置参数应在制造商的使用说明中规定。

(3) 系统闭锁

如果防止点燃装置/系统的结构是使设备停止运行从而减小潜在点燃源转变为有效点燃源的可能性，则它应被设计为停止运行锁定，防止设备在没有复位的情况下重新启动。

(4) 操作者干预

如果防止点燃装置/系统的结构是向操作者提供警告或显示信息，要求操作者响应来减小潜在点燃源转变为有效点燃源的可能性，则警告或显示信息应符合这个活动的要求，避免操作者产生混淆或误解。

在某些情况下，防止点燃装置/系统有至少两级：第一级，向操作员发出预警；第二级，启动保护系统。在某些情况下，预警可以用于防止错误启动。

4.3.2.5　传感器和执行器的防点燃保护

可能位于爆炸性环境的防点燃保护系统的部件，自身应不能成为点燃源（见 GB/T 3836.28—2021 和 GB/T 3836.1）。

4.3.2.6　防点燃保护形式

(1) 防点燃保护形式 b1

b1 型防点燃保护系统应由经过证明十分可靠的元件组成，采用可靠的安全原则，按照相关标准装配和安装，在系统运行中能够经受预期的影响。系统应符合如下要求：

① 如果超过控制参数的临界值［见本书 4.3.2.3 (2)］，应采取措施减小点燃源变为有效点燃源的可能性，或发出可能产生点燃源的警告。

② 定期检查防点燃保护系统，并应通过检查发现安全功能的丧失。

③ 设备使用说明书应详细说明定期维护检查的时间间隔并提出检查故障传感器或防点燃保护装置/系统方法的建议（例如，进行的试验）。同时应详细说明如果维护检查中发现传感器或防点燃保护装置/系统出现故障后，使用者应采取的措施。

(2) 防点燃保护形式 b2

b2 型防点燃保护系统应由经过证明十分可靠的元件组成，采用可靠的安全原则，按照相关标准装配和安装，在系统运行中能够经受预期的影响。系统应符合如下要求：

① 如果超过控制参数的临界值［见本书 4.3.2.3（2）］，应自动采取措施来减小点燃源变为有效点燃源的可能性。因此，这种情况单独报警（伴随连续的手动操作）不能使用。

② 定期检查防点燃保护系统，并应通过检查发现安全功能的丧失。

③ 如果防点燃保护系统发生单一故障，不会导致保护系统安全功能丧失。

④ 设备使用说明书应详细规定传感器和防点燃保护装置/系统检查的时间间隔。

制造商的使用说明书应规定发现防点燃保护系统的故障后应采取的措施。这些措施可以是立即停止设备到不停止其他无点燃危险设备情况下修理故障传感器/防点燃保护装置和系统之间不同程度的措施。

（3）防点燃保护形式的应用

表 4-16 中的防点燃保护形式应按照 EPL 选用。

相应的 EPL 能通过警告信号后的人工干预或自动干预来实现。具体使用哪种要基于点燃危险评定。EPL Da 应采用自动干预措施。

人工干预可以简单到像油位检查这样的定期维护。或者人工干预可能需要立即采取行动来减小点燃的可能性，这种情况需要有值班人员。自动干预是控制系统按照预定程序执行来减小潜在点燃源成为有效点燃源。

表 4-16　Ⅲ类设备采用 Ex“b”达到预期 EPL 时要求的最低防点燃保护形式

设备的预期 EPL	已存在设备的点燃危险评定结果	对 Ex“b”控制系统的需求	防点燃保护形式
Dc	正常运行期间存在有效点燃源	正常运行期间需要一个系统来避免点燃源	b1
	正常运行期间不存在有效点燃源	不需要	
Db	正常运行期间存在有效点燃源	正常运行期间和出现预期故障时需要一个独立的或故障-安全系统来避免点燃源	b2 或两个 b1
	正常运行期间不存在有效点燃源	出现预期故障时需要一个系统来避免点燃源	b1
	正常运行和出现预期故障期间不存在有效点燃源	不需要	
Da	正常运行期间存在有效点燃源	出现预期故障和罕见故障时需要一个独立的或故障-安全系统来避免点燃源	b2 或两个 b1
	正常运行和出现预期故障期间不存在有效点燃源	出现罕见故障时需要一个系统来避免点燃源	b1
	正常运行和出现预期故障及罕见故障期间不存在有效点燃源	不需要	

（4）对防点燃保护形式的要求

要求的 EPL 应通过下列任一措施来实现：

① 安装的防点燃保护装置通过预先评估和以前的运行经验表明符合防点燃保护要求。

② 考虑设备的预期用途，评估设备的特殊性能要求，并使其达到相应的级别。评估应考虑：用于保护设备的防点燃保护装置的类型；是否为单线路或双线路（例如通过其他独立设备）；单独抵御故障的能力；故障是否可以自显暴露；防点燃保护系统是否是故障安全型；潜在点燃源变为有效点燃源的同时防点燃保护系统失效，出现的与设备级别相关的故障的概率。

（5）可编程电子装置

若可编程电子装置用于作为防点燃保护系统的一部分，应符合相应防点燃保护的要求。

4.3.3 液浸型“k”

4.3.3.1 定义

① 液浸型“k”（liquid immersion“k”）。一种防点燃保护形式，使潜在点燃源变成无效或与爆炸性环境隔离。通过使潜在点燃源完全或部分浸没在保护液体中，或者部分浸没并用保护液体将点燃源的活动表面连续覆盖，使可能在液体上方或设备外壳外部的爆炸性环境不能被点燃。

② 保护液体（protective liquid）。防止爆炸性环境与潜在点燃源直接接触，确保爆炸性环境不能被点燃的液体。

③ 带密封外壳的设备（equipment with a sealed enclosure）。在工作过程中内部保护液体膨胀和收缩时，能限制外部大气进入的全封闭设备。这种设备包括任何相关的管道系统且经常含有过压释放装置。

④ 带排气口外壳的设备（equipment with a vented enclosure）。正常工作过程中内部保护液体膨胀或收缩时，允许外部大气通过呼吸装置或收缩孔进入或排出的封闭设备。这种设备包括任何相关的管道系统。

⑤ 开口设备（open equipment）。自身或其元件浸没在对外部大气敞开的保护液体中的设备。例如，顶部敞开浸没活动元件的容器。这种设备包括任何相关的管道系统。

4.3.3.2 最大/最小限值的确定

设备制造商应通过计算和/或型式试验确定以下最大/最小限值：

① 保护液体的最高、最低液位，或如果更适合，最大、最小压力或流量（流速）；

② 与设备水平线形成的最大工作角度：保护液体的最大、最小黏度，保护液体的性质由生产商规定的除外；

③ 与减小潜在点燃源变成有效点燃源有关的其他的最大和最小参数。

这些条件确保特定的潜在点燃源完全浸没或由足够的保护液体连续覆盖，确保不会变为有效点燃源。应注意在整个正常工作温度范围内液体的起伏波动、喷溅、紊流、搅拌、最不利的装料条件和设备的停机。

如果防点燃保护是通过局部浸没和用泵或液体直接流动在潜在点燃源上提供必要的连续覆盖，制造商应确定管嘴、喷射或覆盖装置最有效的位置，以提供要求的保护。

以上规定的计算或型式试验结果应列进制造商的技术文件中；说明书中应给出最大/最小限值。

4.3.3.3 保护液体

使用的保护液体黏性和化学成分应：

① 通过对潜在点燃源提供连续的覆盖层或薄膜，防止潜在爆炸性混合物与点燃危险评定确定的潜在点燃源直接接触。

② 本身不会对任何潜在点燃源产生爆炸性环境。这包括工作中活动部件的搅拌和/或保护液体和设备制造材料之间产生的化学反应引起的孔隙、气泡或薄雾。

不排除使用可燃液体作为保护液体。

③ 本身不产生点燃源（例如：产生易于自身生热的沉淀物或产生静电）。

4.3.3.4 设备结构

(1) 通则

设备的结构应确保保护液体达到必要的量。如果保护等级要求，可以在设备上安装例如监控装置、指示器或量表来监控按照本书 4.3.3.2 确定的最高和最低液位，或者如果更适用，保护液体的压力和流量（流速）。如果安装指示器或量表这些装置，其位置应能使用户容易读数。

(2) 工作角度

如果设备使用位置与水平方向成一个角度会使防点燃保护降低到一个不可接受的水平，则按照本书 4.3.3.2 确定的保持最大/最小限值所需的最大允许工作角度或倾斜度，应可以在设备上看到或检测到，并且在使用说明书中规定。

(3) 确保液体有效性的措施

如果保护液体的污染、变质或老化会使防点燃保护等级降到低于 EPL 要求，制造商应提供结构措施和/或提供维护说明书，确保在整个工作寿命中液体连续维持必要的防点燃保护等级。

例如可以通过以下方式达到：

① 如果设备有连续流动的液体，提供过滤措施防止固体杂质被带到活动部件上。

② 如果是开口设备，选择一种不会受环境中潮气和粉尘污染等产生不利影响的保护液体。

③ 如果设备需要防止环境中严重的粉尘和水蒸气影响，外壳需要提供 GB/T 4208 规定的至少 IP66 的防护等级。

④ 如果是带密封外壳的设备，外壳应具有 GB/T 4208 规定的至少 IP23 等级的过压释放装置，由加注液体的设备的制造商设置在至少为液位以上 1.1 倍的绝对压力下及高于正常工作压力至少 10kPa 的条件下操作。

⑤ 如果是带排气口外壳的设备，其结构应能使正常工作中保护液体可能散发的气体或蒸气能通过 GB/T 4208 规定的至少 IP23 等级的呼吸装置排出，必要时，可加入适当的干燥剂。

⑥ 如果采用制造商的说明书，说明书应要求对液体进行常规条件的监控，并规定检查污染物的最大允许周期。污染物可能是液体中沉淀的杂质和降解物，例如，酸度或含水量异常变化引起液体成分的化学变化。

(4) 意外松动

应采取措施防止通向保护液入口的盖子的外部和内部紧固件的意外松动。任何需要指示保护液体液位的装置，以及注入或排出保护液体的塞子和其他部件，也需要采取同样的措施，因为如果这些部件不能保持防泄漏状态，会导致防点燃保护降低到不可接受的程度。

防止意外松脱措施的实例如下：①设计优良且正确拧紧的紧固件；②螺纹部分黏结；

③锁紧垫圈；④钢丝绑固螺栓头。

(5) 液位监控

监控装置、指示器或量表的设计和结构应能显示实际的液位。

指示装置的结构、安装位置和保护方式应确保其在正常操作时不出现泄漏和损坏。

如果采用测量尺检查正常工作时保护液体的液位，测量尺应在其测量位置固定，以保持防护或密封的要求。如果需要，应在其邻近处提供一个标识，要求量油尺在使用后插回原处。

(6) 液体损失

如果液体有因蒸发、毛细管或虹吸作用等引起保护液体损失的可能性，应避免液体损失或采取补液措施。

(7) 开口设备

对于开口设备或带排气口外壳的设备，暴露于爆炸性环境的保护液体的任何表面的最高温度应不超过此设备温度组别（在 GB/T 3836.28—2021 中）对应的最高表面温度。

4.3.4 其他要求

4.3.4.1 文件

(1) 技术文件

制造商提供的技术文件应对设备的防爆安全方面进行正确和完整的规定。

文件应包含点燃风险评定报告以及（根据本报告必要时）以下内容：①设备描述；②点燃风险评定要求的设计和生产图纸；③理解图纸所需的描述和解释；④如需要，材料证书；⑤试验报告；⑥说明书。

(2) 对文件的符合性

制造商应进行必要的验证或试验，以确保生产的非电气设备符合技术文件。

本条的目的不是要求对部件进行 100%检查。可以采用统计方法来验证符合性。

(3) 防爆合格证

制造商对其制造的防爆产品应取得防爆合格证，确认设备符合相关的要求。防爆合格证可针对 Ex 设备或 Ex 元件。

Ex 元件防爆合格证（合格证编号以符合“U”后缀区别）用于不完整的、在合并入 Ex 设备前需要进一步评定的设备部件。防爆合格证的限制条件中应包含正确使用 Ex 元件的必要信息。Ex 元件防爆合格证应说明其不是 Ex 设备防爆合格证。

(4) 标志责任

通过按照本书 4.2.4.3 要求对设备进行标志，制造商自行证明设备是按照安全事项相关标准的适用要求制造的。

4.3.4.2 使用说明书

按本书 4.3.4.1 (1) 要求准备的文件应至少包括提供以下详情的说明：

① 重述设备所标志的信息，序列号除外，以及任何适当的附加信息以便于维护（例如进口商、维修商的地址等）。

② 安全说明书：投入运行；使用；组装和拆卸；维护；安装；调试；必要时，培训说明；允许对设备能否在预期运行条件下在预定场所安全使用做出决定的详细信息；相关参数，最高表面温度和其他极限值；适用时，包括点燃风险评定报告中确定的需要安装人员或用户提供附加保护措施的剩余风险在内的特殊使用条件。

③ 适用时，包括经验证明可能出现误用的详细情况在内的特殊使用条件。

④ 必要时，可以用于设备的工具的基本特性。

⑤ 设备符合的包括发布日期在内的标准清单。防爆合格证可用于满足此要求。

⑥ 已确定的相关点燃危险和实施的保护措施的总结。

第5章

粉尘爆炸预防技术

粉尘爆炸预防技术是通过消除事故发生的条件来全面控制爆炸事故的发生，是最根本、最有效预防粉尘爆炸事故的方法。结合第2章介绍的粉尘防爆技术措施，本章从控制生产工艺参数、防止形成爆炸性粉尘云、控制点燃源、监控报警等方面详细阐述了粉尘防爆的重要预防措施。

5.1 控制工艺参数

在有可燃性粉尘参与的各种生产过程中，正确控制各种工艺参数，防止超温、超压、物料泄漏，是防止发生爆炸事故的重要措施。

5.1.1 采用火灾爆炸危险性低的工艺和物料

采用火灾爆炸危险性低的工艺和物料是防火防爆的根本性措施，如以不燃或难燃材料取代可燃材料、降低操作温度等，或在放散粉尘的生产过程采用湿式作业，采取综合防尘措施和无尘或低尘的新技术、新工艺、新设备。输送粉尘物料时，采用不扬尘的运输工具。

5.1.2 投料控制

（1）投料速度

对于放热反应，加热速度不能超过设备的传热能力，否则将会引起温度急剧升高，并发生副反应，甚至引起物料的分解。如果加料速度突然减小，则使温度降低，导致反应物不能完全作用而积聚。此时，采取不适当的升温措施，会使积聚物同时参与反应，而使反应加剧进行，温度和压力突然升高而造成事故。所以要保持适当的均衡的投料速度。

（2）投料配比

反应物料的配比要严格控制，影响配比的因素都要准确分析和计量。例如，反应物料的浓度、含量、流量、质量等。对连续化程度较高，危险性较大的生产，在刚开车时要特别注意投料的配比。

催化剂对化学反应的速度影响很大，如果配料失误，多加催化剂，就可能发生危险。可燃物与氧化剂进行的反应，要严格控制氧化剂的投料量。在某一比例下能形成爆炸性混合物的物料，生产时其投料量应尽量控制在爆炸范围之外，如果工艺条件允许，可以添加水、水蒸气或惰性气体进行稀释保护。

(3) 控制原料纯度

有许多化学反应，往往由于反应物料中的杂质而发生剧烈的副反应。杂质有时也会使反应异乎寻常加快，以致造成爆炸事故。因此，对生产原料、中间产品以及成品应有严格的质量检验制度，保证它们的纯度和含量。例如，聚氯乙烯生产中，采用乙炔和氯化氢作原料，氯化氢中游离氯不允许超过0.005%，因为氯遇乙炔会立即发生燃烧爆炸反应，生成四氯乙烷。

反应原料中的少量有害成分，在生产的初始阶段可能无明显影响，但在物料循环使用过程中，有害成分越积越多，以致影响生产正常进行，造成严重问题。所以在生产过程中，需定期排放有害成分。

5.1.3 温度控制

不同的化学反应都有其最适宜的反应温度，正确控制反应温度不但对保证产品质量、降低消耗有重要意义，而且也是防爆所必需的。温度过高，可能引起剧烈的反应而发生冲料或爆炸。温度过低，有时会造成反应停滞，而一旦反应温度恢复正常时，则往往会由于未反应的物料过多而发生剧烈反应，甚至引起爆炸。温度低到一定程度，也会使某些物料冻结，造成管路堵塞或破裂，引起易燃物料的外泄。温度的控制，可从以下几个方面采取相应措施：

(1) 控制反应的热量

化学反应过程，一般都有热效应，所以在生产工艺中要正确地选择传热的方法、传热的介质和传热的设备。对于吸热反应还要正确地控制传热介质的温度，防止超温给物料带来的过热。对于放热反应，为了使放出的热量及时传出，防止超温，也需要控制传热介质的温度，保持适当的传热速度。

(2) 正确选择传热介质

可燃性粉尘加热时，禁止采用明火直接加热，应采用传热介质间接加热的方式。生产中常用的传热介质有热水、水蒸气、甘油、矿物油、联苯醚、熔盐、汞和熔融金属、烟道气等。正确选择传热介质对加热过程的安全有十分重要的意义。

选择传热介质除了要考虑使用的温度范围和传热速率外，应当尽量避免使用与反应物料性质相抵触的物质作为传热介质。

5.1.4 防止物料泄漏

工业生产中的很多重大事故都是由泄漏引起的。按流向，泄漏可分为由设备内部向大气泄漏，设备内部之间泄漏和大气被吸入设备内部。按操作状态，泄漏可分为正常运行时泄漏、开停车期间泄漏、辅助系统异常引发泄漏和突发事件（如停电、停气、停水）引发泄漏。泄漏的危险程度取决于所泄漏的可燃性粉尘的性质和泄漏量。可燃性粉尘的活性越强、泄漏量越大、悬浮程度越均匀，危险性越高。

如果设备安装在厂房或包围体、半包围体内，则保持良好通风是防止爆炸的重要措施。通风可分为自然通风和强制通风。如果选用强制通风，则通风机的选择要符合防火防爆的相关规范。

生产、输送、储存易燃物料过程中导致物料泄漏因素有很多。在设备方面有腐蚀、疲劳、蠕变、脆性转化、裂纹、设计结构或计算有误等；操作不精心或误操作，例如，收料过程中的槽满跑料、非清理状态时误开清灰口；工艺设备的接头、检查口、挡板、泄爆口盖等的接合面不严密；粉料进出工艺设备等处，未采取有效的除尘措施；除尘系统和相关安全设施设备未定期维护、保养，未及时检修更换。

为了确保安全生产，杜绝物料泄漏，必须加强对粉尘防爆安全设备进行经常性维护、保养，提高检修质量，保证设备完好率，降低泄漏率；加强操作人员和维修人员的责任心和技术培训，稳定工艺操作。为了防止误操作，对比较重要的各种管线应涂以不同颜色以示区别，对重要的阀门要采取挂牌、加锁等措施。不同管道上的阀门应相隔一定的间距，以免启闭错误。

5.2　防止形成爆炸性混合物

在生产过程中，应根据可燃性粉尘燃烧爆炸特性，以及生产工艺和设备的条件，采取有效的措施，预防在设备和系统里或在其周围形成爆炸性混合物。这类措施主要有加强密闭、厂房通风、惰性防爆、粉尘控制与清理等。

5.2.1　加强密闭

涉及可燃性粉尘的设备和管路，如果密封不好，就会发生粉尘的跑、冒现象。逸出的可燃性粉尘可与空气形成可燃性粉尘云。同样的道理，当设备或系统处于负压状态时，空气就会渗入，使设备和系统内部形成爆炸性混合物。

容易发生可燃性粉尘泄漏的部位主要有设备的转轴与壳体或墙体的密封处，设备的各种孔（人孔、手孔、清扫孔、取样孔等）盖及封头盖与主体的连接处，以及设备与管路、管件的各个连接处等。

为保证设备和系统的密闭性，在验收新的设备安装交工前，在设备修理之后，必须进行气压试验来检查其密闭性，测定其是否漏气并分析空气。此外，设备在使用过程中应定期检查密闭性和耐压程度。

工艺设备的接头、检查口、挡板、泄爆口盖等均应封闭严密，防止可燃性粉尘逸出与空气混合形成可燃性粉尘云；对真空设备，应防止空气渗入设备内部达到爆炸浓度。设备内的压力必须加以检测和控制，不能高于或低于工程设计规定的数值。通常设置压力表或压力报警器，压力报警器在设备或管道内压力失常时及时报警。

为保证设备的密闭性，对危险设备和工艺管道系统应尽量采用焊接接头，减少法兰连接。若设备本身不能密封（如粉料进出工艺设备处），应采取有效的除尘措施，以防系统中可燃性粉尘逸出。对粉尘爆炸危险场所中的设备传动装置（齿轮、滑轮、胶带运输机托辊、轴承）、润滑系统以及除尘系统、电气设备等进行检修维护。

5.2.2 厂房通风

实际生产过程中，要保证设备完全密封有时是很难办到的，总会有一些可燃性粉尘从设备系统中泄漏出来。因此，采用加强通风的方法使可燃性粉尘的浓度不至于达到危险的程度，是预防粉尘爆炸事故的重要措施之一。

通风按动力分为机械通风和自然通风，按作用范围可分为局部通风和全面通风。对有火灾爆炸危险厂房的通风，由于空气中含有可燃性粉尘，所以通风气体不能循环使用，送风系统应送入较纯净的空气。若通风机室设在厂房里，应有防爆隔离措施。输送温度超过 80℃的可燃性粉尘的通风设备，应采用非燃烧材料制成。工艺生产过程中产生的可燃性粉尘应设置排风罩捕集。排风罩内的负压或罩口风速应根据可燃性粉尘粒径大小、密度、释放动力及周围干扰气流等因素确定；当工艺操作不允许采用密闭罩时，可选用半密闭罩或柜式通风罩。厂房内可能突然放散大量可燃性粉尘的场所，应根据工艺设计要求设置防爆通风系统或诱导式事故排风系统并计算确定事故通风量，且换气次数不应小于 12 次/h，分别在室内及靠近外门的外墙上设置事故通风机的电气开关。事故排风的排风口不应布置在人员经常停留或经常通行的地点，不得朝向室外空气动力阴影区和正压区，排风口与机械送风系统的进风口的水平距离不应小于 20m；当水平距离不足 20m 时，排风口应高于进风口，并不得小于 6m。

5.2.3 惰化防爆

惰化防爆是一种通过控制可燃混合物中氧气的浓度来防止爆炸的技术。在可燃性粉尘与空气混合物中，加入惰性介质（生产中常用的惰性气体为氮气、二氧化碳、水蒸气等），可以降低爆炸性混合物的氧含量，冲淡混合物中的可燃性粉尘的百分比，降至爆炸极限的下限以下范围。例如对易燃固体物质的压碎、研磨、筛分、混合以及粉状物料的输送，可以在惰性气体的覆盖下进行，也可以在易燃固体物质中加入惰性物质后，再进行压碎、研磨、筛分、混合以及粉状物料的输送。

惰化系统的基本构成包括惰化介质源、介质输送与分配管网、介质喷洒机构、氧含量检测装置、控制系统。

采用惰化方法的关键有如下 3 点：

① 要采用恰当的方法形成惰化氛围，确保惰化介质喷洒均匀，使得在被保护的所有区域的介质浓度和氧含量符合惰化要求；

② 要有正确的方法维持惰化氛围，确保惰化过程不会有潜在危险，不会对工艺过程、设备、设施等构成危害（例如，污染工艺介质、与工艺介质发生反应、与水接触发生变化、腐蚀设备等），也不会对人员健康构成危害（例如，发生窒息等）；

③ 要对惰化氛围有准确的监测和控制手段，要特别注意生产装置运行的可靠性和检测元件的可靠性，避免出现数据错误从而导致操作失误。

按惰化介质相态，惰化技术有两种，即气体惰化技术和固体惰化技术。气体惰化技术是指在可燃性粉尘所处环境中充入氮气、二氧化碳、卤代烃、氩气、氦气、水蒸气等惰性气体或灭火粉、化学干粉、矿岩粉等惰性粉尘，以稀释可燃组分并降低环境中氧含量，使之难以形成爆炸性混合物。根据图 5-1 可知，聚乙烯粉尘（粒径 25μm）在使用氮气进行惰化时，

随着混合物中氧含量的减少，其爆炸极限范围大大地变窄了；其爆炸特征值［最大爆炸压力（p_{max}），爆炸压力上升速率（dp/dt）］随氧含量的减小而变小，爆炸指数（K_{max}）则呈直线下降。当氮气中的剩余氧含量为 10%时，在常温常压下聚乙烯粉尘不再发生爆炸。氮气对铝粉、甲基纤维素粉尘及硬脂酸钡粉尘的爆炸性的影响见图 5-2。固体惰化技术主要应用于可燃性粉尘惰化，即把碳酸钙、硅胶等耐燃惰性粉体混入可燃性粉尘中，防止其爆炸。这是因为添加的粉体具有冷却效果和抑制悬浮性效果，有时候还有负催化作用。目前这种方法一般用于煤矿中防范煤尘爆炸，在一般工业中使用的例子还不多。

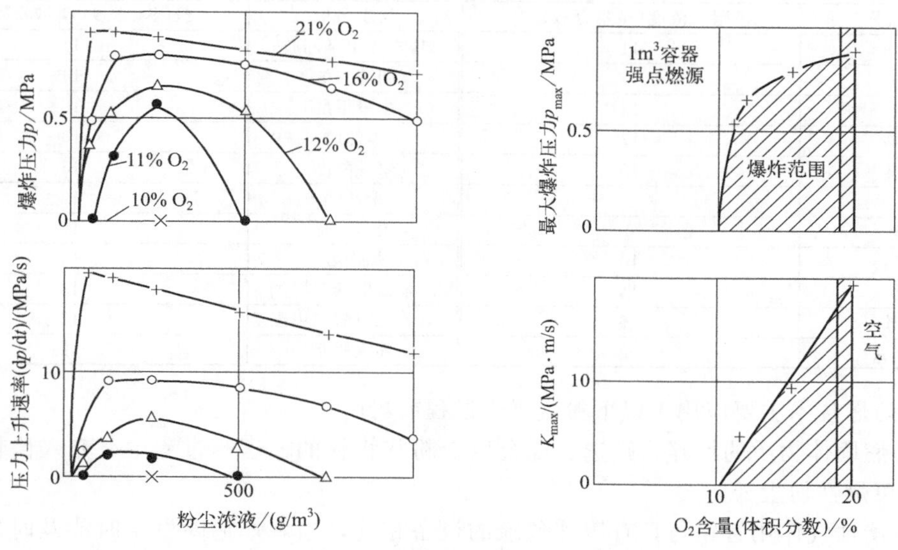

图 5-1　用氮气对聚乙烯粉尘进行惰化

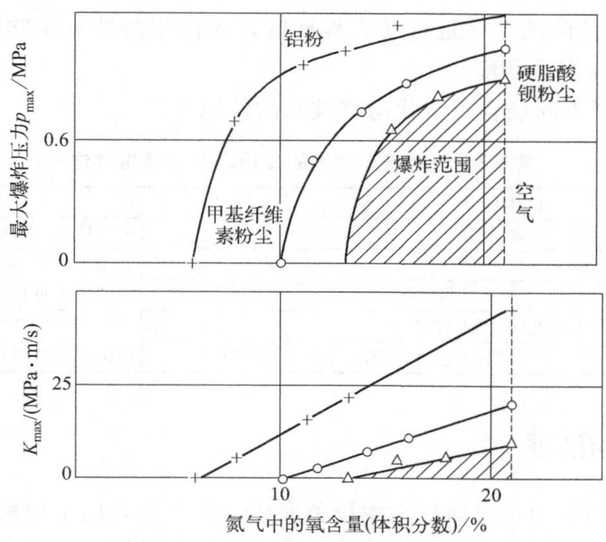

图 5-2　用氮气惰化粉尘的爆炸特性

根据惰化介质的作用机理，可将其分为降温缓燃型惰化介质和化学抑制型隋化介质。降温缓燃型惰化介质不参与燃烧反应，其主要作用是吸收燃烧反应热的一部分，从而使燃烧反应温度急剧降低，当温度降至维持燃烧所需的极限温度以下时，燃烧反应停止。降温缓燃型惰化介质主要有氩气、氦气、氮气、二氧化碳、水蒸气和矿岩粉类固体粉末等。化学抑制型惰化介质是利用其分子或分解产物与燃烧反应活化基团（原子态氢和氧）及中间自由基发生反应，使之转化为稳定化合物，从而导致燃烧过程连锁反应中断，使燃烧反应传播停止。化学抑制型惰化介质主要有卤代烃、卤素衍生物、碱金属盐类以及铵盐类化学干粉等。表 5-1 列出了利用 CO_2 作惰化剂时部分常见可燃性粉尘极限含氧量。

表 5-1　可燃性粉尘极限含氧量（CO_2 稀释）

粉尘名称	极限氧浓度(摩尔分数)/%	粉尘名称	极限氧浓度(摩尔分数)/%
玉米粉	11	环六亚甲基四胺	14
淀粉	12	间苯二酸	14
蔗糖	14	多聚甲醛	12
木炭	17	丙烯腈	13
褐煤	15	聚碳酸酯	15
铝	2	聚乙烯	12
镁	0	聚苯乙烯	14
锌	10	烯丙醇	13
纸	13	间苯二甲酸二甲酯	13
木屑	16	对苯二甲酸二甲酯	12
双酚 A	12	环氧树脂	12

惰化防爆技术主要应用于以下粉尘爆炸过程或场所：

① 易燃固体物质的粉碎、筛选、混合以及粉状物料的输送等过程中，充入惰性气体以防止形成可燃性粉尘云。

② 将惰性气体用管路与具有爆炸危险的设备相连，当爆炸危险发生时能及时通入惰性气体进行保护。

③ 在爆炸危险生产场所，对能够产生火花的电气、仪表实施充氮正压保护。

④ 在对具有爆炸危险的系统进行动火检修时，先使用惰性气体吹扫，置换系统中可燃性粉尘，以避免形成可燃性环境。

表 5-2 简要说明了不同场合下惰化防爆技术的使用方法。

表 5-2　惰化防爆技术的使用场合与使用方法

使用场合	使用方法
易燃易爆固体的破碎、研磨、筛分、混合、输送	可在惰性气体覆盖下进行
易燃易爆物质的储存、运输过程	若条件允许，可加入惰性气体隔绝空气
有火灾危险的工艺装置	在装置附近设惰性气体接头
在火灾爆炸场所，可能产生火花的电气、仪表装置	向内部充惰性气体
易燃易爆物质的设备、管道等检修动火前，工艺装置、设备、管道等使用前	用惰性气体置换

5.2.4　粉尘控制与清理

可燃性粉尘浓度的控制主要通过除尘设备完成。除尘器是用于捕集气体中固体颗粒的一种设备。生产加工系统选用干式除尘工艺时，若生产加工系统产生大量的粉尘，常在除尘系统中设置旋风除尘器进行初级除尘，再经袋式除尘器二次除尘。铝镁制品机械加工粉尘，以及适宜选用湿式除尘的粉尘，选用湿式除尘器。选用湿式除尘器进行除尘时，采用水洗或水幕除尘工艺。

（1）除尘器

① 旋风除尘器。旋风除尘器是利用旋转的含尘气流所产生的离心力，将粉尘从气体中分离出来。旋风除尘器结构简单，占地面积小、投资低，操作维修方便，能用于高温、高压及有腐蚀性的气体，可以直接回收干颗粒。旋风除尘器一般用来捕集5～15μm以上的颗粒物，除尘效率可达80%左右。对小于5μm的粉尘效率不高，一般作预除尘用。

旋风除尘器内有高速旋转的粉尘云，还有可能夹有钢或石头等杂物，它们对器壁摩擦冲击，会产生摩擦或冲击火花、静电火花，因此旋风除尘器应有泄爆装置，应进行可靠接地。处理危险性较大粉尘的旋风除尘器还可采用惰化措施。

② 袋式除尘器。袋式除尘器是通过棉、毛或人造纤维等加工的滤布捕集尘粒的。袋式除尘器具有如下特点：除尘效率高，特别是对细粉也有较高的捕集效率；适应性强，根据处理气量可以设计成小型袋滤器，也可以设计成大型袋房；结构简单，使用灵活，便于回收干料，不存在污泥处理。高温滤料和清灰技术的发展，使得袋式除尘器得到了广泛的应用。

袋式除尘器的应用主要受滤布的耐温、耐腐蚀等操作性能的限制。一般滤布的使用温度小于300℃。袋式除尘器不适于黏结性强及吸湿性强的尘粒，特别是烟气温度不能低于露点温度，否则会在滤布上结露，使滤袋堵塞，破坏袋式除尘器的正常工作。

由于粉尘在输送过程中摩擦很易带有电荷，当它们被滤袋截留时，会使滤布上积累静电，在一定条件下放电，产生静电火花。在除尘器进行振打或脉冲反吹清灰时，除尘器中会产生粉尘云，被静电火花点燃就会发生爆炸。所以对可燃性粉尘的除尘应选用防静电滤布。防静电滤布通常是将导电物质织入滤布，将滤布用导线接地，可以良好地清除滤布上积累的电荷。用于可燃性粉尘的袋式除尘器还应安装泄爆门，必要时采取抑爆和惰化措施。另外，为了排除或减少粉尘表面所带的电荷，还要设法提高滤布上粉尘层的导电能力。

（2）除尘系统的布置

为了防止局部的爆炸通过除尘器的风管向其他部分传播，风管应设计成相互独立的系统，不同防火分区的除尘系统不得互连互通。除尘器最好设置在厂房的上面、外面或外侧。若除尘器安装在厂房内部，应安装在厂房内的建筑物外墙处的单独房间内，房间的间隔墙应采用耐火极限不低于3h的防火隔墙，房间的建筑物外墙处应开有泄爆口，泄爆面积应符合《建筑设计防火规范（2018年版）》(GB 50016）的要求。

对于厂房内可燃性粉尘的清除，一般采用通风除尘措施。清理车间内地面的粉尘还可以使用移动式的真空吸尘器。生产加工系统产生粉尘释放的作业工位应设置吸尘罩或吸尘柜。吸尘罩或吸尘柜应按照《排风罩的分类及技术条件》（GB/T 16758）的要求设计，吸尘口设计风速应符合《工业建筑供暖通风与空气调节设计规范》（GB 50019）的要求，吸尘罩或吸尘柜应无积尘。定时清除厂房内设备上的沉积粉尘。清洁的车间避免了因一次爆炸引起粉尘二次爆炸。为方便地面的粉尘清理，可在车间相隔一定间距设置插入式的吸管座，如图5-3所示，操作人员可以将吸管插入吸管座附近的地面进行除尘。清除设备上粉尘严禁用压缩空气喷吹，以免形成粉尘云被点燃。

（3）除尘系统的防爆

除尘系统除了在通风除尘中用于降低粉尘浓度外，在制粉工艺中也有广泛的应用。在粮食粉尘、煤粉等的粉料加工中，旋风除尘器、袋式除尘器以及整个工艺流程中有粉尘云出现的地方的防爆，对安全生产有重大的意义。实际上很多粉尘爆炸都发生在除尘系统内。

① 粉料加工工艺中除尘系统的防爆。以两个实例介绍除尘系统的防爆方法，这里所说

的“除尘”是广义的除尘，因为在粉料加工中，除尘器也用来收集加工完的成品粉料。

图 5-4 是某磨粉厂的自动综合抑爆系统示意图。磨粉厂主要设备有粉碎机、旋风除尘器、袋式除尘器。在粉碎机出口处、气力输送管道内、旋风除尘器的侧壁、袋式除尘器的侧壁都装有压力探头；袋式除尘器内还装有温度探头，用来探测压力和温度的异常，当异常超过允许值时，抑爆系统的喷射管开启，将火焰扑灭。

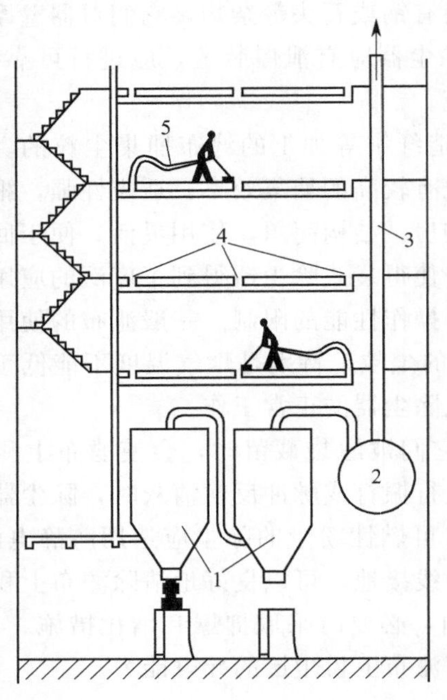

图 5-3　带有多个插入式吸管座的中心吸尘系统

1—袋式除尘器；2—风机；3—风管；4—吸管座；5—吸管

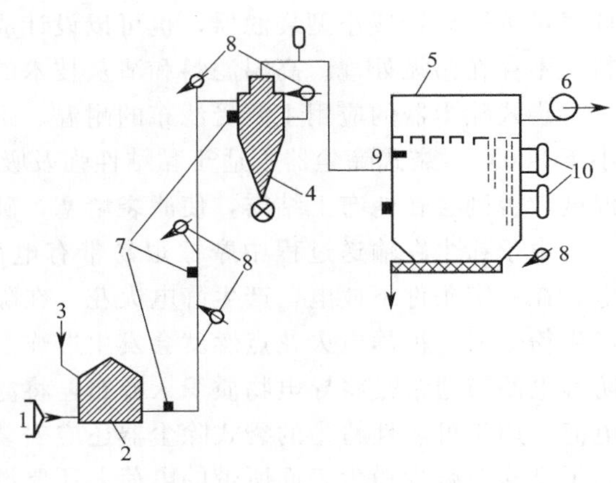

图 5-4　自动综合抑爆系统示意图

1—空气；2—粉碎机；3—固体下料口；4—旋风除尘器；5—袋式除尘器；6—风机；7—爆炸压力探头；8—高速喷射抑爆装置；9—温度传感器；10—双出口高速喷射抑爆装置

图 5-5 和图 5-6 是在粉煤加工、干燥工艺中的两种综合传感防爆系统，都采用监测、自动控制、安全自锁的防爆设计。两个图分别示出了采用惰化和泄爆方法来进行工厂粉尘防爆。

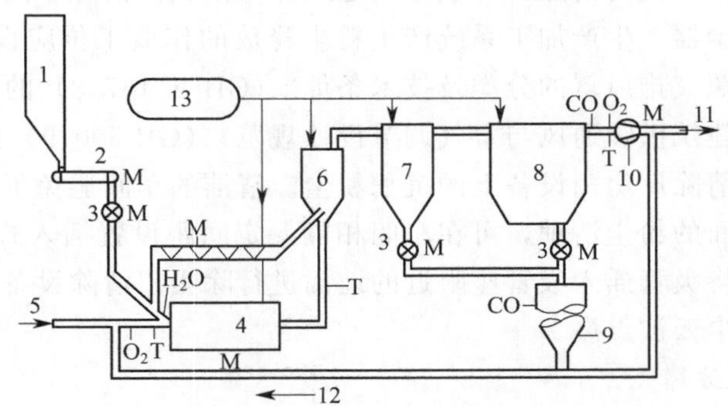

图 5-5　采用惰化方法的监控、自锁的综合传感系统

1—块煤仓；2—传送带；3—转动下料器；4—球磨机；5—转窑排出气；6—分粒机；7—旋风除尘器；8—袋式除尘器；9—粉煤仓；10—风机；11—去烟囱；12—干燥用循环气；13—CO_2 储罐；

T—温度传感器；CO—一氧化碳浓度传感器；M—机械部件位移传感器

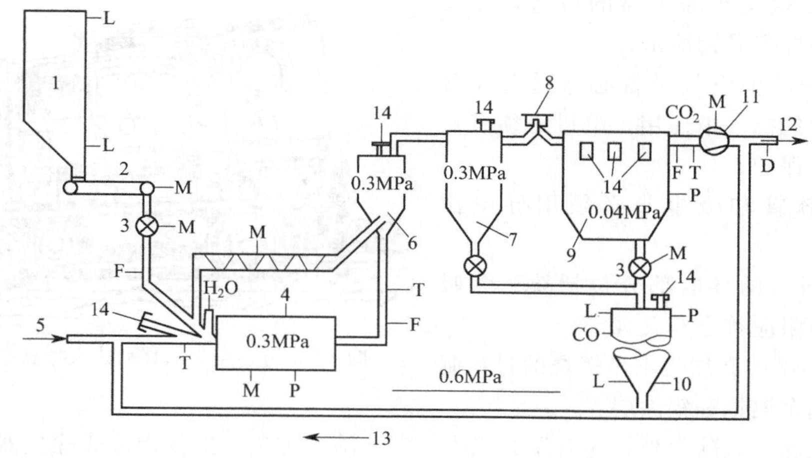

图 5-6　采用泄爆方法的监控、自锁的综合传感系统

1—块煤仓；2—传送带；3—转动下料器；4—球磨机；5—干燥用热空气；6—分粒机；7—旋风除尘器；8—阻火器；9—袋式除尘器；10—粉煤仓；11—风机；12—去烟囱；13—干燥用循环气；14—泄爆口；T—温度传感器；P—压力传感器；F—火焰传感器；CO—一氧化碳浓度传感器；D—粉尘浓度传感器；L—料位传感器；M—机械部件位移传感器

煤的粉碎和干燥工艺的基本流程很简单，块煤通过传送带和转动下料器进入球磨机，同时往球磨机中喷入热气用于干燥块煤。粉碎后的煤粉通过气力输送到分粒机，粗粒煤粉送回球磨机，细粒煤粉过旋风除尘器和袋式除尘器得到成品粉煤储存在粉煤仓。

图 5-5 是煤的粉碎、干燥工艺中用于监控、安全自锁的惰化综合传感系统，其惰化剂为 CO_2。用于干燥的气体来自转窑，其氧浓度较低。被监控的工艺参数有一氧化碳浓度、氧浓度、温度、粉尘浓度、料位和机械部件的运转。任一工艺参数异常时都会报警。当氧浓度变得太高，系统会自动停机（关断球磨机、风机、传送带、转动下料器的电源），加入惰性气体，保证系统的安全。如球磨机出口处的温度太高，自动在球磨机的喂料口加水。如袋式除尘器内或粉煤仓中的一氧化碳浓度升高，说明有自燃发生，这也会导致系统自动停机。

图 5-6 是基于泄爆和抗爆容器设计的监控、安全自锁防爆系统，该系统用于煤的粉碎、干燥工艺。在球磨机、分粒机、旋风除尘器、布袋除尘器（侧壁）、粉煤仓上均设有泄爆口。在旋风除尘器和布袋除尘器之间设置了一个阻火器，可以阻止火焰通过，并在爆炸发生时产生泄爆作用。被监控的参数有火焰、温度、压力、一氧化碳浓度、粉尘浓度、料位、机械部件的位移。在这种防爆方法中，发生着火的可能性要比惰化防爆大。工厂设计成即使发生爆炸设备也不受毁坏。所以，仍需对工艺参数及设备的运转进行监控。这种系统在球磨机、布袋除尘器、粉煤仓中增设了压力传感器探测压力的异常上升，并在球磨机前后、旋风除尘器后和布袋除尘器后设火焰传感器。

压力异常或探测到火焰时，将使球磨机、风机、转动下料器、传送带停机。同时，压力传感器和火焰传感器的控制信号还用来启动各设备单元间的管道中的隔爆设备，防止局部爆炸发生后，火焰通过管道传到其他的设备内。

② 移动式真空吸尘器的防爆。移动式真空吸尘器具有使用灵活、投资少的优点，但由于它在车间内使用，缺少必要的隔离措施，有可能接近火源，所以移动式真空吸尘器也必须注意防爆问题。图 5-7 是用于工业可燃粉尘的移动式大型真空吸尘器，其箱体及管道的耐压 0.9MPa。

a. 风机必须位于除尘器的后边，并装有保护罩以防外来异物撞击；

b. 电机和其他电气设备必须适合在含有爆炸性粉尘的空气中使用，电机必须有短路保护和过热保护；

c. 吸尘软管和吸尘头必须用导电橡胶管；

d. 设备所有的导电部分包括软管和吸尘头，接地电阻应符合有关规定；

e. 吸尘器箱体必须是不易燃烧的材料制成，不能使用金属铝和铝涂层。

图 5-7　可燃粉尘的移动式大型真空吸尘器

除尘方法除干式除尘外，还有湿式除尘。湿式除尘方法一般使用湿式除尘器，但也可以直接往空气中喷洒水雾（注意，严禁在有能与水反应的物质附近或含与水反应的粉尘-空气混合物中喷水雾）。

(4) 喷油雾捕集粉尘

往粮食颗粒上喷洒很少量的油类雾滴能使粉尘成团，因产品颗粒较粗，如小麦、燕麦等，加入适当的液体能使颗粒表面变软，减少了颗粒在碰撞、挤擦中粉尘的形成。

加入液体来抑制粉尘和粉尘云产生的技术，最初在国外粮食和饲料工业中得到应用。在粮食的运输和储存工厂，往粮食中加入少量的精炼矿物油、植物油或者卵磷脂抑制粉尘云的产生取得了较好效果。图 5-8 是在实际应用中的一种系统示意图。

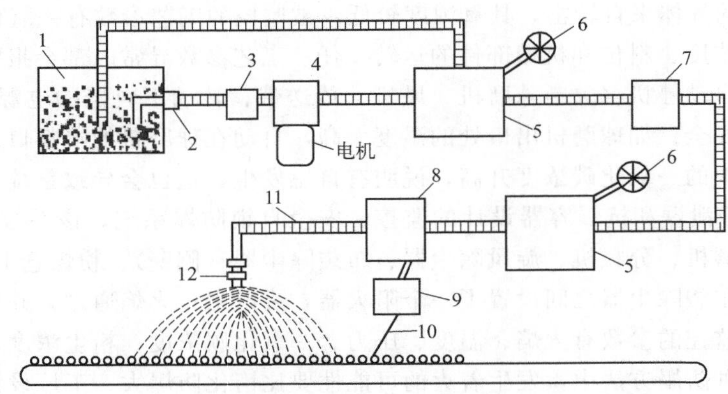

图 5-8　对传送带上的粮食颗粒喷油雾示意图

1—油箱；2—阀门；3—过滤器；4—油泵；5—压力恒定装置；6—压力表；7—流量计；8—电磁阀；9—限量开关；10—量厚度臂；11—塑料管；12—喷头

喷雾器把油喷到粮食流上，油滴大小有严格要求，要保证能分布到整个粮食流中，且不形成悬浮的油雾。最适宜的油滴直径为 0.1～1.0μm。油浸湿并穿透了粮食颗粒流表面，这就防止了摩擦、撞击产生新的细粉，同时，油层也能吸附细小的粉尘。另外，油也使细小粉尘团聚成大的颗粒。

油的这两种抑制细小粉尘形成的机制——颗粒表面的润湿和黏着作用及细粉的团聚作用，哪一种相对起作用与喷油的方式有关。如喷洒在传送带上，颗粒表面的湿润机制起主要

作用；如加入斗式提升机底部倾斜的进料管道内，由于这里常处于强烈的紊流空气使粉尘处于悬浮状态，细小颗粒的团聚作用占主要地位。

在装卸各种粮食（小麦、大麦，每吨含粉尘 700～800g）时，每吨粮食中加入 100g 大豆油就足以使设备外的粉尘量大大降低，没有团聚成大颗粒的细小粉尘明显减少。

喷油的方法不能消除粉尘爆炸的危险，但从两个方面很大程度上减少了其危险性。首先，从设备泄漏出来积聚在车间、走廊等的悬浮的细小粉尘显著减少；其次，设备内结成大颗粒的粉尘云比起原先没有喷油时设备内的细小粉尘云具有较低的点火敏感程度和爆炸性。表 5-3 列出了小麦进行喷油处理与否在粉尘粒径、点火能、爆炸指数 K_{max} 和最大爆炸压力等参数上的区别。

表 5-3　大豆油对有效小麦粉尘粒径分布及爆炸性的影响

项目	粉尘粒径/μm				最小电火花点火能量/mJ	粉尘云最小着火温度/℃	爆炸指数 K_{max}/(MPa·m/s)	最大爆炸压力/MPa
	<125	<63	<32	<10				
无油	75	60	50	25	10～100	430	11.5	0.7
喷油	50	40	30	10	100～1000	430	8.0	0.7

对于本身就很细小的粉尘，如小麦面粉和木薯淀粉，不适用使用喷油法捕集粉土。

（5）粉尘清理

粉尘爆炸危险场所应严格落实粉尘清理制度，制度中应包括清扫范围、清扫方式、清扫周期等内容。所有可能沉积粉尘的区域（包括粉料储存间）及设备设施的所有部位应进行及时、全面、规范清理。清理周期及部位应包括但不限于：

① 至少每班清理的部位。吸尘罩或吸尘柜；干式除尘器卸灰收集粉尘的容器（桶）；湿式除尘器的水质过滤池（箱）、水质过滤装置及除尘器箱体外部的滤网；纤维或飞絮除尘器的滤网、滤尘室；粉尘压实收集装置；木质粉尘单机滤袋吸尘器的滤袋及吸尘风机。

② 至少每周清理的部位。干式除尘器的滤袋、灰斗、锁气卸灰装置、输灰装置、粉尘收集仓或筒仓；电气线路、电气设备、监测报警装置和控制装置；湿式除尘器的循环用水储水池（箱）。

③ 至少每月清理的部位。主风管和支风管；风机；防爆装置；干式除尘器的箱体内部，清灰装置；湿式除尘器的循环用水储水池（箱）。

粉尘清理作业时，应根据粉尘爆炸危险性采用不产生危险扬尘的清理方法和防止产生火花的清理工具，宜采用移动式防爆吸尘器等负压吸尘装置进行清理。对清理、收集的粉尘，企业应安全存放并及时处置。

对遇湿自燃的金属粉尘，不应采用洒水增湿方式清理，其收集、堆放、储存等处置环节应采取防水防潮措施，应当避免粉尘废屑大量堆积或者装袋后多层堆垛码放；需要临时存放的，应当设置相对独立的暂存场所，远离作业现场等人员密集场所，并采取防水防潮、通风、氢气监测等必要的防火防爆措施。含水镁合金废屑应当优先采用机械压块处理方式。

5.3　控制点燃源

从粉尘爆炸“五要素”来分析，如生产原料、中间产品或产品涉及使用可燃性粉尘，则生产场所存在可燃性粉尘无法避免；而助燃物质——氧气是客观存在的；通常，生产设备或生产工艺特点使得生产设备或工艺输送管道中必然会产生粉尘云，同时生产设备和输送管道往往是密闭的。可见，“五要素”已同时具备了四个要素，就差点燃源这一要素，因此，为了预防粉尘火灾或爆炸事故，最重要的是防止产生点燃源引燃可燃性粉尘，这是必要的措施。并且，在事前要十分熟悉其点燃源是什么。正确地划分点燃源的种类，对采取爆炸预防措施极为重要。

按点燃源能量的大小，点燃源分为强点燃源和弱点燃源；按点燃源点燃形式分类如下：

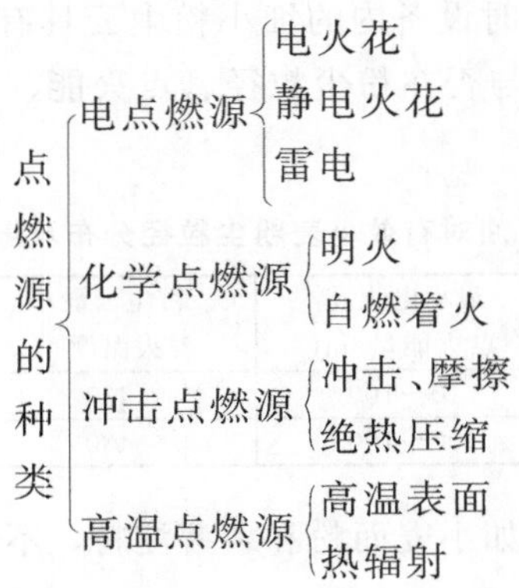

5.3.1 控制电点燃源

5.3.1.1 电热和电火花

在爆炸事故中，电热和电火花引起的事故占据相当大的比例，电热和电火花统称电点燃源。

（1）电热

电流通过电气设备或线路要消耗电能，并转化为热能放出来，放出的热能为：

$$Q=I^2Rt$$

式中 Q——在导体上放出的热量，J；

I——通过导体的电流，A；

R——导体的电阻，Ω；

t——通电的时间，s。

这部分放出的热量在电路中总是存在的，称为电路电热。它能使导体温度升高，并加热在其周围的其他物料。当可燃物被加热的温度超过其自燃点时，即会发生燃烧或爆炸。

电路电热又可分成工作电热和事故电热。此外，还有因磁滞损耗和涡流损耗产生的磁路电热。

① 工作电热。

a. 电炉、电锅、电熨斗、电褥子等电热电器的热元件是由镍铬合金等材料制成，工作时电阻丝表面温度可高达800℃，同时放出大量热量使周围环境升温。因此，在爆炸危险环境应禁止使用电热电器的热元件。

b. 照明灯具的外壳或表面都有很高温度，如果安装或使用不当，均可成为点燃源。白炽灯泡表面温度与灯泡的大小和功率有关，在一般的散热条件下，其表面温度可参考表5-4。200W的灯泡紧贴纸张时，十几分钟即可将纸张点燃。100W的灯泡，半小时后能烤着10cm外的聚氨酯泡沫塑料。装有60W灯泡的壁灯，外有玻璃罩，能烤燃覆盖其上的丝质窗帘。高压汞灯的表面温度和白炽灯差不多，约为150～200℃。1000W卤钨灯灯管表面温度可达

500～800℃。由于灯泡表面高温，它们可点燃附近的可燃物品。在有爆炸危险的厂房和设备内，严禁采用这类灯具，而应采用安全的防爆灯具。

c. 电气设备运行时总是要发热的。但在正常稳定运行时，它们的放热和散热互相不衡，其最高温度和最高温升（即最高温度与周围环境温度之差）都不会超过一定的范围。例如，橡皮绝缘线的最高温度一般不得超过 65℃；变压器的上层油温不得超过 85℃；电力电容器外壳温度不得超过 65℃；对电动机定子绕组和定子铁芯的最高温度都有规定。各种电气设备在设计和安装时都考虑有一定的散热或通风措施，如果这些措施受到破坏，如油管堵塞，通风道堵塞，安装位置不好等，就会使散热不良，破坏发热和散热之间的平衡，造成设备过热、温度上升，成为引发爆炸的点燃源。

表 5-4　白炽灯泡表面温度

灯泡功率/W	灯泡表面温度/℃	灯泡功率/W	灯泡表面温度/℃
40	50～60	100	170～220
60	130～180	150	150～230
75	140～200	200	160～300

为了控制电气设备的过热现象，应根据可燃性粉尘的爆炸危险性及电气设备所在的爆炸危险区域，采用相应等级的防爆型电气设备，并按规定安装。

② 事故电热。引起电气设备过度发热产生事故电热的原因有短路、过载、接触不良 3 种。

a. 当电气设备的绝缘老化变质或因机械、化学作用使绝缘破坏，就有可能引起短路事故。设备安装、检修不当和接线、操作错误，也会引起短路事故。电路短路时，线路中的电流增加为正常运行时的几倍到几十倍，使温度急剧上升，大大超过允许范围。如果周围有可燃性粉尘，温度达到自燃点时，即可导致事故。

b. 过载也会引起电气设备过热。造成过载有如下 3 种情况：

设计选用线路或设备不合理，或没有考虑适当的裕量，以至于在正常负载下出现过热。

使用不合理，即线路或设备的负载超过额定值，或连续使用时间过长，超过线路或设备的设计能力，由此造成过热。

带故障运行造成设备和线路过载，如三相电动机缺相运行，或三相变压器不对称运行均可能造成过载，出现设备过热。

c. 接触部位是电路中的薄弱环节，是发生过热的一个重点部位。

不可拆卸的接头连接不牢，焊接不良或接头处混有杂质，都会增加接触电阻而导致接头过热。

可拆卸的接头连接不紧密或由于震动而松动也会导致接头发热。

活动触头，如刀开关的触头、接触器的触头、插销的触头、灯泡与灯座的接触处等活动触头，电刷的活动接触，如果没有足够的接触压力或接触表面粗糙不平，会导致触头过热。

（2）电火花

电火花是电极间的击穿放电，电弧是大量的电火花汇集成的。一般电火花的温度很高，特别是电弧，温度可高达 3000～6000℃。常见的电火花有：启动器、开关、继电器等接头闭合、断开时产生的火花；各种电器上的接线端子与电缆、电线的线芯相连接处，由于接触不良产生的火花；电气设备、电缆、电线绝缘损坏，接地或短路时产生的火花；对电气设备、电缆进行耐压试验，因绝缘击穿而产生的放电火花。

电火花可分为工作火花和事故火花两类。

① 工作火花。在生产和生活中使用了大量的低压电器设备，其放电情况有两种：

a. 短时间的弧光放电，是指在开闭回路、断开配线、接触不良等情况下发生的极短时间内的弧光放电。

b. 接点上的微弱火花，是指在自动控制用的继电器接点上，或在电动机整流子或滑环等器件上，即使在低电压的情况下，随着接点的开闭，仍然产生肉眼看得见的微小火花。

上述这两种情况产生的电火花，其放电能量是很小的，因此它只对需要点火能量极小的可燃性粉尘等构成危险。在存有这些危险物质的场所中，一般都设有动力、照明及其他电气设备，由这些电气设备产生的电火花引起爆炸事故的发生率是很高的。所以，在有爆炸危险性场所，电气设备及其配线应选择防爆型，并按要求安装。

② 事故火花。事故火花包括短时间的弧光放电和高电压的火花放电两种情况。

低压电器由于维修不佳造成的绝缘下降、断线、接点松动等电路故障，会产生接触不良、短路、漏电、熔丝熔断等情况，这些情况会产生短时间的弧光放电。

当电极持高压电时，在电极周围，部分空气绝缘被破坏，产生电晕放电，当电压继续升高时，会出现火花放电。通常要使空气中产生火花放电，至少需要 400V 以上的电压。例如变压器内，由于绝缘质量降低，可能发生闪燃，并使绝缘油分解，引起燃烧或爆炸；又如多路断路器油面过低或操作机构失灵，不能有效地熄灭电弧，可引起火灾或爆炸；再如静电喷漆、X 射线发生装置等高压电气设备也会产生高电压的火花放电。

电气设备在正常运行时会产生火花，在事故运行时也会产生火花。因此，要采取严格的设计、安装、使用、维护、检修制度和其他防爆措施，把电火花的危害降到极低的程度。

5.3.1.2 静电火花

电子脱离原来的物体表面需要能量（通常称为逸出功或脱出功）。物质不同，逸出功也不同。当两种物质紧密接触时，逸出功小的物质易失去电子而带正电荷，逸出功大的物质增加电子则带负电荷。各种物质逸出功的差异是产生静电的基础。

静电的产生与物质的导电性能有很大关系。电阻率越小，则导电性能越好。根据大量实验资料得出结论：电阻率为 $10^{12}\Omega \cdot cm$ 的物质最易产生静电；而大于 $10^{16}\Omega \cdot cm$ 或小于 $10^{9}\Omega \cdot cm$ 的物质都不易产生静电。如物质的电阻率小于 $10^{6}\Omega \cdot cm$，因其本身具有较好的导电性能，静电将很快泄漏。电阻率是静电能否积聚的条件。

物质的介电常数是决定静电电容的主要因素，它与物质的电阻率同样密切影响着静电产生的结果，通常采用相对介电常数来表示。相对介电常数是一种物质的介电常数与真空介电常数的比值（真空介电常数为 $8.85\times10^{-12}F/m$）。介电常数越小，物质的绝缘性越好，积聚静电能力越强。

静电的产生形式主要有以下几种。

① 接触起电，即两种不同的物体在紧密接触、迅速分离时，由于相互作用，电子从一个物体转移到另一个物体。其主要表现形式除摩擦外，还有撕裂、剥离、拉伸、撞击等。在工业生产过程中，如粉碎、筛选、滚压、搅拌、喷涂、抛光等工序，都会发生类似的情况。

② 破断起电，即材料破断过程可能导致正负电荷分离。固体粉碎过程的起电属于破断起电。

③ 感应起电，即导体能由其周围的一个或一些带电体感应而带电。

④ 电荷迁移，即当一个带电体与一个非带电体相接触时，电荷将按各自电导率所允许的程度在它们之间分配。当带电粉尘撞击在固体上（如静电除尘）时，会产生有力的电荷迁移。带电的物体还能使附近与它并不相连接的另一导体表面的不同部分也出现极性相反的电荷现象。某些物质的静电场内，其内部或表面的分子能产生极化而出现电荷的现象，叫静电极化作用。例如在绝缘容器内盛装带有静电的物体时，容器的外壁也具有带电性。

为防止静电引发燃烧爆炸事故，应依照《防止静电事故通用导则》（GB 12158）进行防静电设计。一般来说，如果介质的最小点燃能小于10mJ，就应该考虑采用防静电措施。对工艺流程中各种材料的选择、装备安装和操作管理等过程应采取预防措施，控制静电的产生和电荷的聚集。

防静电技术大都是遵循以下三项原则：抑制、疏导、中和。因为普遍认为完全不让静电产生是不可能的，只能是抑制静电荷的聚集，如严格限制粉尘在管道中的输送速度和人员操作速度，粉尘越细，摩擦碰撞的机会越多，越容易产生静电。将设备管道尽量做到光滑平整，避免出现棱角，增大管道直径，进而控制流速、减少弯道、避免振动等均可以防止或减少静电的产生等。若抑制不了就设法疏导，即向大地泄放，如将工作场所的空气增湿，将一切导体接地，在工作台及地面铺设导静电材料，操作人员穿导静电服装和鞋袜，甚至带导静电手环，对于导体，应对设备进行跨接，确保接地良好。盛装粉体的移动式容器应由金属材料制造，并良好接地，袋式除尘器和收尘器应采用防静电滤袋，防静电滤袋通过在普通滤布中织入金属丝的方法增强滤袋的导电性能，然后通过滤袋架将静电导入大地等。若疏导不了就设法在原地中和，如采用感应式消电器、高压静电消电器、离子风消电器等，对于塑料类等电阻率大的粉尘，可利用静电消除器产生异性离子来中和静电荷。

5.3.1.3 雷电

雷电具有很大的破坏力，是燃烧爆炸危险场所不可忽略的点火源。防雷技术的选用，应考虑被保护设施的特点以及所处地理位置、气象条件、环境条件、被保护对象的特点及雷电活动规律等情况，选用安全可靠、技术先进、经济合理的防直击雷、雷电感应、雷电侵入波等各自相应措施。

涉及可燃性粉尘的生产厂房或库房，不论其所在地区的雷电活动期长短，都应切合实际采取雷电防护技术措施。首先应该根据厂房是否含有20区、21区或22区以及是否会因雷电火花造成巨大破坏和人员伤亡来确定厂房的防雷类别是一类防雷或二类防雷，然后根据防雷类别采取相应的防雷措施。一类或二类防雷建筑物应设防直击雷的外部防雷装置，并应采取防闪电电涌侵入的措施以及防闪电感应的措施。一类或二类防雷建筑物均应设内部防雷装置，在建筑物的地下室或地面层处，下列物体应与防雷装置做防雷等电位连接：建筑物金属体、金属装置、建筑物内系统、进出建筑物的金属管线。另外，外部防雷装置与建筑物金属体、金属装置、建筑物内系统之间，尚应满足间隔距离的要求。

如果是二类防雷建筑物，通常是在可燃性粉尘的生产厂房或库房设防直击雷的外部防雷装置，在建筑物上装设接闪网、接闪带或接闪杆，也可由接闪网、接闪带或接闪杆混合组成接闪器。接闪网、接闪带应按《建筑物防雷设计规范》（GB 50057—2010）的规定沿屋角、屋脊、屋檐和檐角等易受雷击的部位敷设，并应在整个屋面组成不大于10m×10m或12m×8m的网格；当建筑物高度超过45m时，首先应沿屋顶周边敷设接闪带，接闪带应设在外墙外表面或屋檐边垂直面上，也可设在外墙外表面或屋檐边垂直面外。接闪器之间应互相连接。专设引下线不少于2根，并应沿建筑物四周和内庭院四周均匀对称布置，其间距沿周长计算不宜大于18m。当建筑物的跨度较大，无法在跨距中间设引下线，应在跨距两端设引下线并减小其他引下线的间距，专设引下线的平均间距不应大于18m。外部防雷装置的接地应和防闪电感应、内部防雷装置、电气和电子系统等接地共用接地装置，并应与引入的金属管线做等电位连接。外部防雷装置的专设接地装置宜围绕建筑物敷设成环形接地体。

对涉及粉碎、研磨、造粒、喷涂、抛光等工序的厂房，都必须采取防雷电感应技术措施。通常厂房或库房内的设备、管道、构架等主要金属物，应就近接到防雷装置或共用接地装置上。防闪电感应的接地干线与接地装置的连接，不应少于2处。为了使厂房和库房内的金属物体（主要是管路）可靠地连接在一起，形成不中断的电气通路，凡是在有管路接头、弯头的地方，都应用金属线跨接。平行敷设的管道、构架和电缆金属外皮等长金属物，其净距小于100mm时，应采用金属线跨接，跨接点的间距不应大于30m；交叉净距小于100mm时，其交叉处也应跨接。当长金属物的弯头、阀门、法兰盘等连接处的过渡电阻大于0.03Ω时，连接处应用金属线跨接。对有不少于5根螺栓连接的法兰盘，在非腐蚀环境下，可不跨接。为了防止雷电波侵入厂房和库房，最好采用电缆供电。电缆的外皮应在电源端及进入该建筑物处接地。该接地可以与电力装置的接地系统相连接。

5.3.2 控制化学点燃源

5.3.2.1 明火

明火是指一切可见的发光发热物体，例如看得见的火焰、火星或火苗之类。在生产企业，焊接火焰、摩擦火星、燃烧火焰、火炉、加热器、打火机火焰、火柴火焰、电气火花、未熄灭的烟头、热辐射引火源、机动车尾气管喷火等都是常见的明火火源。

(1) 加热用火和维修用火的控制

加热易燃物料时，应尽量避免采用明火，而采用蒸汽、热水或其他热载体（如甘油、联苯醚等）。如果必须采用明火，则必须做好隔离措施，避免明火与可燃物料接触。明火加热设备（如锅炉）必须与有爆炸危险的生产装置相隔足够的安全距离，并应布置在物料区的风向下方。

维修动火时，应将需要检修的设备或管段卸至安全地点修理，应尽量避免在有爆炸危险的厂房或设备内进行焊割作业。进行焊割作业的地点要与有爆炸危险的厂房、生产设备、管道保持一定的安全距离。操作时应严格遵守安全动火规定。如果必须直接在设备上动火，应将设备内的物料清除，并利用惰性气体置换，达到要求后才能动火。同时，采取措施防止焊渣和割下的铁块落到设备内。

电焊所用电线破损应及时更换，不能利用与有爆炸危险的生产设备相连接的金属物件连接电焊地线，以防在电路接触不良的地方，产生高温或电火花，引起危险。

喷灯是一种轻便的加热器具，主要用于设备维修方面。在有爆炸危险的厂房内使用喷灯，其使用条件和烧焊相同。在其他地点使用喷灯时，也要把操作地点的可燃物清理干净。

(2) 其他明火的控制

① 吸烟。吸烟（包括打火机、火柴）所引起的火灾约占全部火灾数的17%。香烟的燃烧温度在吸烟时为650～800℃，点燃放着时为450～600℃。为避免吸烟引起爆炸事故，可采取下列措施：建立严格的吸烟制度，指定允许吸烟的场所；吸烟处需配备足够的烟灰缸，

在烟灰缸内可装些砂子或水；在使用大量易燃物的场所，严禁带入香烟火柴；设立明显的禁烟标志。

② 取暖设备。在爆炸危险环境中应禁止使用取暖设备、电热电器。电炉、电锅等的加热丝表面温度可达 800℃，足以点燃各种可燃性粉尘。

③ 排气管喷火。汽车、柴油机的排气管喷火，都能引起可燃物料的燃烧。为了防止汽车、柴油机排气管喷火引起事故，可以在排气管上安装火星熄灭器。

5.3.2.2　自燃

每种物质都有自燃温度，当环境温度高于自燃温度时就会燃烧，自燃可分两种。

可燃物被外部热源间接加热达到一定温度时，未与明火直接接触就发生燃烧，这种现象叫作受热自燃。可燃物靠近高温物体时，有可能被加热到一定温度被烤着火；在熬炼（熬油、熬沥青等）或热处理过程中，受热介质因达到一定温度而着火，都属于受热自燃现象。在火电厂、炼铁厂和水泥行业的煤粉制备系统常常发生自燃，并引起火灾和爆炸。其原因是煤磨入口的热风管和煤磨之间连接处有积煤自燃。在高温处，必须要防止出现流动死角等(易于造成粉尘堆积现象)。

可燃物在没有外部热源直接作用的情况下，由于其内部的物理作用（如吸附、辐射等）、化学作用（如氧化、分解、聚合等）或生物作用（如发酵、细菌腐败等）而发热，热量积聚导致升温；当可燃物达到一定温度时，未与热源直接接触而发生燃烧，这种现象叫作本身自燃。比如煤堆、干草堆、赛璐珞、堆积的油纸油布、黄磷等的自燃都属于本身自燃现象。黄磷活性很强，遇到空气就会发生化学反应并放出热量，当热量积聚到一定程度时就会发生自燃。

煤粉、纤维等由于表面积大、导热性能差，如果堆积在一起，极易积聚热量引发自燃。烟煤、褐煤、泥煤都会自燃，无烟煤难以自燃。这主要与煤种的挥发性物质含量、不饱和化合物含量、硫化铁含量有关。煤种的挥发性物质、不饱和化合物、硫化铁都容易被氧化并放出热量，因此，它们的含量越高，自燃点越低，自燃可能性越大。煤中含有的硫化铁在常温下即可氧化，潮湿环境下氧化会加速。反应式为：

$$FeS_2 + O_2 = FeS + SO_2$$

$$2FeS_2 + 7O_2 + 2H_2O = 2FeSO_4 + 2H_2SO_4$$

煤在低温下氧化速度慢，但在 60℃以上氧化就很快，放热量增大，如果散热不及时就会引发自燃。植物和农产品，例如稻草、麦芽、木屑、甘蔗渣、籽棉、玉米芯、树叶等能因发酵而放热，进而引发自燃。其机理是：这些物质在水分和微生物作用下发酵放热；当温度升到 70℃以上时，它们中所含的不稳定化合物开始分解成多孔炭，多孔炭吸附气体和蒸汽并放出热量；当温度达到 150℃以上时，纤维素开始分解氧化放热，最终引发自燃。为防止煤自燃，应保持储煤场干燥，避免有外界热量传入，煤堆尺寸不要太大，一般高度应控制在 4m 以下。

铝粉、镁粉、铝镁粉等金属粉末，遇水或潮湿空气中的水分能发生剧烈的分解反应，产生氢气，放出热量，引起燃烧或爆炸。纯铝粉或镁粉与水反应除放出氢气外，还生成氢氧化铝或氢氧化镁，它们在金属粉末表面形成保护膜，阻止反应继续进行，不利于发生燃烧。铝镁粉与水反应则同时生成氢氧化铝和氢氧化镁，这两者又能起反应生成偏铝酸镁，偏铝酸镁能溶于水，从而破坏了氢氧化镁和氢氧化铝的保护膜作用，使铝镁粉不断地与水发生剧烈反应，放出氢气和大量的热，引起燃烧和爆炸。反应式如下：

$$2Al+6H_2O \xlongequal{} 2Al(OH)_3+3H_2\uparrow$$

$$Mg+2H_2O \xlongequal{} Mg(OH)_2+H_2\uparrow$$

$$Mg(OH)_2+2Al(OH)_3 \xlongequal{} Mg(AlO_2)_2+4H_2O$$

为防止铝粉、镁粉、铝镁粉等金属粉末发生燃烧或爆炸事故，存放此类物质时，必须严密包装，置于通风干燥处，切忌和其他可燃物混合堆放。当它们着火时，严禁用水、酸碱灭火剂、泡沫灭火剂灭火，必须针对着火物质的性质有针对性地选用灭火剂和采取灭火措施。

5.3.3 控制冲击和摩擦点燃源

(1) 分类

机器上转动部分的摩擦，铁器的互相撞击或铁器工具打击混凝土地面等都可能产生高温或火花，成为粉尘火灾爆炸事故的起因。由此可见，不适当的摩擦和撞击在易燃易爆场所有可能引起危险。冲击和摩擦点燃源可以分为：

① 由于设备机械损伤而成为发火源（飞散物的冲击；物体掉落时的撞击；倒塌物的冲击；管道、设备破裂时产生的撞击火花；搅拌机翼板与罐体周壁的撞击；气锤的冲击；其他飞来物的冲击等）。

② 由于设备之间的摩擦或冲击而成为点燃源（因塔、管、槽的振动而产生的摩擦，因容器内残存物的摇晃等）。

③ 由工具产生的撞击（手锤、扳手、凿刀等引起的冲击）。

(2) 控制与消除

① 机器上的轴承缺油，润滑不均，运转时会因摩擦而发热，引起附近的可燃物着火。因此对轴承要及时添油，保持良好的润滑，并应经常清除附着的可燃污垢。

② 铁器的撞击、摩擦一般容易产生火花，成为点燃源，因此在易燃易爆场所应采用铍青铜材料制成的各种工具，如锤、扳手、钳子和铲等，铍青铜工具被称为无火花工具。在设备运转、操作中应尽量避免不必要的摩擦和撞击。凡是可能发生撞击的两部分应采用不同的金属制成，例如钢与铜、钢与铝等。在不能使用有色金属制造的某些设备里，应采用惰性气体保护或真空操作。

③ 为了防止钢铁零件随物料带入设备内发生撞击起火，可在粉碎、研磨、造粒等易于产生机械点燃源的工艺设备前，设置去除铁、石等异物的装置（如：选用筛网、筛分装置，吸除分离金属异物的磁选装置等）。在破碎危险物质（如碳化钙）等加工过程中，不能安装磁力离析器，则应在惰性气体保护的条件下进行操作。

④ 输送可燃性粉尘的管道应做耐压试验和气密性检查，以防止管道破裂或接口松脱而跑漏物料，引起着火。

⑤ 在搬运盛有可燃性粉尘的金属容器时，不要抛掷，防止互相撞击，以免因产生火花或容器爆裂而造成事故。

⑥ 紧固设备，防止零部件松动。

⑦ 在条件允许下，降低机械运转速度，以减少摩擦。

⑧ 不准穿带钉子的鞋进入有火灾爆炸危险的生产区域，地面应采用不发火的材质（如橡胶板）铺成。

5.3.4　控制高温点燃源

(1) 高温表面的点火危险性

载热设备管道的表面温度达到或超过引燃温度（即按标准试验方法，引燃爆炸性粉尘云的最低温度），就会燃烧或爆炸。

与可燃性粉尘直接接触的设备或装置（如电机外壳、传动轴、加热源等），其表面温度高于相应粉尘的最低着火温度，高温表面就会成为可爆性粉尘的点燃源。

气焰切割钢板时飞散的火星，是处于炽热状态的氧化铁细小球状颗粒，当可燃性粉尘和它接触时，足以发生着火。

在动火作业期间和作业完成后的冷却期间，有可燃性粉尘进入明火作业场所，高温的设备表面可能会引燃可燃性粉尘。

载热设备的热表面包括：

① 高温蒸汽管道保温层的表面；

② 高温工艺管道、热交换器保温层的表面；

③ 高温管道的托梁、滑板及轨道等表面；

④ 加热炉炉壁保温层的表面；

⑤ 分解炉、加热釜、余热炉等的炉壁保温层的表面。

(2) 高温表面温度的控制

工业生产中的加热装置、高温物料输送管线、高压蒸汽管道及一些反应设备等，其表面温度比较高。要防止易燃物料与高温的设备、管道表面相接触，以免着火。对一些自燃点比较低的物料，尤其需要注意可燃物的排放口应远离高温表面，高温表面要有隔热保温措施。不能在高温管道和设备上烘烤衣服及其他可燃物件。应经常清除高温表面的污垢和物料，防止高温表面引起物料的自燃分解。

5.4　监控报警与安全联锁

爆炸事故预防监测控制系统是预防爆炸事故的重要设施，包括信号报警装置、安全联锁装置和保险装置等。

(1) 信号报警装置

信号报警装置在情况失常时，警告操作人员及时采取措施消除隐患。例如袋式外滤除尘器设置进、出风口风压差监测报警装置，除尘器安装或滤袋更换在不超过 8h 的使用期内记录除尘器的进、出口风压的监测数值，当进、出口风压力变化大于允许值的 20%时，监测装置应发出声光报警信号；除尘器的进风口设置隔爆阀及温度监测报警装置，当温度大于 70℃时，隔爆阀关闭，温度监测装置应发出声光报警信号；铝镁等金属粉尘湿式除尘系统安装与打磨抛光设备联锁的液位、流速监测报警装置。

(2) 保险装置

保险装置在发生危险时，能自动消除危险状态。例如粉末静电喷涂工艺中自动喷粉室内，安装可靠的火灾报警装置和自动灭火系统。火灾报警装置与关闭压缩空气、切断电源，以及启动自动灭火器、停止工件输送的控制装置进行联锁，当发生报警时，能自动切断供气系统和电源，启动灭火系统，停止工件的输送，因此可以防止火灾爆炸事故的发生。

(3) 安全联锁装置

安全联锁就是利用机械或电气控制依次接通各个仪器及设备并使之彼此发生联系，以达到安全生产的目的。例如除尘系统设置保护联锁装置，监测装置发出声光报警信号，以及隔爆、抑爆装置启动时，保护联锁装置应同时启动控制保护；自动喷涂的回收风机与喷枪采用电气联锁保护；自动化生产的流水作业在喷粉室与回收装置之间应采取联锁控制，一旦有火情时，能迅速自动切断连接通道。

第6章

粉尘爆炸防护技术

在工业生产过程中，若不能预防粉尘爆炸事故的发生，应采用有效的控爆措施，限制事故波及的范围，把事故的灾害降到最低限度。结合第2章介绍的防护技术措施，本章从防爆惰化技术、爆炸抑制技术、爆炸泄压技术、爆炸的阻隔、爆炸的封闭等方面详细阐述了粉尘爆炸防护技术。

6.1 防爆惰化技术

防爆惰化技术就是在爆炸事故发生之前，在可燃性粉尘中人为地添加惰性介质，如氮气、二氧化碳、水蒸气、卤代烃、氩气及岩石粉等，通过对燃烧反应基本条件的破坏作用，实现防爆的目的。

实际上，防爆惰化技术，既是预防性措施，又是防护性措施。为了预防爆炸事故的发生，预先加入的惰性介质，防止了爆炸的发生，提高了安全性，即使因生产工艺、产品性能等的要求，加入了不足以防止爆炸事故发生的惰性介质，在爆炸事故发生后，惰性介质仍会起到限制爆燃发展到爆轰的作用，减小了爆炸事故危害的程度。

本节所讨论的防爆惰化技术，是通过对爆炸反应条件的控制实现预防爆炸，同时也是限制爆炸发展过程，避免、控制爆炸破坏作用的有效技术措施。

6.1.1 惰化介质分类

防爆惰化技术实施中使用的惰化介质除氩气、氦气、氮气和二氧化碳等常见惰性气体外，还包括水蒸气、卤代烃气体、化学干粉及矿岩粉等介质。这些惰化介质按物态可分为气体惰化介质和固体粉状惰化介质，按化学性质可分为无机惰化介质和有机惰化介质；按惰化作用机制又可分为降温缓燃型和化学抑制型惰化介质。

降温缓燃型惰化介质包括氦气、氮气和二氧化碳等惰性气体，水蒸气，矿岩粉类固体粉末介质。这类物质不参与爆炸气氛可燃物质组分的燃烧反应，其主要惰化机制是夺走部分燃烧反应热，使燃烧反应速度减慢，燃烧反应温度便急剧降低，当温度降低到维持燃烧反应所需的极限火焰温度之下时，燃烧反应将停止。

化学抑制型惰化介质的主要作用机制是它能使燃烧过程中的连锁反应中断。化学抑制型惰化介质分子或其分解产物可与燃烧反应的活化核心——原子态的氢和氧，以及中间自由基剧烈作用，使之转化为稳定的化合物，从而使燃烧过程停止传播。这类惰化介质主要包括卤代烃及卤素衍生物，以及碱金属盐类和铵盐类化学干粉。

6.1.2 应用范围

防爆惰化技术主要应用于以下粉尘爆炸过程或场所。

① 易燃固体物质的粉碎、筛选、混合以及粉状物料的输送等过程中，充入惰性气体以防止形成可燃性粉尘云。

② 将惰性气体用管路与具有爆炸危险的设备相连，当爆炸危险发生时能及时通入惰性气体进行保护。

③ 在爆炸危险生产场所，对能够产生火花的电气、仪表实施充氮正压保护。

④ 在对具有爆炸危险的系统进行动火检修时，先使用惰性气体吹扫，置换系统中可燃性粉尘，以避免形成可燃性环境。

6.1.3 可燃性粉尘的惰化

在生产过程中常常会产生许多可燃物质的粉尘，如煤炭（煤、活性炭等），金属（铝、钛、镁等），农副产品（面粉、棉尘、亚麻纤维等），化工原料（硫黄、萘、碳化钙等），合成材料（染料、塑料、树脂等）等粉尘。当这些粉尘粒径小于 10μm，并悬浮在空气中时，遇到火源，很可能被引燃，发生粉尘爆炸事故。采用防爆惰化技术，在可燃性粉尘-空气混合物中添加惰化介质是十分有效的粉尘防爆技术措施。运用惰化技术可以对可燃固体物质的粉碎、筛选、混合以及粉体物料输送等工艺操作进行保护。

可燃性粉尘与空气混合物的爆炸需要在每一粉尘颗粒紧邻处具有一定量的氧气，因此，使用惰性气体实施惰化是防止粉尘爆炸的良好措施。5.2.3 节介绍了聚乙烯粉尘（粒径 25μm）在使用氮气进行惰化时，其爆炸范围、爆炸特征值［最大爆炸压力（$p_{\max}$）、爆炸压力上升速度（dp/dt）］随混合物中氧含量的变化情况；氮气对铝粉、甲基纤维素粉尘及硬脂酸钡粉尘的爆炸性的影响。

同可燃气惰化一样，可燃性粉尘惰化最高允许氧含量同惰化介质种类及可燃性粉尘特性相关。表 6-1 是在常温常压条件下，由强点火源试验测出的一些可燃粉尘的最高允许氧含量。这里轻金属粉尘数据只给出了大致的含量范围。

由于有些轻金属（如铝、镁、钛等）在特定的条件下（如高温、高压等）会与二氧化碳和氮气起反应，在这种情况下，适用的惰性气体是氦气与氩气。

在可燃性粉尘惰化中也可以使用固体粉末和化学干粉作惰化介质，因其对燃烧反应的吸热效应和化学抑制作用，可以降低粉尘的可燃性。但是，防止粉尘爆炸所需的惰化粉末量却很大，其浓度往往要大大高于正常情况，或者大大高于杂质的容许量。煤矿中撒岩石粉就是采用惰性粉尘防止可燃性粉尘爆炸的一个实例。一般要求惰性粉尘的浓度至少达到总粉尘量的 65%。

表 6-1　用氮气惰化可燃粉尘时的最高允许氧含量

粉尘种类	最高允许 O_2 含量(体积比)	粉尘种类	最高允许 O_2 含量(体积比)
月桂酸镉	14.0	木粉	11.0
硬脂酸钡	13.0	松香粉	10.0
有机颜料	12.0	甲基纤维素	10.0
硬脂酸镉	11.9	轻金属粉尘	4～6

6.1.4 惰化系统

6.1.4.1 惰化系统要点

惰化系统是防爆惰化技术实施、实现惰化功能的设备系统。该系统的基本组成应包括：惰化介质源（如惰性气体、化学干粉、卤代烃等）、惰化介质输送及分配管网系统、惰化介质撒布机构和氧含量监测及反馈控制系统。

使用惰化系统的问题之一，是确保惰化介质喷播均匀，且在被保护区域内的所有部分都具有完全惰化所需的最低惰化介质浓度。其次，必须权衡惰化系统具有的潜在危险，如对工艺过程设备、设施的影响，以及惰化介质可能造成的对设备、设施的损害和对人员的伤害。

（1）惰化介质

尽管有多种惰化介质可供选择，但就特定用途来说，哪一种介质最适用，取决于多种因素。从爆炸防护的观点来看，所选用惰化介质，除应具有良好的惰化效果外，这种介质不应与被保护物发生化学反应，不应存在有害的污染，其用量不影响被保护物或整体工艺特性。如存在腐蚀或介质与水接触发生反应等特殊问题，则应对其控制使用。

惰化介质必须具备应有的纯度和足够的数量储备，储存和工作压力也要足够，这样才能满足峰值需用量的要求。

惰化介质的需用量与施用速度取决于：

① 最大允许氧浓度和惰化介质中的氧含量；

② 必须遵循的“安全系数”；

③ 泄漏损失量；

④ 气氛状况；

⑤ 操作条件；

⑥ 被保护设备的尺寸和形状；

⑦ 应用方法。

（2）应用方法

应用惰化介质确保封闭槽或封闭空间内形成非爆炸性环境有两个方法。

① 批量或固定需用量法。批量或固定需用量法也称定位法。这种方法的一种应用方式是对受保护系统进行吹洗，并使气氛惰性化。一般在真空状况下运转的设备，在其关车时间内导入惰性气体使其气氛惰化。相反的方法是用压力把惰性气体导入封闭空间，充分混合后，冲淡混合物中的可燃性粉尘，降至爆炸下限以下的范围。定量法对充满易燃性粉尘的容器压力排空并提供惰性气氛时很有用。实际操作中，可能需要几次加压排空周期，才能充分降低氧含量。

② 连续法。

a. 速率固定方法。采用这种方法时，惰性介质连续通入，通入的量要足以满足峰值需要。这种方法比较简单，无须调节器和控制系统。其主要缺点是惰性介质需用量大。

b. 速率可变方法。当惰化系统介质需用量及其变化范围较大时，宜采用该方法保持被保护系统的惰性气氛。这种方法的优点是惰化介质始终根据用量供至保护系统，所以可以大量节约惰性介质用量，且惰化效果最好。该方法的缺点是惰化系统构成复杂。

(3) 惰化系统安全性评价

为了正确设计惰化系统，保障系统设备运行的可靠性，应对惰化系统设备及其操作，有关生产设备可能产生的任何不正常情况做出安全评价。评价内容包括：惰化介质源的设置；如果配备惰性气体或化学干粉惰化防护，则工作容器与储存设施的类型、尺寸与位置、系统管网安全防护要求；系统中的安全装置和保护系统等。

6.1.4.2 惰化系统应用举例

(1) 惰性气体惰化系统

众所周知，恰当地运用惰性气体惰化技术可以阻止爆炸事故的发生。一般认为，在常温常压下，氧含量低于 8%时，有机粉尘不会发生爆炸；金属粉尘允许残留氧含量很低，约为 4%。图 6-1 是用氮气作为惰化介质对磨碎工艺进行保护的系统流程图。

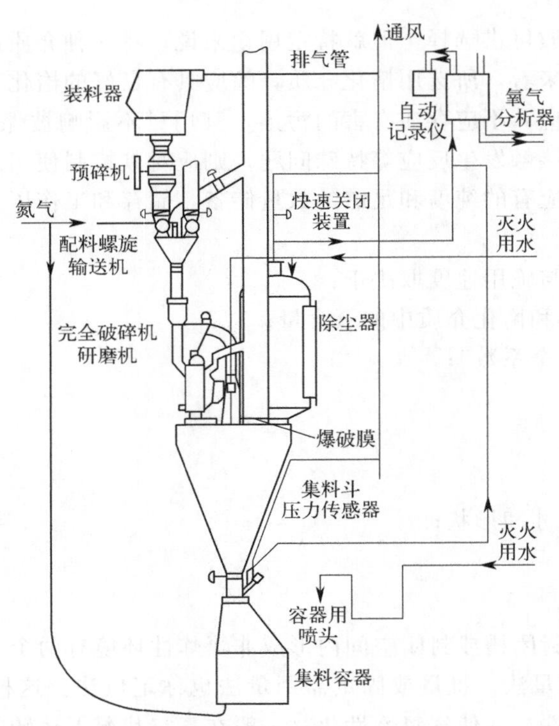

图 6-1 惰性气体防护措施的应用

往研磨机和集料器里输入氮气。连续测定氮气中氧含量，其监测点设置于集料器的通道上和除尘器的排气端。当实测氧含量低于最高允许氧含量时设备运转；超过时设备自动停车。

(2) 燃烧气体惰化系统

以加热炉或锅炉燃烧的产物作为惰化介质，此法在惰性介质需用量大的地方用得很多。

惰性化较好的烟气，所含二氧化碳在 9%～14%左右，一氧化碳含量通常不超过 1%。这样的燃烧气体经过固体粒子清除设备、涤气器、干燥器、过量氧去除设备和冷却器，即可获得良好的惰性气体。图 6-2 是循环使用燃烧气体（如天然气燃烧炉的气体）来实现惰化的喷雾干燥装置。

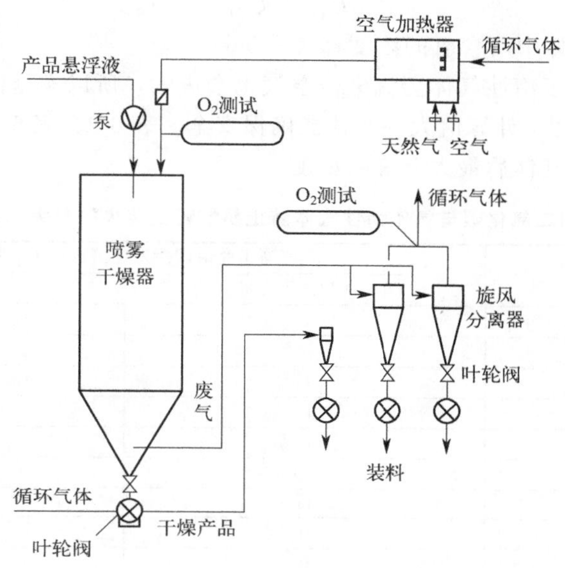

图 6-2　惰化防护措施的应用

为了在整个装置里保持恒定的压力，需平稳地输入燃烧气体，过量的要排出，这种装置通常称作自行惰化装置。

燃烧气体（循环气体）含氧量的最佳控制点位置是：①在燃烧器后面，进入喷雾塔之前进行检测，便于直接了解燃烧情况；②在旋风分离器后面，以监测失去控制漏入设备中的空气。

氧监测系统与雾化系统的联锁方式是：只在氧含量低于最高允许氧含量时才可将产品雾化，当超过时则设备停止运转。

6.1.5　惰性气体用量计算

在可燃性粉尘系统中加入惰性气体实施惰化时，其惰性气体加入量可根据可燃性粉尘系统不发生爆炸所允许的最高氧浓度来计算。

（1）纯净惰性气体用气量计算

使用纯净惰性气体（不含氧气及其他可燃气体组分）时，惰性气体用量可用下式计算：

$$V_N = \frac{21 - C_{ON}}{C_{ON}} \times V \tag{6-1}$$

式中　V_N——惰性气体最低需用量，m^3；

C_{ON}——氧的最高允许浓度，%；

V——设备中原有的空气容积（其中氧占 21%），m^3。

（2）非纯净惰性气体用气量计算

若使用惰化气体为非纯净惰性气体，设其中含有部分氧气，则此时惰性气体用量应按下面修正后公式计算：

$$V_N = \frac{21 - C_{ON}}{C_{ON} - C'_{ON}} \times V \tag{6-2}$$

式中 C'_{ON}——惰性气体中所含氧的浓度，%。

在实际操作中，由于惰性气体会流失，空气也会进入，所以实施惰化实际惰性气体用量应比按式(6-1)或式(6-2)计算值大一些才能确保安全。表6-2、表6-3列出了可燃性粉尘与空气混合物，加入惰性气体后最大允许氧浓度。

表 6-2 用二氧化碳与氮作惰性气体防止易燃粉尘着火的最大允许氧浓度

粉尘名称	高于此值即能发生着火的 O_2 浓度/%	
	CO_2-空气	N_2-空气
铝(雾化)	2	7
锑	16	—
镁锌合金	0	—
硅钢	16	17
钛铁合金	13	—
铁	10	—
氢还原铁粉	11	—
镁	0	2
镁铝合金	0	5
锰	14	—
硅	12	11
钍	0	2
氢化钍	6	5
锡	15	—
钛	0	4

注：1. 此表内数据主要取自美国矿务局公布的资料。

2. 在炼炉试验中，Zr、Th、U 和 UH_3 都在 CO_2 中着火。加热几分钟，下列金属粉末试样的未分散层在 CO_2 中着火(无焰燃烧)：粉碎的 Al、Mg、ZnMg-Al、镁锌合金。Ti、TiH_2、Zr、Th、ThH_2、U 和 UH_3 粉末在 N_2 中，都可观察到粉尘层的可见燃烧。

3. 这些数据通过实验室实验取得，这些实验在大气温度与大气压下进行，点火源为电火花。

表 6-3 用二氧化碳作空气冲淡剂防止可燃性粉尘火花着火的最大允许氧浓度

粉尘名称	最大允许氧浓度/%	粉尘名称	最大允许氧浓度/%
农产品		辛腙	19
车轴草籽	15	吩噻嗪	17
咖啡	17	五硫化二磷	12
玉米粉	11	水杨酸	17
柳精	14	木索磺酸钠	17
石松子	13	硬脂酸与金属硬脂酸盐	13
大豆粉	15	含碳品	
淀粉	12	木炭	17
蔗糖	14	煤(烟煤)	17
化学品		次烟煤	15
乙二胺四乙酸	13	褐煤	15
靛红酸酐	13	对苯二酸	15
甲硫氨酸	15	特殊树脂与模塑料	

续表

粉尘名称	最大允许氧浓度/%	粉尘名称	最大允许氧浓度/%
香豆酮茚树脂	14	锆	0
木质素塑料	17	塑料组分	
氯化苯酚	16	壬二酸	14
松木残余物	13	双酚A	12
松香粉	14	酪蛋白,粗制凝乳酶	17
橡胶(硬)	15	六亚甲基四胺	14
电胶	14	间苯二酸	14
树脂酸钠	14	仲甲醛	12
热塑性树脂与模塑料		季戊四醇	14
聚甲醛树脂	11	邻苯二甲酸酐	14
丙烯腈聚合物	13	乙醛酰水合聚合物	12
丁烯苯乙烯	13	尼龙聚合物	13
羧甲基纤维素	16	聚碳酸酯	15
醋酸纤维素	11	聚乙烯	12
三醋酸纤维素	12	聚苯乙烯	14
醋酸丁酸纤维素	14	聚醋酸乙烯	17
乙基纤维素	11	聚乙烯醇缩丁醛	14
甲基纤维素	13	热固性树脂与模塑料	
甲基丙烯酸甲酯	11	烯丙醇	13
金属		二甲基间苯二甲酸酯	13
铝	2	二甲基对苯二甲酸酯	12
锑	16	环氧树脂	12
铬	14	三聚氰胺甲醛	17
铁	10	聚乙二醇对苯二甲酸酯	13
镁	0	脲甲醛	16
锰	14	其他	
硅	12	纤维素	13
钍	0	乳清蛋白	13
钛	0	纸	13
铀	0	硬沥青	11
钒	14	污泥	14
锌	10	木屑	16

注：1. 本表数据均取自美国矿务局6543调查报告。这些数据都通过实验室实验获得。实验在室温常压下进行，以24W连续火花作点火源。

2. 如为中等强度的点火源，如低电流电弧或热的电机轴承，则最高允许氧浓度要比火花引燃的相应值小2个1%差值。

3. 如为强点火源，如明火、反射炉或淬火炉壁，则最高允许氧浓度要比火花引燃的相应值小6个1%差值。

4. 用氮作空气冲淡剂时，火花着火的最高允许氧浓度可以用"经验"公式计算求得：

$$O_N = 1.3O_C - 6.3$$

式中　O_N——用氮作空气冲淡剂时的最高允许氧浓度；

O_C——用二氧化碳作空气冲淡剂时的最高允许氧浓度。

6.2 爆炸抑制技术

爆炸抑制技术是在爆炸发展的初期，利用监测到的危险信号，如温度增高、可燃物浓度达到爆炸极限、点火源的光信号、压力升高、燃烧产物的二氧化碳信号等，通过放大器的放大，触发抑制装置，自动喷抑爆剂，达到爆炸防护的目的。

爆炸抑制系统按其触发方式可分为监控动作式和爆炸波从动式；按爆炸抑制作用的机制可分为降温型、传热屏蔽型、惰化型以及上述机制的联合作用型。

6.2.1 应用范围

(1) 爆炸抑制在工业中的应用

爆炸抑制技术可用于装有在气相氧化剂中可能发生爆燃的气体、油雾或粉尘的任何密闭设备。

爆炸抑制装置可保护的设备包括（但不限于）：

① 加工设备。如反应容器、混合器、搅拌器、雾化器、研磨机、干燥器、烘箱、过滤器、过滤网和除尘器。

② 储藏设备。如常压或低压罐、高压罐。

③ 装卸设备。如气动力输送机、螺旋输送机、斗式提升机。

④ 实验室和中间实验厂的设备。包括通风柜、手套箱、实验台和其他设备。

⑤ 可燃粉尘气力输送系统的管道。

爆炸抑制和爆炸泄压措施结合使用时，必须注意泄压装置的开启压力 p_{stat} 应适当高于抑制系统的动作压力 p_A。否则爆炸压力会下降不够，至多是缩短了火焰持续燃烧的时间。

(2) 爆炸抑制的局限性

① 爆炸抑制措施的作用受系统中反应物理化性质的影响；

② 爆炸抑制措施仅在抑爆剂能有效分散时才是成功的；

③ 爆炸抑制措施仅适用于在气相氧化剂中发生爆燃的系统。

当可燃物质的爆炸指数大到一定的程度，对爆炸就不能进行有效的抑制。尽管有文献提出 St3 粉尘仍可以采用抑爆方法，但普遍的看法是：当粉尘 $K_{max}>30\text{MPa}\cdot\text{m/s}$，或气体的 $K_{max}>7.5\text{MPa}\cdot\text{m/s}$ 时，对爆炸不能进行有效的抑制。

6.2.2 爆炸抑制系统的组成及作用原理

爆炸抑制系统主要由爆炸探测器、爆炸抑制器和控制器三部分组成。其作用原理是：高灵敏度的爆炸探测器在爆炸刚发生时，探测到爆炸危险信号，通过控制器启动抑爆器，迅速把抑爆剂送入被保护的设备，将爆炸火焰扑灭以抑制爆炸的进一步发展和扩大。有时还会采取其他一些防爆措施，如诱迫泄爆门开启或使系统停机等。

6.2.3 抑爆的意义及优缺点

当粉尘爆炸时，抑爆系统在爆炸的初始阶段可以约束和限制爆炸燃烧的范围和猛烈程度。采用爆炸抑制系统后，可以有效地使设备（容器）内发生爆炸时的压力不超过容器的耐压强度，从而使设备（容器）免遭损坏，也避免了人员伤亡。相对于泄爆、隔爆等防爆方法，抑爆系统的优点主要有以下几点。

① 可以避免有毒的、易燃易爆的物料和灼热的气体或明火窜出到设备外。对泄爆易产生二次爆炸和人员伤亡的设备、无泄爆口可开的设备，采用抑爆比较适宜。

② 对设备强度要求相对较低（0.1MPa 以上）。

③ 对设备的位置没有依赖性，对所处位置不利于泄爆的设备同样适用。

但采用抑爆技术防爆时设备费用、维护费用及工作量比采用泄爆技术高；同时，抑爆系统的可靠性和灵敏度是一对矛盾，如可靠性得不到保证，频繁的误动作会使其应用受到限制。

6.2.4　爆炸探测器

爆炸传感器是对发展中的爆炸所引起的一个或多个环境参数（如压力、温度、辐射）的变化十分敏感的装置。爆炸探测器由响应于爆炸发展的一个或多个爆炸传感器组合而成，并可向抑爆器提供动作信号。

在密闭的空间里发生爆炸时，都会伴随着发生热辐射、升温、升压和气体电离等现象。因此，只要根据爆炸的这些外部现象中的任何一种现象，就可以发现设备内是否发生了爆炸。所以，自动抑爆系统所用的爆炸传感器，应当是一种能把上述参数之一转变为电信号的装置。

探测爆炸的传感器主要有热敏传感器、光敏传感器及压力传感器三种类型。

（1）热敏传感器

热电偶、热敏电阻在记录和测定各种生产装置中的火焰参数方面，使用很广泛。就其动作速度和灵敏度而言，这些仪器也完全符合自动抑爆系统的要求。不过，它们只有与火焰直接接触时才能发现火源，这就从根本上限制了它们在这方面的使用范围。但这几样仪器可以用于检测管道内发生的燃烧，并可用以使火焰阻断器、火焰窒息系统投入动作，也可诱迫爆破膜破裂。如果要用它们来发现容器内发生的爆炸，那就得事先确切地知道火源在设备内的具体部位，这当然是很难做到的。

热敏传感器通常和其他类型的传感器结合使用，构成综合传感系统。

（2）光敏传感器

光敏传感器是一种适用性强的仪器。与其他仪器相比，光敏传感器在敏感度、动作速度以及在大范围内的适用性等方面，都具有明显的优点。辐射是在产生火焰的一瞬间便发生的，并以光速向外传播，而目前成批生产的辐射能接受器本身的滞后时间又极短（10^{-4}～10^{-6}s），这两者结合在一起，便有可能使爆炸在发展的最初阶段即被发现。烃类火焰的射线谱一般很宽——由紫外线到红外线之间，而不到1%的能量为紫外线，2%～3%的能量为可见光，其余占绝大部分的能量为波长0.76～25μm范围的红外线。在根据光谱敏感性选择辐射接受器时，不仅必须考虑到火焰辐射能的分布情况，而且还要考虑到爆炸感应器的抗干扰条件。设备的某些发热零部件可能产生红外线，所以必须使辐射接受器能够无误地判别出什么是生产操作中产生的辐射，什么是火焰产生的辐射。利用火焰射线谱的特点和辐射接受器的选择性，可以使感应器的抗干扰性得到保证，而辐射接受器所处环境产生的干扰性射线，则可借滤光器减弱。所以辐射接受器完全可用以发现完全密闭的设备内发生的爆炸。这种接受器只有在未切断自动抑爆系统便把设备打开的情况下才可能产生误动作。

虽然火焰的紫外线能量微弱，但是对波长约为0.26mm以下的光谱最敏感的辐射接受器，在应用上是有前途的。在太阳光谱中，这种波长实际上是不存在的，因为它已被大气层里的臭氧所吸收，而在所有人造光源的光谱中，紫外线谱则被光源本身的玻璃灯泡所吸收。但是新型光敏倍增器所具有的敏感度，甚至能把上述区域内的微弱辐射记录下来，这就保证了自动抑爆系统所需的抗干扰性。

由于光导纤维技术的发展，传感器直接将光信号输入到控制器再转变成电信号，能防止强电干扰，增加了系统的可靠性。

对于粉尘爆炸抑制系统来说，使用光敏传感器难度较大。红外线在粉雾中的穿透能力虽然大大高出其他射线，但是，当粉尘的浓度很高时，红外线在这种媒质中也就难以穿透了。除了这一点以外，在加工处理粉状物料的设备里，其全部内表面，包括爆炸探测器的感应屏在内，都会蒙上厚厚一层透明度差的粉尘。在这种情况下，虽然可以采用不同的装置，以机械的方法或以压缩空气吹扫的方法连续不断地或定期地清除感应屏上的粉尘，但这样一来就会使探测器的构造大大复杂化，并且会使整个系统的可靠性大大降低。在这种条件下，一般采用压力传感器。

(3) 压力传感器

由于容器里初始爆炸压力是以声速均匀地向四周扩展的，所以可以使用压力传感器。这种传感器能相当可靠地测试初始爆炸。传感器与放大器连接，当达到预先指定的压力时，抑爆器阀门启动。

因为压力升高有一个过程，压力传感器的响应时间要比光电传感器滞后得多，此时控制火势难度加大了。但是压力传感器作为抑爆系统的探测器还是完全适合的。在粉尘的抑爆中，压力传感器应用比较广泛。压力传感器种类很多，在测量爆炸压力中常见的有：①膜片式压力传感器；②压电传感器；③应变计原理压力传感器；④压力继电器。

当压力达到设定的阈值时，压力传感器将信号传给控制器开启抑爆器。压力上升速率也可以作为系统触发的参量。有的放大器可以把压力信号通过微分转变为压力上升速率。另外，差动压力传感器直接对压力上升速率信号做出反应。

在新型自动抑爆系统中，有的也采用了定限压力继电器和差动膜片接触式压力继电器，这两种继电器可分别对给定的压力或给定的压力增长速度产生反应。定限压力继电器可用于与大气连通的设备，除非发生爆炸，设备内的压力绝不会因任何其他原因而升高。粉状物料通常是在密闭的设备里进行加工并用气流进行输送的，因此，这些设备里常常不是出现正压就是出现负压，尽管压力并不算高。即使当工艺过程正常进行时，设备内的压力也会产生波动，比如加料不稳定、过滤器堵塞时，就会出现这种情况。在这种条件下，自动抑爆系统的压力传感器就要能区别出设备内的压力波动是不是由发生了爆炸而引起的。

图 6-3 所示的差动接触式压力继电器，正是具有这样的功能。当触点 5 与弹簧膜片 4 接触后，传感器即发出指令信号。气室 A 通过限流孔板 3 与外界沟通。为了防止限流孔板堵塞，特别是为了防止限流孔板在粉尘含量高的环境中堵塞，传感器可加装一片呈松弛状态的防限流孔板堵塞膜片 1，例如用氟塑料薄膜制的膜片。松弛的膜片本身不会造成压差，所以气室 B 内的压力与设备内的压力相等。这就等于气室 A 是通过限流孔板 3 与设备沟通的。

如果不采用膜片 1 来防止限流孔板堵塞，也可以改用滤网 2。图 6-3 是把这两者同时表示了出来，实际上只要采用其中的一种也就够了。

这种爆炸传感器的工作情况如下所述。如果设备内的压力变化很慢，那么设备内的压力便可与气室 A 里的压力平衡，弹簧膜片 4 保持固定不动。假如设备内的压力升高很快，那么由于限流孔板的通流截面小，设备内与气室 A 便出现了压差，于是弹簧膜片即向上抬起而与电路触点接触，形成通路。

决定差动压力继电器工况的主要结构参数有：弹簧膜片的刚度 C、间隙 δ，气室 A 的容

积 V 和限流孔板的通流截面积 f。在选定这些参数时，应当使传感器既能尽早地发现爆炸的发生，又能对任何与爆炸无关的压力变化不产生反应。当然，这两个要求是互相矛盾的，因为，要想发现微弱的火源，传感器就得对极微弱的压力变化也很敏感，而要提高传感器的抗干扰性，又只能降低它的敏感度。

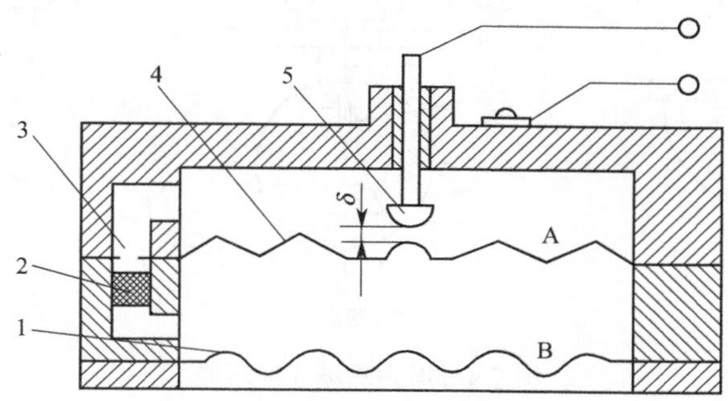

图 6-3　差动接触式压力继电器

1—防限流孔板堵塞膜片；2—滤网；3—限流孔板；4—弹簧膜片；5—触点

在压力传感器应用前必须做大量的模拟实验，只有证明其无误动作时才能投入使用。所有使遏制程序动作的传感器应能排除器内物料和外界（撞击、震动）的干扰。装配完后，应对传感器的动作压力进行检验。当保护设备正常运行时，传感器应不动作，并应绝对防止触动。

在实际的工业应用中往往把多种传感器结合起来组成综合传感系统。

6.2.5　爆炸抑制器

爆炸抑制器也称抑爆器，是装有爆炸抑制剂且在内压作用下能将爆炸抑制剂排出的装置。内压可以是储藏的压力，也可以从化学反应得到（如爆炸或烟火装置的激活）。爆炸抑制器是自动抑爆系统的执行机构，它把装填于其内的抑爆剂迅速、均匀地分布到设备的整个空间。

爆炸抑制器主要有爆囊式抑爆器、高速喷射抑爆器、水雾喷射器三种形式。

（1）爆囊式抑爆器

图 6-4 表示为爆囊的几种不同结构形式——半球形、球形和圆筒形。爆囊 1 通常装填液体抑爆剂，不过这种结构形式也适合填装粉状物质。丝堵 3 供堵塞装料孔用。起爆管 2 外加一根套管密封，电源通过接线盒 4 引入。当起爆管爆发时，爆囊应当完全破碎，而不得只在某一处破裂。这个条件是使抑制剂均匀分布到整个空间所不可缺少的。圆筒形爆囊因为较长，起爆管也要随之加长，并须采用导火线引爆。抑制剂在爆囊爆破时的飞溅速度取决于起爆管能量的大小。爆囊可用玻璃、金属或塑料制成。为了使爆囊能均匀而又完全充分破碎，在爆囊的表面要刻槽。为了防止爆囊碎片的飞散，刻槽的布置要能使爆囊在爆破后破裂成一片片的花瓣形，每一瓣片能在根部向上翻起，而不妨碍抑制剂的均匀飞散。上面所介绍的几种爆炸抑制器，其有效容量可介于 100～5000mL 之间。

还有其他几种带爆囊的爆炸抑制器在结构上有所不同。比如有一种圆筒形爆囊是贴着设备内壁安装，这样爆囊只要顺着母线一处破裂即可。

爆囊能将液态抑爆剂在 5ms 内释放，其初始喷射速度超过 200m/s，但其作用范围小于

2m。爆囊安装在设备内部，不适用于高温和腐蚀性的环境，主要适用于管道、传送带及斗式提升机等小容量设备。

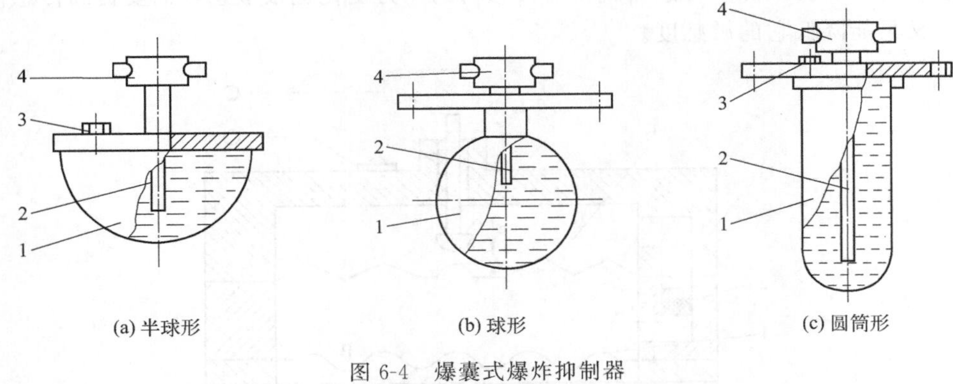

图 6-4　爆囊式爆炸抑制器

1—爆囊；2—起爆管；3—丝堵；4—接线盒

(2) 高速喷射抑爆器

高速喷射抑爆器（HRD）适用于较大的设备，抑爆的时间较长，相应地也需要较多的抑爆剂。抑爆剂可为液体或粉剂，在 N_2 的高压下储藏。高速喷射抑爆器由抑爆剂储罐、喷头、由电雷管启动的阀门及内装的抑爆剂、提供压力的喷射推动剂组成。抑爆剂储罐安装在设备的外部，通过短管和喷头将抑爆剂喷入设备。阀门必须在接收到动作信号后（＜10ms）使整个横断面开启，并在极短的时间内喷出全部抑爆剂。其作用范围 4～10m。

N_2 的推动压力和出口阀门直径影响抑爆器的工作性能。推动压力越大，抑爆剂的喷射速度及单位时间的喷射量越大，但是设备内由喷射引起的超压也越大。因此在使用前应通过试验确定设备的强度是否符合要求，以免在抑爆过程中设备受损。阀门出口直径越大，抑爆的效率越高。

常用的高速喷射抑爆器抑爆剂储罐的容积为 3～45L，喷射剂（通常为 N_2）压力最大可达 12MPa，喷射阀内壁直径为 19～127mm（表 6-4）。

表 6-4　不同的高速喷射抑爆器抑爆剂储罐的技术数据

抑爆器型(出口直径/mm)	储罐容积/L	抑爆剂	推动压力/MPa
双出口(19)	3,5	2kg,4kg 粉剂	6
双出口(19)	5,8	4kg,8kg 粉剂	12
单出口(76)	5.4,20,43	3.5L,10L,35L 液体	2
单出口(76)	5.4,20	4kg,16kg 粉剂	6
单出口(127)	45	35kg 粉剂	6

(3) 水雾喷射器

水雾喷射器主要用于火花消除系统。水储罐保持较高的压力，当喷头附近的电磁阀开启时，高压水通过特殊设计的喷头雾化喷出，达到灭火的目的。

6.2.6 抑爆剂的选择及用量

6.2.6.1 抑爆剂的选择

抑爆剂装在抑爆器中，当这种物质在容器内分散时，能阻止容器中正在发生的爆炸。

对一定可燃物质而言，爆炸抑制系统的动作压力 p_A 与爆炸抑制以后被保护容器里的爆炸压力 p_{red} 之间的关系如图 6-5 所示。动作压力 p_A 越高，意味着抑制后的爆炸压力 p_{red} 越高。因此，能使爆炸抑制系统的动作压力上升，而抑制后容器里爆炸压力仅有微小上升的抑爆剂才被认为是好的。只有效能好的抑爆剂才能满足这个要求。

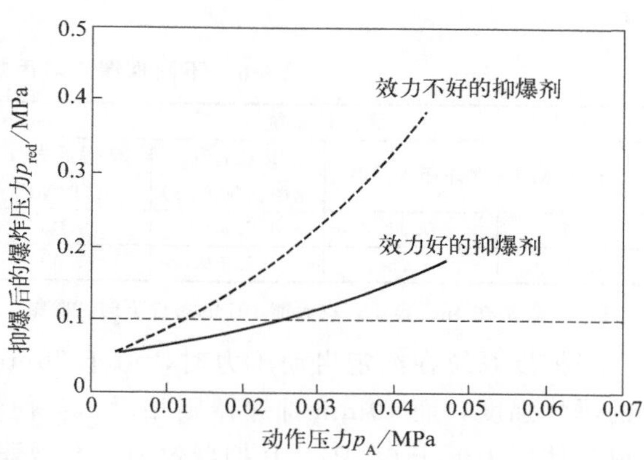

图 6-5 抑爆系统的动作压力与抑爆后的爆炸压力的关系

一般说来，如动作压力为 0.01MPa 时，抑爆后的最大爆炸压力 $p_{max}<0.1$MPa，则认为爆炸被成功抑制。所以，受抑爆系统保护的设备应至少能承受 0.1MPa 的爆炸压力。

一般在足够大的容器内（$V>1m^3$）进行爆炸抑制试验，验证抑爆剂对某一物质的燃烧爆炸的抑制作用，并确定抑爆系统的动作压力和抑爆后爆炸压力的关系。此外，抑爆剂必须对被保护设备内出现的温度和振动的反应不敏感。

通常使用的抑爆剂有卤代烃、水、粉末及混合抑爆剂。

表 6-5 列出了 1011 卤代烷、水和磷酸铵盐（MAP）对气体和粉尘的抑爆效果。爆炸容器容积 $6.2m^3$，抑爆系统使用 20L 单出口阀门直径 76mm HRD 抑爆器，系统动作压力 5kPa，喷射推动剂 N_2，推动剂压力符合表 6-4 的技术数据。

表 6-5 不同抑爆剂对气体和粉尘的抑爆效果

可燃物质	抑爆剂	抑爆后的压力 p_{red}/MPa
丙烷	10L 1011 卤代烷	0.017
	12kg 水	0.631
	16kg 磷酸铵盐抑爆剂	0.023
St1 粉尘(玉米)	10L 1011 卤代烷	0.061
	12kg 水	0.024
	16kg 磷酸铵盐抑爆剂	0.017
St2 粉尘(玉米)	10L 1011 卤代烷	1.100
	12kg 水	0.236
	16kg 磷酸铵盐抑爆剂	0.039

(1) 卤代烷抑爆剂

卤代烷抑爆剂又称 Halon 抑爆剂，常用的有二氟一氯一溴甲烷、三氟一溴甲烷、二氟二溴甲烷和四氟二溴乙烷等。卤代烷具有较强的灭火能力，可用作可燃性粉尘（如粮食、纤维等）爆炸的抑爆剂。

使用卤代烷的先决条件是必须在点燃源发生作用后，立即把卤代烷抑爆剂快速喷入被保护容器内。要想有效地抑制爆炸，系统必须有较小的启动压力（小于 0.01MPa）。在实际操作中，由于设备内部的压力波动，较小的启动压力可能导致误动作。特别是和 19mm 抑爆器结合使用时，抑爆系统要求十分低的启动压力（$p_A<5$kPa）。如果延迟输入卤代烷，也就是在动作压力升高时往容器中喷入卤代烷，卤代烷的分解会使爆炸比没有抑爆时更加猛烈，

见表 6-6。

表 6-6 不同抑爆器对丙烷爆炸抑制的效果比较

有抑爆系统	无抑爆系统		76mm 抑爆器		19mm 抑爆器	
启动压力/MPa	爆炸压力/MPa	压力上升速率/(MPa/s)	抑爆后爆炸压力/MPa	抑爆后爆炸压力上升速率/(MPa/s)	抑爆后爆炸压力/MPa	抑爆后爆炸压力上升速率/(MPa/s)
0.01	0.75	7.5	0.05	1.4	1.08	11.3
0.03	0.75	7.5	0.09	2.0	1.2	12.1

注：本表是在 $1m^3$ 容器，点火能 10J 的条件下的试验结果。

当抑爆系统在给定启动压力时，由于 76mm 抑爆器喷出的抑爆剂量很大，可以降低丙烷的爆炸强度，而 19mm 抑爆器则相反，会使爆炸强度提高。同样，如果 76mm 抑爆器的喷射气体压力低于 6MPa，其抑爆效力也会减弱。

卤代烷对人和动物有一定的毒性，对大气层中的臭氧层有破坏作用，各国都已经或正在制定法规限制卤代烷的使用。

(2) 水

对于粉尘爆炸，尤其是粮食和饲料的爆炸，可以采用水作为抑爆剂。为增加水的喷射、灭火性能，水中含各种添加剂，使其具有防冻、防腐、减阻和润湿等性能。

在启动压力较高（0.04MPa）时，在给定容器所做的全部实验中，爆炸压力和压力上升速率都大大降低，见表 6-7。

表 6-7 水对粉尘爆炸的抑爆效果

不进行抑爆		进行抑爆	
最大爆炸压力/MPa	最大爆炸压力上升速率/(MPa/s)	最大爆炸压力/MPa	最大爆炸压力上升速率/(MPa/s)
0.70	8.0	0.058	0.8
0.74	8.0	0.060	1.2
0.90	12.0	0.068	1.7
0.86	13.3	0.065	1.6
0.95	18.0	0.095	2.4

注：试验条件为 $1m^3$ 容器，76mm 抑爆器（HRD），动作压力 p_A=0.04MPa，强点火源能量。

(3) 粉末

粉末抑爆剂为已知具有灭火特性的粉末，是一种干燥的、易于流动的，并具有很好的防潮、防结块性能的固体微细粉末。例如以磷酸铵、碳酸氢钾或碳酸氢钠为基料的产物。抑爆剂中通常加入添加剂以提高流动性和有效性。

对粉尘爆炸的抑制，粉末抑爆剂具有最好的效果，粉末抑爆剂主要有两类：

① 全硅化小苏打干粉抑爆剂由碳酸氢钠（92%）、活性白土（4%）、云母粉和抗结块添加剂（4%）组成，再按每千克干粉加入 5mL 有机硅油进行处理。

② 磷酸铵盐粉末抑爆剂主要由磷酸二氢铵和硫酸铵，以及催化剂、防结块添加剂等制成。

碳酸氢钠粉末可以用来抑制各种粉尘的爆炸；磷酸铵盐粉末抑爆剂除适用于各种粉尘外，还适用于木材、纸张和纤维粉尘。

用磷酸铵盐粉末作抑爆剂时，如容器的强度合适，动作压力具有很大的选择范围。甚至在相对高的启动压力时（p_A>0.01MPa），灭火粉剂对被保护容器里的爆炸过程仍具有很强的抑制作用。磷酸铵盐粉末没有卤代烷抑爆剂的缺点，被认为是最好的抑爆剂之一。

(4) 混合抑爆剂

混合抑爆剂由某种卤代烷抑爆剂和某些特定的粉末抑爆剂混合而成。这种抑爆剂的优点是在对被保护容器进行成功抑爆之后，卤代烷能起到惰化的效果。

6.2.6.2 抑爆剂的用量

在不同大小容器里可燃性粉尘爆炸时，进行爆炸抑制所需要的抑爆剂量（$p_A=0.01\text{MPa}$，$p_{red}=0.05\text{MPa}$）的试验证明，抑爆剂的需用量与被保护容器的体积不是成比例变化的，而是由3次方定律决定的（图6-6）。可根据式(6-3)从已知容积V_1的抑爆剂需用量算出容积V_2的可燃性粉尘-空气混合物抑爆所需要的抑爆剂量：

$$Z_2=\frac{\sqrt[3]{V_1}}{\sqrt[3]{V_2}}\times\frac{Z_1}{V_1}V_2^2 \tag{6-3}$$

式中　V_1——已知容积，m^3；

V_2——所研究容器容积，m^3；

Z_1——已知容积的抑爆剂需用量（5L抑爆器个数）；

Z_2——所研究容器抑爆剂需用量（5L抑爆器个数）。

如果$V_1=1m^3$容器需要的抑爆剂量为Z_1，则

$$Z_2=Z_1V_2^{\frac{2}{3}} \tag{6-4}$$

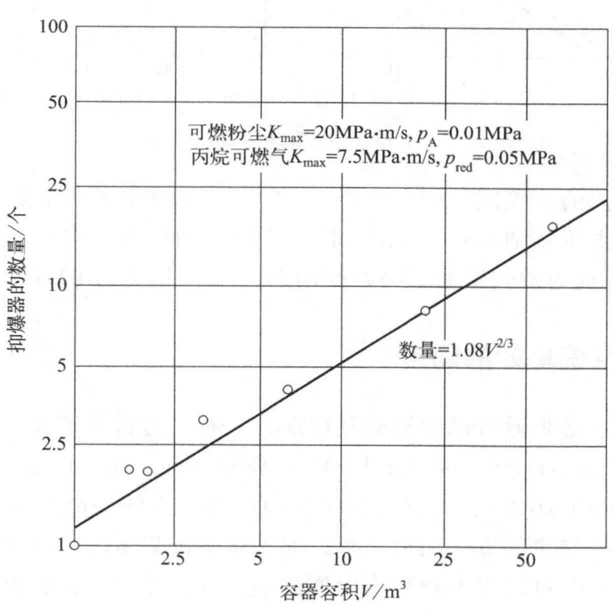

图6-6　爆炸抑制所需要的抑爆剂量

工业生产中，可燃性粉尘-空气混合物总有一定的紊流度，为适应不可估量的爆炸过程，被保护容器的抗压强度要求见表6-8。如被保护容器抗压强度大于表6-8中的数值，则按预料爆炸强度设计的抑爆系统的动作压力可大于0.01MPa。

图6-6及表6-8中的抑爆剂的需用量都是基于5L高速喷射抑爆器得出的。

表 6-8 爆炸抑制系统抑爆剂最低需要量（$p_A \leqslant 0.01MPa$）使用最好的抑爆剂

可燃物质	5L 抑爆器数目	被保护容器的最低抗压强度/MPa
甲烷	$0.81V_2^{\frac{2}{3}}$	0.1
丙烷 溶剂蒸气 汽油	$1.08V_2^{\frac{2}{3}}$	0.1
St1 粉尘	$1.08V_2^{\frac{2}{3}}$	0.05
St2 粉尘	$1.40V_2^{\frac{2}{3}}$	0.1

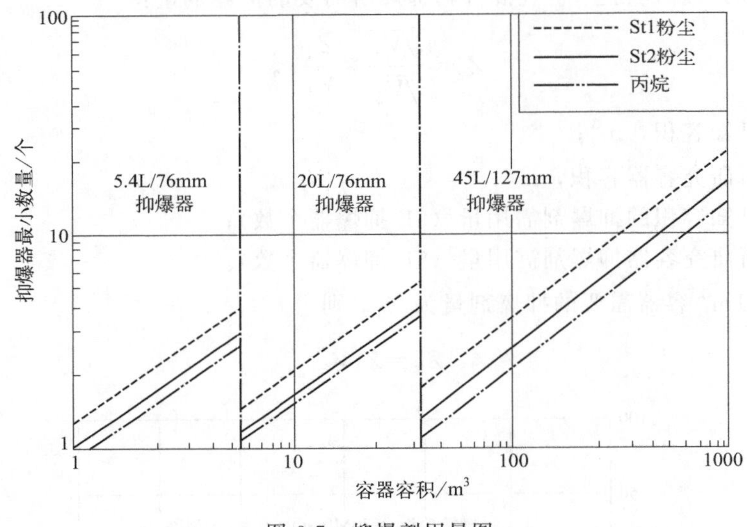

图 6-7 抑爆剂用量图

不同容积的容器内的系统试验同样表明，3 次方定律决定了特定容积所需的抑爆剂量。

抑爆剂的需用量也可从图 6-7 中查取，图 6-7 的应用条件：启动压力≤0.01MPa，设备强度>0.1MPa，抑爆剂为磷酸铵盐，喷射推动剂（N_2）压力为 6MPa。

6.2.7 爆炸抑制系统功效的确定

抑爆系统在使用前必须通过试验检验其性能，只有通过检验符合要求的抑爆系统才能投入使用。《Explosion protection systems-Part 4: Determination of efficacy of explosion suppression systems》（ISO 6184-4：1985）规定了检验抑爆系统性能的方法。采用其他方法得到的结果必须与该标准规定的方法结果一致。通过该标准规定的方法可以确定：①系统所能抑制的最猛烈的爆炸；②可用于抑制特定爆炸的最大探测压力；③试验结果对其他体积的适用性；④与 p_{red} 的测值有关的抑爆系统的有效性。

6.2.7.1 影响爆炸抑制系统性能的因素

抑爆器的数目必须往上凑成整数，抑爆器在被保护容器内的配备应尽量均匀。抑爆器阀门与球形喷嘴之间的连接管应尽可能短，并要有足够的抗压强度。由于工艺上的原因，如果必须有较长的连接管道（主要在与 19mm 抑爆器连接时），则其长度不应超过 500mm，否则

就会减少灭火效力。

喷洒抑爆剂的球形喷嘴是伸进被保护容器内部空间的，如果加工可燃性粉尘的有关设备经常变换加工产品时，可采用活动球形喷嘴，即可伸缩的球形喷嘴（图 6-8）。喷嘴位于被保护容器的外部，并用薄膜（可以是薄片玻璃）与保护空间隔开。如果爆炸发生，起爆管使控制阀门打开以后，喷嘴借助喷射剂的压力向前窜出，摧毁薄膜进行灭火。这种结构会使爆炸抑制出现短时间的滞后，从而引起容器内爆炸抑制后的压力上升。

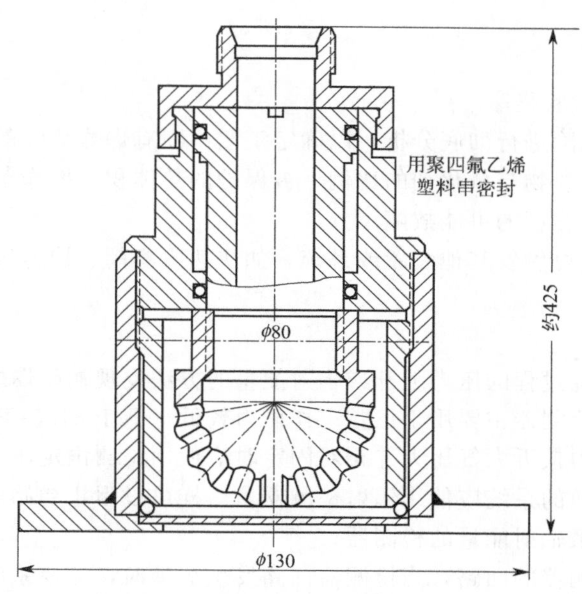

图 6-8　可伸缩的球形喷嘴（单位：mm）

进行可燃性粉尘爆炸抑制时也有类似的影响，特别是对反应剧烈的粉尘性爆炸进行抑制时，这种影响更大。如果对容器是否需要较高强度发生怀疑，可以用试验加以验证和解决。总之，使用可伸缩喷嘴进行爆炸抑制，其灭火效力都会有所下降。爆炸抑制系统的性能与以下因素有关：①可燃物的性质和爆炸性；②温度、压力、紊流度等环境条件；③容器的尺寸和几何形状；④爆炸抑制剂的效率；⑤爆炸抑制元件的工作特性；⑥系统抑爆元件的配置和选择。

6.2.7.2　试验装置

确定抑爆系统的功效，应当在这样的试验装置中进行试验：不抑爆时该装置所得出的结果（爆炸）与在 $1m^3$ 标准装置内试验可燃性物质所得结果相当。

$1m^3$ 试验装置用于抑爆系统的功效试验仅适合于较小的抑爆器。

试验装置的体积最好足够大，这样为获得抑爆剂的最小设计浓度就需要有一个或多个完全充满抑爆剂的抑爆器。建议设计长径比小于 2∶1 的球形或圆筒形试验容器。

6.2.7.3　试验步骤

在选定的试验体积内仅需一次试验就可以确定一种抑爆系统抑制某一特定爆炸物爆炸的功效。按照制造者推荐的方法将抑爆系统安装在试验装置上。抑爆压力 p_{red} 由试验确定。

6.2.8 抑爆系统的设计、安装和维护

本节介绍抑爆系统的设计、安装与维护的有关规定。

(1) 设计抑爆系统应考虑的因素

① 可燃物的爆燃特性；

② 受保护的设备；

③ 检测技术；

④ 抑爆剂；

⑤ 安装、操作及检验程序。

必须对所存在的危险进行彻底分析，以确定工艺中固有爆炸危险的类型和程度。必须认真考虑可燃物种类、可燃物与氧化剂的比例、被保护的总体积、操作条件等因素。另外，还必须确定影响爆炸危险程度的可能故障。

抑爆系统的启动也可触发其他装置或系统，如快速隔离阀、快速气动传输系统的刹车或泄爆口泄压。

(2) 爆炸探测器

① 应通过检测燃烧过程的压力上升或辐射能量的方法发现初始爆燃；

② 压力上升速率检测器主要用于正常工作压力较低（低于 87.5kPa）的情况；

③ 当正常工作压力接近大气压力并相对固定时应使用检测恒定压力上升值的检测器；

④ 对于与大气相通的系统应使用辐射检测器，这样可以阻止初始阶段压力的发展；

⑤ 应采用防止遮蔽辐射能量的检测器；

⑥ 应连续监控检测器的回路，当检测器回路发生故障时，监控系统应有声响报警。

(3) 电引爆器

① 应使用电引爆器释放抑爆剂；

② 必须仔细安装电引爆器使其最大温度不超过允许温度；

③ 必须不断监控电引爆器的线路，电引爆器的线路中断时，监控系统应发出声响报警；

④ 为了使电引爆器的引爆性能不偏离厂商的技术指标，必须使用可靠的电源。

(4) 电源设备

① 必须为每个抑爆系统配备由电池作为备用电源的电源设备。电源设备必须有足够的能量，以便触发所有电引爆器，启动视觉和声响报警装置。

② 电源设备必须符合国家防爆电器有关标准的要求。

③ 为发现抑爆系统控制线路断路或其他故障，应有监控线路。监控线路应与视觉故障信号装置联锁。

(5) 抑爆剂

① 抑爆剂必须与受保护空间中的可燃物相容；

② 抑爆剂必须在受保护空间可能出现的极端温度下保持其有效性。

(6) 控制器

① 控制器必须能适应工业环境下的温度和振动，具有很强的抗干扰能力；

② 必须与强电和光电隔离。

(7) 安装

① 抑爆系统的各部分必须按设计要求安装在指定位置；

② 检测器和抑爆剂喷嘴的安装应使环境和振动引起的误动作最少；

③ 抑爆剂喷嘴的安装必须保证受保护空间中的所有附件或设备不被损坏；

④ 必须采取适当措施防止检测器和抑爆剂释放装置因外来物积聚而不能正常工作；

⑤ 接线柱和机械部分必须防潮和防止其他污染；

⑥ 选择安装位置必须使该处的温度不超过系统部件的最大工作温度。

（8）电气

① 与防止可能产生的感应电流，通向抑爆系统的所有线路和系统各部位之间的所有线路都必须绝缘和屏蔽。

② 当环境条件许可时，导线管应密封以防湿潮和其他污物进入。

③ 当用导线管向多个抑爆系统布线时，各抑爆系统的导线应通过单独的导线管。另一种做法是，各系统采用屏蔽电缆共用一根导管。

（9）检查与维护

① 每隔 3 个月，抑爆系统应由生产厂培训的专业人员进行彻底检查和测试。应检查抑爆剂储存容器的泄漏物和抑爆剂质量，并确定重新填充后储存容器内的压力；

② 任何净重损失超过 10%的储存容器都必须重新填充或更换；

③ 抑爆系统工作之后，必须检查系统的所有部件，必要时应更换零件，并在全部工作状态恢复之前对系统进行测试。

（10）人员安全

① 在对受保护设备进行任何维护操作之前，必须锁闭抑爆系统。受保护设备的运行应通过抑爆系统的控制盘与抑爆系统联锁。在抑爆系统的锁闭解除之前，受保护设备不能恢复运行。

② 必须对有关人员进行维护前和维护中应遵守的安全规程的教育。

6.2.9　火花消除系统

在可燃性粉尘被输送和干燥的场合，都可能出现火花。这些火花或过热物体如果进入吸尘器或料仓，可能成为爆炸的火源，所以必须尽早发现并消除。

火花消除系统也称自动灭火系统，用于探测和消除传输可燃性粉尘和固体管道中的火花或余烬。

从防爆方法上讲，消除火花是消灭点火源，但其系统组成和原理接近抑爆系统，有时把火花消除系统看成抑爆系统的特殊情况。

火花消除系统由于采用辐射探测器，能发现引发爆炸的点火源，同时，也可以在压力传感器之前探测到早期的爆炸。高灵敏度的探测器能分辨出危险的程度，并进行相应的处理。它的优点在于，能控制爆炸的三要素之一——点火源，在系统内没有明显的压力上升时就消除危险，只有在探测到猛烈的燃烧、爆炸时才会执行爆炸抑制程序，并使系统停机。

火花消除系统的局限性表现如下：

① 火花消除系统只适用于传输可燃性粉尘或固体的管道，不能用于传输可燃性气体的管道；

② 火花消除系统不能用于灭火剂可能产生有害影响的地方；

③ 不能应用于存在意外光线的管道系统（如果采用的传感器对可见光不敏感，则这种

系统也可用于有开口的管道系统）。

6.2.9.1 火花消除系统组成及原理

火花消除系统由火花探测器、灭火器和控制器组成。

火花探测器在接收到火花或过热物体发出的辐射后，启动一个可熄灭火花的灭火器，灭火器安装在传感器物料传输方向下游几米处，在接到传感器的动作信号后，经过一定的时间，当火花或过热物体等炽热粒子正好到达灭火器处时，将其扑灭。

从传感器的信号探测到灭火器开始灭火，这段时间叫反应时间。反应时间包括：探测器信号处理延时、触发灭火器和灭火器在管道中形成水雾的时间。

反应时间和输送管道的直径有关：管道直径小于500mm时，一般为250ms；管道直径大于500mm时，计算公式为：

$$T_R = 250 + (D - 500)/10 \tag{6-5}$$

式中 T_R——反应时间，ms；

D——管道直径，mm。

控制系统中有一个火花计数器，根据火花的数目所决定的危险程度来采取相应的措施，将少量的火花扑灭。如出现大量的火花，则采取其他措施，甚至系统停机。

(1) 火花探测器

火花探测器由对波长400～1200nm的红外光反应敏感的硅元件组成，其敏感反应波长范围就是所谓的近红外光，因此，普通的火花探测器不能暴露在日光下。

除了红外辐射的存在，辐射的移动也是探测器反应的判别标准。火花只有在输送系统中移动时，才对探测器是敏感的。即使火花有很高的移动速度或光学元件被蒙上了粉尘，传感器仍能探测到火花，这一点是很重要的。

如果探测器所处位置不能避免外来光（日光或人为的光线），就需要使用一种特殊的探测器。这种探测器装有硫化铅玻璃镜头和滤镜，对波长在3000nm的远红外光反应敏感。滤镜滤掉了日光，这样，日光的干扰被消除。

(2) 灭火器

灭火器由一些安装在管道壁上的水雾喷射器组成。水雾喷射器由喷头和电磁阀组成。灭火器所在位置根据管道中物料的线性速度（例如25m/s）和线路的延迟时间（250～300ms）确定，通常在传感器下、沿物流方向6～8m。例如，在管道中物料的线性速度为25m/s，线路延时为300ms时，灭火器和探测器的距离为7.5m。

通常的灭火剂是水，有时使用惰性气体。

灭火喷头嵌在管道壁中，不会影响物体的传输。喷头上有封闭片防止物料流入，堵塞喷头。

水在高压下储存（约0.7MPa，考虑到各种压力损失，喷头处至少保证0.4MPa压力），在电磁阀开启时，高压下的水冲开喷头的封闭片，高速喷出，在极短的时间内形成很细的水雾，迅速充满整个管道。危险的火花正好进入水雾中，立即被熄灭。一定的喷射时间后，电磁阀关闭，此次灭火结束。

(3) 灭火剂的喷射速度

灭火剂的喷射速度由管道横截面积/直径、输送速度和其他一些因素决定。

有关喷射速度的数据可由火花消除系统的使用说明得到。

6.2.9.2 火花消除系统的设计和维护

(1) 传感器

① 根据管道中物质的线性速度和传感器及启动线路的响应时间确定传感器与灭火剂喷射点之间的距离。

② 应设置足够数目的传感器以测定管道截面上任何位置的炽热粒子。

③ 监控所有传感器线路。当线路发生故障时，监控装置能启动手动复位的声响报警器。

(2) 电源

① 应监控主电源，一旦主电源发生故障应能自动接通备用电源；

② 每一火花消除系统都应配备单独的备用电源，该电源可保证火花消除系统正常工作24h；

③ 主电源停止工作，手动复位报警器应发出报警，或主电源停止工作时，受保护系统应与火花消除系统联锁。

(3) 灭火系统

① 必须将排放喷嘴放在固体粒子不致阻塞的位置。

② 自动喷射阀的电路应予监控，且在断电的情况下手动复位报警器应能发出声响报警。

③ 如果用水作为灭火剂，供水系统必须配备串联的过滤器。

④ 灭火剂供给系统必须能够以额定体积和压力向所有喷嘴供给灭火剂。

⑤ 系统中必须有足够的灭火剂，至少可供系统工作100次。

⑥ 当灭火剂的压力低于系统设计工作压力的50%时，手动复位的报警器应当发出声响报警。

⑦ 必要时为了存储灭火剂可配备辅助供热系统。当配备这样的供热系统时，必须监控灭火剂的温度。当达到温度的上限和下限时手动复位的报警器应当发出声响报警。

(4) 测试

火花消除系统应每周测试一次。探测器装有永久可自动测试的系统，定期测试可每月进行一次。

6.3 爆炸泄压技术

本节主要介绍可燃性粉尘与空气形成的爆炸性混合物爆炸泄压技术。它只适用于爆燃，不适用于爆轰，也不适用于由于外部火焰或暴露于其他火源中而产生过大内压的包围体泄压。对于有毒性、腐蚀性物质及火炸药的爆炸，不适用于本节的爆炸压力泄放。泄爆有关参数有以下几个。

(1) 泄爆压力与泄爆压力上升速率

泄爆时，包围体内的压力因泄爆而降低，但又因爆炸物在继续爆炸而升高，二者综合的结果是减小了泄爆时的压力上升速率，使爆炸压力上升到最大值，即泄爆压力，然后随时间不断降低。如果泄爆面积相当大，泄爆压力上升速率会下降到零，甚至负值，即包围体内压力在泄压口打开后立即下降。在所有爆炸物浓度范围内泄爆压力、泄爆压力上升速率值中最大的值即为最大泄爆压力、最大泄爆压力上升速率，设计经常是用此值。

（2）开启压力

① 开启静压越小，包围体泄爆越早。泄压面积一定时，低开启压力比高开启压力产生的泄爆压力小，如果要达到同样大小的泄爆压力，则开启压力小的，所需泄压面积小。

② 开启压力要受工艺要求的制约。开启压力太小，稍受干扰（如大气流动对泄压盖会产生吸力等）就打开泄爆口，影响生产操作。

③ 泄爆盖质量越大，惯性越大，需要的开启静压就越大，打开的时间也越长。

（3）爆炸指数 K_{max}

① 爆炸指数 K_{max} 愈大，最大压力上升速率愈大，则需要更大的泄压面积。

② 爆炸性混合物的爆炸特性差别较大，而且测试条件不同，其爆炸性差别甚大，最好设计前将试样送往专门机构测定。

（4）粉体分布均匀程度

计算泄压面积的诺谟图，是根据爆炸容器内粉体均匀分布试验得出的。如果粉体分布不均匀，所需泄压面积比诺谟图计算出的要小。

（5）泄爆反坐力

包围体的支撑结构应能承受泄压时作用于泄压口对面的反坐力。当反坐力计算出来后，应将它换算成当量静载荷（F_{eq}）。

$$F_{eq}=aF_{r,max} \tag{6-6}$$

式中 $F_{r,max}$——最大反坐力；

a——动载荷系数。

动载荷系数主要取决于 t_F/T，T 为包围体振动周期，t_F 为后坐力持续时间。不同材料和结构各异，a 取值约为 0.52～1.6，脆性材料取上限。

（6）最大火焰长度

St1、St2 级粉尘与空气均匀分布的混合物，最大泄爆压力不大于 0.1MPa，包围体为立方体，则

$$L_{F,H}=8V^{0.3} \tag{6-7}$$

式中 $L_{F,H}$——粉尘均匀分布的最大火焰长度，m；

V——立方体形包围体的容积，m^3。

不均匀分布的 St1、St2 级粉尘，其最大火焰长度随泄压的立方形包围体容积（$V\geq 10m^3$ 时）的增大而减小。

$$L_{F,I}=15V^{-0.25} \tag{6-8}$$

式中 $L_{F,I}$——粉尘不均匀分布的最大火焰长度，m；

V——立方体形包围体的容积，m^3。

但在长径比大于或等于 2 时，火焰长度都会增大。

（7）泄压口外爆炸压力

对 St1 级均匀粉尘云，最大泄爆压力小于等于 0.1MPa、开启压力小于等于 0.01MPa 时，在立方形储罐的泄压口外距离为 0.25 倍最大火焰长度处，出现最大压力，其值可由下式估算：

$$p_{max,a}=0.02p_{red,max}A^{0.1}V^{0.18} \tag{6-9}$$

式中　$p_{\max,a}$——泄压口外最大爆炸压力，kPa；

$p_{\text{red},\max}$——最大受控爆炸压力，即最大泄爆压力；

A——泄爆面积，m^2；

V——包围体的容积，m^3。

其他点产生的爆炸压力为：

$$p_r = 0.0123 p_{\max,a} \left(\frac{L_{F,H}}{r}\right)^{1.5} \tag{6-10}$$

式中　p_r——泄压口外最大爆炸压力，kPa；

$p_{\max,a}$——泄压口外爆炸压力，kPa；

$L_{F,H}$——最大火焰长度，m；

r——距泄爆口的距离，m。

（8）包围体强度

在设计包围体强度时，首先应知道该包围体最弱部分的强度和要求的安全水平。如果发生爆炸，包围体不允许破裂，还应确认是否允许存在永久非弹性变形。如果不允许，则为耐压强度安全水平，如果允许则是抗爆强度安全水平。二者不同之处是，前者包围体要求能承受最大爆炸压力，而后者最大允许应力不得超过屈服强度极限。钢板应力-应变示意图如图 6-9 所示。

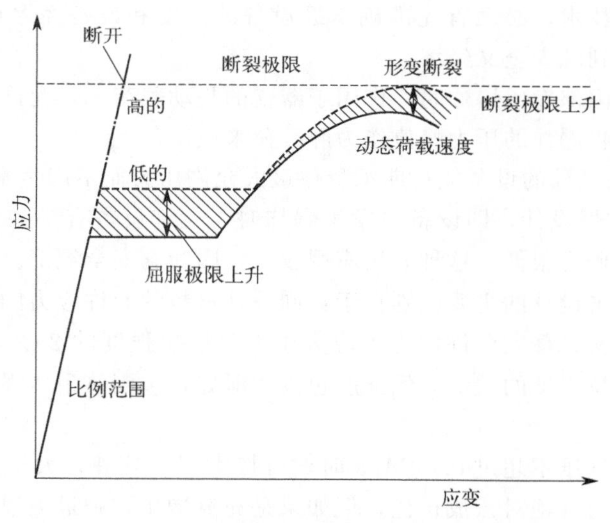

图 6-9　钢板应力-应变示意图

6.3.1　泄爆设计

（1）泄爆方法的复审

由于泄爆方法成本低而且较易实现，所以人们往往首先想到采用它。但在设计之前，应根据实际重新审查是否应采用泄爆技术。主要考虑的问题是：

① 需泄爆的粉尘是否有毒而不宜采用泄爆技术；

② 周围环境是否有易燃易爆物或公共场所不宜泄爆；

③ 是否采取其他防爆方法更为方便和经济，也能达到安全的目的；

④ 泄爆技术只适用于爆燃，而不适用于爆轰。

(2) 设计依据

在进行泄爆设计时主要依靠以下参数：

① 爆炸指数 K_{max} 或爆炸 St 等级；

② 操作温度和压力；

③ 生产中压力波动情况，有无反向压力变化情况；

④ 要求的开启压力和耐温度数；

⑤ 泄爆口尺寸；

⑥ 包围体容积及其长径比；

⑦ 特殊和通常的操作条件；

⑧ 允许的最大泄爆压力；

⑨ 包围体的材料及其强度；

⑩ 有关的泄爆膜强度；

⑪ 有关泄爆框的材料；

⑫ 所需泄压的总面积；

⑬ 安装条件及尺寸等。

(3) 包围体的强度与设计

正确地应用泄压技术，必须首先准确掌握设备的强度和设备经爆炸后是否允许永久变形，以使泄爆工作做到既安全又经济。

在理论上，容器内部发生爆炸时，作用于器壁的是动载荷。若允许少量非弹性变形而不发生容器破裂，可以将爆炸的压力峰值作为静载荷来应用。

① 抗压设计要求设计的设备能长期承受住最大允许压力而不产生永久变形。

② 耐冲击或称抗爆设计，即设备内发生爆炸时，允许设备有一些永久性变形，但不至于破裂。爆炸发生的概率很低，这种方法应用较广，因为它安全经济。

抗压设计和耐冲击设计的主要区别在于：同一种材料的允许应力的取值抗压设计比耐冲击设计低。对脆性材料，最大允许应力不应大于极限抗拉强度的 25%，其他所有情况下不应取大于 2/3 极限抗拉强度的数值。低强度包围体泄爆，包围体耐压强度至少应超过最大泄爆压力 2.4kPa。

起始压力高出大气压不超过 0.02MPa 时，可按大气压处理，大于上述值时，其爆炸最大泄爆压力与起始压力（绝对）成正比，但如果是充氮增压，则最大泄爆压力随容器内氮含量的增大而减小。

如果泄爆面积不可能开得太大满足要求，则应提高包围体的强度以减小所需泄爆面积。

(4) 包围体的支撑结构

包围体的支撑结构必须牢固，以承受反冲力。

① 后坐力可从式(6-11) 计算出：

$$F_{r,max}=1190Ap_{red,max} \tag{6-11}$$

式中 $F_{r,max}$——最大后坐力，kPa；

A——泄爆面积，m^2；

$p_{red,max}$——最大泄爆压力，MPa。

② 反冲力持续时间可从式(6-12) 估算：

$$t_F = \frac{0.01K_{max}V^{1/3}}{p_{red}A} \tag{6-12}$$

式中　t_F——后冲力持续时间，s。

（5）泄爆位置及其布局

泄爆口应尽可能接近可能产生点火源的地方；应避免因泄爆引起伤人和点燃其他可燃物，因此应泄向安全区域，不要向易燃易爆公共场所或常有人去操作或过路的地方泄压；应尽量在包围物顶部或上部泄放；侧面泄压时尽可能不采用玻璃，必要时可设置挡板以减小伤害力。

泄爆口布局应均匀，最好对称开设，以消除后坐力。

（6）泄爆装置选择和设计

① 对于建筑物没有保温、保湿特殊要求时，以无覆盖物的敞口泄压效率最高、最经济，百叶窗次之。如果密闭与开启压力要求严格、操作压力高、泄爆频率不高，一般以采用爆破片为宜，否则采用泄爆门。

② 包围体的泄爆门总重（包括隔热材料和固定安装的硬件）应尽可能轻，一般不应超过10kg/m^2，但应避免外面风力吸开，故泄爆门总重可能达97kg/m^2，甚至在强烈风暴地区增大到146kg/m^2。

③ 侧面泄压时尽可能不采用玻璃，否则应设置挡板以减小伤害力。

④ 泄爆门必须设计和安装成可以自由转动，不受其他障碍物的影响。

⑤ 泄爆口必须设置栏杆，以免人落入。

⑥ 要避免积雪结冰改变泄爆门的开启压力。

⑦ 泄爆口应靠近可能产生引爆源的地方；应尽量在包围体顶部或上部泄爆；不得泄向易燃易爆危险场所，以免点燃其他可燃物；不得泄向公共场所以免因泄爆引起伤人。

（7）泄爆面积计算方法的选择

泄爆面积计算是泄爆设计的中心环节，是采用泄爆技术安全和经济与否的关键。因为泄爆面积过小，最大泄爆压力将超过包围体的强度要求，使包围体遭到破坏。如果泄爆面积过大，不仅不经济而且泄爆口往往无处可设。由于计算方法有很多种，但都不适用于一切情况，故需要选择使用。

泄爆面积的计算，要根据该包围体最弱部分的强度来进行。

① 根据包围体的强度选择高强度包围体泄压面积计算法或低强度包围体泄压面积计算法。高强度包围体系指能抵御最大泄爆压力 $p_{red}>0.01$MPa 的包围体，低强度包围体的最大泄爆压力 $p_{red}\leqslant 0.01$MPa。

② 可燃粉尘云、混杂混合物爆炸泄压面积的计算用可燃粉尘云泄压诺谟图。如已知粉尘的爆炸指数 K_{max}，则可用爆炸指数诺谟图法，如不知 K_{max} 或欲采用更大的安全系数时可用粉尘爆炸等级诺谟图法。

6.3.2　高强度包围体爆炸泄压

（1）爆炸指数 K_{max} 诺谟图法

① 使用范围。

a. 最大泄爆压力在0.02～0.2MPa之间；

b. 开启压力为 0.01MPa、0.02MPa 或 0.05MPa；

c. 最大爆炸指数 K_{max} 在 1～60MPa·m/s 之间；

d. St1、St2 级粉尘其最大爆炸压力小于 1.1MPa，St3 级粉尘其最大爆炸压力小于 1.3MPa；

e. 包围体容积不大于 1000m^3；

f. 包围体长径比不大于 5；

g. 无泄爆管相连；

h. 初始压力为大气压，初始压力比大气压力不大于 0.02MPa 时也可应用。

② 计算依据的参数。

a. 最大泄爆压力；

b. 包围体容积；

c. 爆炸指数 K_{max}；

d. 泄爆装置的开启压力。

③ 计算方法。先按开启压力找到相应的 K_{max} 诺谟图（见图 6-10～图 6-12），在图右边横坐标上按需泄爆的包围体有效容积（较大的）向上引垂直线与需用的最大泄爆压力斜线相交，从此交点引水平线与左边爆炸指数 K_{max} 斜线相交，再从此交点引垂线与横坐标相交，此交点就是所需泄压面积。

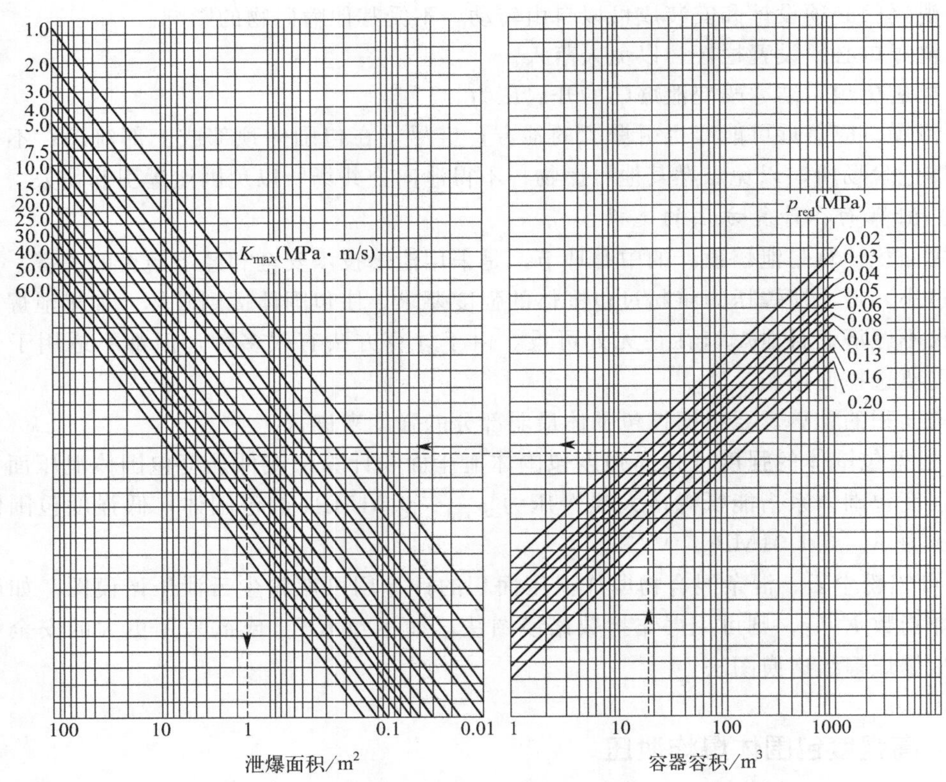

图 6-10 开启压力为 0.01MPa 的爆炸指数 K_{max} 诺谟图

④ 辛蒲松回归公式。辛蒲松回归公式是对爆炸指数诺谟图的回归，其使用范围与诺谟图相同，计算式如下：

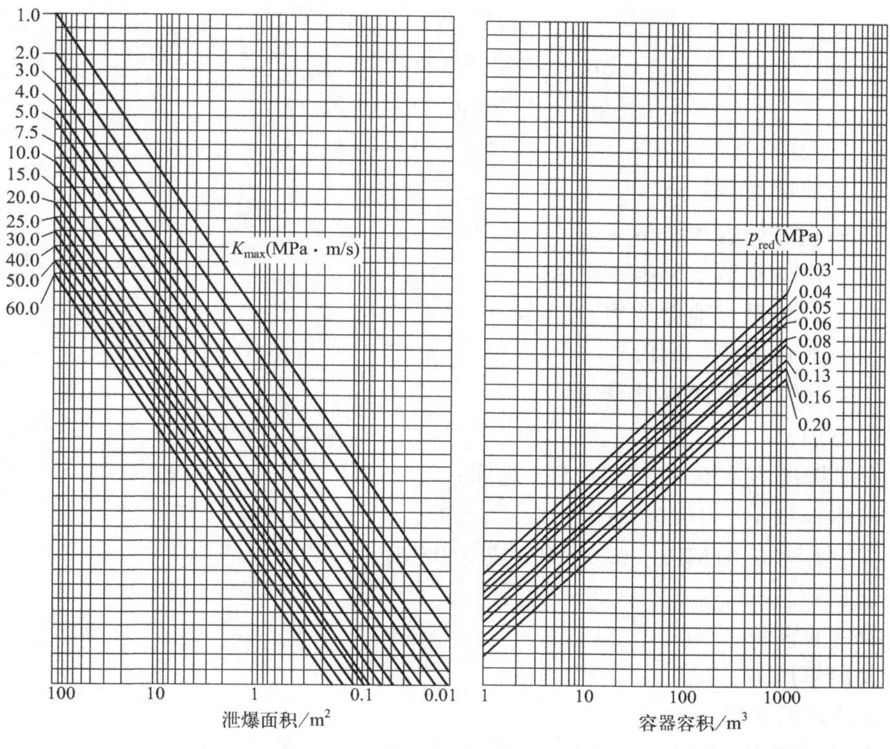

图 6-11　开启压力为 0.02MPa 的爆炸指数 K_{max} 诺谟图

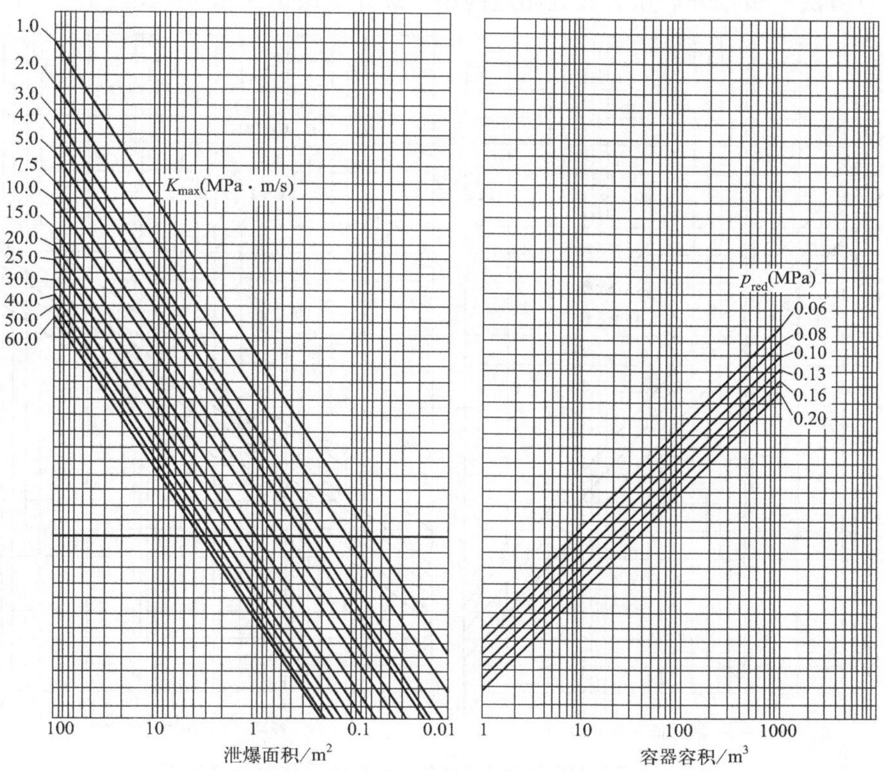

图 6-12　开启压力为 0.05MPa 的爆炸指数 K_{max} 诺谟图

$$A_V = aK_{max}^b p_{red,max}^c V^{2/3} \tag{6-13}$$

$$a = 0.000571\exp(20p_{stat})$$

$$b = 0.978\exp(-1.05p_{stat})$$

$$c = -0.687\exp(2.26p_{stat})$$

式中 A_V——泄压面积，m^2；

V——包围体容积，m^3；

K_{max}——爆炸指数，MPa·m/s；

$p_{red,max}$——设计最大泄爆压力，MPa；

p_{stat}——开启静压，MPa。

(2) 粉尘爆炸等级诺谟图法

① 使用范围。

a. 最大泄爆压力在0.02～0.2MPa之间；

b. 包围体容积小于1000m^3；

c. 开启压力为0.01MPa、0.02MPa或0.05MPa。

② 依据参数。

a. 包围体的容积；

b. 最大泄爆压力；

c. 泄爆装置的开启压力；

d. 粉尘爆炸等级。

③ 计算方法。根据开启压力找到相应的粉尘爆炸等级诺谟图（见图6-13～图6-15），从

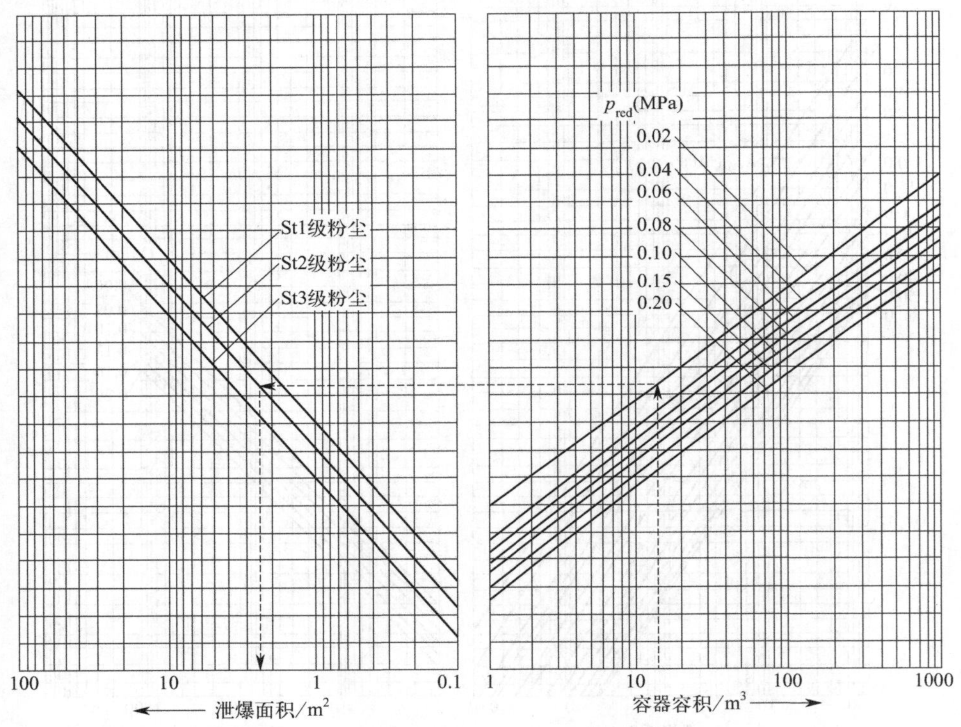

图6-13 开启压力为0.01MPa的粉尘爆炸等级诺谟图

相应的包围体容积的点向上引垂线交对应的最大泄爆压力斜线，从此交点引水平线交相应的粉尘爆炸等级斜线，再从此交点向下引垂线与横坐标相交，即得相应的泄压面积。

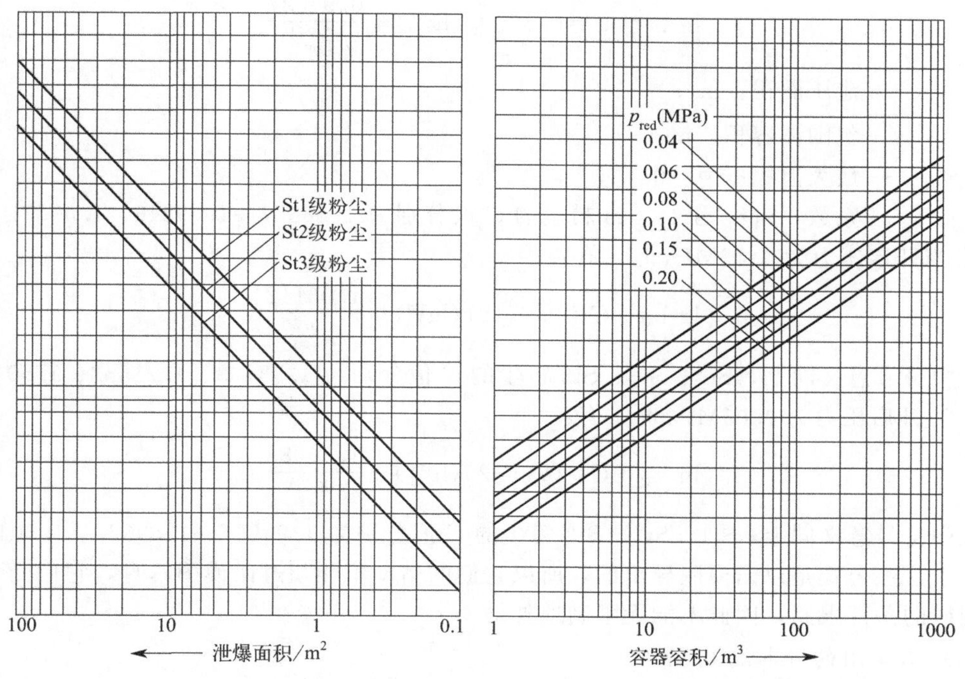

图 6-14　开启压力为 0.02MPa 的粉尘爆炸等级诺谟图

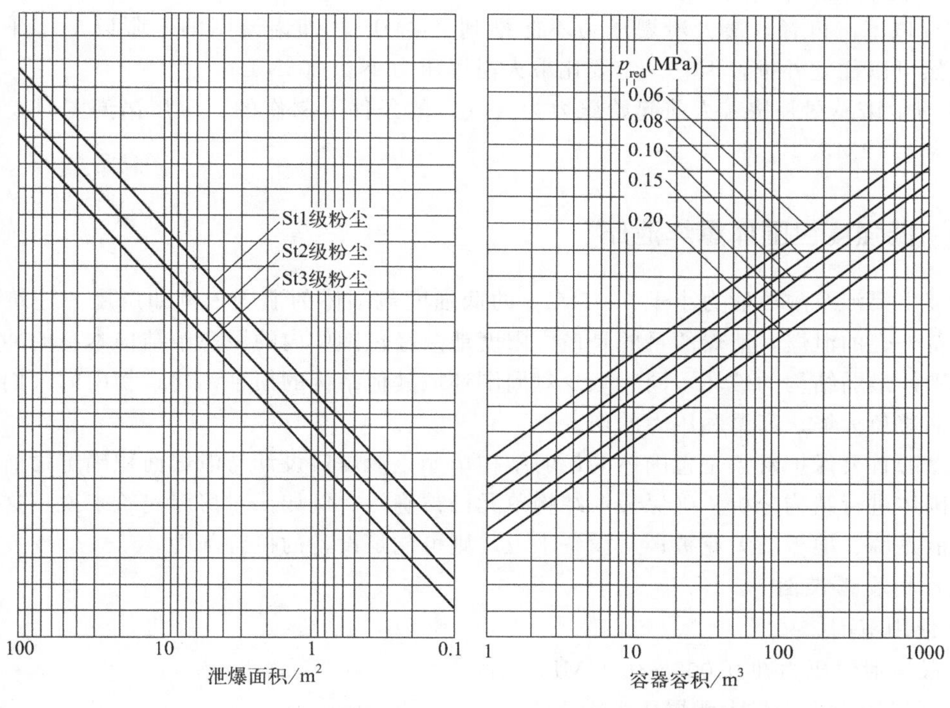

图 6-15　开启压力为 0.05MPa 的粉尘爆炸等级诺谟图

④ 回归公式。

a. 当开启压力为0.01MPa时，有：

$$\lg A_V + C = 0.67005(\lg V) + \frac{0.96027}{p_{red}^{0.2119}} \tag{6-14}$$

式中 A_V——泄压面积，m^2；

V——包围体容积，m^3；

p_{red}——最大泄爆压力，0.1MPa；

C——系数，St1、St2、St3粉尘的C值分别为1.88854、1.69846、1.50821。

b. 当开启压力为0.02MPa时，有：

$$\lg A_V + C = 0.67191(\lg V) + \frac{1.03112}{p_{red}^{0.3}} \tag{6-15}$$

式中符号意义同上，St1、St2、St3粉尘的C值分别为1.93133、1.71583、1.50115。

c. 当开启压力为0.05MPa时，有：

$$\lg A_V + C = 0.65925(\lg V) + \frac{1.20083}{p_{red}^{0.3916}} \tag{6-16}$$

式中符号意义同上，St1、St2、St3粉尘的C值分别为1.94357、1.69627、1.50473。

由于这些公式是以诺谟图导出的，所以它们的精度不能超过诺谟图本身，它们受到与诺谟图同样的条件限制，因此不能无限制地外推。

(3) 诺谟图的外推与内插

粉尘诺谟图可以用气体爆炸泄压的方法外推和内插。但必须注意以下两点。

① 不能将诺谟图外推到开启压力为0.005MPa以下，也不能外推到最大泄爆压力为0.01MPa以下。再者，最大泄爆压力不能推到0.2MPa，即诺谟图的上限以上；开启压力p_{stat}虽然可以往上外推，但它一定要比最大泄爆压力小0.005MPa。

② 粉尘诺谟图是按着火前起始压力为大气压的条件下制作的，应用诺谟图时，起始压力可以为0.12MPa。

6.3.3 低强度包围体爆炸泄压

本节主要涉及耐压能力小于0.01MPa的低强度包围体的泄爆，例如房屋、建筑设施和一些设备外壳的泄爆，泄爆的目的是最大限度地减轻包围体内的爆燃给结构本身的冲击，特别是包围体最弱结构的破坏，同时减少对周围环境其他结构的损害，建筑物内的人们在泄爆时并不能避免火焰、高温和压力的伤害。

泄爆的首要保护对象是包围体的最弱结构单元，泄爆口设计与泄爆面积确定之前，一定要对包围体进行结构分析，确保最弱结构单元已被确认。例如，对房屋建筑来说，这种结构单元可能是墙、地板或天花板；对设备来说，则可能是设备的接合部件。

(1) 扩展诺谟图

① 使用范围。

a. 最大泄爆压力在0.005～0.02MPa之间；

b. 开启压力小于最大泄爆压力的1/2；

c. 包围体容积小于1000m^3；

d. 泄爆（盖）板的惯性尽可能小，最大为 $10kg/m^2$；

e. 未考虑泄爆导管的影响；

f. 包围体长径比 $L/D<5$。

② 泄爆面积计算。计算泄爆面积时，可根据爆炸指数 K_{max} 与最大泄爆压力从扩展诺谟图（如图 6-16）查出于最大泄爆压力 $p_{red,max}$ 相应的 $A_V/V^{2/3}$ 值 x，从而按式(6-17) 计算出相应的泄压面积：

$$A_V = xV^{2/3} \tag{6-17}$$

式中 A_V——泄压面积，m^2；

V——包围体容积，m^3。

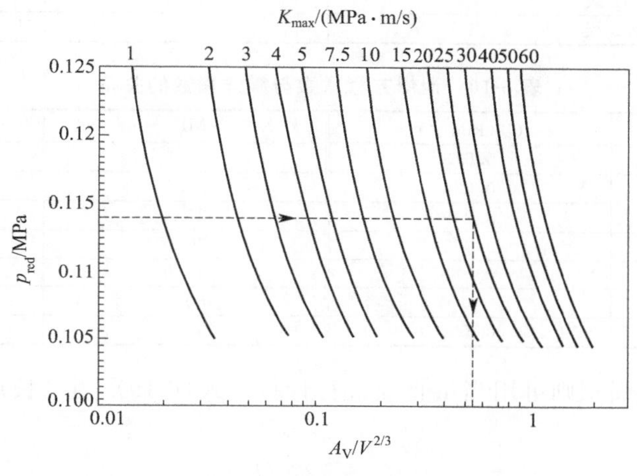

图 6-16 扩展诺谟图

③ 扩展诺谟图与辛蒲松公式的比较。扩展诺谟图法与辛蒲松回归法比较表明，当最大泄爆压力大于、等于 0.01MPa 时，两种方法的结果吻合很好。但最大泄爆压力小于 0.01MPa 时，辛蒲松回归法计算出的结果比扩展诺谟图法高。

(2) 低强度泄爆方程

① 适用条件。

a. 最大泄爆压力不大于 0.01MPa，最大不能超过 0.02MPa，且最大泄爆压力至少超过开启压力 0.0025MPa。

b. 泄爆盖的开启压力应尽可能低，当开启压力低至 0.001MPa 或 0.0015MPa 时，应考虑室外风的吸开问题。

c. 泄爆口应均匀分布，设在长形包围体的一端。

② 低强度泄爆推荐方程。

$$A_V = CA_S/(p_{red,max} - p_0)^{1/2} \tag{6-18}$$

式中 A_V——泄爆面积，m^2；

A_S——包围体总内表面积（包括地板和天花板，但不包括隔墙），m^2；

$p_{red,max}$——最大泄爆压力，kPa；

p_0——初始环境压力，kPa；

C——泄爆方程常数，其值根据爆炸等级采用表 6-9 的推荐值，亦可根据爆炸指数 K_{max} 的大小而采用表 6-10 的推荐值。

如果初始压力为大气压力，则式(6-18) 为：

$$A_V = CA_S/(p_{red})^{1/2} \tag{6-19}$$

如果泄爆口均匀分布于长形的包围体上，则式(6-19) 没有长径比的限制。因此该式应用于长形包围体泄爆时，应使泄爆口沿长度方向尽可能均匀和对称分布，以消除后坐力和降低最大爆炸压力。

表 6-9　泄爆方程常数与爆炸等级的关系

可燃性粉尘种类	$CA_S/(p_{red})^{1/2}$
St1 级	0.26
St2 级	0.30
St3 级	0.51

表 6-10　泄爆方程常数与爆炸指数的关系

K_{max}/(MPa·m/s)	C/(kPa$^{1/2}$)	K_{max}/(MPa·m/s)	C/(kPa$^{1/2}$)
1.0	0.013	15.0	0.220
2.0	0.026	20.0	0.275
3.0	0.039	25.0	0.333
4.0	0.055	30.0	0.427
5.0	0.071	40.0	0.550
7.5	0.0107	50.0	0.650
10.0	0.144	60.0	0.786

对非圆或方形截面积则可用当量直径进行计算。式(6-19) 用于长形包围体且在一端泄爆的限制条件为：

$$L_3 \leqslant 12A/P$$

式中　L_3——包围体最大的尺寸，m；

A——横截面积，m^2；

P——横截面周长，m。

应用式(6-19) 处理高紊流度混合物一端泄爆的长形包围体，其最长边应限制在：

$$L_3 \leqslant 8A/P$$

内表面是指能承受超压的结构元件，包围体内任何设备表面不包括在内表面里。不能承受所发生的超压非结构部分的间壁墙，如悬挂的天花板不能视为内表面。内表面指房顶或天花板、墙、地板等。连接的瓦垄井缝可不计在内。相邻房间的内表面应计算在内，泄爆口也应均匀分布在这些房间的墙上。

6.3.4　管道、通道或长形容器的泄爆

本节应用于操作压力接近大气压［(0.10±0.02)MPa］的管道、通道和长径比 $L/D>5$ 的长形容器泄爆。

(1) 概述

① 长形容器泄爆特点。

a. 长径比 L/D 大的长形包围体中，火焰的加速度会增大，甚至会发生爆轰。因此，泄爆面积取大一些为好。

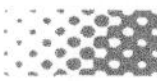

b. 如一个泄压孔的泄压面积超过管道横截面积，其泄压效果与泄压面积等于管道横截面积的效果相同。因此，管道的横截面积是最大有效泄压面积。

c. 通道中常有产生紊流的附属物，如阀门、弯头和其他填充物，这会使火焰突然加速，引起压力迅速增大。

d. 在与管道或通道相连接的容器中，可燃混合物点燃后会在火焰前沿产生很大的紊流，并将管道或通道内的气体预压缩，当火焰前沿到达管道或通道入口时，就得到充分发展的紊流，因此火焰前沿传播到管道或通道内时，形成比在管道或通道内以火花点燃爆炸性混合物猛烈得多的初始条件。

e. 如果火焰前沿从没有适当泄压的管道或通道中传播，当进入含有可爆粉尘云的包围体或容器中，形成喷射火焰，即一个强点火源射进此包围体，则容器以任何大的泄爆面积都是不够的。

② 泄爆口设置。

a. 泄爆口应尽可能设在靠近点火源的地方。

b. 管道中有障碍的地方会产生或增加紊流度，加速火焰传播，迅速增大压力，一般应在障碍物两边设置泄爆口，对最大泄爆压力小于0.02MPa和两个泄爆面积都等于管道截面积的泄爆口，应设在障碍物的两边，距障碍物分别为3倍管径和6倍管径的地方。当最大泄爆压力大于0.02MPa时，则两泄爆口应在障碍物两边3倍管径外。障碍物是指弯头、T形管、分流器、孔板、阀和任何对管道或通道有5%横截面积阻碍的附件。

③ 泄爆口面积。每个泄爆口的面积等于管道的截面积，因为横截面积是每个泄爆口的最大有效泄爆面积。管道或通道可设一个或多个泄爆口。

④ 容器与管道连接。对可能发生爆炸的容器相连接的管道或通道，都要设置泄爆口。对于St3级粉尘，其泄爆口至容器的距离不应大于两倍管径。对St1、St2级粉尘亦应逐个评估以确定是否有必要设置附加的泄压口。

⑤ 泄爆孔关闭物要求。泄爆盖的质量不应超过10kg/m^2。开启压力要尽可能低于最大泄爆压力的设计值。低强度泄爆时，开启压力最大不能超过最大泄爆压力设计值的一半。

(2) 泄-闭型泄爆设计

泄-闭型是指管道、通道或长形容器只在一头泄爆的类型。

① 长径比的最大限度。图6-17对泄-闭型平直管道提出一个避免爆轰的长径比的最大限度。如果超过此限度，就必须增开泄爆口或采用其他防爆措施。如果已知爆炸指数K_{max}与管径就可从图6-17中查出最大允许长径比，从而求得泄爆口最大允许间距。

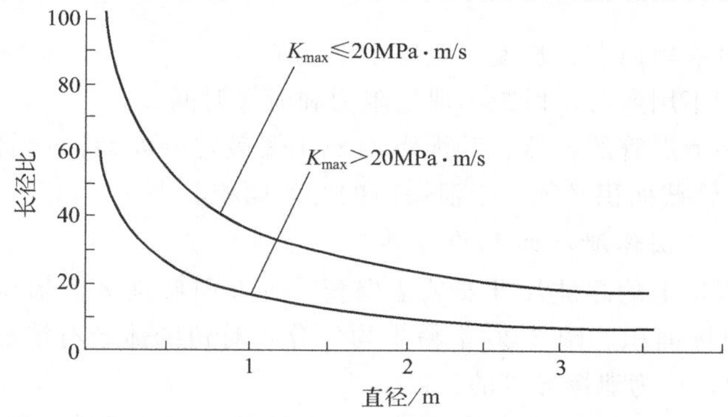

图6-17 平直管道或通道中最大允许长径比

② 爆燃压力的计算。泄-闭型平直管道、通道或长形容器内，当起始速度小于 2m/s 时，其内部粉尘爆燃所形成的压力可从图 6-18 查得。

③ 开设多泄爆口。如使管道中最大泄爆压力不超过 0.02MPa、管道内燃烧的粉气混合物初始流速在 2～20m/s 之间时，可根据图 6-19 查出管道所允许的最大长径比，由此可求得管道最大泄压间距。此图适用于爆炸指数 K_{max} 小于等于 30MPa・m/s 的粉尘。

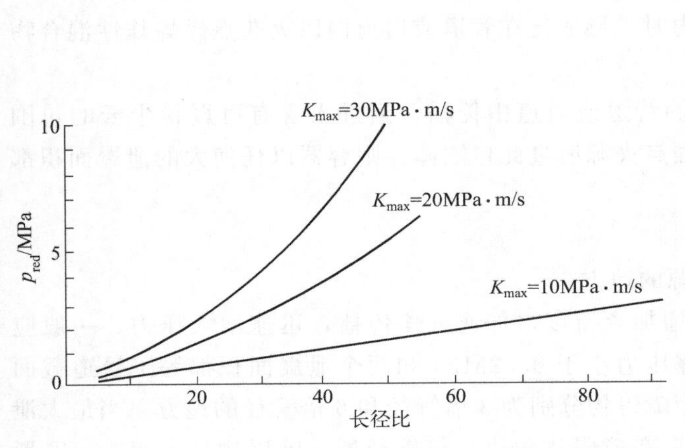

图 6-18　最大泄爆压力与长径比的关系

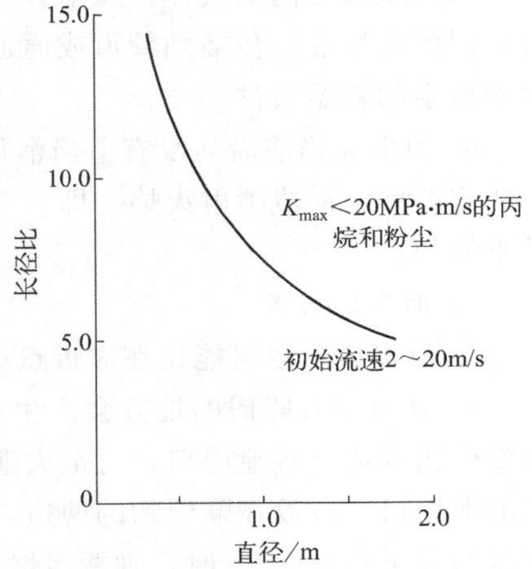

图 6-19　管道所允许的长径比

初始流速大于 20m/s 时，对于粉尘爆炸指数 K_{max} 大于 30MPa・m/s 时，泄压间距不能超过 1～2m，或者管道或通道的设计压力必须能抵御爆轰，或者采取其他防爆措施。

多泄爆口亦应设置在障碍物的两边。

6.3.5　有泄爆导管包围体的泄爆

(1) 泄爆导管

泄爆导管是把爆燃物导向指定地点的管道。它必须符合以下要求：

① 泄爆管靠近泄爆装置附近应设同样强度的检查孔，以利维修和清除杂物，且要密闭好。

② 可用轻质保护膜避免雨雪侵入泄爆管，但其所增加的开启压力必须在允许范围内。

③ 泄爆管应有较大的截面积和强度，至少要等于泄爆口的面积和至少要等于包围体的强度。

④ 泄爆管要尽可能短而直，长度一般应小于 3m。

⑤ 泄爆管尽可能不用弯头，以减小泄爆阻力和泄爆时间。

⑥ 泄爆门外安装泄爆管的容器，其泄爆面积比爆破片外安装泄爆管大，其大小取决于泄爆门的效率。泄爆管截面积必须大于泄爆门的有效面积。

(2) 有泄爆导管包围体泄压面积的计算

① 如果容器泄爆口上的爆破片外安装泄爆管，则会引起最大泄爆压力增大，如不允许其增大则必须加大泄爆面积。图 6-20 是粉尘均匀分布时包围体装有泄爆导管后最大泄爆压力的变化曲线。其中，L 为泄爆导管的长度。

例如容器强度为 0.06MPa，需安装长 2.5m 的泄爆管，对于粉尘则从图 6-20 的纵坐标

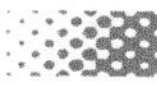

$p'_{red,max}=0.06\text{MPa}$ 处引水平线交 $0\text{m}<L<3\text{m}$ 斜线，从此交点引垂线交横坐标于 $p_{red,max}=0.02\text{MPa}$，此点即应开同样大的泄爆面积所对应的无泄爆管的容器允许承受最大泄爆压力。

图 6-20 亦可用下列公式计算：

$0\text{m}<L<3\text{m}$ 时：

$$p_{red,max}=0.71459\times(p'_{red,max})^{1.259} \text{ 或 } p'_{red,max}=0.83\times(p_{red,max})^{0.654} \tag{6-20}$$

$3\text{m}<L<6\text{m}$ 时：

$$p_{red,max}=1.24356\times(10p'_{red,max})^{2.0938} \text{ 或 } p'_{red,max}=0.90\times(p_{red,max})^{0.4776} \tag{6-21}$$

② 根据最大泄爆压力 $p_{red,max}$、爆炸指数 K_{max}、粉尘爆炸 St 等级、容器容积 V、开启压力 p_{stat} 求出所需泄爆面积。

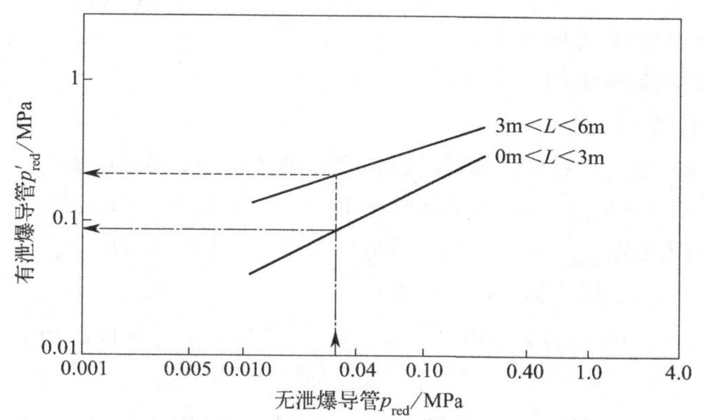

图 6-20　泄爆导管对最大泄瀑压力的影响

(3) 有管道连接的储罐泄爆

① 对于连接管道小于或等于 6m、公称管径在 300mm 以下的有管道连接的储罐且泄压装置的开启静压小于 0.02MPa 时，可以采用泄爆技术措施进行防爆，否则宜采用其他方法防爆。

② 当两个储罐容积相差 10%左右，即储罐容积基本相同时，两个储罐都要按常规泄压；当储罐大小不同时，不仅两个储罐都要按诺谟图泄爆，且耐压强度要增加 0.2MPa。

③ 如小储罐不能泄压，则其强度按最大爆炸压力设置，较大储罐的泄压面积要加倍。如大储罐不能泄压，则不应采用泄爆技术。

(4) 储罐、料斗和筒仓的泄爆

① 设计时应使储罐、料斗和筒仓的长径（水力直径）比尽可能小些，以减小最大泄爆压力。

② 若包围体长径比小于等于 5，对粉尘泄爆面积计算时，包围体的容积应按包围体全部充满粉尘云计算。

③ 储罐、料斗和筒仓要尽可能在顶部泄爆。在侧面泄爆时，装料的最高水平线要比泄爆孔位置低。

④ 如顶部截面积比所需泄压面积小时，设计时可增大容器的强度以减小泄压面积，适应实际情况。

⑤ 需要整个顶部泄爆用时，应分为若干个泄爆口，并设置支架，将泄爆装置安装在支架上。泄爆装置应尽可能轻，而且要防止漏雨、隔热和防潮。

⑥ 在侧面泄爆时，泄爆口必须相对设置，以消除反冲力。

⑦ 除尘器如清洁段不能满足泄爆面积时，则在灰斗上部装料面以上开设泄爆口。

6.3.6 应用举例

（1）实例 1

某料仓，其容积为 $20m^3$，抗冲击强度为 0.04MPa，采用开启压力 0.01MPa 的泄爆装置，粉尘爆炸指数 K_{max}=15MPa·m/s，试用爆炸指数 K_{max} 诺谟图，爆炸等级诺谟图与辛蒲松公式求出其至少需要的泄爆面积。

解：已知 $L/D<5$，$V=3.6m^3$，$p_{red,max}=0.02MPa$，$p_{stat}=0.01MPa$，则

① 从图 6-10 查得泄爆面积为 $1.02m^2$。

② 从图 6-11 查得泄爆面积为 $1.2m^2$。

③ 辛蒲松公式计算：

$a=0.000571\exp(20p_{stat})=0.000571\exp(20\times0.01)=0.000671$；

$b=0.978\exp(-1.05p_{stat})=0.978\exp(-1.05\times0.01)=0.968$；

$c=-0.687\exp(2.26p_{stat})=-0.678\exp(2.26\times0.01)=0.703$。

把 a、b、c、V、p_{red} 代入式(6-13) 得：

$$A=0.000697\times150^{0.968}\times0.4^{-0.703}\times2.0^{2/3}=1.25(m^2)$$

（2）实例 2

设储仓容积为 $15m^3$，最弱部分强度为 0.06MPa，采用 0.01MPa 的爆破片，所储存的粉尘爆炸指数 K_{max}=15MPa·m/s，安装长 2.5m 的泄爆管后，储仓强度增大多少或泄压面积增大多少？

解：① 未装泄爆管时储仓所需泄爆面积，根据辛蒲松公式

$a=0.00571\exp(20\times0.01)=6.974\times10^{-4}$；

$b=0.978\exp(-1.05\times0.01)=0.968$；

$c=-0.687\exp(2.26\times0.01)=-0.703$。

代入式(6-13) 得：

$$A_V=6.974\times10^{-4}\times(10\times15)^{0.968}\times(10\times0.06)^{0.703}\times15^{2/3}=0.775(m^2)$$

② 装有泄爆导管后，最大泄爆压力将增大，$0m<L<3m$，根据式(6-20) 得增大后的泄爆压力为：

$$p'_{red,max}=0.83\times(10p_{red,max})^{0.654}=(0.84\times0.06)^{0.634}=0.132(MPa)$$

因此储仓最低强度应为 0.132MPa，比原来强度（0.06MPa）增大了 0.072MPa。

如果不能加大储仓强度，而储仓强度仍为 0.06MPa，还需设泄爆管，则必须增大泄爆面积以降低最大泄爆压力。根据式(6-20) 求得应增大泄爆面积所对应的 $p_{red,max}$：

$$p_{red,max}=0.7146p_{red,max}^{1.259}=0.7146\times0.06^{1.259}=0.0207(MPa)$$

③ 对 $p_{red,max}$=0.0207MPa 所需泄爆面积可用式(6-13) 求得：

$$A'_V=6.974\times10^{-4}\times(10\times15)^{0.968}\times(10\times0.0207)^{-0.703}\times15^{2/3}=1.64(m^2)$$

故泄爆面积 A'_V 应为 $1.63m^2$，泄爆面积增加了 $0.864m^2$。

（3）实例 3

某干燥器处理爆炸指数 K_{max} 为 19MPa·m/s 的粉料，其管径 2m，长 20m，只在一端

泄压，管内泄压时最大泄爆压力为多大？

解：① 检查容器的最大允许长度。根据图6-17查得管径为2m时，最大允许长径比为30，而干燥器的长径比为10，故此长径比是合理的。

② 根据图6-18，按长径比为10，K_{max}为20.0MPa·m/s查得泄压时最大泄爆压力为0.05MPa。

（4）实例4

如图6-21所示，系统的气体流量为100m^3/min，所有管径均为0.6m，长20m的管道和设备最大允许工作压力为0.02MPa，系统最大操作压力为0.005MPa。系统处理的是St2级粉料。假设干燥器和收尘器有合适的泄压孔，试对该系统的管道进行泄压设计。

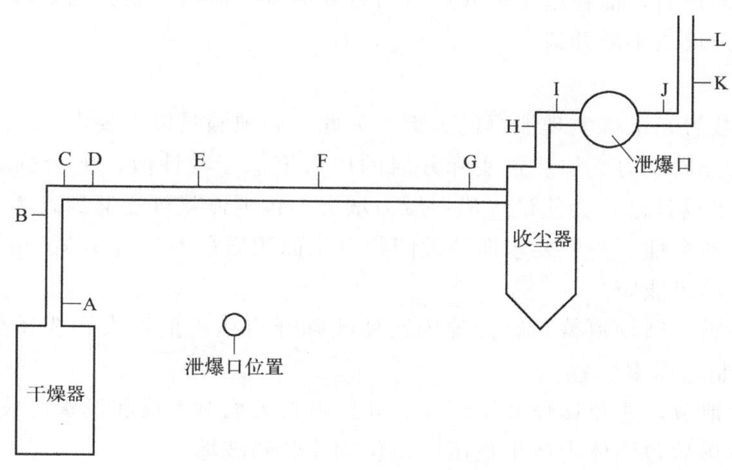

图6-21 系统示意图

解：A、B泄压孔分别位于第一个弯头的不大于6倍和3倍直径处。A泄压孔位于干燥器和管道连接点的2.3倍管径处，因处理的是St2级粉尘，这是允许的。C、D泄压孔分别位于第一个弯头向下的3倍和6倍管径处。C泄压孔位于收尘器和管道连接点前2倍管径处。H、I、J泄压孔分别位于三段1.5m的中点，因为三段管道都不超过3倍管径，其他规定的泄压孔就不需要了。K、L泄压孔分别位于最后一个弯头向右的3倍和6倍管径处。对于20m长的管道需要附加泄压孔，根据100m^3/min的流量换算为6m/s的流速，查图6-22

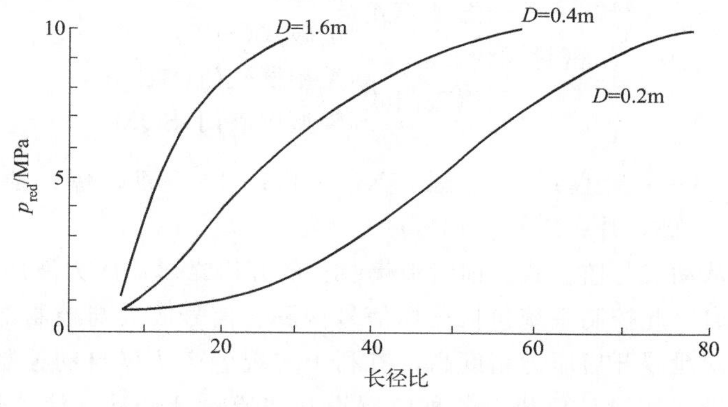

图6-22 最大泄爆压力与长径比的关系

最大允许长径比为11，或泄压孔间最大距离近似为6.5m，D和G泄压孔间距为15.2m，这样两个附加泄压孔E、F等间距设置。每一泄压孔的面积等于管道的横截面积，这样泄压后最大压力最多为0.02MPa，泄压盖的开启压力不要超过最大泄爆压力的一半，即开启压力不超过0.01MPa。

6.3.7 泄爆装置与设施

6.3.7.1 概述

泄爆装置是用来封闭设备的泄压孔，使设备不会因漏气或天气影响正常操作。当设备内可燃混合物发生爆炸时，能在指定的开启压力打开泄压。泄爆设施指用来泄爆的设施，它一般指包围体的敞开口或半敞开口。

(1) 技术要求

泄爆设施与装置是准确实现泄爆的关键。为此，必须满足以下要求：

① 有准确的开启压力。如装置实际开启的压力值低于设计值，则会造成误动作，影响生产操作。如高于设计值，会使最大泄爆压力增大，包围体就可能遭到破坏。

② 较小的启动惯性。一般要求泄爆关闭物单位面积质量不超过$10kg/m^2$。

③ 开启时间尽可能短。

④ 要避免冰雪、杂物覆盖和腐蚀等因素使实际开启压力值增大。选择耐腐蚀、抗老化和耐高温的材料制作泄爆装置。

⑤ 确保安全泄放，避免爆炸装置碎片和高压喷射火焰对人员和设备造成危害。

⑥ 要防止泄爆后包围体内产生负压，使包围体受到破坏。

⑦ 要防止大风流过泄压口时将泄爆盖吸开。

⑧ 泄压口应安装安全网，以免人失误落入，网孔应大一些，以免影响泄爆。

(2) 类型与标志

泄爆装置与设施分类和标志如下：

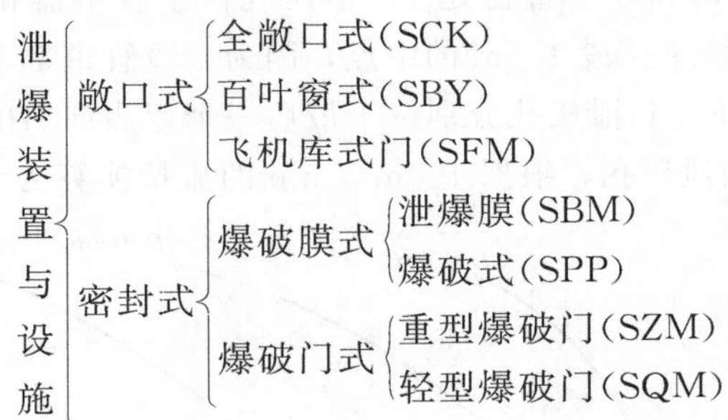

上述标志中，S——泄爆；C——敞；K——口；B——百，爆；Y——叶；F——飞；M——膜，门；P——破，片；Z——重；Q——轻。

泄爆装置又分从动式与监控式。前者泄爆装置的开启靠爆炸压力波冲开；后者靠电气自动控制系统触发开启，此控制系统包括爆炸信号探测、信号放大与控制部分。从动式价廉，简单易行，而监控式泄爆开启压力精度高，有利于实现生产防爆自动控制，当爆炸发生后，全部生产线上各种设备按设计停机，各种防爆设施按原设计开动，使爆炸损坏降至最低限度。但监控式投资较大，而且监控系统要求严格，要避免各种干扰，以免产生误动作影响生

产，要有预防万一不能监控的措施，如意外停电等。

从动式的装置如与监控系统相连则可变为监控式。

（3）产品检验与编号

泄爆装置属于防爆的产品，为了向用户负责应由国家指定的专门机构检验合格后方能生产和使用。在产品铭牌上标明：防爆产品标志、产品型号、检验单位编号、开启压力。除此以外，还要标明：泄爆面积、开启静压力、使用压力范围、使用温度范围、使用介质、生产厂名、出厂日期等。

（4）产品说明书

包括以下内容：产品性能与技术指标、使用条件、产品结构图、系列规格、部件安装图、修理维护要求、注意避免危险操作、依据的标准名称编号与版别。

（5）泄爆装置的选择

主要根据生产要求密封程度、设备压力高低、泄爆频率大小、易腐蚀或老化程度、使用年限、温度、安装位置进行选择。

对于建筑物没有保温、保湿特殊要求，以无覆盖物的敞口泄压效率最高和最经济，百叶窗次之。如密闭、开启压力要求很严、设备较易腐蚀、高压、泄爆频率不高，以泄爆膜为宜，否则以泄爆门式永久装置为宜。

6.3.7.2　标准敞口泄爆孔

标准敞口泄爆孔是无阻碍无关闭物的孔口，也是最有效的泄爆孔，它适用于不要求全部封闭的设备或房间。只要可不考虑恶劣气候、环境污染或物料损失，则最好采用敞口泄压孔。

（1）百叶窗

泄爆口安上固定的百叶窗可看作是近似敞口泄压孔，不过，百叶窗板的存在增加了泄爆阻力，实际上也就是减小了净自由泄压面积。

（2）飞机库式门

大的飞机库式门或屋顶门可安装在有爆炸危险的房间或大楼的侧墙上，当爆炸发生时，这种门可及时打开以提供较大的、无阻挡的泄压孔。必须注意，只有当这种门打开时，此孔口才能算是泄压孔。

6.3.7.3　爆破膜式泄爆装置

这种装置的特点是泄爆关键部分为膜或片状材料。同样大小的泄爆面积，控制开启压力大小的关键，在于膜或片的抗拉强度和厚度。

泄爆膜是用框固定在包围体上，它是最廉价而且易行的泄爆装置。

爆破片的特点是在泄爆膜上刻有沟纹，爆炸时泄爆膜沿沟纹迅速破裂打开，因此开启压力误差小，而且开启时间也短。

爆破膜式泄爆装置的优点是泄爆效率高，且开启压力误差是所有泄爆装置中最小的。其缺点是爆破膜只能一次性使用，在爆炸后要更新，往往还需要停机，工作量大；不能自动关闭，爆炸后空气从泄爆口进入设备，使粉尘继续燃烧；膜易老化、疲劳、腐蚀，因此要定期更换，否则容易使开启压力降低，过早泄爆影响生产。

(1) 泄爆膜

当生产在大气压下或接近大气压下操作，而且操作不十分严格和复杂，例如一般的除尘系统，采用泄爆膜装置比较经济易行。这类泄爆装置经常由两层泄爆膜和固定框组成，但泄爆膜上没有刻切沟纹，因此它的开启压力偏差要比爆破片大一些，开启时间也长一些。下面的一层膜片为密封膜片，通常用塑料膜或铝膜等材料制成，其上面的金属瓣固定在泄爆框的一边上，当密封的膜爆破后，此金属瓣全部打开而其一边被固定。泄爆膜要定期更换，否则会因污垢等原因提高开启压力或因腐蚀后材料疲劳降低。

泄爆膜的孔径不应太大，以避免容器内压波动，使膜颤动而降低寿命。

大多数材料的开启压力随泄爆面积减小而升高，特别是直径小于 0.15m 时。开启压力随膜的厚度、机械加工的缺陷、湿度、老化和温度有很大变化。开启压力与膜厚成正比。在高温条件下，如需要泄爆口隔热可以采用石棉泄爆片。一些可作为泄爆膜和爆破片的材料如表 6-11 所示。

表 6-11 一些泄爆膜和泄爆硬板材料

编号	材料名称	特性
1	牛皮纸	易破碎,但在温度高时不稳定
2	蜡纸	与牛皮纸相同,但抗湿性较好
3	纸/铝薄片	
4	塑料浸纸	抗湿性好,但不如牛皮纸易碎
5	橡胶浸布	
6	橡胶布	均匀,一般可采用;易碎,但受潮湿影响,用树脂喷雾可改善防水性
7	橡胶布粘铝箔	防水性能和抗天气损害性能好

(2) 爆破片

爆破片一般由刻有沟纹的膜片和固定框组成，如图 6-23 中 1～4 所示，第 1 层是固定框，第 2 层是刻有沟纹的膜片，第 3 层是密封膜，第 4 层是网格固定框。泄爆时膜片沿沟纹几乎没有阻力地破裂打开，因此开启压力比其他泄爆装置准确，开启速度快。由于有网格可防止发生反压或负压时泄爆膜的起伏损坏，如此现象不严重，可不用网格。

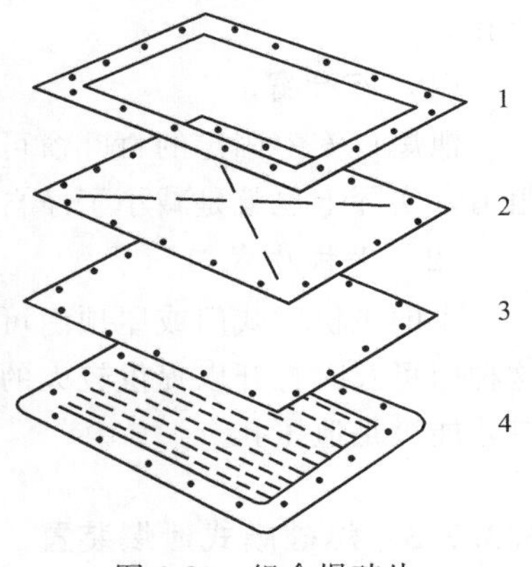

图 6-23 组合爆破片

标准爆破片有矩形的、圆形的或梯形的，其他形状可随用户要求而定。爆破片可以是拱形的也可以是平的。爆炸后泄压口一直打开，这样可使包围体中冷却后产生的负压得以平衡。

① 技术要求。

a. 参见 6.3.7.1 节。

b. 要校核工作压力 p_w 与开启压力 p_{stat} 和最大泄爆压力 p_{red} 之间的关系。一般 $p_{stat}=(0.25\sim0.7)p_w$，这样不致过早地打开泄爆以免影响生产，并且最大泄爆压力 p_{red} 至少要 2 倍于开启压力 p_{stat}。

c. 密封性能好。

d. 适应环境压力的要求。

e. 碎片不易飞出伤人。

② 爆破片材料。

a. 选择爆破片的材料要考虑下列问题：选抗拉强度低的材料，以免使最大泄爆压力提高；耐腐蚀性能好，以免受腐蚀降低开启压力；抗老化抗疲劳性能好；尽可能轻，使开启时惯性小，动作时间短；如在高温下使用时，则要选择耐高温的材料。

b. 刻有沟纹的爆破片经常是选用金属片，最常用的是不锈钢或铝片、铝合金片，根据生产需要还可选用镍、钽、钯质等。

密封片一般采用塑料膜，对高温的生产条件，也可采用金属如铝膜或镍膜。

③ 产品性能与技术指标。

a. 开启压力 p_{stat} 按泄爆要求确定。

b. 开启压力允许偏差值为实际开启压力相对于设计开启压力值的偏差。开启压力越大，允许偏差越小。

c. 工作允许的温度、压力、湿度。

d. 工作允许介质。

e. 抗反压和真空能力。

f. 依据的标准文件的名称代号。

6.3.7.4 泄爆门

控制泄爆开启压力的关键部件是夹紧机构的转动、松动或断裂，其次是泄爆门的惯性。开启压力的大小，主要是靠夹紧机构的调整和变换。

这类装置分轻型的泄爆门，一般包括泄爆硬板、泄爆门和管道泄爆门；重型泄爆门，一般包括泄爆瓣阀和管道泄爆瓣阀。每种泄爆门内又有很多不同种类。

这类装置的共同特点是可反复使用，其中很多种装置可以达到高泄爆效率（达 96%）、自动关闭和开启压力误差小的功能。只是重型的泄爆门效率低一些。轻型泄爆门小至管道，大至建筑物和筒仓都广泛采用。

(1) 泄爆硬板

泄爆时泄爆片被固定框夹紧的强度小于泄爆片强度，泄爆片就会被弹出迅速打开泄爆口。此种泄爆片一般比较厚而且硬，所以称之为“板”。

① 泄爆板适用面较宽，特别是对大面积泄压比较方便，又可保暖，密封性能无论是垂直或水平安装都可满足要求，往往有链条连接，抗反压和真空能力强，性能稳定，但对垂直安装的大泄爆板，强度必须大。

这种装置的夹紧安装比爆破片和泄爆膜较松，其安装和密封方法很多，油毡和泡沫橡胶等可作密封垫，如图 6-24 所示。

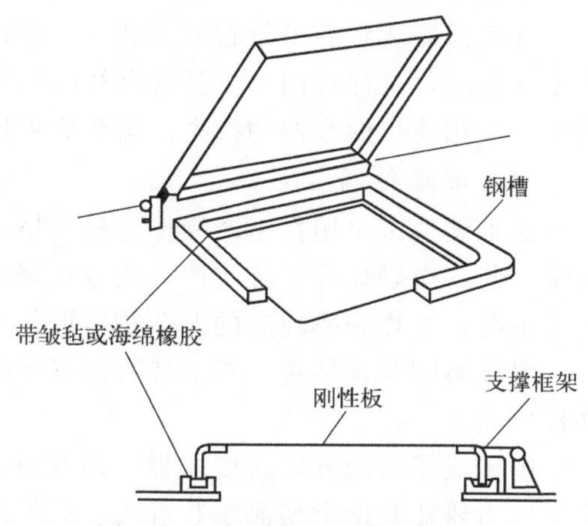

图 6-24 油毡或泡沫橡胶密封垫

② 泄爆板夹紧常用的几种方法：a. 弹簧门；b. 断裂元件等；c. 永久磁石吸紧，爆炸时将板冲开。

③ 技术要求如下。

a. 自动关闭的泄爆门，由于设备内燃烧气体冷却，产生负压而使设备变形。为了防止这种现象，要采用适当的负压保险装置。

b. 泄爆门在安装之前均要通过泄压能力爆炸试验和机械强度试验。对于给定的应用条件（储罐体积、气体、粉尘爆炸等级），事先必须了解泄爆门的泄爆效率。泄爆门自身的强度必须与储罐的强度相匹配。

c. 必须定期检修泄爆门，仔细检查其泄压部件的可动性和静开启压力，排除积雪、结冰和锈蚀等因素的不良影响。

d. 如果爆炸产生的压力很高，必须采用管端泄爆的形式才能避免损坏泄爆门。

e. 泄爆片要尽可能坚而轻，以减小惯性。

泄爆板应有链条连接，以免爆炸时飞出伤人。链长至少要有固定框最长的边长。链应有足够强度。

④ 产品性能与技术指标：

a. 开启压力按泄爆要求确定，目前有低至 0.006～0.01MPa 的本类产品。

b. 开启压力允许偏差，当 p_{red}=0.02MPa 时，一般不应大于（30%～25%）p_{stat}。

c. 允许工作温度、压力、湿度。

d. 允许工作介质。

e. 抗反压与真空能力。

f. 依据的标准文件号。

（2） 泄爆门

泄爆门一般由泄爆盖、固定轴、夹紧元件、密封件安装部件组成。它包括手动关闭和自动关闭两种。这种自动关闭不是利用电气控制，而是利用泄爆盖打开运动时的空气压缩弹性或是利用重力或吸力重新将盖关闭。

（3） 管道泄爆门

管道泄爆门一般要求在同样的泄爆面积下，其强度比容器泄爆门大，因为爆炸火焰在管道内传播时的加速作用，引起压力升高，特别是在管端或转弯处。

管道泄爆装置有平行管轴安装的，有在管端垂直于管轴安装的，有夹角很小的两管道连接处安装的，又称换向器。随着爆炸时压力冲击波传播到此装置，泄压盖被冲开泄爆，可以减少与其相连接的容器的损失。爆炸后可用手关闭泄爆盖。

（4） 泄爆瓣阀

这种装置多半用在生产操作比较严格，需要将泄爆口在泄压后及时关闭，以免空气进入系统引起二次爆炸或干扰生产，或避免爆炸混合物伤害环境或避免空气进入，破坏系统的真空等情况。爆炸频率较高的混杂物泄爆往往采用这种设备。

泄爆瓣阀紧锁装置，阀上装有阻尼系统或限制架，它可限制孔口开度，也可防止翻转和联杆弯曲。

由于泄爆瓣阀开启速度较带有弹簧阻尼的泄爆瓣阀动作慢，所以同样的泄爆面积其最大泄爆压力要比其他类型泄爆装置大，故其泄压面积应加大。这应由实验来确定。泄爆阀应尽可能轻些，一般不超过 $10kg/m^2$。如果泄爆面积不可能增大，就必须加大泄压容器的强度，或采用其他的防爆方法。

这种装置原则上开启 45°就能自由泄爆，与全部打开泄爆效果差不多。

这种门板的强度必须与被保护设备自身的强度相匹配。

尽管空气可以通过其他通道进入，但是一旦泄爆后泄爆门再次关闭，仍有产生负压损害

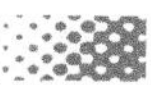

的危险。

瓣阀不可能及时全部开启，因此其泄爆效率低于相同泄爆面积的泄爆膜，大约是爆破片的 60%。

6.3.7.5 监控式泄爆装置

监控式泄爆装置是使用一个能及时探测出初始爆炸的传感器，通过信号放大器发出信号，引爆泄爆片上的雷管，或启动泄爆门、泄爆阀的开启机构，使之自动打开泄爆。

这种主动式泄爆装置的特点是在爆炸压力波尚未到达或很小时，就自动打开了泄爆装置，因此泄爆及时，泄爆效率高。这里起关键作用的是传感器。但它的费用较高，必须有可靠的监控系统。

6.3.7.6 灭火泄爆装置

爆炸泄压时，高温高压的粉气爆炸产物以及未燃烧的粉气从泄爆孔喷射出去，虽然保护了被泄爆的设备，但对周围环境又构成新的威胁，所以，有必要将泄爆孔喷出的火焰和未燃粉尘捕集下来。

火焰捕集泄爆装置如图 6-25 所示，包括泄爆部分（如泄爆片）和火焰冷却吸收部分，它可以代替泄爆管安装在设备上，使火焰与粉尘截留在此火焰捕集装置内，以保证泄爆孔外安全。这种装置不仅能捕集火焰而且能截留粉尘，不过相应地减小了一些泄压效率，捕集表面的大小取决于所需泄爆容器的体积，此装置如果设计得好，对泄压容器内的最大泄爆值的升高影响较小，即可做到泄压效率为未采用时的 94%。

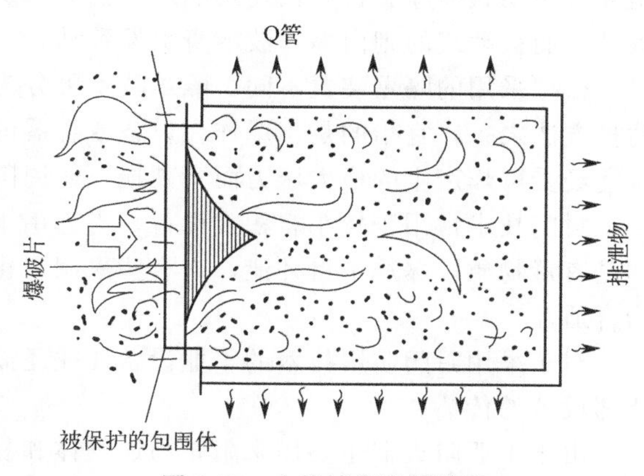

图 6-25 火焰捕集泄爆装置

6.3.7.7 泄爆装置的检查与维修

泄爆装置与设施需要定期检查和维修，以保证使其处于良好的状态。检查的频率和程序如下：

① 设备安装应在产品生产厂家指导下进行，确认泄爆器件已按厂家说明书和公认惯例安装到位，所有操作机构都正常运行，然后验收。

② 使用单位应按生产单位产品说明书对泄爆器件进行定期检查。其频率取决于器件所处的环境和使用要求与条件。使用过程或操作者的改变都会引起条件的重大变化，例如腐蚀条件严重性的变化、沉积杂物及碎屑的积聚等都要求频繁的检查。

③ 检查与维修应听从生产厂家的建议。

④ 检查程序和频率应纳入“泄爆装置管理岗位责任制”条例中，并包括定期试验的条款。

⑤ 为了便利检查，泄压器件的通路和视线不应受阻挡。

⑥ 检查时发现的任何封条和标签的损坏，任何明显的物理缺损或腐蚀以及任何其他缺

陷都必须立即修复。

⑦ 任何会干扰泄爆器件操作的结构变化或增加的建筑物都应当立即报告。

⑧ 泄爆器件都应按厂家的推荐进行适当的预防性维修，任何检查到的缺陷应立即修复。

⑨ 要注意维修的适当性，往往由于维修不当，如刷涂除锈涂料等而使器件粘住，这种后果更为严重。

6.4 爆炸的阻隔

隔爆是通过隔爆装置得以实施的一种爆炸防护技术。常用的隔爆装置有：工业阻火器、主动式(即监控式）隔爆装置和被动式隔爆装置等。工业阻火器常用于燃烧爆炸初期火焰的阻隔；主动式隔爆装置和被动式隔爆装置的区别在于主动式隔爆装置靠传感器探测爆炸信号致动，而被动式的则由爆炸波本身引发致动。

根据采用的隔爆装置不同，隔爆技术可分为机械隔爆和化学隔爆。爆炸的封闭是爆炸的防护方法之一，它指的是当爆炸在设备或容器内部发生时，由于该容器或设备具有一定的强度能经受爆炸产生的最大压力而不破损，使周围人员免遭伤害。

封闭技术常用于较小容积或设备，当它用于较大容积时，费用较高，但若设备内部处理的是有毒物质，爆炸不得外泄，或有些采用惰化防爆措施的生产线采用封闭防爆的方法仍较为合适。

对于采用封闭防爆技术的工业设备往往还需要同时采用爆炸阻隔技术来阻止爆炸火焰向相邻设备的传播。

由于工业阻火器主要用来阻止易燃气体和易燃液体蒸气的火焰向外蔓延，对纯气体介质有效，本节只介绍适用于粉尘料仓排料口的星型旋转阀阻火器及含有粉尘、易凝物等输送管道选用的主动式隔爆装置和被动式隔爆装置。

6.4.1 工业阻火器

星型旋转阀阻火器在形式上同国产星型给料阀类似，但结构上符合熄灭间隙的原理，因此能达到阻止火焰通过的目的。其结构原理如图 6-26 所示，由阀壳、转子及对称分布的旋转叶片构成，在转子转动的任一时刻，转子两侧均有相同数目的旋转叶片与阀壳内表面构成灭火间隙。星型旋转阀阻火器在工业中的应用如图 6-27。

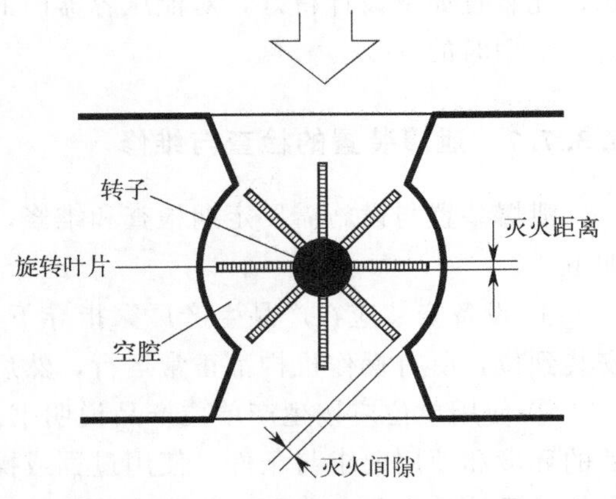

图 6-26　星型旋转阀阻火器

机械阻火器对管道里的粉尘、纤维、黏性液雾等物非常敏感，而星型旋转阀阻火器却可以用于输送粉尘的料仓排料口。

根据国外资料，对于有机粉尘和硫黄（金属粉尘，铝粉、镁粉等除外）可以利用星型旋转阀来阻止火焰的传播，且可参考图 6-28 所示的诺谟图来选取灭火间隙 W。

在设计星型旋转阀阻火器时应注意：

① 旋转叶片必须由金属材料制成，其厚度不应小于 3mm；

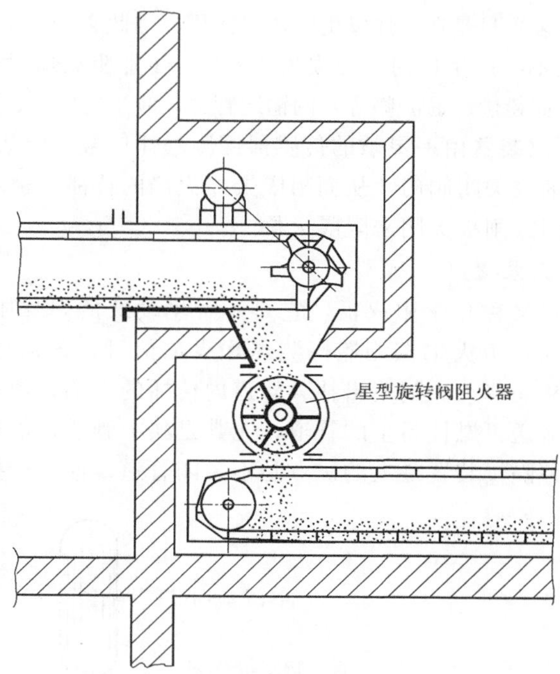

图 6-27　星型旋转阀阻火器在工业中的应用

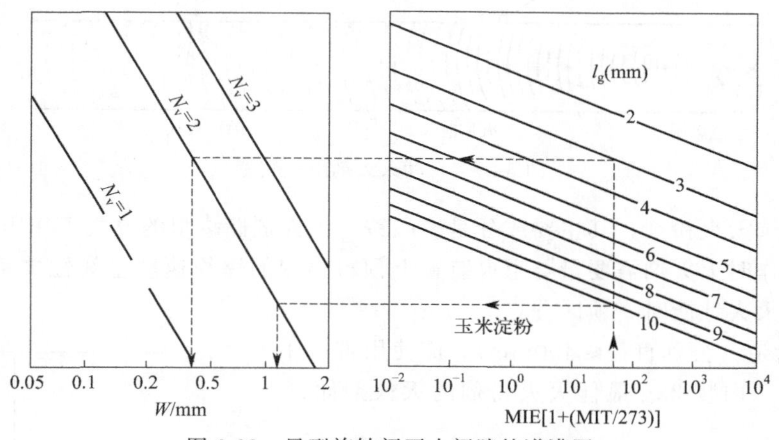

图 6-28　星型旋转阀灭火间隙的诺谟图

l_g—灭火距离（旋转叶片的厚度）；MIE—粉尘的最小点火能量，mJ；MIT—粉尘的着火温度，℃；
N_v—阀芯一侧同时构成熄火间隙的旋转叶片数目；W—灭火间隙

② 阀芯应具备足够的强度，以保证在爆炸发生时不发生轴向和径向的位移；

③ 阀壳应设计成耐压结构，在最大爆炸压力时不产生永久性塑性变形；

④ 一旦爆炸发生，旋转阀应能立即自动停止转动，以避免闷烧或已燃粉尘进入相邻设备引起二次燃烧或爆炸。

6.4.2 主动式隔爆装置

主动式、被动式隔爆装置是靠装置某一元件的动作来阻隔火焰，这与工业阻火器靠本身的物理特性来阻火是不同的。另一方面，工业阻火器在工业生产时刻都在起作用，对流体介质的阻力

较大，而主、被动式隔爆装置只是在爆炸发生时才起作用，因此它们在不动作时对流体介质的阻力小，有些隔爆装置甚至不会产生任何压力损失。另外，工业阻火器对于纯气体介质才是有效的，对气体中含有杂质（如粉尘、易凝物等）的输送管道，应当选用主、被动式隔爆装置为宜。

主动式（监控式）隔爆装置由一灵敏的传感器探测爆炸信号，经放大后输出给执行机构，控制隔爆装置喷洒抑爆剂或关闭阀门，从而阻隔爆炸火焰的传播。被动式隔爆装置是由爆炸波来推动隔爆装置的阀门或闸板关闭来阻隔火焰。

（1）自动灭火剂阻火装置

自动灭火剂阻火装置又称化学阻火器，它是一种主动式的爆炸阻隔装置，其结构如图6-29所示。当爆炸发生时，由火焰探测器探测爆炸火焰信号，该信号经放大后引爆灭火剂储罐出口阀门的雷管，从而将灭火剂喷出扑灭管道内传播的火焰，使爆炸得到阻隔。

这种阻火器较适合输送可燃性粉尘的管道，尤其是狭窄管道，能在预先确定的位置上切断粉尘爆炸的传播。这种隔爆装置最大的优点是不关闭管道，使生产操作能继续进行。

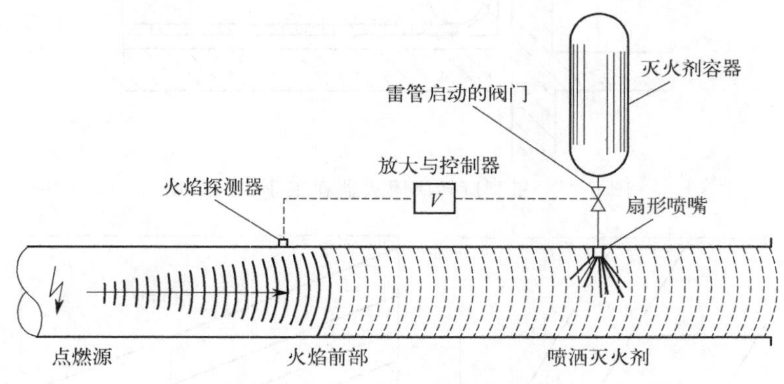

图 6-29　自动灭火剂阻火装置

灭火剂常选灭火粉剂，其主要成分是磷酸铵。灭火剂储罐里的氮气工作压力为12MPa。

阻火器动作时灭火剂需要量与阻火装置上预料出现的爆炸速度呈线性关系，见图6-30。考虑灭火剂的灭火性能时，须区分：

① 对小管道（公称直径≤400mm），应使用带有1个19mm阀门、内装2kg最佳灭火粉剂的灭火剂储罐（5.4L）。

② 对大管道（公称直径≥500mm），应使用带有2个19mm阀门、内装4kg最佳灭火粉剂的灭火剂储罐（5.4L）。

后者由于装有较多的灭火粉剂，所以灭火效果比较好。

当阻火器上的爆炸速度一定时，每平方米管道断面上用于抑制爆炸所需要的灭火剂量是恒定的，它与管道直径无关。图6-30是管道长为20m、阻火器位于第10m、光学传感器位于第1m处的阻火装置上的灭火剂的需要量。其中，容器容积为5.1L，充氮压力为12MPa，并带有1个19mm的阀门。

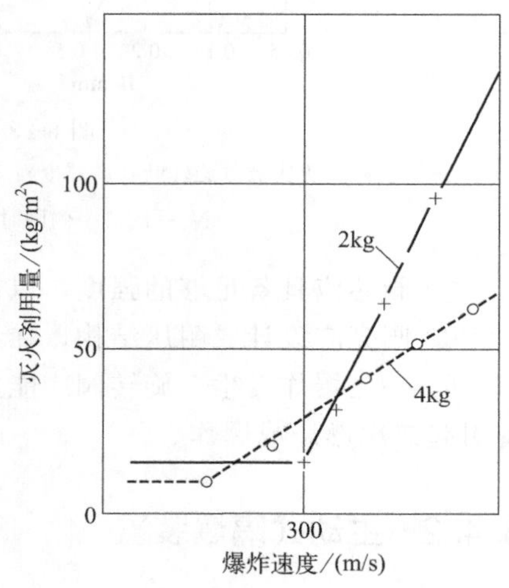

图 6-30　阻火装置上的灭火剂需要量

根据图 6-30 的数据可以计算出不同公称直径管道所需要的灭火剂储罐的数量，见表 6-12。

表 6-12　灭火剂阻火装置所需灭火剂储罐的最少数量

阻火器上的爆炸速度/(m/s)		300	400	500	600
公称直径/mm	灭火器储罐带有的阀门	所需灭火剂储罐			
200	1 个 $\frac{3}{4}''$	1	1	2	2
300		1	2	4	5
400		1	4	6	8
500	2 个 $\frac{3}{4}''$	2	2	3	4
600		2	3	4	5
700		3	4	6	7

注：管道长度 20m；阻火器在第 10m 处；光学传感器在第 1m 处。

(2) 快速关闭闸阀

它与管路的连接部分很简单，而且可以按任意角度安装。快速关闭闸阀的工作原理是：当探头收到爆炸信号后，由放大后的信号炸开储气罐的阀门，高压气体喷出推动闸板迅速关闭管道。这种快速关闭闸阀的储气罐是由雷管爆炸开启的，因此反应较快，阀门关闭时间较短，可达 50ms。但是，在生产中为检测其有效性需做破坏性实验，为此，用快速电磁阀代替高压气体作为动力源的快速关闭闸阀已在工业生产中广泛应用。

(3) 快速关闭叠阀

此类阀的结构如图 6-31 所示，由放大后的爆炸信号开启储气罐的阀门，喷出的高压气体推动闸板迅速转动而封闭管道，使传播的火焰得到阻隔。

快速关闭叠阀是靠闸板的转动来封闭管道的，其响应速度在储气罐压力相同的情况下比快速关闭闸阀要快，完全封闭时间可达 30ms。

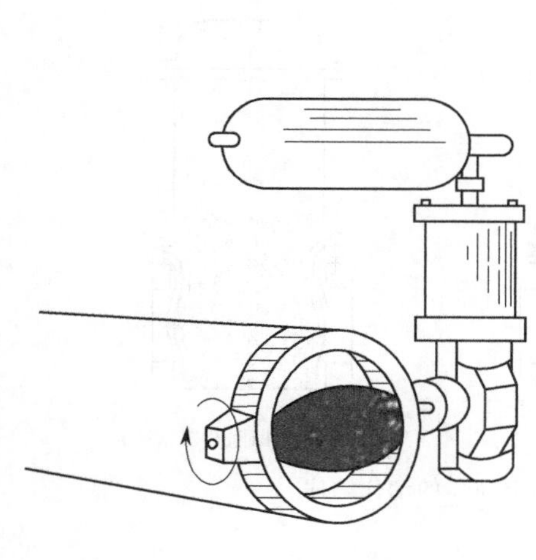

图 6-31　快速关闭叠阀

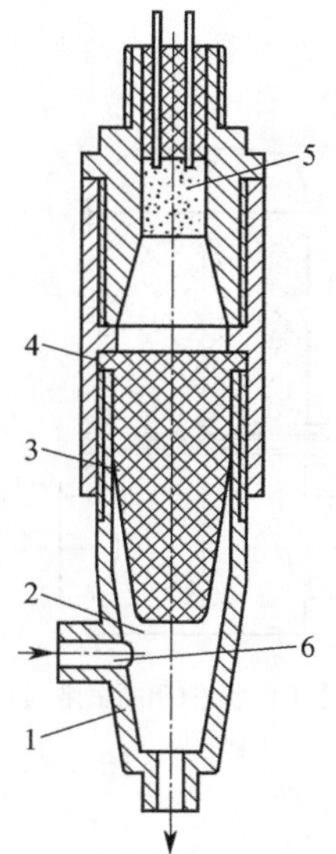

图 6-32　爆发制动塞式切断阀

1—本体；2—内腔；3—切断机构；4—凸缘；5—发火药包；6—通道

(4) 爆发制动塞式切断阀

这种阀的速度比垂锤式的要快。其结构形式如图 6-32 所示。本体 1 的内腔 2 呈圆锥形，腔内的切断机构 3 是一个截去端部的锥形塞，其上部的凸缘 4 起密封作用。当有关闭信号输入时，发火药包 5 即爆发，在爆发所产生的气体的压力作用下，凸缘 4 受剪力的作用被剪断，切断机构 3 即堕入锥形阀座而将通道 6 堵死。这样一来，进出口通道以及发火药包 5 便相互被隔断。由于密封面呈锥形，这就需要用塑性材料来制作锥形塞，以便使锥形塞能够同时将进出管口和爆发腔隔断。

(5) 料阻式速动火焰阻断器

其结构如图 6-33 所示，这种阻断器可成功地用于阻隔可燃性粉末材料气流输送管道内产生的火焰。这种火焰阻断器是由本体 1、储筒 2 和装有发火药包 4 的顶盖 3 等组成。阻断物 6 可采用粒状物料（如沙子）。在阻断物的上部有一块膜片 5，下部依次为膜片 7、两个可折弯的支撑板 8 和保护膜 9。

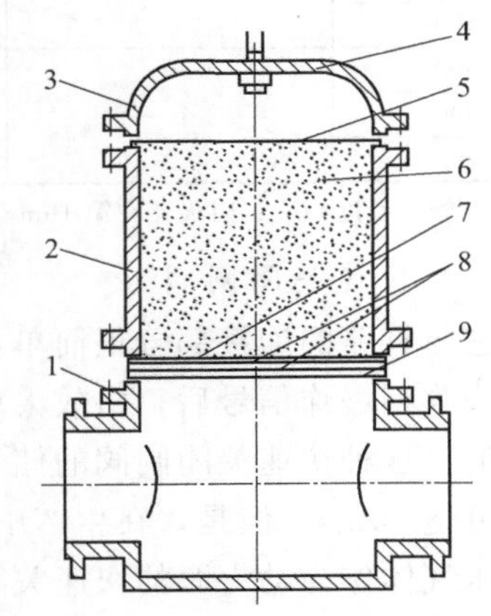

图 6-33　料阻式速动火焰阻断器

1—本体；2—储筒；3—顶盖；4—发火药包；5，7—膜片；6—阻断物；8—支撑板；9—保护膜

这种阻断器的工作情况可从图 6-34 中清楚地看出。遇有指令电脉冲输入时，发火药包即受触发而爆发，爆发时产生的气体迅即将膜片冲破并将粒状物料压向下方。支撑板受到粒状物料的压力后便向下弯曲并将阻断器的进出口堵住，而粒状物料随即把阻断器的腔膛填实。支撑板的主要作用是防止粒状物料通过连接管口被夹带走。这种火焰阻断器在发生动作后虽不能把管路堵死，但却能完全阻止住火焰通过它进一步蔓延。公称直径在 100～350mm 的这种结构的火焰阻断器，其动作时间不超过 0.05～0.2s。

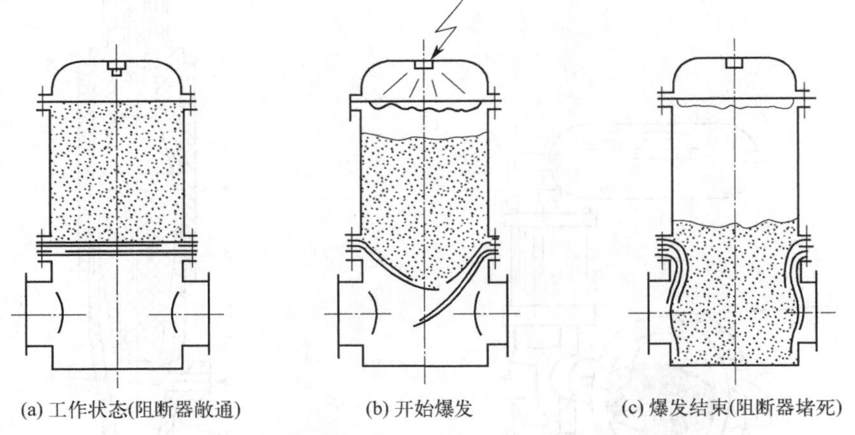

图 6-34　以粒状物料作阻断物的阻断器的动作顺序

6.4.3 被动式隔爆装置

(1) 自动断路阀

该设备靠本身对爆炸波的感应而动作。其结构如图 6-35 所示。自动断路阀主要分阀体和切断机构两部分。阀体 1 带进口短节和出口短节。切断机构由驱动构件和换向构件构成。换向构件包括一个传动件 6 和一个换向滑阀 5。换向滑阀 5 借助弯管 3 可将驱动机构本体 9

的内腔与阀体 1 的内腔连通，或者与大气连通。

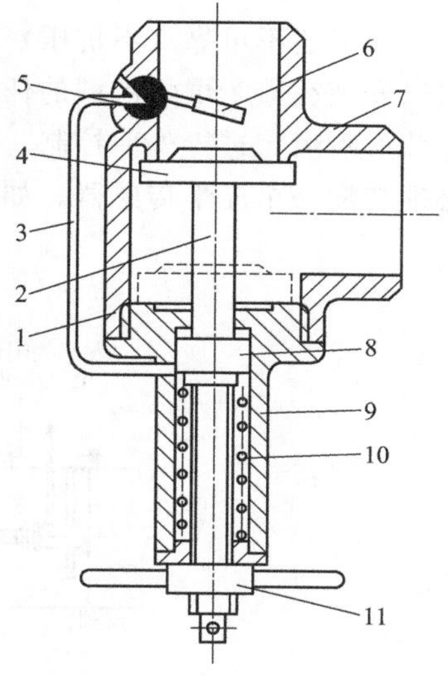

图 6-35　自动断路阀

1—阀体；2—阀杆；3—弯管；4—阀芯；5—换向滑阀；6—传动件；7—阀座；8—活塞；9—本体；10—弹簧；11—螺母

自动断路阀是按下述方式工作的：平时，阀芯 4 与阀座 7 脱离，活塞 8 压住弹簧 10。在驱动机构的本体 9 内，活塞上方的空间通过弯管 3 和换向滑阀 5 与阀体 1 内的空间连通。经此通道进入的工艺介质从阀杆 2 这一侧向活塞 8 施以压力，并使弹簧 10 处于压缩状态，此时断路阀即为开路。

当工艺管线内的压力降低到一定限度后，弹簧 10 的弹力即可将活塞 8 顶起，从而把工艺介质自驱动机构本体 9 内的空间挤出，这时切断机构即处于闭路状态。

当发生事故时，传动件 6 带动换向滑阀 5 动作，结果使活塞上方的空间与大气连通，于是活塞上方空间内的压力急速下降，断路阀即行关闭。排除事故后，利用套在螺杆上的螺母 11 把断路阀打开，再把换向滑阀 5 定回原处。当工艺管线里的压力恢复后，再把螺母 11 拧到最低位置，于是断路阀又重新处于动作前的状态。

(2) 芬特克斯阀门

这是国际上常用的一种隔爆阀门。芬特克斯阀门是这样一种安全装置：当管道里出现一定的爆炸压力时，阀门能自动迅速闭合，阻止来自两个不同方向的爆炸的传播。芬特克斯防爆阀门如图 6-36 所示。该阀门必须水平安装在管道里，其最小动作压力为 0.01MPa。阀门闭合处带有弹簧的爪钩与制动装置衔接并封闭里边的气门座。阀门在动作后处于闭合状态并可通过外部控制的松开按钮，使它重新回到正常的中间位置。闭合到位的阀门能通过电气脉冲触点发出光学信号。

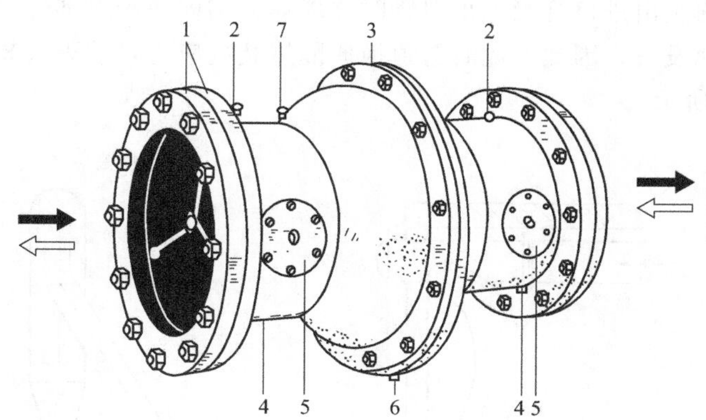

图 6-36　靠爆炸压力动作的芬特克斯阀门（公称直径 200～400mm）

1—法兰（公称压力 1MPa）；2—返回原位按钮；3—中间法兰；4—测量压力损失的接头；5—检查盖；6—凝液排出口；7—发出关闭信号的电气脉冲触点

因为阀门的闭合动作机构需要一定的爆炸压力，所以当爆炸压力小于安全机构的最小动作压力时，就不能阻止通过管道的爆炸传播。为不使爆炸往不可靠（不抗压）的范围传播，阀门在管道内的安装位置应与容器内可能发生爆炸的地方相隔几米的距离。如果该容器应用泄压防护措施，那么为了保证阀门的动作可靠，泄压装置的静止动作压力一定要高于阀门的最小动作压力。

当上述不可靠（不抗压）范围不能耐受压力时，阀门也可使用外部控制，这样，阀门就可以安装在整个爆炸区域的任意部位。在阀门范围内，氮气瓶排出的冲击压力沿管道轴向通过球形喷嘴，进行外部控制。如果储罐的阀门是雷管控制启动的，那么在对着爆炸的方向上必须装配一个光学传感器，如图 6-37 所示。

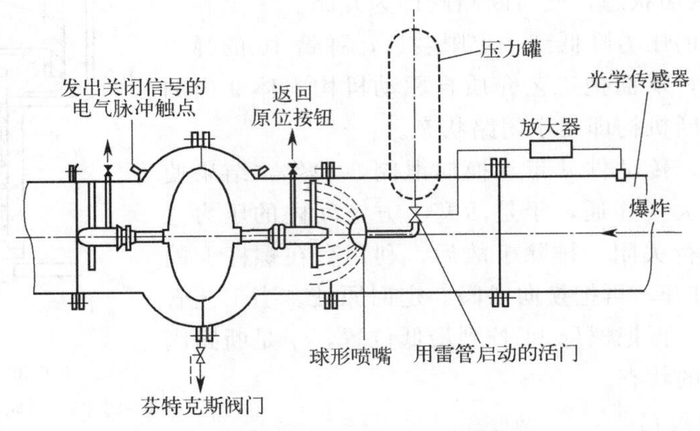

图 6-37 “外部控制”的芬特克斯阀门

(3) 管道换向隔爆装置

管道换向隔爆装置是一种爆炸阻隔装置，其结构如图 6-38，由进口管、出口管和泄爆盖组成，气体在进口管和出口管间流动方向改变了 180°或 90°。如果爆炸火焰由进口管进入，由于惯性向前传播时将泄爆盖爆开，这时大部分火焰被泄掉，有很少一部分从出口管向被保护的容器流去。一般情况下，这部分火焰也会很快熄灭掉，但应注意“吸火”现象，即利用负压将可燃性粉尘由进口管吸入出口管时，爆炸火焰即使被大部分泄掉，仍有被吸入出口管直到传播给其他设备，因此，此时管道换向隔爆装置应与自动灭火装置联合使用才能确保安全，如图 6-39 所示。

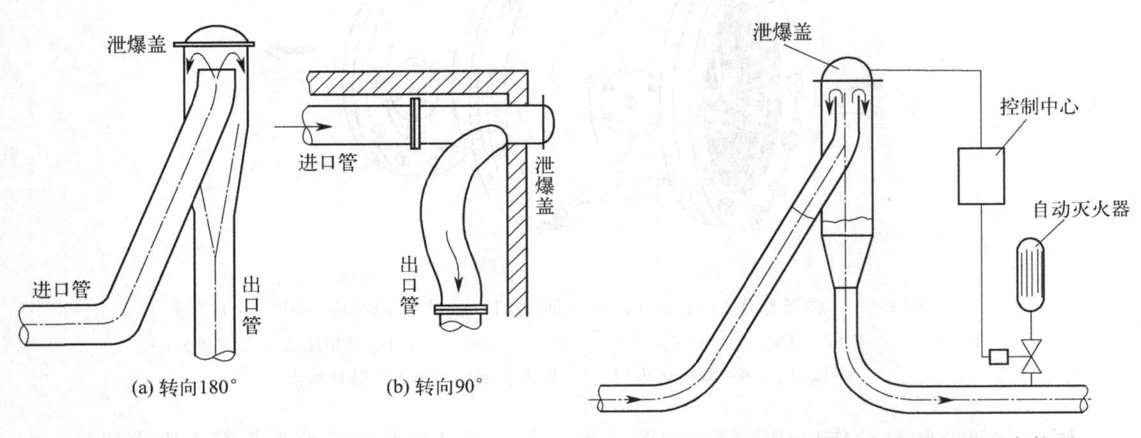

图 6-38 管道换向隔爆装置

图 6-39 换向隔爆与自动阻火器联合使用

进出口管的尺寸见图 6-40。

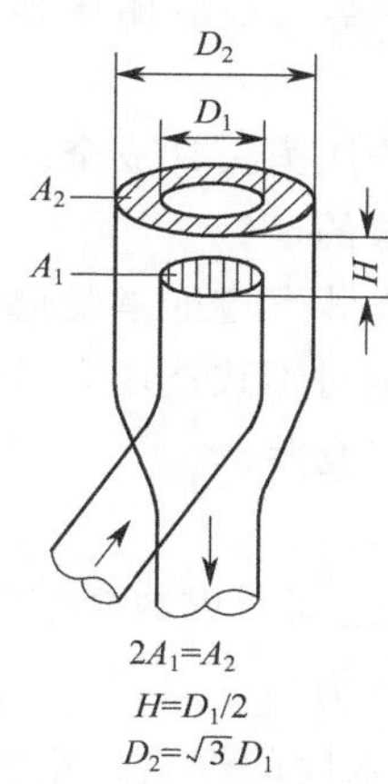

图 6-40　管道的换向阻火器结构

6.5　爆炸的封闭

封闭技术是利用封闭容器或设备将爆炸压力及火焰封闭住，使周围人员免遭伤害。这类爆炸封闭装置需能经受一定可燃物质的最大爆炸压力而不被破坏。此类设备必须设计成压力容器（通常称为耐压容器）或抗爆容器。

压力容器和抗爆容器在封闭爆炸时的区别在于：压力容器既不允许出现破裂，也不允许出现永久性塑性变形，而抗爆容器则允许塑性变形的发生。

6.5.1　压力容器

国际上用于封闭爆炸的压力容器完全是按照国家正式设计规范、标准、条例来进行设计、制造和检验。其操作压力通常是在 0.5MPa（表压）以上，容器上印有制造厂主管机构的数据标志，上有以 MPa 为单位的最大允许工作压力。压力容器的试验压力（检验压力）一般为最大允许工作压力的 1.3 倍，因为可燃性粉尘最大爆炸压力一般少于 0.7MPa（表压），以及最大爆炸压力与初始压力是成正比变化的，所以对于容易爆炸的压力容器，其试验压力至少是正常工作压力的 7 倍。

关于钢制压力容器的设计、制造和检验，我国已分别制定了国家标准，当将其用作爆炸封闭设备时，除满足国家标准之外，还应接受由可能发生的最大爆炸压力决定的试验压力的测试。

6.5.2　抗爆容器

关于抗爆容器的设计、制造及检验标准国内还没有明确规定。德国《抗爆容器和设备的计算、制造和测试指南》（以下简称《指南》）可供读者在设计抗爆容器时参考，现介绍如下。

（1）《指南》的应用范围

《指南》可应用的容器和设备：当其内部可能容纳可爆性燃料、气体的混合物，而且容器或设备内部出现点火源的情况不能避免时。

抗爆容器的设计不受制于耐压容器设计规则的规定，因为爆炸压力与最大允许工作压力不同。如果由于设计或操作的原因这些容器受到耐压容器设计规则的约束，则该指南具有附加效力。

抗爆容器或设备可按承受全部爆炸压力设计成全压式的，也可按其因具备泄爆、抑爆装置只承受最大泄爆压力而设计成泄压式的。

抗爆容器或设备及附属的管路这类装置应能承受爆炸的冲击而不致破裂，但局部的变形还是允许的，如此设计以确保爆炸发生时不致造成人员的伤害。这类设计涉及过滤机、混合机、球磨机、粉碎机、轮船燃烧仓、谷仓等。

(2) 专有名词或术语

① 最大爆炸压力 p_{max}。在最佳浓度时，燃料及空气的混合物在封闭容器和设备中的爆炸产生的最大压力被定义为最大爆炸压力。

② 最大泄爆压力 p_{red}。具有最佳浓度的燃料、空气混合物在具有抑爆或泄爆系统的密闭容器或设备中爆炸时产生的最大压力称为最大泄爆压力。

③ 工作压力。生产设备按既定程序运行时内部表现的压力。最大爆炸压力 p_{max} 和最大泄爆压力 p_{red} 经常超出工作压力的数倍。

(3) 抗爆容器的设计

抗爆容器或设备宜选用具备圆形对称几何形状的外形，大平面板形应绝对避免。

(4) 计算、制造、测试及结构的选材

注意：应用本条目的先决条件是所设计的容器或设备允许变形。

《压力容器》(GB 150.1～GB 150.4) 均是可以应用的，但是对于抗爆结构，只有当爆炸万一发生时才会出现较大的应变，而且时间还很短暂，因此下述的几点情况虽与《压力容器》(GB 150.1～GB 150.4) 略有偏离，但是，仍是设计抗爆结构可采纳的：

a. 密封面（如法兰、包围体等）在万一爆炸发生时，虽然要阻止火焰的逸出，但并不要求绝对的气密性，不过对于有毒物质却必须考虑。

b. 对于某些技术问题，如果《压力容器》(GB 150.1～GB 150.4) 没有专门论述，则其他通用规则在此方面的规定应予以考虑。

c. 如果有测试结果的证明或有技术安全的档案，那么在设计时与《压力容器》(GB 150.1～GB 150.4) 稍有偏离是允许的。

对于难于计算的设计强度可以通过测试的方法来确定，例如用水压法、应变法，甚至采用爆炸测试的方法。这些测试可能表明了容器或设备将能够承受的爆炸压力的大小。这些容器或设备包括星型旋转阀、粉碎机腔体、快速隔爆阀等。

对于一只压力容器，如果能满足《压力容器》(GB 150.1～GB 150.4) 规定的（考虑计算、制造、结构选材和 c. 的要求）0.6MPa（表压）压力的要求，则它相当于能承受 0.9MPa（表压）压力的抗爆容器。

① 计算。附加作用力如泄爆装置动作时出现的反作用力，应该加以考虑。由于产品的需要而附加的静载荷，如容器接受流体静力学检验时受到的水压，应该加以考虑。

a. 设计压力。抗爆容器或设备的设计压力 p 由所处理的可燃物质的最大爆炸压力 p_{max} 或最大泄爆压力 p_{red} 来确定：

$$p=p_{max}-1(\text{MPa})$$

或

$$p=p_{red}-1(\text{MPa})$$

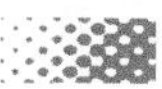

在确定设计压力时，因为爆炸压力与初始压力成正比，只要初始压力 p_V 小于 0.09MPa 或大于 0.11MPa，均要予以考虑，此时设计压力公式变为

$$p=\frac{p_{max0}p_V}{10p_0}-1(MPa) \tag{6-22}$$

$$p=\frac{p_{red0}p_V}{10p_0}-1(MPa) \tag{6-23}$$

式中 p_0——大气压力，一般 $p_0=0.1MPa$；

p_{max0}——当 $p_V=0.1MPa$ 时的 p_{max} 值；

p_{red0}——当 $p_V=0.1MPa$ 时的 p_{red} 值。

压力 p_{max}、p_{red}、p_{red0}、p_{max0}、p_0、p_V 均指绝对压力，设计压力 p 指表压。

式(6-22)、式(6-23) 的应用条件是可燃物和空气的混合物初始压力在 0～0.4MPa 之间。

b. 设计温度。爆炸发生时容器壁只有很小的温升，因此，初始操作压力时的温度可用作设计温度。

c. 材料的力学特性。对于铁氏体钢，强度可用到弹性极限或 0.2%的屈服极限，但二者都应按设计温度来选择。

对于奥氏体钢，强度可用 2%的屈服极限，因为变形增加而导致强度增加。

结构材料的力学性能均应符合《压力容器》(GB 150.1～GB 150.4) 或由专家选定。

d. 安全系数。对于上条里列出的强度值，安全系数 1 只用于有足够韧力裕度的合金，如某些铁氏体钢经热处理后的状态，奥氏体钢或铝合金，这也应用于弹性极限 ≤360N/mm² 的轧制钢材和铸造钢材，以及铝和其他一些具有相当韧性的材料。

对于铸钢和有缺陷的铸铁，安全系数为 1.5，对《压力容器》(GB 150.1～GB 150.4) 中列出的其他材料也可以运用。

e. 焊缝系数。只有特殊的协议，如材料的弹性极限大于 360N/mm² 时，焊缝系数才能取到 0.85。

f. 壁厚附加量。关于磨损和腐蚀不增加附加量，如果必需的话，附加量必须征得用户和制造商的同意，而且必须在设计图纸上标明。

g. 封头。对于内压引起的弹性凸起（如焊缝处的起皱）的复查，只在测试时采用安全系数 1.2 的情况下才能进行。

h. 开孔与加强。在管道上开孔处一般均须加强，以确保有足够的强度抵御变形。加强的厚度 $S_s \leqslant 1.7S_e$。

如果选择弧形加强筋，则弧形加强筋的宽度 b 及厚度 h 应满足：

$$b=\sqrt{(D_i+S_A-C_1-C_2)(S_A-C_1-C_2)} \tag{6-24}$$

$$h=S_A-S_e \leqslant S_s$$

式中 S_s——孔咀壁厚，mm；

S_e——实际管壁厚，mm；

D_i——圆柱管内径，mm；

S_A——开孔处所需壁厚，mm；

C_1——壁厚减薄附加量，mm；

C_2——磨损或腐蚀的附加量，mm；

h——加强筋的厚度，mm；

b——加强筋的宽度，mm。

i. 螺栓。对于光杆螺栓和有眼螺栓，其安全系数在设计时取 1.3、装配时取 1.1，设计和装配等级的调整应按《压力容器》(GB 150.1～GB 150.4) 选取。

螺栓和螺母的接触表面精度必须达到 DIN 931（16 进制螺栓）和 DIN 934（16 进制螺母）规定的加工精度。对于 8.8 级强度螺栓的应用限制和安全系数，《压力容器》(GB 150.1～GB 150.4) 中所列数据均是有效的。对于夹紧螺栓其附加载荷可按系数 1.5 增大。

j. 法兰。由于装配时密封件的初始变形和爆炸时产生附加载荷，因此需要对法兰进行计算。

对于按照 DIN 28030 加工的设备法兰和按照 DIN 2500 加工的直列名义直径为 DIN 600 的管道法兰，在标准里允许的压力值可以按系数 1.5 增加而不用检查。

适用于夹紧的法兰，由于其可能产生变形，故必须加以检查。

② 材质的选用。结构的材质必须符合设备的用途，并且要考虑机械的、温度的和化学的要求。

如果含有石墨的薄片状铸铁用于制造抗爆结构和部件的话，必须使其应力自由上升的情况得以保证。

a. 允许使用的结构材料。一般来说，只有满足《压力容器》(GB 150.1～GB 150.4) 的那些结构材料才能被使用，或那些已被发现适合于制造压力容器的材料也可采用。

b. 质量保证文献。对于所有主要容器部件，如外壳、底盘、顶盖、主要法兰等，至少有一家制造商出具如 DIN 50049 2.2 条那样的测试报告是必须的。这种报告包括：DIN 17100 规定的一般结构钢；DIN 17155 规定的供炉板材 HI和 HII型；DIN 17440 规定的奥氏体钢。

结构的其余材料的质量必须按照《压力容器》(GB 150.1～GB 150.4) 文献执行。

c. 抗爆容器和设备的商标。抗爆容器和设备应有的铭牌内容包括：制造厂家和地址、制造厂家的系列编号、生产时间、允许的工作表压、允许的工作温度及容器的体积等。

源于最大爆炸压力或最大泄爆压力的设计压力不在铭牌上标出，它只在容器的设计图纸和制造厂家的测试报告中记录。

(5) 不受压力容器规范约束的抗爆容器或设备的测试

用户实施：重复测试和非常规测试可由用户方的专家来完成。

爆炸压力的测试，应在规定的试验场地进行。

① 制造图纸的检查。

a. 制造图纸上的下列方面必须检查：

压力等级；

结构材料选择的合理性，以及上述条件中规定的测试报告；

用标准来考核设计者、验证焊缝的要求；

焊接过程、充填金属、焊缝的检查及可能的热处理。

b. 图纸上必须列出下列内容：

抗爆炸压力容器；

允许工作表压，MPa；

允许工作温度，℃；

最大的初始绝对压力，MPa；

最高的器壁温度（初始绝对压力时)，℃；

最大的爆炸压力（若有泄爆需注明设备)，MPa；

设计压力，MPa；

容积，L；

无水时的质量，kg；

可用的充填介质浓度，kg/m^3；

静力测试，MPa；

测试表压，MPa。

② 制造和制造测试。制造者应该满足负责焊接操作的压力容器制造管理者的要求。

如果以上要求不能满足，则测试的种类和广度就须按图纸上的要求一项一项地进行，如在制造厂进行非破坏测试、监督或对焊缝测试等。

至于焊接工艺，在 DIN 8558 第 2 部分中有说明。

在制造厂正式的制造测试试验中，必须检查抗爆容器在各个安全方面是否满足公认文献的要求，并且检查所出示的各项证明是否满足本指南的要求。

③ 流体静力学测试。流体静力学试验在制造厂进行。对于轧制或锻造钢材及铝材，图纸上标明的测试压力应该是设计压力的 0.9 倍；对于铸钢测试压力应该是设计压力的 1.3 倍；对于有石墨薄片的铸铁（灰口铁）和有瘤块的铸铁及铝合金（如 G-AlMg5）测试压力应为设计压力的 2 倍。

在特殊情况下，征得用户的同意后，静压测试可在设备的最后安装位置进行。

如果静压测试在正当的、可理解的情况下予以取消，则应该有一个制造者和用户均同意的替代测试试验，如非破坏性测试。这一情况的应用范围应逐项定义清楚。

④ 爆炸压力测试。由于形状的复杂而无法用数学分析或静压测试不可能时，对于该类设备及部件进行爆炸压力测试是必需的。典型的例子是：方形的过滤器腔体、粉碎机腔体、电梯、爆炸板及其他类似的情况。对于阻爆装置（星型旋转阀、单向逆止阀、速动阀）为确定阻止火焰传播的安全性，需附加另外的测试。

为确保抗爆结构的安全性和阻止火焰传播的有效率，所测试的爆炸压力至少应该是设计压力的 1.1 倍。如果设计温度高于测试爆炸压力开始前的温度，则所测的爆炸表压应适当地增加一相应值。

对于用铸钢、铸铁制作的设备或部件，爆炸测试压力应符合③条中的给定值。

经过爆炸压力测试的原型设备或部件，在测试结果上应注明制造者姓名和内容、制造设计号码（表明结构选材及焊接工序）、设计类型、制造号/容器号、制造时间及铭牌上的附加信息等内容。

⑤ 使用前的测试。为了确定设备的实际运行状态及内在因素是否与设计中考虑的各项内在因素一致，必须要做一次检查。对爆炸泄爆容器，必须检查初期压力波和火焰能否无危险地排掉，预料的反坐力能否被吸收；对于有抑爆系统的容器，应该调查一下是否所有重要安全器材均是功能完好的。

⑥ 重复性测试。抗爆容器的反复测试只有当进料对腔壁产生磨损或腐蚀时才是必需的。反复测试的频率由用户来定。

定期检查和维修对于爆破膜、爆炸板、爆炸抑制系统及其他安全设施是必不可少的。

⑦ 补充性测试。爆炸发生之后，确定容器能否不用修理就可继续使用，需要一个补充性测试。

每一重要设备或工艺出现变化之后都应按②～⑤条的内容重新测试。

第7章

主要行业粉尘防爆技术要求

针对粉尘防爆重点行业陆续出台了粉尘防爆国家标准或者行业标准，本章结合北京市重点涉爆粉尘行业，如铝镁加工、粮食、饲料、木材、静电粉末喷涂等相关标准的最新版报批稿进行了梳理，对重点行业的粉尘防爆提出了技术要求。

7.1 铝镁加工粉尘防爆

7.1.1 铝镁加工粉尘爆炸环境危险区域划分

(1) 粉尘释放源的分级

根据铝镁制品机械加工粉尘释放源释放粉尘的频繁程度和持续时间长短，粉尘释放源按下列规定分级：

① 连续级释放源。粉尘释放源持续存在，或预计长期性或频繁地短期性出现粉尘释放，释放的粉尘形成粉尘云或粉尘层环境的粉尘释放源。

② 一级释放源。在正常运行时，预计可能周期性或偶尔间断性出现粉尘释放源，释放的粉尘形成粉尘云或粉尘层环境的粉尘释放源。

③ 二级释放源。在正常运行时，预计粉尘释放源不可能出现形成粉尘云或粉尘层环境的粉尘释放，如果存在形成粉尘云或粉尘层环境的粉尘释放源，粉尘释放源也仅是不经常并且是短暂地出现。

(2) 导致粉尘爆炸的条件

铝镁制品机械加工过程粉尘释放如果形成粉尘环境，同时存在下列条件将导致爆炸：

① 存在铝镁粉尘或铝镁粉尘与空气形成爆炸性粉尘混合物，其浓度在爆炸极限以内；

② 存在点燃铝镁粉尘或铝镁粉尘与空气形成爆炸性粉尘混合物的火花、电弧、高温、静电放电或能量辐射，或者存在助燃气体，或者存在铝镁粉尘与铁锈、水或其他化学物质接触发生放热反应产生自燃。

(3) 粉尘爆炸环境危险区域的划分原则

① 应按粉尘的量、粉尘云爆炸极限和通风条件确定粉尘爆炸环境危险区域的分区。

② 根据粉尘爆炸环境出现的频繁程度和持续时间划分为20区、21区、22区，危险分区应按照下列规定。

a. 20区。铝镁粉尘云在空气中形成的爆炸性环境持续地或长期地或频繁地出现的区域。

b. 21区。在正常运行时，铝镁粉尘云在空气中形成爆炸性环境可能偶尔出现的区域。

c. 22区。在正常运行时，铝镁粉尘云在空气中形成爆炸性环境一般不可能出现，即使出现，持续时间也是短暂的区域。

(4) 非爆炸危险区域的确定

在正常运行时，铝镁制品机械加工粉尘释放源释放的粉尘在空气中不可能出现形成粉尘云的爆炸性环境，且同时符合下列规定时，可划为非爆炸危险区域：

a. 铝镁制品机械加工区域应与其他加工方式的车间或作业区隔离设置。若与其他加工方式的车间或作业区同处在厂房建筑内，则应设立非燃烧体的实体结构隔离墙，将铝镁制品机械加工区域与其他加工方式的车间或作业区完全隔离。

b. 铝镁制品机械加工除尘系统的设计、制造、安装、验收、使用及维护应符合相关要求。

c. 铝镁制品机械加工区域的通风、采暖和空气调节系统应独立设置，厂房内应保持负压，且不采用循环空气。

(5) 粉尘爆炸环境危险区域范围的确定

① 粉尘爆炸环境危险区域20区的范围。存在铝镁制品机械加工连续级释放源，与其相关联的相对封闭环境的区域，应确定为20区。示例如下但不仅限于此：

a. 风管及除尘器的内部；

b. 在相对封闭环境持续进行铝镁制品机械磨削、打磨、抛光加工的区域；

c. 抛丸喷砂设备内部的抛丸喷砂加工区。

② 粉尘爆炸环境危险区域21区的范围。存在铝镁制品机械加工一级释放源，与其相关联的周围距离2m（垂直向下延至地面或楼板水平面）的区域，应确定为21区。示例如下但不仅限于此：

a. 持续进行铝镁制品机械磨削、打磨、抛光加工的作业区域；

b. 除尘器的清灰口及清灰作业区域；

c. 如果粉尘的扩散受到实体结构（墙壁等）的限制，它们的表面可作为该区域的边界。

③ 粉尘爆炸环境危险区域22区的范围。存在铝镁制品机械加工二级释放源，与其相关联的周围距离3m，或超出21区距离3m（垂直向下延至地面或楼板水平面）的区域，应确定为22区。示例如下但不仅限于此：

a. 风管的清灰口及清灰作业区域；

b. 抛丸喷砂设备的清灰口及清灰作业区域；

c. 持续进行铝镁制品机械磨削、打磨、抛光加工设备的清灰口及清灰作业区域；

d. 采用手持动力工具进行铝镁制品打磨、抛光作业的作业区域；

e. 如果粉尘的扩散受到实体结构（墙壁等）的限制，它们的表面可作为该区域的边界。

7.1.2 建（构）筑物的布局与结构

① 厂房内存在铝镁制品机械加工粉尘爆炸环境危险区域，厂房建筑物应独立设置，与

学校、医院、商业等重要公共建筑之间的防火间距不小于 50m，与民用建筑之间的防火间距不小于 25m。如果铝镁制品机械加工粉尘爆炸危险区域设置在联合厂房内，应符合下列要求：

a. 布置在联合厂房的外侧；

b. 粉尘爆炸危险区域设置耐火极限不低于 3.00h 的实体结构隔墙，与其他加工方式的作业区隔离。

② 存在粉尘爆炸环境危险区域的厂房建筑符合下列要求：

a. 厂房建筑宜采用单层设计；

b. 单层建筑的屋顶应采用轻型结构，多层建筑物应采用框架结构，楼层之间隔板的强度能承受粉尘爆炸产生的冲击；

c. 厂房建筑物的墙体应设有泄压口，或其他开口作为泄压口，泄爆面积计算应符合《粉尘爆炸泄压指南》(GB/T 15605) 的要求。

③ 存在粉尘爆炸环境危险区域的厂房，应按照《建筑设计防火规范（2018 年版）》(GB 50016) 耐火等级乙类厂房的要求设置安全通道和安全出口，厂房的门（包括厂房内车间的门）应向疏散逃生方向开启，安全通道应畅通，不得堆放包括易燃易爆物品在内的任何物品。

④ 存在粉尘爆炸环境危险区域的厂房内，不得设置办公室、休息室、会议室、仓库和危险化学品仓库。

⑤ 厂房地面应无积水、污垢、油污，且应有防滑措施。

7.1.3 防火及消防设施

① 厂区应按照《建筑设计防火规范（2018 年版）》(GB 50016) 的要求设置消防通道。

② 生产车间应按照《建筑灭火器配置设计规范》(GB 50140) 的要求设置消防设施及灭火器材，粉尘爆炸环境危险区域应采用用于熄灭铝镁制品机械加工粉尘燃烧火焰的灭火器材（D 类或冷金属）、覆盖剂进行灭火。

③ 灭火器材应放置于明显、容易取得的地方。

④ 应定期对消防设施及灭火器材进行检查、维护。

⑤ 应按照相关要求设置消防安全标志。

7.1.4 电气防爆安全

① 铝镁制品机械加工作业场所电气线路和电气装置应符合《电气电缆线路施工及验收规范》(GB 50168)、《电气装置安装工程》(GB 50169)、《剩余电流动作保护装置安装和运行》(GB 13955) 的要求。

② 设置在粉尘环境爆炸危险区域电气设备、控制装置、监测报警装置的选型和安装应符合相关标准要求。

③ 设置在粉尘环境爆炸危险区域的电气设备、控制装置、监测报警装置的电气连接应符合《爆炸危险环境电力装置设计规范》(GB 50058) 的要求。

④ 除尘系统、金属设备，以及金属管道、支架、构件、部件等防静电措施应符合《防止静电事故通用导则》(GB 12158) 的要求，电气设备的保护接地应符合《爆炸危险环境电

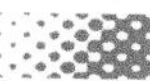

力装置设计规范》（GB 50058）的要求，除尘系统的风管不得作为电气设备的接地导体。

⑤ 电气设备、控制装置、监测报警装置的新装、更换和定期维护后，应进行绝缘电阻检测。

⑥ 电气线路、电气设备、控制装置、监测报警装置应无积尘。

7.1.5　除尘系统防爆安全

（1）一般规定

① 应识别、评估铝镁制品机械加工存在的粉尘爆炸危险，除尘器的选用应符合以下要求：

a. 选用干式除尘器进行除尘时，采用袋式外滤除尘和（或）旋风除尘工艺；

b. 选用湿式除尘器进行除尘时，采用水洗或水幕除尘工艺；

c. 不得采用电除尘器；

d. 不得采用正压吹送粉尘至干式巷道式构筑物作为除尘风道或类似结构构筑物的除尘工艺，不得采用以沉降室为主的重力沉降除尘方式。

② 干式除尘系统应按照粉尘爆炸特性采取预防和控制粉尘爆炸的措施，选用降低爆炸危险的以下一种或多种防爆装置：

a. 泄爆装置。在爆炸压力尚未达到除尘器和风管的抗爆强度之前，采用泄爆装置排出爆炸产物，使除尘器及风管不致被破坏。

b. 惰化装置。向除尘器充入惰性气体或粉体，使粉尘失去爆炸性。

c. 隔爆装置。在风管上设置隔爆装置，将火焰及爆炸波阻断在一定的范围内。

d. 抑爆装置。在风管和（或）除尘器上设置抑爆装置，爆炸发生瞬间，向风管和（或）除尘器内充入用于扑灭火焰的物理、化学灭火介质，抑制爆炸发展或传播。

③ 除尘器箱体符合以下要求：

a. 箱体采用钢质金属材料制造，若采用其他材料则选用阻燃材料且采取防静电措施，不得选用铝质金属材料；

b. 箱体的设计强度能够承受采取防爆措施后产生的最大爆炸压力，设置在建筑物内的箱体采用钢质金属材料及焊接结构；

c. 方形箱体的箱板之间的夹角做圆弧化处理；

d. 箱体内部表面光滑，钢质金属材料箱体应采用防锈措施，不得使用铝涂料。

④ 干式除尘器运行工况应是连续卸灰、连续输灰。

⑤ 除尘器应在负压状态下工作。

⑥ 铝镁粉尘不得与铁质粉尘，以及其他种类的可燃性粉尘合用同一除尘系统，除尘系统不得与带有可燃气体、烟尘、高温气体等工业气体的风管及设备连通。

⑦ 除尘系统的风管及除尘器不得有火花进入，对存在火花经由吸尘罩或吸尘柜吸入风管危险，应采用阻隔火花进入风管及除尘器的措施。

⑧ 除尘系统应设置符合下列要求的控制装置：

a. 启动与停机。除尘系统应先于铝镁制品机械加工设备启动，铝镁制品机械加工设备停机时除尘系统应至少延时 10min 停机。

b. 保护联锁。除尘系统应设置保护联锁装置，当监测装置报警发出声光报警信号时，以及隔爆、抑爆装置启动时，保护联锁装置应同时启动控制保护。

⑨ 除尘系统的监测报警装置应装设在易于观察的位置。

⑩ 除尘系统应按照《安全标志及其使用导则》（GB 2894）的要求设置安全标志，风管应按照《工业管道的基本识别色、识别符号和安全标识》（GB 7231）的要求设置安全标识、识别色或识别符号。

（2）干式除尘器

① 应按照相关要求选用防爆装置。

② 铝镁制品机械加工选用干式除尘工艺时，若铝镁制品机械加工产生大量的粉尘，可在除尘系统中设置经旋风除尘器进行初级除尘，再经袋式外滤除尘器二次除尘的工艺。

③ 除尘器与进、出风管及卸灰装置的连接宜采用焊接，如采用法兰连接，应按照防静电措施要求进行导电跨接。

④ 袋式外滤除尘器要求如下：

a. 除尘器滤袋应采用阻燃及防静电的滤料制作，滤袋抗静电特性应符合《粉尘爆炸危险场所用收尘器防爆导则》（GB/T 17919）的要求，与滤袋相连接的金属材质构件（如滤袋框架、花板、短管等）应按照《防止静电事故通用导则》（GB 12158）的要求采取防静电措施；

b. 除尘器应设置进、出风口风压差监测报警装置，除尘器安装或滤袋更换在不超过 8h 的使用期内应记录除尘器的进、出口风压的监测数值，当进、出口风压力变化大于允许值的 20%时，监测报警装置应发出声光报警信号；

c. 除尘器的进风口宜设置温度监测报警装置，当温度大于 70℃时，温度监测报警装置应发出声光报警信号；

d. 除尘器灰斗内壁应光滑，矩形灰斗壁面之间的夹角做圆弧化处理，灰斗落料壁面与水平面的夹角大于 65°。

⑤ 袋式外滤除尘器按下列要求设置清灰装置：

a. 除尘的滤袋采用脉冲喷吹清灰方式；

b. 清灰参数（气流、气压、清灰周期、清灰时间间隔等）应按滤袋积尘残留厚度不大于1mm 设定；

c. 设置清灰压力监测报警装置，当清灰压力低于设定值时应发出声光报警信号；

d. 除尘器清灰装置的清灰气源应采用经净化后的脱水、脱油的气体，宜采用氮气、二氧化碳气体或其他惰性气体作为清灰气源。

⑥ 除尘器按下列要求设置锁气卸灰装置：

a. 除尘器灰斗下部应设锁气卸灰装置，卸灰工作周期的设计应使灰斗内无粉尘堆积；

b. 设置锁气卸灰装置运行异常及故障停机的监测报警装置，出现运行异常及故障停机状况时应发出声光报警信号。

⑦ 除尘器的输灰装置及收尘容器（桶）符合下列要求：

a. 输灰装置的输灰能力应大于除尘器灰斗卸灰量。

b. 设置输灰装置运行异常及故障停机的监测报警装置，出现运行异常及故障停机状况时应发出声光报警信号。

c. 输灰装置宜采用气力输灰，不宜采用刮板输灰机与螺旋输灰机。

d. 气力输灰安全要求：

设计气力输灰管道的风量及风速应按管道内不出现粉尘堵塞及管道温度不大于70℃计算；

设置风压监测报警装置，当风压低于设计值时应发出声光报警信号；

在水平输灰管每间隔6m处，以及风管弯管夹角大于45°的部位，应设置清灰口，风管非清理状态时清灰口应封闭，其设计强度大于风管的设计强度；

在风管弯管夹角大于45°的部位，应设置监视粉尘在管道内流动的观察窗，其设计强度大于风管的设计强度；

管道长度大于10m应按照要求设置防爆装置。

e. 输灰装置卸出的粉尘应采用压实方式收集粉尘。

f. 若除尘器每班的卸灰量小于25kg，可采用容器（桶）收集除尘器锁气卸灰装置卸出的粉尘，收集粉尘的容器（桶）应采用经防锈蚀表面处理的非铝质金属材料或防静电材料制成。

（3）湿式除尘器

① 除尘器与进、出风管的连接宜采用焊接，如采用法兰连接，应按照防静电措施要求进行导电跨接。

② 湿式除尘设计用水量、水压应能满足去除进入除尘器粉尘的要求。应设置水量、水压的连续监测报警装置，当水量、水压低于设定值时应发出声光报警信号。

③ 湿式除尘循环用水储水池（箱）、水质过滤池（箱）及水质过滤装置不得密闭，应有通风气流。

④ 湿式除尘循环用水应进行粉尘、油污及杂质过滤，除尘器及循环用水管道内应无积尘。

⑤ 湿式除尘循环用水储水池（箱）的盛水量应满足湿式除尘设计用水量，水质应清洁，池（箱）内不得存在沉积泥浆。

⑥ 除尘器循环用水储水池（箱）、水质过滤池（箱）及水质过滤装置内不得结冰。

⑦ 设置在室外地面上的循环用水储水池及水质过滤池的周围应设置防护围栏。

⑧ 每班清理水质过滤池（箱）的泥浆，应将泥浆及废水及时进行无害化处理。

（4）吸尘罩或吸尘柜

① 铝镁制品机械磨削、打磨、抛光作业工位应按照《集气罩分类及技术要求》（GB/T 16758）的要求设置吸尘罩或吸尘柜，采用下吸或侧吸方式收尘，吸尘口设计风速大于1m/s，吸尘罩或吸尘柜应无积尘。

② 对存在经由吸尘罩或吸尘柜吸入火花危险的风管，宜在风管上安装火花探测报警装置和火花熄灭装置。

③ 吸尘罩或吸尘柜采用钢质金属材料制造，若采用其他材料则选用阻燃材料且采取防静电措施，不得选用铝质金属材料。

（5）风管

① 连接除尘器进风管的主风管。

a. 宜按照相关要求选用防爆装置。

b. 风管应采用钢质金属材料制造，若采用其他材料则应选用阻燃材料且采取防静电措施，不得选用铝质金属材料。连接除尘器的进风管应采用圆形横截面风管，铝镁制品机械加工采用湿式除尘工艺，作业工位吸尘罩或吸尘柜直接连接湿式除尘器的进风管长度小于3m

可采用矩形或方形横截面风管。

c. 风管的设计强度符合下列要求：

布置在厂房建筑物外部的风管，其设计强度不小于除尘器的设计强度；按照要求设置了泄爆装置的进入厂房建筑物内部的风管，其设计强度大于风管的设计风压。

与布置在厂房建筑物内部的除尘器连接的风管，其设计强度不小于除尘器的设计强度。

风管连接段采用金属构件紧固，并采用与风管横截面积相等的过渡连接，风管连接段的设计强度大于风管的设计强度。

风管的设计风速按照风管内的粉尘浓度不大于爆炸下限的25%计算，且不小于23m/s，并应满足风管内不出现粉尘堵塞、风管内壁不出现厚度大于1mm积尘的要求。

风管内表面应光滑，钢质金属材料的风管应采取防锈措施，风管内表面不得使用铝涂料。

在水平风管每间隔6m处，以及风管弯管夹角大于45°的部位，宜设置清灰口，风管非清理状态时清灰口应封闭，其设计强度大于风管的设计强度。

在风管弯管夹角大于45°的部位，宜设置监视粉尘在管道内流动的观察窗，其设计强度大于风管的设计强度。

② 连接除尘器进风主风管的支风管。

a. 风管应采用非铝质金属材料制造，若采用其他材料则应选用阻燃材料且采取防静电措施。铝镁制品机械加工采用湿式除尘工艺，作业工位吸尘罩或吸尘柜连接湿式除尘器进风主风管的支风管长度小于3m可采用软管连接。

b. 风管的设计风速应满足风管内不出现粉尘堵塞、管内壁不出现厚度大于1mm积尘的要求。

(6) 风机

① 除尘系统的风机叶片应采用导电、运行时不产生火花的材料制造。

② 风机及叶片应安装紧固、运转正常，不产生碰撞、摩擦和异常杂音。

(7) 防爆装置

① 泄爆装置。除尘系统的泄爆面积计算，以及泄爆装置的设计、选型和安装应符合《粉尘爆炸泄压指南》(GB/T 15605) 的要求。

② 惰化装置。惰化装置的选用应符合下列要求：

a. 按照粉尘爆炸特性确定充入除尘器的惰性气体或粉体介质的种类；

b. 采用惰性气体作为充入介质时，设置除尘器箱体内氧含量连续监测报警装置，当氧浓度高于设定值时应发出声光报警信号，与除尘系统的控制装置保护联锁；

c. 采用惰性粉体作为充入介质时，充入粉体的流量及喷吹压力按照除尘器箱体内的粉尘浓度不大于爆炸下限的50%计算；

d. 向除尘器充入惰性气体或粉体介质的惰化装置带有运行异常及故障停机的监控功能，出现运行异常及故障停机状况时发出声光报警信号，与除尘系统的控制装置保护联锁。

③ 隔爆装置。隔爆装置的选用应符合下列要求：

a. 隔爆装置宜设置在厂房建筑物的外部；

b. 按照粉尘爆炸特性、除尘器和风管的抗爆强度选用隔爆装置，并确定隔爆装置在主风管上的安装部位。

④ 抑爆装置。抑爆装置的选用应符合下列要求：

a. 按照粉尘爆炸特性、除尘器及风管的抗爆强度选用抑爆装置，并确定抑爆装置在风管和（或）除尘器的装设部位；

b. 抑爆装置启动与除尘系统的控制装置保护联锁。

（8）除尘器及风管的布置与安全措施

① 除满足特殊要求外，干式除尘器应布置在厂房建筑物外部。

② 干式除尘器如布置在厂房建筑物内，除尘器应符合下列要求：

a. 除尘器每班的收尘量不大于2kg。

b. 除尘器单台布置在靠近外墙处设置的单独房间内，房间的间隔墙采用耐火极限不低于3.00h的实体隔墙，房间的外墙开有向外部泄爆的泄爆窗或用于泄爆的其他开口，泄爆面积符合《粉尘爆炸泄压指南》（GB/T 15605）的要求。

③ 除尘器的布置应远离明火区域，其间距不小于25m。

④ 布置在厂房建筑物外部干式除尘器的进风管符合下列要求：

a. 除尘器进风管不直通建筑物内部，进风管设置在与进入建筑物内部的外墙保持90°夹角的除尘器侧面或顶部，或设置在与建筑物的外墙面夹角呈180°的除尘器的正面位置；

b. 在除尘器进风管弯管处设置泄爆装置，泄爆口不朝向厂房建筑物内部。

⑤ 除尘器及内部的零部件应安装牢固，不产生碰撞、摩擦。

⑥ 布置在厂房建筑物外部的风管、除尘器应采取防水雾、雨水渗入的措施，潮湿度较高地区应采取防结露措施。

7.1.6 机械加工设备安全

① 在粉尘爆炸环境危险区域进行机械加工，应采用不产生连续火花及明火的加工工艺及设备。若机械加工产生火花，应采用阻隔火花进入除尘系统的措施。

② 机械设备的加工危险区应设置防护罩和（或）防护装置，阻隔粉尘飘散、抛丸喷砂高压溅射、磨削砂轮碎裂溅射等产生的危险。

③ 机械加工所产生的粉尘不直接排空释放，机械加工应在吸尘罩或吸尘风柜内进行操作。

④ 采用水湿或水浸加工工艺的设备符合下列要求：

a. 水湿或水浸加工区、水质过滤装置、循环用水储水池（箱）及水质过滤池（箱）不得密闭，应有通风气流；

b. 设计用水量、水压应按照水湿或水浸加工区、水质过滤装置、循环用水储水池（箱）及水质过滤池（箱）内的氢气浓度不大于爆炸下限的25%计算；

c. 应识别及评估铝镁粉尘与铁锈、水或其他化学物质接触或受潮发生放热反应产生自燃的危险，宜在水池（箱）设置温度监测报警装置和（或）宜在产生氢气的危险区设置氢气浓度监测报警装置，当出现异常状况时应发出声光报警信号；

d. 循环用水管道内应无积尘，水质过滤装置、循环用水储水池（箱）及水质过滤池（箱）内不得存在沉积泥浆。

7.1.7 作业安全

① 作业人员应经培训考核合格，方准上岗。

② 粉尘爆炸环境危险区域作业的人员应穿着防静电工装、戴防尘口罩。

③ 应检查确认电气设备及工具的电气连接导线绝缘层完好，电气设备可靠接地，防爆电气设备无异常。

④ 作业前应检查确认作业岗位、吸尘罩或吸尘柜无积尘，除尘设备的灰斗、收尘容器（桶）已清灰。

⑤ 作业前 10min 应开启除尘系统。

⑥ 应进行除尘系统安全检查确认，应包括但不限于以下方面：

a. 风机运转正常、无异常杂音；

b. 袋式外滤除尘器的进、出风口风压差无异常，滤袋无破损、无松脱，清灰装置工作正常；

c. 湿式除尘器循环用水水质清洁，水量、流量正常，水质过滤池（箱）不出现粉尘浆泥和粉尘干湿状况。

⑦ 作业时应遵守安全操作规程，不得使用产生碰撞火花的作业工具，作业工位区域的粉尘应及时清理。

⑧ 作业过程应注意观察风管、除尘器和收尘容器（桶）发生的异常温升，若发现异常应立即查明原因并做出处置。

⑨ 除尘系统异常停机，或在除尘系统停机期间、作业区域空气中粉尘浓度超标时停止作业。

⑩ 作业过程在作业区不得进行动火作业及检维修作业。如需动火作业及检维修作业应在完全停止铝镁制品机械加工作业的状况下进行，动火作业应按照要求采取防火安全措施。

7.1.8 粉尘清理

① 作业场所及设备、设施不得出现厚度大于 0.8mm 的积尘层，应及时进行粉尘清理，清理周期及部位要求应包括但不限于：

a. 至少每班清理的部位：

作业工位及使用的工具；

吸尘罩或吸尘柜；

干式除尘器卸灰收集粉尘的容器（桶）；

湿式除尘器及水湿或水浸加工设备的水质过滤池（箱）、水质过滤装置及滤网；

粉尘压实收集装置。

b. 至少每周清理的部位：

干式除尘器的滤袋、灰斗、锁气卸灰装置、输灰装置、粉尘收集仓或筒仓；

除尘系统电气线路、电气设备、监测报警装置和控制装置；

袋式除尘器的灰斗；

湿式除尘器及水湿或水浸加工设备的循环用水储水池（箱）；

作业区的机械加工设备。

c. 至少每月清理的部位：

除尘系统的主风管、支风管、风机和防爆装置；

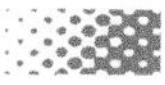

干式除尘器的箱体内部，清灰装置；

湿式除尘器箱体内部、滤网、滤球、喷水嘴和供水装置；

作业区电气线路、配电柜（箱）、电气开关、电气插座、电机和照明灯；

作业区建筑物墙面、门窗、地面及沟槽。

② 清理作业时，采用不产生扬尘的清扫方式和不产生火花的清扫工具。

③ 清扫、收集的粉尘应防止与铁锈、水或其他化学物质接触或受潮发生放热反应产生自燃，应装入经防锈蚀表面处理的非铝质金属材料或防静电材料制成的容器（桶）内，且存放在指定的安全区域，收集的粉尘应做无害化处置。

7.1.9 安全管理

① 应确保除尘系统，以及粉尘爆炸环境危险区域的电气线路、电气设备、监测报警装置和控制装置符合防爆安全要求，至少每半年进行一次维护检修。维护检修作业前，应清除作业区、机械加工设备、除尘系统内部及周边区域的粉尘，动火作业应按照要求采取防火安全措施。

② 袋式外滤除尘器维护检修时，应针对滤袋清灰、残留粉尘的状况更新、更换滤袋。

③ 应确保除尘系统配有的监测报警装置、控制装置和防爆装置，干式除尘器的清灰装置、锁气卸灰报警装置至少每半年进行一次校验。

④ 应建立除尘系统、监测报警装置、控制装置和防爆装置，以及粉尘爆炸环境危险区域的电气线路、电气设备的维护检修和检测、校验档案。

⑤ 应进行事故隐患排查，并建立事故隐患排查治理档案，消除生产安全事故隐患。

7.2 粮食加工、储运系统粉尘防爆

7.2.1 粮食粉尘爆炸危险区域划分

（1）粮食粉尘爆炸危险区域划分原则

① 粮食粉尘释放源分为连续释放源、一级释放源和二级释放源。

a. 连续释放源。粉尘云持续存在或预计长期或短期经常出现的位置。

b. 一级释放源。在正常运行时，预计可能偶尔释放可燃性粉尘的释放源。

c. 二级释放源。在正常运行时，预计不可能释放可燃性粉尘，即使释放，也是不经常地并且是短期地释放。粮食粉尘层、沉积和堆积的粮食粉尘被扰动时，也形成释放源。

② 粮食粉尘爆炸危险场所根据爆炸性粉尘环境出现的频繁程度和持续时间，划分为 20 区、21 区和 22 区，分区应符合下列规定：

a. 20 区。空气中粮食粉尘云持续地、长时间地或频繁地出现的区域。

b. 21 区。在正常运行时，空气中的粮食粉尘云很可能偶尔出现的区域。

c. 22 区。在正常运行时，空气中的粮食粉尘云一般不可能出现的区域，即使出现，持续时间也是短暂的。

③ 粮食粉尘爆炸危险区域的划分，应根据工艺、物料特性、粮食粉尘释放源位置、释放粉尘的数量及可能性、爆炸条件和通风除尘、场所结构和布局等条件确定。

(2) 粮食粉尘爆炸危险区域范围的确定

① 在工艺、物料、设备、场所结构及布局、作业组织方式等发生变化时，应重新对粉尘爆炸危险场所的范围和等级进行评估、界定和划分。

② 在整个作业过程存续期内，应保存分区的划分和说明文件，并定期对过程的危险性和分区进行动态评估。

③ 在粮食粉尘爆炸危险场所的分类和范围发生变化时，应及时采取技术措施和管理措施，使区域变化范围内的装备和设施达到粉尘防爆的要求。

④ 根据工艺条件、粮食粉尘爆炸性环境形成的可能性，粮食粉尘爆炸危险场所可按表7-1确定，爆炸危险场所的分区可按表7-2确定。

表 7-1 粮食粉尘爆炸危险场所

可燃粉尘存在情况	粉尘云场所的分类	厚度可控的粉尘层场所的分类	
		经常被扰动	较少被扰动
连续释放源	20 区	21 区	22 区
一级释放源	21 区	21 区	22 区
二级释放源	22 区	21 区	22 区

表 7-2 粮食加工、储运粉尘爆炸危险场所的分区

粉尘环境		20 区	21 区	22 区	非危险区域
粉碎间、碾磨间			√		
打包间			√		
清理间			√		
大米厂砻糠仓、米糠仓(指专用于存储砻糠或米糠的仓房或料仓)		√			
配粉间、配料间			√		
粉料散存仓		√			
油厂原料库					
油厂制油车间					√(仅指粉尘爆炸危险性)
仓内[3]		√			
仓上层和仓下层[2]					√(溜管层)
工作塔(包括计量塔、提升塔等)	设备层		√		
	溜管层(无接合面/法兰连接，无检修孔/无设备时)				√
	溜管层(设有检修孔/闸阀门设备时)			√	
输送廊道	地上封闭式廊道		√		
	地下输粮底道		√		
	敞开式廊道的转向点连接点附近(距粉尘释放源1m内)		√		
	敞开式廊道的设备连接点、转向点(如张紧或驱动)1m以外4m以内区域			√	
卸粮坑(料斗)	内部	√			
	外部，有除尘系统时			√	
	外部，无除尘系统时		√		
除尘风机排风口				√	

续表

粉尘环境		20区	21区	22区	非危险区域
散装粮食平房仓	高大粮食平房仓①(移动式设备，产量大于100t/h)作业时		√		
	中转用平房仓(固定式设备)		√		
包装粮食平房仓	原粮，颗粒状成品粮				√
	粉状成品粮			√	
仓门、窗外3m范围内(仓内为20/21区)				√	
立体库					√
封闭式设备内部		√			
楼梯间	有墙④、弹簧门与20区、21区、22区隔离				√
	敞开				√
灰间(灰仓)		√			
控制室	有墙④、弹簧门与20区、21区、22区隔离				√
	独立建筑				√

① 浅圆仓、料仓参照筒仓执行。

② 敞开式的仓上层、下层，可参考输送廊道。

③ 产量不大于100t/h，如果采取有效的粉尘控制指施使作业场所粉尘浓度低于爆炸下限的25%，可以视为22区或非危险区域。

④ 墙指无测孔的轻质材料墙体等。采用无洞孔的墙体和防火（自闭）门与20区、21区、22区隔开的区域，可以划为非危险区域。

注：本表采用以厂房建筑为单位，划定粮食粉尘爆炸性危险区域。

7.2.2 工艺系统和设备

① 粮食加工、储运系统设计应遵循整体设防的原则，严格遵守防止粉尘爆炸的技术要求。

② 设计文件应明确说明设计中对粮食粉尘爆炸危险区域的划分，并应就建筑结构、工艺选择、设备选型和布置、粉尘控制、电气以及管理等方面，提出明确的防止粉尘爆炸的具体措施和方法。

③ 易发生粉尘爆炸的设备宜布置在室外；布置在室内时，宜布置在建筑物内较高的位置，并靠近外墙。

④ 工艺管道、除尘管网不应穿过与工艺单元无关的建筑物。危险场所内不应有无关的管道穿过。

⑤ 工艺管道、除尘管网不宜与热力管道等共架多层敷设，当与公用工程管道共架多层敷设时，宜将介质温度高于常温的管道布置在上层，并采取隔热措施。

⑥ 工艺设计宜选用适宜的工艺、设备，减少爆炸性粉尘环境的产生：

a. 采用较少碰撞、摩擦、挤压的工艺和设备减少粮食粉尘的生成；

b. 采用负压、密封、隔离将粮食粉尘封闭在容器内，并缩小粉尘存在的范围；

c. 设置充足的通风和除尘设施。

⑦ 工艺设计和设备选择，应尽可能避免爆炸性粉尘环境中存在非电气点火源：

a. 生产性明火应采用不燃性材料与粉尘环境隔离。

b. 加热系统或其他的热表面其表面允许温度应取以下两者的最低值：粉尘云最低点燃温度的2/3与相应厚度粉尘层最低点燃温度减去安全裕度。

c. 与物料接触的材料应防静电积聚。

d. 应采用磁选、风选、格栅或筛选清除物料中的金属物体。

⑧ 在粮食输送和加工流程以下位置，应设置清除磁性金属杂物的磁选或其他装置：

a. 进入接收流程的第一道斗式提升机前；

b. 进入粉碎机前；

c. 进入第一道磨粉机前、第一道碾米机前；

d. 进入其他可能因撞击产生火花的设备内部前。

⑨ 宜设置负压清扫系统清除地面、设备和管道上的积尘。

7.2.3 机械设备

① 凡在粮食粉尘爆炸危险场所使用的固定式机械设备，应采取防爆、控爆措施。

② 使用于料仓、设备及管道内部，与粮食物料和粉尘接触的非金属材料、耐磨衬板应采用防静电材料，并按《防止静电事故通用导则》(GB 12158) 要求进行接地。

③ 设备内壁应平整、光滑，内部结构件应不易积聚粉尘且便于清理。

④ 设备外壳应由不燃性材料制成。

⑤ 机壳、外罩、机体、观察窗（门）、检修窗（门）、溜管、管道等应连接紧密、牢固。

⑥ 敞开式溜管（槽）和设备应采取有效的粉尘控制措施。

⑦ 输送设备的输送带应具有可靠的张紧装置。在粉尘爆炸危险区范围内如使用皮带传动，宜采用防静电皮带。

⑧ 设备的运转部件间应运转灵活，不得有刮、碰、卡、擦等现象。

⑨ 设备的轴承和滑道宜避开粮流，并防止粉尘积聚。

⑩ 凡在20区、21区和22区使用的移动式工艺设备，应满足有关防爆要求。

7.2.4 输送设备

(1) 斗式提升机

a. 有粉尘爆炸危险的斗式提升机应采用泄爆、抑爆等一种或多种控爆措施。

b. 当采用泄爆措施时，应在机头、机座设置泄爆口，且机头处应尽可能增大泄爆面积。机座位于地下室且其泄爆口不能直通室外时，宜采用无火焰泄爆或泄爆口设置在地面层。

c. 机壳垂直段宜根据机身高度等，按《粉尘爆炸泄压指南》(GB/T 15605) 的规定在适当位置设泄爆口。

d. 畚斗应采用非金属材料制作，并采取防止静电聚集措施。

e. 畚斗与畚斗带应连接牢固，严格避免脱落、碰撞等情况出现。

f. 机座处应设适当的清料口。

g. 机头处应设检查口，用于对机头挡板、畚斗、胶带和卸料口检查。

h. 制动器及止逆器应工作可靠，设备无逆行现象。

i. 应设置打滑、跑偏等安全保护装置，当发生故障时应能立即报警并联锁停机。

j. 机筒外壳、机头、机座等均应可靠接地。

k. 宜设除尘设施。

l. 宜设置轴承温度监控装置。

m. 宜在斗式提升机出料口设置隔爆装置。

n. 提升机驱动轮应覆胶，驱动轮覆胶、畚斗带及畚斗应具有阻燃、防静电性能。

（2）螺旋输送机

螺旋体应转动灵活，与机壳间隙符合要求，不应出现刮蹭、碰撞、卡死现象。

（3）刮板输送机

a. 刮板链条进入头轮时应啮合正确，不应出现卡链、跳链现象。

b. 应配备断链或尾轮失速保护装置。

c. 应设置防堵料监控装置，当发生故障时应能立即报警并联锁停机。

d. 如采用耐磨、抗静电的超高分子塑料导板，导板接口应对齐，不应出现刮蹭、碰撞、卡死现象。

（4）托辊带式输送机和气垫带式输送机

a. 输送带运行平稳，跑偏量在规定范围内，输送带不应与支架、外罩直接摩擦。

b. 当作业能力≥200t/h 时，应设置防止输送带打滑、跑偏的安全监控装置，超限时能自动报警和停车。

（5）计量设备

a. 非连续式计量秤的秤上斗与秤下斗之间应设置保证秤体内压力平衡、避免粉尘外逸的空气平衡装置，并宜与粉尘控制系统连接。

b. 储料斗和秤体均应密封不漏尘。

c. 称重系统的控制柜（屏）宜设置在安全区域，或采用适当的防爆形式。秤体内电气装置应符合所处环境对电气防爆的要求。

（6）清理设备、筛分设备

a. 筛孔和出杂孔应通畅，并便于定理检查和清理。

b. 当出现刮蹭、碰撞现象时，应及时报警停机。

7.2.5　加工设备

① 粮食进入高速旋转的设备进行研磨、粉碎、碾削、脱壳等加工时，应在这些设备前设置除去金属杂质的磁选设备、清除无机杂质和其他杂质的清理设备。

② 应及时关闭不运行的作业回路（包括支路），避免故障时事故扩散。

③ 粉碎、碾磨等设备不宜布置在地下室。

7.2.6　粮食干燥系统

以下适用于采用热源加热方式的原粮干燥系统，其他功能和结构的干燥系统，应根据其特点采取相应的防火和粉尘防爆措施。

① 干燥机应采用不燃材料制造。

② 干燥机的内表面应平滑，不应有积聚粉尘和物料的凸台、上凹槽等结构。

③ 干燥机的排气口、入料口、出料口应便于清理、维护以及使用灭火装置。

④ 干燥机各连接处及检修门应密封严密，不向外泄漏粉尘。

⑤ 干燥机循环利用废气时，应滤除废气中粮食粉尘。

⑥ 干燥机宜设置紧急排粮装置。

⑦ 干燥机应具有热风温度、粮温等控制装置，并能实现超温自动报警。

⑧ 粮食干燥系统的火源和热源应与操作区、存储区隔离。

⑨ 换热器不应漏火。直燃式供热风系统应具有防止火花进入干燥机的措施。

⑩ 高度超出周围其他建筑物的干燥机、烟囱、地面立式储油罐等防雷接地应符合《建筑物防雷设计规范》(GB 50057) 要求。

⑪ 每班次应检查干燥机的排粮是否畅通和均匀，应及时清理防止排粮板或叶轮堵塞。

⑫ 定期清理干燥机表面、热风管道表面、附属设备周围等部位的杂质、粉尘和粮粒。

7.2.7 电气

(1) 一般要求

① 粮食加工、储运系统应按爆炸性粉尘环境对电气工程的要求进行设计，符合《爆炸危险环境电力装置设计规范》(GB 50058) 的要求。

② 电气设计应严格遵守防止粉尘爆炸的技术要求，遵循整体设防的原则。电气设计应与工艺、土建设计紧密结合，做到安全适用、维修方便、经济合理和技术先进。

③ 粮食加工、储运系统应按照安全、可靠、先进和适用的原则设计自动控制系统。

④ 粮食加工、储运系统的生产作业，应设置符合工艺作业要求、保障安全生产的电气联锁，以保证在故障时生产作业的安全。

电气联锁包括：

a. 生产作业线中各用电设备间的电气联锁；

b. 生产作业线之间的电气联锁；

c. 生产作业线的紧急停车。

⑤ 电气设备及线路宜在非爆炸危险区或粉尘爆炸危险性较小的环境设置敷设。

⑥ 应用于或通过粉尘爆炸危险场所的、有过负荷危险的用电设备均应装设短路、过负荷保护。

⑦ 21 区、22 区仅在维修、安装调试时使用的现场开关按钮，可采用非粉尘防爆型产品，但应有坚固的防尘外壳保护。

⑧ 除必须在现场人工操作的工艺作业外，控制室应对现场运行设备工况实时监控。

(2) 电气设备的选择

① 安装在粮食粉尘爆炸性危险环境的电气设备，应按表 7-3 的规定选型。

② 在 20 区、21 区和 22 区安装的电气设备，满负荷运行下电气设备的最高表面温度不应超过表 7-4 中温度，并不超过该区域可能出现粮食粉尘的粉尘云最低点燃温度的 2/3 与相应厚度粉尘层最低点燃温度减去安全裕度两者的低值。

表 7-3　粮食粉尘爆炸性危险环境电气设备防爆形式、保护级别和设备类别

危险区域	设备保护级别(EPL)	防爆结构	防爆形式	设备类别
20 区	Da	外壳保护型 A 型 外壳保护型 B 型 本质安全型 浇封型	tDA20 tDB20 iaD maD	ⅢB 或ⅢC
21 区	Da 或 Db	外壳保护型 A 型 外壳保护型 B 型 本质安全型 浇封型 正压型	tDA20 或 tDA21 tDB20 或 tDB21 iaD 或 ibD maD 或 mbD pD	ⅢB 或ⅢC
22 区	Da、Db 或 Dc	外壳保护型 A 型 外壳保护型 B 型 本质安全型 浇封型 正压型	tDA20、tDA21 或 tDA22 tDB20、tDB21 或 tDB22 iaD、ibD maD、mbD pD	ⅢB 或ⅢC

表 7-4　电气设备最高表面温度　　单位：℃

温度组别	无过负荷	有认可的过负荷
T3	215	190
T4	160	145

③ 激光、电磁波等辐射设备的选择应符合《爆炸性环境 第 15 部分：电气装置的设计、选型和安装》(GB/T 3836.15) 的规定。

④ 超声波设备的选择应符合《爆炸性环境 第 15 部分：电气装置的设计、选型和安装》(GB/T 3836.15) 的规定。

⑤ 正常运行时可能产生电火花的电气设备，如插座、照明配电箱等宜布置在爆炸性粉尘环境以外。爆炸危险场所内，应采用粉尘防爆型电气设备。

⑥ 储粮仓内不应使用任何有可能产生电火花和超过正常仓温的电气设备。与仓内作业无关的设备，在进出仓作业时，应断电；作业完成后，清理设备及附近积尘后，才允许使用。

⑦ 粮食粉尘爆炸危险场所内应采用粉尘防爆型照明装置。灯具和粮面或粮食管道最近距离不应小于 500mm。

⑧ 在爆炸危险场所内不宜用移动式电气设备。若必须使用移动式电气设备，应选用 YC 或 YCW 橡胶电缆。

⑨ 粮食粉尘爆炸危险场所采用普通粉尘防爆电机，变频调速时，应有限制电机表面温度过高的保护装置。保护装置动作时，应自动使电机断电。

(3) 电气线路

① 电缆和导线的选择及电气线路的敷设应符合 GB 50058 的要求。

② 电缆线路宜尽可能避开机械损伤、振动、腐蚀、化学影响及热作用的地方；不可避开时，应采取预防措施。

③ 电气管线（电缆桥架）穿越不同区域之间的墙及楼板时，孔洞应用非可燃性填料严密堵塞。

（4）防雷、防静电与接地

① 粮食粉尘爆炸性危险场所防雷与接地设计应符合《建筑物防雷设计规范》（GB 50057）的规定。

② 允许利用建（构）筑物的结构钢筋构成防雷系统。防雷系统宜采用暗装笼式。接地极、引下线、接闪器间由下至上应有可靠和符合规范的电气连接，构成一个良好的电气通路。

③ 允许电气工程的工作接地、保护接地、防雷电感应接地和防静电接地系统共接，其接地电阻为其中的最小值。专设的静电接地体的接地电阻值，应小于100Ω。

④ 设备金属外壳、机架、管道间应做好等电位连接。金属管道之间，管道与管件之间及管道与设备之间，应进行等电位连接并可靠接地。当金属法兰采用螺栓或卡件紧固时，可不另设连接线，但应保证至少两个螺栓或卡件有良好的电气连接。

⑤ 在粮食粉尘爆炸危险场所内，可能产生静电危险的设备和管道，应有防静电接地措施，并符合《防止静电事故通用导则》（GB 12158）的规定。

⑥ 下列场所宜采取防止人体静电放电的措施。

a. 有粉尘飞扬的下料包装处；

b. 用人工方法向料仓、容器内投放粉体处；

c. 料仓入口附近。

⑦ 粉体料仓内不应有与地绝缘的金属构件和金属突出物，进料口宜设置静电消除装置。

7.2.8 建筑与结构

（1）一般要求

① 存在粮食粉尘爆炸危险的建（构）筑物宜采用敞开式或半敞开式，建筑物宜为单层建筑，屋顶宜采用轻质结构。其承重结构宜采用钢筋混凝土或钢框架、排架结构。

② 建筑防火设计应符合《建筑设计防火规范（2018年版）》（GB 50016）的规定。

③ 宜在粮食粉尘爆炸性环境适当位置设置防火、防爆隔墙，以保证作业安全和便于划分爆炸性粉尘环境危险场所。不能清扫的空间应密封以防止粉尘积聚。

④ 车间控制室宜单独设置，且不宜设置在粮食粉尘爆炸危险场所的上方。有人值班的控制室宜靠近疏散通道楼梯或直通室外。

⑤ 配电室的位置应满足在发生粉尘爆炸事故时，可以迅速切断系统的电源，且满足消防和疏散照明的要求。

⑥ 控制室、配电室周围10m范围有粉尘外逸的设备、装置时，门窗、洞孔应有防尘措施，通风装置应有粉尘过滤装置。

⑦ 粮食粉尘爆炸危险场所的上方、下方及泄爆区域，不应设置办公室、休息室。

⑧ 由多个仓组成的仓群，各仓之间应独立密闭，无洞孔相连贯通。

（2）地面

① 粮食粉尘爆炸危险场所应采用不发生火花的地面，且应平整、光滑，易于清扫。

② 采用绝缘材料作整体面层时，应采取防静电措施。

（3）墙体

① 粮食储运、加工系统墙体耐火等级，应符合《建筑设计防火规范（2018年版）》（GB

50016）的规定。

② 建筑物内表面和构件表面应光滑平整，窗台、突出墙面的梁上表面宜采用不易积聚粉尘并便于清扫的斜面。

（4）通道

输送粮食的地道、地下室，宜在其两端设有通向地面的出口。

（5）门

① 用于区域之间的隔离门，应不低于乙级防火门，且应严实防尘。

② 用于泄爆的门应向外开启。

7.2.9 粉尘控制

（1）一般规定

① 粮食加工和储运系统设置或采取的隔离、密闭、通风、除尘系统等粉尘控制措施，应符合作业要求，且安全、可靠、高效。

② 粉尘爆炸危险场所内的墙体及楼板开洞处，在设备安装完成后，应进行封堵。若不具备封堵条件，宜采取隔尘帘、气幕等辅助措施。

（2）通风

① 应利用自然或机械的方法进行有效的通风。

② 在粮食仓库、加工厂的生产区域中，不宜采用回流通风；如采用回流通风应设置能有效清除空气中粉尘的过滤系统。

③ 储粮仓上（顶）部应设置通风孔。

④ 由多个仓组成的仓群，各仓之间应独立密闭，无洞孔相连贯通。若确需要设置粮仓之间的排风作业，应采用单独的排风系统，连接处应设密闭性能良好的风门。

（3）除尘系统

① 粮食加工、储运系统应设除尘系统，除尘系统应密闭并按负压原则设计。采用正压设计时，应有防火花点燃的措施。

② 应根据粮食加工、储运系统各作业设备的配置和工艺要求，确定吸尘点数量、位置、风量，合理确定除尘风网的形式和结构。

③ 宜按不同工况、区域，设置相对独立的除尘系统：

a. 碾磨和粉碎工艺的除尘系统应独立；

b. 并列的生产线间，除尘系统宜独立；

c. 同斗式提升机的除尘系统宜独立。

④ 所有存在粉尘释放源的机械设备和粮食进出口处，包括缓冲仓和计量漏斗均应密封，并宜设置除尘吸风口。

⑤ 吸风口应能有效控制和收集粉尘，并符合下列要求：

a. 吸风罩应正对或接近粉尘释放集中区域，且气流与扬尘方向一致；

b. 吸风口风速应根据粉尘特性合理选择，避免管道堵塞或不能有效吸尘；

c. 吸风口的风压、风量应满足作业场所允许粉尘浓度的要求。

⑥ 除尘风网应无回路风向，过渡流畅，不影响工艺操作，便于检修。

⑦ 风管应满足将粉尘输送至集尘器要求，并符合下列规定：

a. 管道内风速应保证粉尘不沉积；

b. 避免过长的水平管段；

c. 水平管和弯头应在适当位置开设清灰孔，宜每 6m 设一个，最大间距不应超过 12m；

d. 管道过渡顺畅，尽量减少弯头和直径骤变；

e. 管道密闭不漏风。

⑧ 除尘风网的各风管支路应装用以调节风量和平衡系统压力的调节阀。如果吸风量不是按全部吸风点同时工作计算，吸风管应装设切换阀门，且宜实现自动控制。

⑨ 出风口应用导风管引至室外。

⑩ 宜采取预防粉尘爆炸在除尘系统之间与设备、料仓间传播、扩散的隔爆措施。一个除尘系统同时在多个粮（料）仓设有多个吸风口时，则各个吸风口应分别设截止阀（关断阀）。

⑪ 除尘器的布置遵循以下原则：

a. 设备宜设置在室外。

b. 布置在室内时，宜布置在建筑物内较高的位置，并尽量靠近外墙。

c. 袋式除尘器不应布置在地下室。

⑫ 除尘器应满足以下要求：

a. 滤袋应为阻燃防静电材料制作。

b. 除尘器的形式和结构应不易积聚粉尘，并便于检查和清理。

c. 有粉尘爆炸危险的除尘器应采用泄爆、抑爆等一种或多种控爆措施。

d. 泄爆装置应保证密封，并能承受风机在各种条件下产生的最大负压力。

e. 袋式除尘器应设置进、出风口压差监测报警装置。

f. 袋式除尘器宜设置进风温度和灰斗温度检测报警装置。

g. 除尘器应按要求设置锁气卸灰装置，定期清卸灰仓内的积灰。

⑬ 气力输送系统、除尘系统和真空清扫系统在启动过程中，应在气流速度达到并保持其设计流速后再开始下料。在停机过程中，应保持设计气流速度直到系统中物料完全被吹净。

(4) 集尘

① 应根据项目性质及粉尘特性，选择合适的粉尘回收、处理措施和方法。收集到的粉尘，宜专门集中存放，不宜再返回到粮流中去。

② 集尘装置或设备应密封，由防静电的不燃材料制成，并宜布置在室外。

③ 灰仓（间）、下脚仓等宜与其他建（构）筑物分离单独设置。

④ 灰仓（间）、下脚仓应具有良好的密闭性，并应设泄爆口。

⑤ 灰仓（间）、下脚仓内不应设照明等电气设备。

⑥ 灰仓（间）、下脚仓内部应光滑平整，易于清理和清扫，地面为不发生火花的地面。

7.2.10 积尘的清扫

① 粉尘爆炸危险场所的积尘应定期清扫。

② 应及时清扫附着在地面、墙体、设备、电缆桥架、管道、横梁及结构件等表面，吊顶及其他隐蔽表面的粉尘。

③ 从设备和溜管中泄漏或堵塞的物料，应及时清扫。

④ 清扫积尘时，应使用不产生火花的清扫工具，并应避免产生二次扬尘。

⑤ 从地板上清理的粉尘，在重新回到料仓或粮流中之前，应分离出其中的金属杂质。

7.2.11 气力输送

① 所有气力输送的设施应由不燃或难燃材料制成。

② 多个气力输送系统并联时，每个系统应装截止阀。

③ 气力输送系统的除尘器和粉尘控制应符合其他相关的规定。

④ 正压气力输送系统应严格密闭，以防止粉尘外泄。

⑤ 气力输送管道应按《防止静电事故通用导则》(GB 12158) 的要求采取防静电措施。

⑥ 气力输送风机位于除尘器前时，应采用无火花风机防或火花探测熄灭系统。

7.2.12 控爆措施

① 宜综合采用在不同单元间隔离、阻止爆炸和火焰传播、抑爆、限制爆炸压力在安全水平内、控制爆炸强度和范围、减少爆炸损失的一项或多项措施。采用火花监测和自动熄灭等装置消除点火源措施。

② 泄爆。

a. 包含20区、21区建（构）筑物应设必要的泄压面积。玻璃门、窗、轻质墙体和轻质屋盖可以作为泄压面。作为泄爆口的轻质墙体和轻质屋盖的质量不宜超过60kg/m^2。

b. 建筑物的泄压面积按《建筑设计防火规范（2018年版)》(GB 50016) 的规定执行。

c. 料斗、设备及容器的泄压面积的计算按照《粉尘爆炸泄压指南》(GB/T 15605) 执行。

d. 人孔、通风孔、观察窗（门）、活动盖板（门）等，如在运行时可打开或开启压力满足泄爆要求时，可以视为泄压口和泄压面。

e. 设备或料仓内的物料最高料位不应超过泄爆口下边缘。

f. 泄爆口的位置应确保周围不会受到泄爆火焰、产物和气体压力危害。

g. 当泄爆口不能引至室外时，应采取防止火焰、碎片或压力波对人员造成伤害或粉尘传播到室内引起二次爆炸的措施。

h. 泄爆过程不应危及人员或使与安全有关的设备操作受到限制。

③ 惰化。可利用氮气等惰性气体，对粮食加工设备、储存容器等采取合适的惰化防爆的措施。

④ 抑爆。斗式提升机、除尘器等爆炸危险性较大的设备，可以采用抑爆系统，抑制爆炸和火焰传播，对设备进行保护。

⑤ 隔爆。

a. 工艺设计时，可采用螺旋输送机（具有隔爆功能的)、旋转给料阀、插板阀等措施，防止火焰和爆炸压力在工艺系统中的传播。

b. 管道上可采用隔爆阀、爆炸换向器、化学隔离装置，防止爆炸传播。

7.2.13 作业安全管理

(1) 一般规定

① 粮食加工、储运企业应制定有效防止粮食粉尘爆炸的措施和操作规程。在有火灾、粉尘爆炸危险因素的场所以及有关设施、设备上，应设置明显的安全警示标志。

② 储运、加工系统中的安全、通风除尘、防爆、泄爆等设施，未经企业安全生产管理部门批准，不允许拆除或改变用途。

③ 企业应建立有效的积尘清扫作业制度和台账，包括清洁范围、清洁方式、清洁周期等。

④ 用于粉尘爆炸危险场所 20 区、21 区和 22 区的电气设备和防爆装置应定期检查和维护，检查和维护应由熟悉防爆专业知识的人员进行。

⑤ 不应在 20 区内使用燃油机动车和非粉尘防爆型电力机动车。在 21 区、22 区使用时，机动车应在规定路线与范围内运行。路线与范围应由企业安全生产管理部门综合评估后确定。进入卸粮坑卸粮作业的车辆应装设阻火器。

⑥ 20 区、21 区和 22 区内动火作业（焊接、切割、打磨等）时，应遵守下列规定：

a. 操作程序、实施方案和安全措施经企业安全生产管理部门批准。

b. 应在生产作业线全部停止 4h，并关闭所有的闸阀门后进行。

c. 对作业点四周进行洒水，清除地面、设备及管道周围、墙体等处的积尘，其距作业点半径不小于 10m，且现场无粉尘悬浮。

d. 应在动火作业前清除设施或设备内部积尘，料仓、料斗等容器动火作业前，应排空仓内剩余物料，清除仓内积尘，并启动除尘系统不少于 10min。

e. 作业点与相连通的管道和设备间均应进行可靠封闭隔离；有隔离阀门的应确保阀门关闭严密；无隔离阀门的应拆除动火作业点两侧的管道并封闭管口或用盲板将管道隔离；仓顶部动火作业点 10m 半径范围内的所有仓顶孔、通风除尘口均应加盖并用不燃材料覆盖。

f. 作业时应按安全操作规程进行操作，并有防止火花飞溅的控制措施。

g. 作业过程中，应及时冷却加工工件，防止工件过热。

h. 所有切割下的部件，应及时、可靠回收，严防灼热的部件落入密封的溜管、仓、设备等内部。

i. 作业完毕后应清理现场，应对作业点监测不少于 1h，确认无残留火种。

j. 涂漆作业应在焊接作业完成，并在工件冷却后进行。

⑦ 企业粉尘防爆管理、检修和个体维护等应符合《粉尘防爆安全规程》(GB 15577) 的规定。

⑧ 斗式提升机等设备外壳进行焊接、切割等动火作业时，宜拆下后实施。

(2) 生产作业

① 粮食加工、储运作业系统应遵守操作程序，同时每条作业线应遵循以下原则：

a. 逆工艺流程开车。

b. 顺工艺流程停车。

c. 故障时，故障点前的设备顺工艺流程瞬时停车，停止进料；故障点后的设备顺工艺

 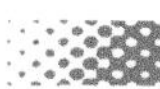

流程依次停车，排尽物料。

② 作业前，应对流程中的关键部位和设备进行认真检查，并对机电、控制系统进行全面调试，确保处于安全状态。长时间停用的和维修后投入使用的设备，使用前应进行单机调试，并经安全生产负责人批准后，方可投入作业。

③ 除尘系统应与有关设备电气联锁，作业设备启动前，除尘系统提前启动；作业设备停机后，除尘系统延后10min停机。应在停机后将箱体和灰斗内的粉尘全部清除和卸出。

④ 作业后，应按规定进行现场清扫，并及时清除磁选器吸出的金属杂物。

⑤ 磁选设备应定期检测、维护，确保清除金属杂物的效果。磁选设备每班至少清理一次，并有清理记录。

⑥ 粉尘爆炸危险区域检、维修工具应使用防爆型。

7.3　饲料加工系统粉尘防爆

7.3.1　饲料粉尘爆炸危险区域划分

（1）饲料粉尘爆炸危险区域划分原则

① 饲料粉尘释放源分为连续释放源、一级释放源和二级释放源。

a. 连续释放源。粉尘云持续存在或预计长期或短期经常出现的位置。

b. 一级释放源。在正常运行时，预计可能偶尔释放可燃性粉尘的释放源。

c. 二级释放源：在正常运行时，预计不可能释放可燃性粉尘，即使释放，也是不经常地并且是短期地释放。饲料粉尘层、沉积和堆积的饲料粉尘被扰动时，也形成释放源。

② 饲料粉尘爆炸危险区域根据爆炸性粉尘环境出现的频繁程度和持续时间，划分为20区、21区和22区，分区应符合下列规定：

a. 20区。空气中饲料粉尘云持续地、长时间地或频繁地出现的区域。

b. 21区。在正常运行时，空气中的饲料粉尘云很可能偶尔出现的区域。

c. 22区。在正常运行时，空气中的饲料粉尘云一般不可能出现的区域，即使出现，持续时间也是短暂的。

③ 饲料粉尘爆炸危险区域的划分，应根据工艺、物料特性、饲料粉尘释放源位置、释放粉尘的数量及可能性、爆炸条件和通风除尘、场所结构和布局等条件确定。

（2）饲料粉尘爆炸危险区域范围的确定

① 在工艺、物料、设备、场所结构及布局、作业组织方式等发生变化时，应重新对粉尘爆炸危险场所的范围和等级进行评估、界定和划分。

② 在整个作业过程存续期内，应保存分区的划分和说明文件，并定期对过程的危险性和分区进行动态评估。

③ 在饲料粉尘爆炸危险场所的分类和范围发生变化时，应及时采取技术措施和管理措施，使区域变化范围内的装备和设施达到粉尘防爆的要求。

④ 根据工艺条件、饲料粉尘爆炸性环境形成的可能性，饲料粉尘爆炸危险场所可按表7-5确定。

表 7-5 饲料粉尘爆炸危险场所

可燃粉尘存在情况	粉尘云场所的分类	厚度可控的粉尘层场所的分类	
		经常被扰动	较少被扰动
连续释放源	20 区	21 区	22 区
一级释放源	21 区	21 区	22 区
二级释放源	22 区	21 区	22 区

⑤ 区域的范围应考虑工艺条件、粉尘量、颗粒大小、流量、通风及除尘系统情况、气流的影响和飘散情况确定。

⑥ 当采用良好的通风、除尘，及时有效的粉尘清理等措施减少爆炸危险场所的范围或降低区域等级时，应有明确的条件和标识，告知本区域潜在危险；当未达到预期条件时，应停机整理。

7.3.2 一般规定

① 饲料加工系统设计应遵循整体设防的原则，严格遵守防止粉尘爆炸的技术要求。

② 设计文件应明确说明设计中对饲料粉尘爆炸危险区域的划分，并应就建筑结构、工艺选择、设备选型和布置、粉尘控制、电气以及管理等方面，提出明确的防止粉尘爆炸的具体措施和方法。

③ 易发生粉尘爆炸的设备宜布置在室外；布置在室内时，宜布置在建筑物内较高的位置，并靠近外墙。

④ 工艺管道、除尘管网不应穿过与工艺单元无关的建筑物。危险场所内不应有无关的管道穿过。

⑤ 工艺管道、除尘管网不宜与热力管道等共架多层敷设，当与公用工程管道共架多层敷设时，宜将介质温度高于常温的管道布置在上层，并采取隔热措施。

⑥ 工艺设计宜选用适宜的工艺、设备，减少爆炸性粉尘环境的生成：

a. 采用较少碰撞、摩擦、挤压的工艺和设备减少饲料粉尘的生成；

b. 采用负压、密封、隔离将饲料粉尘封闭在容器内，并缩小粉尘存在的范围；

c. 设置充足的通风和除尘设施。

⑦ 工艺设计和设备选择，应尽可能避免爆炸性粉尘环境中存在非电气点火源：

a. 生产性明火应采用不燃性材料与粉尘环境隔离。

b. 加热系统或其他的热表面其表面允许温度应取以下两者的最低值：粉尘云最低点燃温度的 2/3 与相应厚度粉尘层最低点燃温度减去安全裕度。

c. 与物料接触的材料应防静电积聚。

d. 应采用磁选、风选、格栅或筛选清除物料中的金属物体。

e. 工艺设备运行时应避免因发生断裂、扭曲、碰撞、摩擦等引起火花。

f. 设备轴承应防尘密封，润滑状态良好。

⑧ 在饲料输送和加工流程以下位置，应设置清除磁性金属杂物的磁选或其他装置：

a. 进入接收流程的第一道斗式提升机前。

b. 进入粉碎机、制粒机等前。

c. 进入其他可能因撞击产生火花的设备内部前。

⑨ 防静电措施应符合《防止静电事故通用导则》(GB 12158) 的要求。

⑩ 粉尘清理应符合下列规定：

a. 应建立积尘清扫制度，及时有效清扫地面、设备及管道等表面的积尘，特别是转动、发热等部位的积尘。

b. 宜采用负压吸尘装置进行清扫作业，不应采用压缩空气的方式进行清扫作业。

c. 不应使用会产生火花的铁质工具。

⑪ 除用于包装产品外，在室内不应使用无有效粉尘控制措施的敞开式溜管（槽）。

⑫ 新建项目袋式除尘器和粉碎机不应布置在地下室。

7.3.3　建（构）筑物

（1）一般要求

① 存在饲料粉尘爆炸危险的建（构）筑物宜采用敞开式或半敞开式，建筑物宜为单层建筑，屋顶宜采用轻质结构。其承重结构宜采用钢筋混凝土或钢框架、排架结构。

② 建筑设计防火应符合《建筑设计防火规范（2018年版）》（GB 50016）的规定。

③ 宜在饲料粉尘爆炸性环境适当位置设置防火、防爆隔墙，以保证作业安全和便于划分爆炸性粉尘环境危险场所。不能清扫的空间应密封以防止粉尘积聚。

④ 车间控制室宜单独设置，且不宜设置在饲料粉尘爆炸危险场所的上方。有人值班的控制室宜靠近疏散通道楼梯或直通室外。

⑤ 配电室的位置应满足在发生粉尘爆炸事故时，可以迅速切断系统的电源，且满足消防和疏散照明的要求。

⑥ 控制室、配电室周围10m范围有粉尘外逸的设备、装置时，门窗、洞孔应有防尘措施，通风装置应有粉尘过滤装置。

⑦ 饲料粉尘爆炸危险场所的上方、下方及泄爆区域，不应设置办公室、休息室。

⑧ 由多个仓组成的仓群，各仓之间应独立密闭，无洞孔相连贯通。每个筒仓应设人孔或清扫口，并应能防止仓内粉尘逸出。

⑨ 原料库宜用敞开式或半敞开式。

⑩ 粉尘爆炸危险场所内的墙体及楼板开洞处，在设备安装完成后，应进行封堵。若不具备封堵条件，宜采取隔尘帘、气幕等辅助措施。

（2）地面

① 仓库、饲料加工车间的地面应平整、光滑，易于清扫。饲料粉尘爆炸危险场所的地面应采用不发生火花的地面。

② 采用绝缘材料作整体面层时，应采取防静电措施。

（3）墙体

① 饲料加工系统墙体耐火等级，应符合《建筑设计防火规范（2018年版）》（GB 50016）的规定。

② 建筑物内表面和构件表面应光滑平整，窗台、突出墙面的梁上表面宜采用不易积聚粉尘并便于清扫的斜面。

（4）通道

输送饲料的地道、地下室，宜在其两端设有通向地面的出口。

(5) 门

① 用于区域之间的隔离门，应不低于乙级防火门，且应严实防尘。

② 用于泄爆的门应向外开启。

7.3.4 工艺系统和设备

(1) 一般规定

① 凡在饲料粉尘爆炸危险场所使用的固定式机械设备，应采取防爆、控爆措施。

② 使用于料仓、设备及管道内部，与饲料物料和粉尘接触的非金属材料、耐磨衬板应采用防静电材料，并按《防止静电事故通用导则》(GB 12158) 要求进行接地。

③ 设备内壁应平整、光滑，内部结构件应不易积聚粉尘且便于清理。

④ 设备外壳应由不燃性材料制成。

⑤ 机壳、外罩、机体、观察窗（门）、检修窗（门）、溜管、管道等应连接紧密、牢固。

⑥ 敞开式溜管（槽）和设备应采取有效的粉尘控制措施。

⑦ 输送设备的输送带应具有可靠的张紧装置。在粉尘爆炸危险区范围内如使用皮带传动，宜采用防静电皮带。

⑧ 设备的运转部件间应运转灵活，不得有刮、碰、卡、擦等现象。

⑨ 设备的轴承和滑道宜避开粮流，并防止粉尘积聚。

⑩ 凡在 20 区、21 区和 22 区使用的移动式工艺设备，应满足 GB 19081 有关防爆要求。

(2) 斗式提升机

① 有粉尘爆炸危险的斗式提升机应采用泄爆、抑爆等一种或多种控爆措施。

② 当采用泄爆措施时，应在机头、机座设置泄爆口，且机头处应尽可能增大泄爆面积。机座位于地下室且其泄爆口不能直通室外时，宜采用无火焰泄爆或泄爆口设置在地面层。

③ 机壳垂直段宜根据机身高度等，按《粉尘爆炸泄压指南》(GB/T 15605) 的规定在适当位置设泄爆口。

④ 畚斗应采用非金属材料制作，并采取防止静电聚集措施。

⑤ 畚斗与畚斗带应连接牢固，严格避免脱落、碰撞等情况出现。

⑥ 机座处应设适当的清料口。

⑦ 机头处应设检查口，用于对机头挡板、畚斗、胶带和卸料口检查。

⑧ 制动器及止逆器应工作可靠，设备无逆行现象。

⑨ 应设置打滑、跑偏等安全保护装置，当发生故障时应能立即报警并联锁停机。

⑩ 机筒外壳、机头、机座等均应可靠接地。

⑪ 宜设除尘设施。

⑫ 宜设置轴承温度监控装置。

⑬ 宜在斗式提升机出料口设置隔爆装置。

⑭ 提升机驱动轮应覆胶，畚斗带及畚斗应具有阻燃、防静电性能。

⑮ 宜定期清理提升机内壁积尘。

(3) 溜管、管件、缓冲斗

溜管、管件、缓冲斗的连接应采用装配式，所有连接处应密封。

（4）缓冲装置

输送物料的溜管，在弯头和垂直落差超过6m处宜设缓冲装置。

（5）螺旋输送机和刮板输送机

① 螺旋体应转动灵活，与机壳间隙符合要求，不应出现刮蹭、碰撞、卡死现象。在出料口发生堵塞时，应能立即自动停机并报警。

② 刮板输送机刮板链条进入头轮时应啮合正确，不应出现卡链、跳链现象。

③ 刮板输送机应配备断链或尾轮失速保护装置。

④ 刮板输送机应设置防堵料监控装置，当发生故障时应能立即报警并联锁停机。

⑤ 刮板输送机如采用耐磨、抗静电的超高分子塑料导板，导板接口应对齐，不应出现刮蹭、碰撞、卡死现象。

（6）出仓机

① 出仓机进料口与料仓连接时，应做好密封防粉尘泄漏处理，在连接法兰处需衬有非金属密封垫片并用螺栓紧固，插板闸门应开启方便。出仓机出料口的连接及软管连接处亦应密封良好。

② 应配备出仓机（清仓机）启动联锁保护，保证下游输送设备不启动、中心落料闸门不打开，出仓机（清仓机）无法运行。

③ 出仓机（清仓机）在仓内尽可能不配置电气设备，必须配置时，电气设备应满足爆炸性危险区域的要求。

④ 出仓机（清仓机）的运动、回转部件不应与地面、仓壁或轨道摩擦、碰撞。

（7）磁选设备

① 在粉碎机、混合机、制粒机、膨化机前应设置磁选设备。

② 磁选设备宜配置自动清金属杂质的装置。

③ 磁选设备的磁场强度应符合要求，并应定期清理、检测、维护，确保清除金属杂质的效果。

（8）粉碎机

① 粉碎机的喂料系统应设置除铁及重力沉降机构。

② 粉碎机除尘系统应独立设置，其除尘管网不应与其他设备连接。

③ 粉碎室内应设置温度探测器，超温报警并联锁停机。

④ 粉碎机两侧轴承宜设测温装置。

（9）配料秤、混合机和缓冲斗

① 配料秤、混合机和缓冲斗之间应设置连通管相连，保证混合机进料时压力能释放，工作时能封闭气流，卸料时与缓冲斗实现压力平衡。

② 配料秤、混合机和缓冲斗之间的闸门宜用密封闸门，配料秤秤斗的软连接，应保持良好状态，不得破损。

（10）加热装置

① 使用空气、蒸汽或热传导液体的热传导装置应安装安全阀。

② 热传导介质的加热器和泵应设置在独立而无爆炸危险场所的房间或有阻燃（或不可燃）结构的建筑物内。

③ 热交换器的隔热层应由不可燃材料制作，且应有用于清洁和维修的合适检修孔。

④ 热交换器的布置应能阻止易燃粉尘进入加热器或其他热表面。

⑤ 热传导系统的加热装置应装有可靠的温度控制装置。

7.3.5 电气

（1）一般要求

① 饲料系统应按爆炸性粉尘环境对电气工程的要求进行设计，符合《爆炸危险环境电力装置设计规范》（GB 50058）的要求。

② 饲料系统的生产作业，应设置符合工艺作业要求、保障安全生产的电气联锁，以保证在故障时生产作业的安全。电气联锁包括：

a. 生产作业线中各用电设备间的电气联锁；

b. 生产作业线之间的电气联锁；

c. 生产作业线的紧急停车。

③ 应用于或通过粉尘爆炸危险场所的、有过负荷危险的用电设备均应装设短路、过负荷保护。

④ 除必须在现场人工操作的工艺作业外，控制室应有对现场运行设备工况实时监控的功能。

⑤ 宜在各楼层设置故障报警信号装置。

⑥ 电气设备及线路宜在非爆炸危险区或粉尘爆炸危险性较小的环境设置或敷设。

（2）电气设备

① 安装在饲料粉尘爆炸性危险环境的电气设备，应按表 7-6 的规定选型。

表 7-6　饲料粉尘爆炸性危险环境电气设备防爆形式、保护级别和设备类别

危险区域	设备保护级别(EPL)	防爆结构	防爆形式	设备类别
20 区	Da	外壳保护型 A 型 外壳保护型 B 型 本质安全型 浇封型	tDA20 tDB20 iaD maD	ⅢB 或ⅢC
21 区	Da 或 Db	外壳保护型 A 型 外壳保护型 B 型 本质安全型 浇封型 正压型	tDA20 或 tDA21 tDB20 或 tDB21 iaD 或 ibD maD 或 mbD pD	ⅢB 或ⅢC
22 区	Da、Db 或 Dc	外壳保护型 A 型 外壳保护型 B 型 本质安全型 浇封型 正压型	tDA20;tDA21 或 tDA22; tDB20;tDB21 或 tDB22 iaD;ibD maD;mbD pD	ⅢB 或ⅢC

② 在 20 区、21 区和 22 区安装的电气设备，满负荷运行下电气设备的最高表面温度不应超过表 7-7 中所示，并不超过该区域可能出现饲料粉尘的粉尘云最低点燃温度的 2/3 与相应厚度粉尘层最低点燃温度减去安全裕度两者的低值。

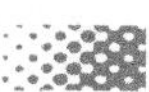

表7-7 电气设备最高表面温度 单位：℃

温度组别	无过负荷	有认可的过负荷
T3	215	190
T4	160	145

③ 激光、电磁波等辐射设备的选择应符合《爆炸性环境 第15部分：电气装置的设计、选型和安装》(GB/T 3836.15) 的规定。

④ 超声波设备的选择应符合GB/T 3836.15的规定。

⑤ 正常运行时可能产生电火花的电气设备，如插座、照明配电箱等宜布置在爆炸性粉尘环境以外。爆炸危险场所内，应采用粉尘防爆型电气设备。

⑥ 饲料粉尘爆炸危险场所内应采用粉尘防爆型照明装置。灯具和粮面或粮食管道最近距离不应小于500mm。

⑦ 在爆炸危险场所内不宜用移动式电气设备。若必须使用移动式电气设备，应选用YC或YCW橡胶电缆。

⑧ 饲料粉尘爆炸危险场所采用普通粉尘防爆电机变频调速时，应有限制电机表面温度过高的保护装置。保护装置动作时，应自动使电机断电。

(3) 电气线路

① 电缆和导线的选择及电气线路的敷设应符合《爆炸危险环境电力装置设计规范》(GB 50058) 的要求。

② 电缆线路宜尽避开可能发生机械损伤、振动、腐蚀、化学影响及热作用的地方；不可避开时，应采取预防措施。

③ 电气管线（电缆桥架）穿越不同区域之间的墙及楼板时，孔洞应用非可燃性填料严密堵塞。

(4) 防雷、防静电与接地

① 饲料粉尘爆炸性危险场所防雷与接地设计应符合《建筑物防雷设计规范》(GB 50057) 的规定。

② 允许利用建（构）筑物的结构钢筋构成防雷系统。防雷系统宜采用暗装笼式。接地极、引下线、接闪器间由下至上应有可靠和符合规范的电气连接，构成一个良好的电气通路。

③ 允许电气工程的工作接地、保护接地、防雷电感应接地和防静电接地系统共接，其接地电阻为其中的最小值。专设的静电接地体的接地电阻值，应小于100Ω。

④ 设备金属外壳、机架、管道间应做好等电位连接。金属管道之间，管道与管件之间及管道与设备之间，应进行等电位连接并可靠接地。当金属法兰采用螺栓或卡件紧固时，可不另设连接线，但应保证至少两个螺栓或卡件有良好的电气连接。

⑤ 在饲料粉尘爆炸危险场所内，可能产生静电的设备和管道，应有防静电接地措施，并符合《防止静电事故通用导则》(GB 12158) 的规定。

⑥ 下列场所宜采取防止人体静电放电的措施：

a. 有粉尘飞扬的下料包装处；

b. 用人工方法向料仓、容器内投放粉体处；

c. 料仓入口附近。

⑦ 粉体料仓内不应有与地绝缘的金属构件和金属突出物，进料口宜设置静电消除装置。

7.3.6 除尘与气力输送系统

① 应以“密闭为主，吸风为辅”的原则，根据工艺要求，配备完善的除尘系统。

② 应按吸出粉尘性质相似的原则，合理组合除尘系统。

③ 饲料加工系统宜采用多个独立除尘系统实施粉尘控制，投料口应设独立除尘系统。

④ 除尘系统对所有产尘点应设吸风罩，吸风罩应尽量接近尘源。

⑤ 应合理选择除尘系统设计参数，为防止管道阻塞，垂直管道风速应不小于 14m/s，水平风速应不小于 16m/s。

⑥ 除尘系统风管的设计，应尽量缩短水平风管的长度，减少弯头数量，水平管道应采用法兰或卡件连接，便于拆装清扫。水平管和弯头应在适当位置开设清灰孔，宜每 6m 设一个，最大间距不应超过 12m。

⑦ 应在除尘系统每一吸风口风管适当位置安装风量调节装置。

⑧ 每个筒仓顶部应设通风排气孔或安装小型仓顶除尘装置。

⑨ 气力输送设施应由非燃或阻燃材料制成。

⑩ 除尘与气力输送系统中的脉冲袋式除尘器应满足以下要求：

a. 滤袋应为阻燃防静电材料制作。

b. 除尘器的形式和结构应不易积聚粉尘并便于检查和清理。

c. 有粉尘爆炸危险的除尘器应采用泄爆、抑爆等一种或多种控爆措施。

d. 泄爆装置应保证密封，并能承受风机在各种条件下产生的最大负压力。

e. 袋式除尘器应设置进、出风口压差监测报警装置。

f. 袋式除尘器宜设置进风温度和灰斗温度检测报警装置。

g. 除尘器应按要求设置锁气卸灰装置，定期清卸灰仓内的积灰。

⑪ 除尘与负压气力输送系统中的脉冲袋式除尘器滤袋在每次停车后应清理干净。清掉的粉尘应从灰斗排除干净。

⑫ 除尘与气力输送系统中的脉冲袋式除尘器应设泄爆口，泄爆口位置、泄爆面积应符合 GB/T 15605 的相关规定。

⑬ 除尘与负压气力输送系统中的风机应位于最后一个除尘器之后。

⑭ 当出现火警时，应迅速关闭除尘、气力输送系统。

⑮ 需要停车时，应按由前到后的原则，依次停止风机、脉冲除尘器、关风器等。除尘设备与对应的加工及输送设备和除尘系统间应有联锁，开机前及作业时，应确保除尘系统处于正常状态并运行。

⑯ 除尘系统应定期进行清理、检查、维修，确保符合防爆安全要求。

⑰ 风机叶轮、机壳内不应积尘。风机外壳宜开设用于叶轮清理的检修口。宜选择电机直连式离心风机。

7.3.7 控爆措施

① 宜综合采用在不同单元间隔离、阻止爆炸和火焰传播、抑爆、限制爆炸压力在安全水平内、控制爆炸强度和范围、减少爆炸损失的一项或多项措施。采用火花监测和自动熄灭等装置消除点火源措施。

② 泄爆。

a. 包含20区、21区建（构）筑物应设必要的泄压面积。玻璃门、窗、轻质墙体和轻质屋盖可以作为泄压面。作为泄爆口的轻质墙体和轻质屋盖的质量不宜超过60kg/m^2。

b. 建筑物的泄压面积按《建筑设计防火规范（2018年版）》（GB 50016）的规定执行。

c. 料斗、设备及容器的泄压面积的计算按照《粉尘爆炸泄压指南》（GB/T 15605）执行。

d. 人孔、通风孔、观察窗（门）、活动盖板（门）等，如在运行时可打开或开启压力满足泄爆要求时，可以视为泄压口和泄压面。

e. 设备或料仓内的物料最高料位不应超过泄爆口下边缘。

f. 泄爆口的位置应确保周围不会受到泄爆火焰、产物和气体压力危害。

g. 当泄爆口不能引至室外时，应采取防止火焰、碎片或压力波对人员造成伤害或粉尘传播到室内引起二次爆炸的措施。

h. 泄爆过程不应危及人员或使与安全有关的设备操作受到限制。

i. 泄爆口宜通过管道引至室外安全方向，且不朝向疏散通道，泄爆管长度不宜超过3m。

③ 惰化。可利用氮气等惰性气体，对饲料粉尘加工设备、储存容器等采取合适的惰化防爆措施。

④ 抑爆。斗式提升机、除尘器等爆炸危险性较大的设备，可以采用抑爆系统，抑制爆炸和火焰传播，对设备进行保护。

⑤ 隔爆。

a. 工艺设计时，可采用螺旋输送机（具有隔爆功能的）、旋转给料阀、插板阀等措施，防止火焰和爆炸压力在工艺系统中传播。

b. 管道上可采用隔爆阀、爆炸换向器、化学隔离装置，防止爆炸传播。

7.3.8 作业安全管理

① 饲料企业应制定有效防止饲料粉尘爆炸的措施和操作规程。在有粉尘爆炸危险因素的场所以及有关设施、设备上，应设置明显的安全警示标志。

② 系统中的安全、通风除尘、防爆、泄爆等设施，未经企业安全生产主管部门批准，不允许拆除或改变用途。

③ 企业应建立有效的积尘清扫作业制度和台账，包括清洁范围、清洁方式、清洁周期等。

④ 用于粉尘爆炸危险场所20区、21区和22区的电气设备和防爆装置应定期检查和维护，检查和维护应由熟悉防爆专业知识的人员进行。

⑤ 粉尘爆炸危险场所内应杜绝非生产性明火出现，饲料加工车间内不应存放易燃、易爆及强氧化性物品。

⑥ 20区、21区和22区内动火作业（焊接、切割、打磨等）时，应遵守下列规定：

a. 操作程序、实施方案和安全措施经企业安全生产管理部门批准。

b. 应在生产作业线全部停止4h，并关闭所有的闸阀门后进行。

c. 对作业点四周进行洒水，清除地面、设备及管道周围、墙体等处的积尘，距作业点半径不小于 10m，且现场无粉尘悬浮。

d. 应在动火作业前清除设施或设备内部积尘，料仓、料斗等容器动火作业前，应排空仓内剩余物料，清除仓内积尘，并启动除尘系统不少于 10min。

e. 作业点与相连通的管道和设备间均应进行可靠封闭隔离；有隔离阀门的应确保阀门关闭严密；无隔离阀门的应拆除动火作业点两侧的管道并封闭管口或用盲板将管道隔离；仓顶部动火作业点 10m 半径范围内的所有仓顶孔、通风除尘口均应加盖并用不燃材料覆盖。

f. 作业时应按安全操作规程进行操作，并有防止火花飞溅的控制措施。

g. 作业过程中，应及时冷却加工工件，防止工件过热。

h. 所有被切割下的部件，应及时、可靠回收，严防灼热的部件落入密封的溜管、仓、设备等内部。

i. 作业完毕后应清理现场，应对作业点监测不少于 1h，确认无残留火种。

j. 涂漆作业应在焊接作业完成、工件冷却后进行。

⑦ 企业粉尘防爆管理、检修和个体维护等应符合《粉尘防爆安全规程》(GB 15577) 的规定。

⑧ 斗式提升机等设备外壳进行焊接、切割等动火作业时，宜拆下后实施。

⑨ 作业前，应对流程中的关键部位和设备进行认真检查，并对机电、控制系统进行全面调试，确保处于安全状态。长时间停用的和维修后投入使用的设备，使用前应进行单机调试，并经安全生产负责人批准后，方可投入作业。

⑩ 饲料加工系统内的设备检修前，应先彻底清除设备内部积料和设备内部及外部积尘。

⑪ 作业后，应按规定进行现场清扫，并及时清除磁选器吸出的金属杂物。

⑫ 磁选设备应定期检测、维护，确保清除金属杂物的效果。磁选设备每班至少清理一次，并有清理记录。

⑬ 粉尘爆炸危险区域检、维修工具应使用防爆型。

7.4 烟草行业粉尘防爆

7.4.1 烟草粉尘爆炸性危险区域划分

(1) 烟草粉尘爆炸性危险区域划分原则

烟草粉尘爆炸性危险环境根据爆炸性粉尘混合物出现的频繁程度和持续时间，按规定分区：

① 10 区。在正常作业时大量持续出现或长期出现爆炸性烟草粉尘，其浓度能达到爆炸极限的密闭环境。

② 11 区。未划为 10 区的场所，但在异常情况下，可以在该场所内出现爆炸性烟草粉尘和空气混合物，能达到爆炸浓度的密闭环境。

③ 非爆炸危险区。10 区和 11 区以外的区域。

烟草粉尘爆炸性危险区域的划分，应按爆炸性粉尘的数量、爆炸条件和通风除尘条件确定。符合下列条件之一时，可以划为非危险区域：装有良好除尘效果的除尘系统，当该系统停车时，作业线能立即实现联锁停车；有墙体和弹簧门与 10 区、11 区隔开的区域。

（2）烟草粉尘爆炸性危险区域范围的确定

烟草粉尘爆炸性危险区域范围如表7-8所示。

表7-8 烟草粉尘爆炸性危险区域范围

粉尘环境		10区	11区	非爆炸危险区
制丝车间			√	
卷接包车间			√	
地上封闭式输送廊道			√	
封闭式设备内部		√		
楼梯间	有墙、弹簧门与10区、11区隔离			√
控制室	有墙、弹簧门与10区、11区隔离			√

注：本表采用以厂房建筑为单位划定烟草粉尘爆炸性危险区域的方法；墙指砖、轻质材料墙体等。

7.4.2 一般规定

① 所有新建、扩建、改建的烟草加工系统（以下简称“系统”）应按GB 18245规定进行粉尘防爆设计，施工、竣工验收；已建并正在运行的系统，在保证安全的前提下，应按要求逐步进行整改。

② 企业负责人应清楚烟草粉尘具有爆炸危险性，并了解本企业粉尘爆炸危险场所的工点、工况。

③ 企业负责人应依据规定和本企业的实际情况制定粉尘防爆实施细则和安全检查表。

④ 参加系统作业的人员应先接受企业组织的包括粉尘防爆内容的安全培训，熟知相关安全知识，并经考试合格，方准上岗。

⑤ 积尘清扫。

a. 应建立定期清扫制度。

b. 清扫时，宜选用不使粉尘飞扬的清扫方法。

⑥ 防止自燃。

a. 停车检修期间，所有生产设备内不应存有烟（梗）丝及其粉尘。

b. 应对储丝柜所储烟丝进行温度监测。

⑦ 防止设备表面过热。烟草加工设备在运行时，其表面温度不应超过110℃。

⑧ 防止明火。

a. 厂房及生产车间内不允许有非生产性明火存在。

b. 动火作业时，应按照《粉尘防爆安全规程》（GB 15577）的要求执行。

⑨ 灭火。

a. 不应使用能扬起沉积粉尘形成粉尘云的灭火方法。

b. 使用灭火器灭火时，应使用灭火剂雾化效果好的灭火器。

c. 灭火设施和灭火器材应保持有效的工作状态，并随时可用。

d. 应制定灭火预案。

⑩ 企业应依据安全检查表定期进行安全检查。

7.4.3 电力设计

① 除尘间作为 11 区，其电力设计应按照《爆炸危险环境电力装置设计规范》（GB 50058）相关条款执行。

② 所有产尘场所的电气设备应符合《爆炸性环境 第 15 部分：电气装置的设计、选型和安装》（GB/T 3836.15）的要求。

③ 建（构）筑物防雷设计应按照 GB 50057 中相关条款执行。

7.4.4 工艺设备

（1）打叶设备

a. 打叶设备原料入口处应设磁选及其他清理装置，以除去金属物。

b. 打叶设备不应出现打辊与框栏相互摩擦或碰撞，如出现此类现象应立即停机修理。

c. 打叶设备应具有良好的密闭性。

d. 叶设备本体应设有单独的除尘系统。

（2）切丝设备

a. 各类切丝设备应将其刀门部位进行封闭，并安装与除尘系统相连的吸尘罩。

b. 应在原料入口设置磁选及其他清理装置，以除去金属杂物。

c. 旋转切刀、送料传动部位的各类轴承应密封。

（3）碎叶处理设备

a. 碎叶处理设备各产尘点应加罩密封并与除尘系统相连。

b. 输送烟叶的胶带接头不应采用金属扣结合。

（4）薄片系统

a. 薄片系统中的破碎机，掺兑配料口等应加磁选装置，并应密封或安装吸尘罩。

b. 密封设施或吸尘罩应与独立的除尘系统相连。

c. 电热设备的电热片（丝）外部应装保温隔热材料且其表面温度不应超过 110℃。

（5）卷烟设备

卷烟设备的落料口应装有吸尘罩并与独立的除尘系统相连。

（6）气力输送

a. 气力输送管道应采用金属材料制作。

b. 气力输送管道不宜穿过建筑防火墙，如穿过建筑防火墙，应采取相应的阻火措施。

c. 生产车间内应设置可使气力输送停止工作的开关。

其他产尘工艺设备应参照以上所述设备采取粉尘防爆措施。

7.4.5 通风除尘系统

（1）布局

a. 除尘系统应根据尘源情况，合理组合为几个彼此独立的系统。

b. 各独立的除尘系统应单独设立除尘间。

 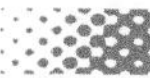

c. 根据实际情况，可为各独立的除尘系统设计不同的防爆措施。

(2) 管网设计

a. 管道应采用金属材料制作。

b. 管道上不应设置端头和袋状管，避免粉尘积聚。

c. 管网拐弯处和除尘器入口处应按《粉尘爆炸泄压指南》(GB/T 15605) 设置泄压装置。

d. 各通风除尘支路与总回风管连接处应装设自动阻火阀。

(3) 风量设计

应严格控制管道风速，确保风管内无粉尘沉积。

(4) 除尘器

除尘器的造型、运行及维护应按 GB/T 17919《粉尘爆炸危险场所用收尘器防爆导则》执行。

(5) 风机

应确保风机位于最后一个除尘器之后，并选用 DIP 型，即粉尘防护型。

(6) 集尘处理

a. 集尘应每班清理。

b. 清理后的粉尘应在除尘间以外的固定地点存放。

7.4.6　建（构）筑物的结构与布局

① 按 GBJ 16 规定，烟草加工具有丙类生产的火灾危险性。

② 厂房的耐火等级、层数、占地面积、防火间距、防爆设计、安全疏散等应按照 GBJ 16 相关条款执行。

③ 除尘间宜单独设置并位于生产厂房外；如确因条件所限，也可设于生产厂房内，但应与其他生产设备防爆隔离，并应按照《粉尘爆炸泄压指南》(GB/T 15605) 的相关规定采取泄压措施。

7.5　木材加工系统粉尘防爆

7.5.1　木粉尘爆炸性环境危险区域划分

① 存在木粉尘的粉尘层、沉淀和堆积的场所应被视为可能形成爆炸性危险环境。

② 根据可燃性木粉尘出现的频率和持续时间，将木粉尘爆炸危险环境划分为三个区域：

a. 20 区。空气中可燃性木粉尘云持续地、长期地或频繁地短时存在的区域或场所。

b. 21 区。正常生产过程中，可燃性木粉尘云可能偶然地存在的区域或场所。

c. 22 区。在异常条件下，可燃性木粉尘云偶尔出现并且只是短时间存在的区域或场所。

7.5.2　一般要求

① 在爆炸危险环境中的建筑物应采取防爆结构设计，其设计应符合《粉尘防爆安全规

程》(GB 15577) 中建(构) 筑物的结构与布局，以及《建筑设计防火规范(2018年版)》(GB 50016) 中有关厂房(仓库) 的防爆要求。

② 厂区及车间内的设施、设备的平面布置应符合《木工(材) 车间安全生产通则》(GB 15606) 的要求。

③ 建筑结构中的泄压设计以及生产设备、设施中的泄压装置的设计应符合《粉尘爆炸泄压指南》(GB/T 15605) 的要求。

④ 用于隔离粉尘爆炸危险所设立的内部防爆墙，其强度应高于最大泄爆压力的强度。

⑤ 有管道穿过的防火墙应做防尘密封。

⑥ 防爆墙上设置的洞口应由与墙体相等强度的门作为保护。这类门不应作为安全出口使用，应设置“非安全出口”标志并始终关闭。

⑦ 对不易于清理的建(构) 筑物表面及边棱，应采用不小于60°倾角的倾斜面设计。

⑧ 无法进入清扫的空间应密封，以防止积尘。

⑨ 凡存在木粉尘的场所，均应设置除尘装置。除尘装置的设计、安装、使用、维护及安全防护措施，除 GB 18245 另有规定外，均应符合《粉尘爆炸危险场所用收尘器防爆导则》(GB/T 17919) 的要求。

⑩ 与木材直接接触或可能接触的热处理设备，其外表面最高允许温度不应超过260℃。

⑪ 对难以定期维护和清理的加热设备及蒸汽管线，应采取隔热措施使其表面温度低于100℃。

⑫ 用于20区、21区、22区的电气设备、仪器仪表及便携式仪器，应符合 AQ 3009 的相关规定。

⑬ 存在可燃木粉尘的场所电力装置应符合《爆炸危险环境电力装置设计规范》(GB 50058) 的相关规定。

⑭ 存在可燃木粉尘的建(构) 筑物的防雷设计应符合《建筑物防雷设计规范》(GB 50057) 的要求。

⑮ 存在可燃木粉尘的加工系统的防静电保护应符合《粉尘防爆安全规程》(GB 15577) 的要求。

⑯ 存在可燃木粉尘的场所的消防设计应符合《建筑设计防火规范(2018年版)》(GB 50016) 的要求。

7.5.3 生产设备、设施

(1) 通则

① 所有木材加工设备，包括但不限于破碎设备、铺装机、砂光机、气力输送设备、除尘设备等的入口端，均应设置防止异物进入的装置。

② 对木材加工中的切削、成型、刨光及打磨等操作的进给速率控制应符合 GB 15606《木工(材) 车间安全生产通则》中的要求。

③ 对刀具及磨具的维护应符合 GB 15606《木工(材) 车间安全生产通则》中的相关的要求。

(2) 气力输送及除尘系统

① 一般要求。

a. 除尘系统的管道设计风速应不低于20m/s。

b. 气力输送系统不应与易产生火花的机电设备（如砂轮机等），或可产生易燃气体的机械设备（如喷涂装置等）相连接。与板材砂光机相连接时，板材砂光机应安装火花探测和自动报警装置。

c. 在气流达到平衡的气力输送系统中，当输送能力无冗余时，不应再接入支管、改变气流管道或调整气流阀门。

d. 在整个生产过程中，除尘系统应先于生产设备运行，当最后一台生产设备关闭后，除尘系统应至少再运转2min。

② 管道系统。

a. 管道及各输入接口应采用金属构件，其强度应能承受所输送物料发生爆燃未泄放时的最大压力。但与机器连接端的管道允许采用软连接，其长度应尽可能短。

b. 管道系统不应使用绝缘管（如PVC管）。

c. 系统中用于调整平衡气流所安装的气流调节阀、方向调节阀等阀门应牢固固定。

d. 管道应采用圆形横截面。但在连接其他设备处或因外部障碍需要非圆形截面时，接口应采用与管道横截面面积相等的过渡连接。

e. 输送过程中存在易爆燃木粉尘的管道，其设计、建造和安装，应符合下列要求之一：

采用抑爆系统加以保护的管道，其设计强度应高于衰减后的爆燃压力最大值；

对于设置在室内且配备长度不超过6m泄压管的泄压口或同时配备火焰熄灭装置的管道，其设计强度应高于衰减后的爆燃压力最大值，同时泄压管应延伸至建筑物外部的安全区域；

存在爆燃危险的管道输送系统应安装截止阀或化学抑爆装置进行隔离；

设置在室外且配备泄压口的管道系统，其设计强度应高于衰减后的爆燃压力最大值。

③ 机壳和机罩。

a. 所有产生可燃木粉尘的设备均应安装防尘罩或防尘外壳。

b. 机壳、机罩的设计和安装应有利于机器所产生的木粉尘或颗粒降落、射入或吸入。

c. 未安装自动喷水灭火装置的场所中，设备的机壳和机罩应采用不燃结构。

④ 风机。

a. 爆炸危险环境中应使用防爆型风机。

b. 在爆炸危险环境中使用风机作为管道的物料输送设备时，风机壳体的设计强度应符合管道的强度要求。

⑤ 除尘器。

a. 粉尘爆炸危险环境中使用的除尘器的材质，应为焊接钢或其他非燃烧材料，其强度应足以承受收集物发生爆炸无泄放时产生的最大爆燃压力。

b. 除尘器的配套设施除滤袋和泄爆膜外均应选用不燃材料。

c. 除尘系统的内部钢表面不应使用铝涂料。

d. 对爆炸危险环境使用的除尘器宜采用抑爆系统进行保护。

e. 除尘器应设置泄爆口。

f. 除尘器位置应符合下列要求：

除尘器应设置在室外，且不应设置于建筑物屋顶；

当仅有火灾危害且按 GB 18245 进行防护时，可布置在室内；

当配备抑爆系统时，可布置在室内；

当配有泄爆口，其泄爆管延伸至建筑物外安全区域，且除尘器的强度符合规定时，可布置在室内；

当设置了带有火焰熄灭装置的泄爆口，且除尘器的强度符合规定时，可布置在室内。

g. 非封闭式除尘器在满足下列要求时，可以设置在室内：

除尘器只用于收集木材加工机械产生的粉尘（粉尘中不包括金属粉末等）；

不用于具有机械进料功能的砂磨机、研磨刨床；

除尘器单机处理空气能力不大于 $8640m^3/h$；

风机电机是完全封闭的，且具有风冷性能；

按除尘器有效运转的需求，每天或者在更短时间内清除收集到的粉尘；

除尘器的设置距任意出口的距离至少为 6m，距日常操作中有人员出现的任何地方也至少为 6m；

同一房间内布置多个除尘器时，相互间的最小距离为 6m。

h. 除符合下列要求的情形以外，气物分离器或除尘器中的空气不应回排到建筑物内：

处理能力小于或等于 $8640m^3/h$ 的除尘系统，且从材料的入口端至除尘器的管路已配备了与火花熄灭系统相连接的火花探测装置；

处理能力大于 $8640m^3/h$ 的除尘系统，从材料的入口端至除尘器的管路已配备了火花探测系统，或者在除尘器的排尘一侧，对除尘器内部检测火花的进入及发生情况，且运送循环空气到建筑物的排气管道已配备了火花探测器驱动的、手动复位的高速截止阀时；

来自设置在室外且处理能力小于或等于 $8640m^3/h$ 的旋风式初级除尘器的空气，允许由管道直接进入建筑物内没有安全防护设施的非封闭式除尘器中。

（3）机械输送系统

① 所有设备在安装及运行中均应按设备使用说明书要求进行校准、润滑。

② 设备的轴承应采用防尘球轴承或滚动轴承。

③ 设备的轴承和轴衬均应做防尘密封。

④ 穿透设备外壳的转动轴应密封。

⑤ 粉尘爆炸危险环境中难以接近的区域内设备的轴承宜安装轴温报警器。

⑥ 不作为泄爆口使用的设备出口及可移动设备的盖板，应配合紧密、严格封闭、可靠固定且防尘，其强度应能承受所输送物料发生爆燃时的最大压力。

⑦ 具有爆燃危险的封闭式输送系统应符合管道的强度要求。

⑧ 具有火灾及爆燃危险的输送系统应采用高速截止阀等机械类隔离方式，或火花探测系统与化学抑爆系统联动的方式与其上、下游系统进行隔离。

（4）热油加热系统及加热设备

① 热油加热系统的设计、安装及防护应符合《导热油加热炉系统规范》（SY/T 0524）的规定。

② 热油加热系统不应使用铜、铸铁或塑料管道。

③ 油溢出时应及时清理。

④ 应防止木粉尘和纤维粉尘在加热设备热表面上积聚。

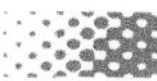

⑤ 在加热设备附近有浮尘或积尘的场所，加热设备的助燃空气应由建筑物外面直接用导管导入。

⑥ 易燃燃料管线应设置紧急截止阀。截止阀的位置，应在火灾发生时便于人员接近并将其关闭。

⑦ 以回收木粉尘为燃料的加热设备应设置防回火装置。

（5）粉碎设备

① 粉碎设备应设置在室外。

② 当设置于一个独立建筑物内或当建筑物与毗邻的隔间采用了《建筑设计防火规范（2018年版）》（GB 50016）中的防爆设计时，允许设置于室内。

③ 粉碎设备的外壳应采用焊接钢或其他非燃烧材料制造，其强度应足够承受所加工的材料可能产生的最大爆炸压力。

④ 由非燃烧材料制造，且设置有泄压导管延伸至室外的泄爆口，或安装有火焰熄灭装置的粉碎设备外壳，其设计强度应高于泄放后的最大爆燃压力。

（6）人造板机械

① 应使板类成型机封闭空间内的粉尘云最小化。

② 轴承、辊和轴衬应符合相关要求。

③ 铺装机应设置火花探测及自动灭火装置。

④ 压机周围应设置废气强制排放系统。

（7）干燥系统

① 在干燥系统中应设置自动火花探测及自动灭火系统，安装在烘干设备和下游材料处理设备之间。

② 对加工刨花板或其他可能产生高浓度细尘的材料的干燥炉，如采用了非直排方式，则应对旋风除尘器或风箱设置泄爆装置。

③ 干燥管道应采用水平方向布置，应尽可能减少弯头数量。

④ 干燥介质的含氧量应控制在17%以下。

⑤ 干燥系统与纤维分离系统和成型系统之间应进行隔离。

⑥ 干燥旋风分离器顶部应设置泄爆装置。

⑦ 室外干燥旋风分离器及铺装机顶部的旋风分离器，若高出附近建筑物的屋面时，应按GB 50057的要求设置防雷系统。

7.5.4　储存设施

① 粉尘储仓或料仓应设置于建筑物外面，具有独立的支撑结构，且靠近防火通道。储存设施不应设在建筑物屋顶。

② 工艺过程中的干纤维仓和木粉仓应设置泄爆门。

③ 具有爆燃危险的粉尘储仓或料仓应配备可以将爆燃泄放到安全区域的泄爆口。

④ 储仓的结构应尽量减少水平边棱。

⑤ 储仓应设置通风，且应避免扬尘。

⑥ 除尘器排放粉尘至储仓或料仓时，应采取防止扬尘及粉尘外逸的排放方式，且应设

置阻风门。

⑦ 具有潜在自燃危险的木材或木材替代物颗粒应储存于室外或独立的建筑内。如储存在室内，除符合上述规定外，还应采用“先进先出”原则设计。

⑧ 储存木粉尘及木材替代物颗粒的储仓应采取防止粉尘自燃的措施。

7.5.5 防爆设施的检查及维护

① 防爆设施应定期检查、维护，检查项目应包括但不限于：

a. 除尘系统部件；

b. 电传感器，开关装置，电机等；

c. 火花探测及自动灭火系统部件，当喷水器被沉积物堵塞或腐蚀时，应进行更换；

d. 润滑系统；

e. 旋转式机械（如剥皮机、刨片机、研磨机、精磨机、烘干机及滚式压机）；

f. 产尘设备内部和周围电气装置的缺陷（如电弧、闪电、电线损坏），电弧开关；

g. 传送带及轴承的完好情况，损坏的导线以及偏心的部件（齿轮、滑轮、防护装置以及整流罩等）。

② 对防爆设施的检查和维护应在停机状态下进行。

③ 不应任意更改或拆除防爆设施，如有变动，应重新进行检测，保证各项性能符合防爆要求。

④ 应确保所有的泄爆口处无任何障碍物。

7.5.6 清理

① 应对粉尘及其他残留物进行定期清理，清理的内容包括但不限于：

a. 各种管道和现场的积尘和黏挂的纤维；

b. 干燥器内部、上面的天花板区域及屋顶排风扇开口周围；

c. 干燥器或通风系统内部、周边或设备上凝集的油类或树脂的残渣、粉尘、松香及石蜡；

d. 除尘系统中的风机、电机、护罩及传动机构。

② 对于粉尘沉积的区域应及时清扫，任何时候粉尘沉积厚度均不应超过 3.2mm。

③ 不能重新利用的含木粉尘的可燃废料应放置于有盖的金属容器中，每天移至安全地点。

④ 应按实际情况选择适当的清扫方式，清扫时应符合以下要求：

a. 进行粉尘清扫时，所有消防设备均应处于正常工作状态；

b. 在存在能够点燃粉尘云或粉尘层的热表面，或易产生火花设备有明火或火花的情况下，不应采用压缩空气吹扫；

c. 采用蒸汽或压缩空气吹扫或强力清扫时，压力不应大于 101.3kPa，且清扫时应将电力或其他点火源关闭或移出该区域；

d. 积尘区域使用的电动清扫机、真空清洁设备以及其他动力清洁设施均应采用防爆型；

e. 应将金属从清理过程中收集到的木屑或可燃废料中分离出来。

7.5.7 管理及培训

① 木材加工企业应建立健全各级安全生产责任制和安全规章制度及岗位安全操作规程。

② 应按《粉尘防爆安全规程》(GB 15577) 的要求制定防爆实施细则并进行定期检查。

③ 应按有关规定建立企业防火制度和动火制度。应定期进行防火检查。

④ 存在易爆燃木粉尘的厂房及设备，应建立定期清扫制度并制定详细清扫规程。

⑤ 应制定事故应急预案。在应急预案中，应有粉尘防爆专篇，并定期组织演练、总结并保留记录。

⑥ 除进行一般安全培训外，还应对相关人员进行有关木粉尘防爆的专业培训。

⑦ 当工作条件改变时（如设备、工艺、防爆设施变更或材料储存、传送方式变更等），应对培训计划和程序进行检查更新。

⑧ 员工培训应有记录并存档。

⑨ 应对防爆设施的设计、施工、验收等相关文件存档。

⑩ 对防爆设施的故障、检修、维护、变更应进行记录并存档。记录应包括：故障记录、检查程序（例如：安装、检查、测试、培训、维护）、组织机构、执行结果和工作日期。所有需要保留的记录都应保留到其效用结束。

⑪ 有可燃粉尘或粉尘云存在的区域不应使用气动工具。必须使用气动工具时，应关闭该区域内的所有产尘设备并清理所有的设备、地面及墙壁的积尘。

⑫ 存在较大危险因素的区域及有关设施、设备上应设置明显的安全警示标志。

⑬ 出入存在可燃木粉尘场所的车辆应安装阻火器。

7.6 纺织行业粉尘防爆

7.6.1 纺织纤维粉尘爆炸危险区域划分

(1) 纺织纤维粉尘爆炸危险区域划分原则

① 根据爆炸性粉尘混合物出现的频繁程度和持续时间，纺织纤维粉尘爆炸危险区域按下列规定分区：

a. 20 区。在正常操作过程中，纺织纤维粉尘连续出现或经常出现，其数量足以形成可燃性粉尘与空气混合物或可能形成无法控制的和极厚的粉尘层的场所。

b. 21 区。未划为 20 区的区域，但在正常操作条件下，可能出现数量足以形成可燃性粉尘与空气混合物的纺织纤维粉尘。

c. 22 区。未划分为 21 区的区域，纺织纤维粉尘云偶尔出现并且只是短时间存在，或在异常条件下出现纺织纤维粉尘的堆积或可能存在粉尘层，并且与空气混合产生纺织纤维粉尘混合物。如果不能保证排除纺织纤维粉尘堆积或粉尘层，则应划分为 21 区。

② 纺织纤维粉尘爆炸危险区域划分，应按纺织纤维粉尘释放源位置、释放粉尘的数量及可能性、爆炸条件和通风除尘等条件确定。

③ 采用无洞孔的墙体或用常闭防火弹簧门与 20 区、21 区、22 区隔开的区域，可以划

为非粉尘爆炸危险区域。

(2) 纺织工业企业粉尘爆炸危险区域范围的确定

纺织工业粉尘爆炸危险区域范围如表 7-9 所示。

表 7-9 纺织工业粉尘爆炸危险区域范围

生产场区	20 区	21 区	22 区
开清棉车间	—	√	—
梳棉车间	—	—	√
并条车间	—	—	√
粗纱车间	—	—	√
细纱车间	—	—	√
纺纱后加工(络筒、并纱、捻线、摇纱与成包)	—	—	√
织布车间	—	—	√
除尘室	—	√	—
打包、下脚回收车间	—	√	—
原料仓库	—	—	√

7.6.2 建筑与结构

(1) 一般要求

① 建（构）筑物应遵守国家或行业相关标准规定。

② 纺织纤维粉尘爆炸性环境应在适当位置设置防火、防爆隔墙。

(2) 厂区布置

① 除尘室宜单独布置。除尘室上层不应布置生产车间、辅助车间和生活间。除尘室内不应设置办公室、休息室。若毗邻时，应符合 GB 50565 的有关规定。

② 除尘室单独设置时，与其他车间的距离应符合 GB 50565 的相关规定。

③ 通风机室、除尘室均应专用，不应兼作其他用途；不应布置在地下室或半地下室内。

④ 控制室、配电室宜单独设置，不应设置在有粉尘爆炸危险的场所内和上方。

⑤ 纺织原料库不应设在地下，并且应有良好的通风设施。

(3) 厂房建筑结构

① 泄爆。

a. 20 区、21 区建（构）筑物应设泄爆口。玻璃门、窗、轻质墙体和轻质屋盖可作为泄爆面。

b. 作为泄爆口的轻质墙体和轻质屋盖的质量不宜超过 $60kg/m^2$。

② 地面。

a. 纺织工业车间的地面应采用不发生火花的地面，且应平整、光滑，易于清扫。

b. 采用绝缘材料作整体面层时，应采取防静电措施。

③ 墙体。建筑物内表面和构件表面应光滑平整。

④ 窗。窗作为有效的泄爆口时，应采用向外开启式。

⑤ 门。用于区域之间的隔离门，应不低于乙级防火门标准，且应严密防尘。用于泄爆的门应向外开启。

⑥ 除尘室建筑结构。

a. 除尘室应布置在直接对室外开门、窗的附房或独立建筑物内，应采用框架结构，应采用不发生火花的地面，与相邻房间的隔墙应为防爆墙，防爆墙上不宜开孔洞或有管线穿过。

b. 除尘室应设置泄压设施，并应符合GB/T 15605的相关规定。泄压面应靠近容易发生爆炸的区域，对外应避开人员集中的场所及重要交通道路。

⑦ 除尘地沟。

a. 除尘地沟应具有良好的防水防潮性能，以确保沟内干燥；寒冷地区室外部分的除尘地沟应做好顶板保温，以防沟内结露。

b. 进入除尘室的地沟口处应设隔断，穿管处应密封。与相邻车间连通处，应采用非燃烧材料密封。

7.6.3 粉尘控制

（1）一般规定

① 应从人员、机械、技术、材料、环境等多方面考虑粉尘控制措施和方法，坚持设防与管理并重，消除粉尘爆炸的条件，防止粉尘爆炸。

② 纺织工业根据粉尘爆炸危险等级，设置或采取的通风、除尘系统及粉尘控制等措施，应符合作业要求。

（2）通风除尘

① 除尘系统划分。

a. 开清棉车间应单独设置除尘系统。

b. 局部排风系统应单独设置，不应与除尘系统及气力输送系统相结合。

c. 不同粉尘爆炸危险等级的区域，不宜合用除尘系统。如必须合用，除尘系统应按粉尘防爆高等级标准设计。

② 除尘设备的布置及选择。

a. 不同粉尘爆炸危险等级的区域，除尘设备应分别布置，不应与送、排风及空调装置布置在同一个房间内。

b. 除尘器应布置在除尘系统的负压段上，不应直接布置在车间内。

c. 除尘设备应是连续过滤、连续排尘，不应采取沉降室处理，与滤尘器所配套的集尘器应设在室外或有泄爆设施的房间。

d. 除尘设备应采取泄爆或抑爆措施。泄爆方式包括火焰泄爆、无火焰泄爆。

e. 除尘风机与电机传动宜采用同轴联结。

③ 除尘管路及布置。

a. 除尘风管、气力输送管截面均应为圆形，管道敷设应避免粉尘沉积。

b. 除尘风管需要设地沟时，不同区域或系统地沟不应相互连通。

c. 风管应满足将粉尘输送至除尘器要求，并符合下列规定：

管道内风速应保证粉尘不沉积；

应避免过长的水平管段；

水平管和弯头应在适当位置开设清灰孔；

管道过渡顺畅，尽量减少弯头和直径骤变；

管道密闭不漏风；

管道强度应能承受风机在各种条件下产生的最大压力。

d. 应设置预防粉尘爆炸在除尘系统之间传播、扩散的防火防爆管道安全装置。

④ 回风及除尘。

a. 含有可燃性粉尘和纤维的空气未经过除尘处理，不应循环使用。含有粉尘的空气在进入排风机前应先进行除尘处理。

b. 除尘室处理后的空气回用时不宜在空调室与除尘室相邻的隔墙上开孔，宜采用回风塔；回用空气含尘量不应超过室内允许含尘浓度的50%。

⑤ 积尘的清扫。

a. 应及时清扫附着在地面、墙体、设备等表面上的粉尘。

b. 应采用吸尘器等负压清扫积尘。清扫积尘时，应避免产生二次扬尘。

7.6.4 电气设备

(1) 一般规定

① 纺织工业电气工程应按防爆炸性粉尘环境要求进行设计，并符合《爆炸危险环境电力装置设计规范》(GB 50058) 及《爆炸性环境 第15部分：电气装置的设计、选型和安装》(GB/T 3836.15) 中的相关规定。

② 纺织工业应设置符合工艺生产要求，保证安全生产的电气联锁。电气联锁包括：

a. 除尘系统内各除尘设备之间的电气联锁；

b. 除尘设备与工艺生产设备之间的电气联锁；

c. 除尘系统的紧急停车。

③ 应遵循除尘设备先开，工艺设备后开；工艺设备先停，除尘设备后停的顺序开、停机原则。

④ 20区、21区、22区的电气设备和线路宜在粉尘爆炸危险性较小或非爆炸危险区设置和敷设。

⑤ 20区、21区的电气设备应按GB/T 3836.15的规定选择。电气设备和线路应装设短路和过负荷保护装置。

(2) 电气设备

① 20区、21区、22区电气设备的选型、安装、检查、维护、设计、结构、试验及标志要求应符合GB/T 3836.15的规定，应根据环境特征选用符合GB/T 3836.15规定的相关电气设备。

② 电气设备的表面允许最高温度应根据GB/T 3836.15规定及现场环境，通过试验确定，且不应超过110℃。

③ 20区、21区所用灯具应符合GB/T 3836.15的规定。20区、21区不宜安装插座；必须安装插座时，应符合GB/T 3836.15的规定。

④ 20区、21区不宜使用移动电气设备，在上述区域内使用的手提灯、帽灯应符合GB/T 3836.15的规定。

⑤ 3～10kV 及以上配电装置应尽可能不安装在 20 区、21 区、22 区内。1000V 以下配电装置宜安装在用墙体隔开的单独房间或粉尘不易积聚的地方。

⑥ 电气设备的安装应符合 GB/T 3836.15 的规定。电气设备的安装应采取相应措施，以防止可能遇到的外部影响（如化学、机械和热应力）。电气设备的安装应注意保持设备的爬电距离和电气间隙，避免产生电弧或火花的可能性。

⑦ 20 区、21 区、22 区应采取措施避免因高强度光源的辐射而成为点燃源。电气设备的安装应提供便于检查、维护和清理的通道。

（3）电气线路

① 20 区、21 区内不宜通过与该区无关的电缆和电气线路，如不可避免，应符合 GB/T 3836.15 的规定。

② 20 区、21 区、22 区内电气线路应选用铜芯电线或铜芯电缆，选择和敷设应符合 GB 50058 和 GB/T 3836.15 的规定。

（4）防雷、防静电及接地

① 防雷击及防雷电波侵入的措施应符合《建筑物防雷设计规范》（GB 50057）的相关要求。

② 纺织工业防静电应遵守《防止静电事故通用导则》（GB 12158）的相关规定。

③ 纺织工业的接地应符合 GB 50058 的规定；允许利用建（构）筑物的结构钢筋作防雷系统，接地极、引下线、接闪器间应进行电气连接；电气工作接地、保护接地、防雷接地及防静电接地可共用一个接地装置，接地电阻应为其中最小值。

④ 纺织工业的设备、机架、除尘管道的金属外壳应可靠接地，或直接与接地干线连接。

⑤ 在 20 区、21 区的操作人员应穿防静电（导电）鞋，不应在 20 区、21 区穿脱衣服、帽或类似物。

7.6.5 作业安全和除尘室管理

（1）一般规定

① 对在粉尘易爆场所工作的相关从业人员应进行安全生产、粉尘防爆技术培训；未经安全生产、粉尘防爆技术培训或培训不合格，不得上岗工作。

② 应定期检查粉尘防爆设备，保证其性能完好；不应擅自变更粉尘防爆的任何设备。如需改造，其设计应由具有相应资质的部门负责。

（2）作业安全管理

① 应制定相关的粉尘防爆安全技术操作规程、管理细则、运行检修维护细则。定期对除尘设备及管道系统的安全及防静电接地装置进行检测，保证设备、系统正常运行。检测应做好记录，并由有关人员签字。

② 车间内明火作业时应按《粉尘防爆安全规程》（GB 15577）中相关条款执行。

③ 应装备必要的检测仪器设备，定点定时对车间、除尘系统的空气含尘浓度、温度、湿度、压力等进行检测，建立档案，以便及时了解系统的工作情况，研究制定相应的安全技术改进措施，或请有关部门协助定期检测。

④ 应定期检查除尘室、散发粉尘场所的自动喷洒灭火系统及消防灭火装置，保证随时可投入正常使用。

⑤ 应定期检查车间工艺设备与除尘室、空调送风风机的联锁装置，并定期试验，保证其随时处于可启动状态。

⑥ 每月不应少于一次检修（停产检修），在检修的同时，应做好车间、设备的彻底清扫工作。

⑦ 有下部吸尘斗的设备在运行、检修时，应防止金属杂物掉入吸尘斗。

⑧ 应定期检查除尘管道内壁，如有沉积物或结垢应及时清除。

⑨ 需要除尘的工艺设备，应着重看管易缠纱和有摩擦过热的部位。发现异常应立即停车，检查处理确认无隐患后方可开车。

⑩ 清出的尘杂应用容器密闭好，随清随运，并应根据尘量的多少制定出相应的清扫周期。

（3）除尘室管理

① 除尘室的各操作机构，应有明显标志，指定专门从业人员定期进行技术检查和维修，确保其运行在限定的工作指标（阻力上、下限，空气净化后的含尘浓度等）范围内。有故障的除尘设备不应使用。

② 除尘室应按危险场所进行管理，专人看管，无关人员严禁入内。除尘工不应穿带铁钉的鞋和化纤工作服，不应使用铁锹清除粉尘。

7.7 亚麻纤维加工系统粉尘防爆

7.7.1 爆炸性粉尘环境危险区域划分

亚麻纤维加工企业的除尘室为 20 区，除尘风机室、尘杂加工车间为 21 区，梳麻间、前纺间、制麻间为 22 区。

7.7.2 建筑与结构

（1）土建

a. 亚麻企业的除尘室宜单独布置。如与其他车间相连时，应设防爆墙相隔，并应有安全疏散通道及应急照明。

b. 除尘室单独设置时，与其他车间的距离应执行 GBJ 16 的相关规定。

（2）厂房建筑结构

a. 亚麻企业生产车间火灾危险类别属丙类。亚麻企业除尘室（包括除尘风机室）的火灾危险类别属乙类。

b. 有粉尘散放的车间（纺纱厂的梳麻、前纺车间，原料厂的制麻车间）宜采用有窗厂房，其建筑结构及厂房内表面应平整、光滑，便于清扫。

c. 通风机室、除尘室均应专用，不得兼作其他用途；不得布置在地下室或半地下室内。

d. 各类麻库均不应设在地下，并且应有良好的通风设施。

（3）除尘室建筑结构

a. 除尘室上层不允许布置生产车间、辅助车间和生活间。除尘室内不应设置办公室、休息室，如毗邻时，应符合 GBJ 16 的相关规定。

b. 除尘室应布置在直接对室外开门窗的附房或独立建筑物内，应采用框架结构，应采用不发生火花的地面，与相邻房间的隔墙应为防爆墙，防爆墙上不宜开孔洞或有管线穿过。

c. 除尘室应设置泄压设施，并应符合 GBJ 16 的相关规定。泄压面应设在靠近容易发生爆炸的部位，对外应避开人员集中的场所及主要交通道路。

（4）除尘地沟

a. 除尘地沟应具备良好的防水防潮性能，以确保沟内干燥；寒冷地区室外部分的除尘地沟应做好顶板保温，以防沟内结露。

b. 进入除尘室的地沟口处应设隔断，穿管处应密封。与相邻车间连通处，应采用非燃烧体材料密封。

7.7.3 电气

（1）一般要求

① 亚麻纤维加工系统电气工程应按爆炸性粉尘环境要求进行设计。

② 亚麻纤维加工系统应按照安全、可靠、先进和适用的原则设计自动控制系统。

③ 亚麻纤维加工系统应设置符合工艺生产要求，保证安全生产的电气联锁，电气联锁包括：

a. 除尘系统内各除尘设备之间的电气联锁；

b. 除尘设备与工艺生产设备之间的电气联锁；

c. 除尘系统的紧急停车。

④ 除尘系统与值班室应有信号联络。

⑤ 20 区、21 区、22 区的电气设备和线路宜在粉尘爆炸危险性较小或非爆炸危险区设置和敷设。

⑥ 电气设备和线路应装设短路和过负荷保护装置。

（2）电气设备

① 20 区、21 区、22 区电气设备的设计、结构、试验及标志要求应符合 GB/T 3836.15 的规定，应根据环境特征选用符合 GB/T 3836.15 规定的相关电气设备。

② 电气设备的表面允许最高温度应根据 GB/T 3836.15 规定及现场环境，通过试验确定。但不得超过 110℃。

③ 20 区、21 区所用灯具应符合 GB/T 3836.15 的规定。

④ 20 区、21 区不宜安装插座和局部照明灯具，必须设插座时，应符合《爆炸性环境 第 15 部分：电气装置的设计、选型和安装》（GB/T 3836.15）的规定。

⑤ 20 区、21 区不宜使用移动电气设备，在上述区域内使用的手提灯、帽灯应符合规定。

⑥ 3～10kV 及以上配电装置应尽可能不安装在 20 区、21 区、22 区内。

⑦ 1000V 以下配电装置宜安装在用墙体隔开的单独房间或粉尘不易积聚的地方。

⑧ 电气设备的安装应采取相应措施，以防止可能遇到的外部影响（如化学、机械和热应力）。

⑨ 电气设备的安装应注意保持设备的爬电距离和电气间隙，以避免产生电弧或火花的

可能性。

⑩ 20 区、21 区、22 区应采取措施避免因高强度光源的辐射而成为点燃源。电气设备的安装应提供便于检查、维护和清理的通道。

(3) 电气线路

① 20 区、21 区内尽可能不通过与该区无关的电缆和电气线路，如果不可避免，应符合 IEC 61241-1-2：1999 第 9 章的规定。

② 20 区、21 区、22 区内电气线路应选用铜芯电线或铜芯电缆，选择和敷设应符合《爆炸危险环境电力装置设计规范》(GB 50058) 的规定和 IEC 61241-1-2：1999 的规定。

(4) 防雷及接地

① 亚麻纤维加工系统防雷击及防雷电波侵入的措施应符合 GB 50057 的相关要求。

② 亚麻纤维加工系统的接地应符合 GB 50058 的规定；允许利用建（构）筑物的结构钢筋作防雷系统，接地极、引下线、接闪器间应进行电气连接，允许电气工作接地、保护接地、防雷接地及防静电接地共用一个接地装置，接地电阻应为其中最小值。

③ 亚麻纤维加工系统的设备、机架、除尘管道的金属外壳应直接接地，或直接与接地干线连接。

7.7.4 通风除尘

(1) 除尘系统划分

① 亚麻纺纱厂梳麻和前纺车间应分设独立的除尘系统。

② 局部排风系统应单独设置，不允许与除尘系统及气力输送系统相结合。

(2) 除尘设备的布置及选择

① 不同区域的除尘设备应分别布置，不应与送、排风及空调装置布置在同一个房间内。

② 除尘设备应是连续过滤、连续排尘，不允许采取沉降室处理，与滤尘器所配套的小旋风除尘器应设在室外或有泄爆面的房间。

③ 滤尘器不允许直接布置在车间内；干式除尘器应布置在除尘系统的负压段上。

④ 除尘风机与电机传动宜采用同轴连接。

(3) 除尘管路及布里

① 除尘系统、气力输送管截面均应为圆形，管道敷设要求通畅，管道上按有关规范设检查口及测试孔。

② 除尘风管应架空敷设，若需设地沟时，应为通行地沟，不同区域或系统地沟不得相互串通。

③ 除尘系统管道选定的风量应按在正常运行或故障情况下粉尘空气混合物浓度不超过爆炸下限的 50%确定。

(4) 回风及除尘

① 含有可燃性粉尘和纤维的空气未经过除尘处理，不得循环使用。含有粉尘的空气在进入排风机前应先进行除尘处理。

② 除尘室处理后的空气回用时不宜在空调室与除尘室相邻的隔墙上开孔，宜采用回风塔；回用空气含尘量不应超过室内允许含尘浓度的 30%。

7.7.5 安全管理

① 企业应制定相关的安全技术操作规程、管理细则、运行检修维护细则，并定期对除尘设备及管道系统的安全及防静电接地装置进行检测，保证设备、系统正常运行。检测应做好记录，并由有关人员签字。

② 车间内应杜绝明火作业。如确需在车间内使用电、气焊时，应将该区域工艺设备停止运行，将工作场地清理干净，制定防火措施并经企业防火部门审批同意，在防火员严密监护下和安全措施落实后方可进行。焊接完毕，由防火员认真检查并继续监护一段时间，确认安全后方可恢复生产。

③ 应定期检查除尘室、放散粉尘场所的自动喷洒灭火系统及消防灭火装置，保证随时可投入使用。

④ 应定期检查车间工艺设备与除尘室、空调送风风机的联锁装置，并定期试验，使其随时处于可启动状态。

⑤ 除尘室的各操作机构，应有明显标志，车间指定专门从业人员定期进行技术检查和维修，确保其运行在限定的工作指标（阻力上、下限，空气净化后的含尘浓度等）范围内。有故障的除尘设备不应使用。

⑥ 应装备必要的监测仪器设备，定点定时对车间和除尘系统的空气含尘浓度、温度、湿度、压力等进行检测，建立档案，以便及时了解系统的工作情况，研究制定相应的安全技术改进措施，或请有关部门协助定期检测。

⑦ 每月设一次检修日（停产检修），在检修的同时，要做好车间、设备的彻底清扫工作。

⑧ 除尘室应按危险场所进行管理，专人看管，无关人员严禁入内。除尘工不允许穿带铁钉的鞋和化纤工作服，不允许使用铁锹清除麻尘。

⑨ 清出的尘杂应用容器具密封好，随清随运，并应根据尘量的多少制定出相应的清扫周期。

⑩ 有下部吸尘斗的设备在运行、检修时，应防止金属杂物掉入吸尘斗。

⑪ 应定期检查除尘管道内壁，如有沉积物或结垢应及时清除。

⑫ 需要除尘的工艺设备，应着重看管易缠麻和有摩擦过热的部位。发现异状应立即停车，检查处理确认无隐患后方可开车。

⑬ 设备运转时，除尘工人如发现有异常情况应立即停车检查处理。

7.8 涂装行业粉尘防爆

7.8.1 喷粉区范围

喷粉区范围一般应包括：

a. 喷粉室、供粉装置（包括循环供粉装置的粉料输送装置、粉料仓及其卸料装置）、回收装置、风机、净化装置及与其相连的粉末输送管道；

b. 喷粉室开口处向外水平 3m 及垂直 1m 方向内区域；

c. 在喷涂现场存放或堆积有粉末涂料的场所；

d. 排风管内部、空气循环过滤器及其维护结构内部，以及其他有可能产生具有爆炸性悬浮状粉尘或堆积状粉尘的区域。

7.8.2 工艺安全

(1) 喷粉区防火防爆等级

a. 喷粉区火灾危险区域划为22区。

b. 喷粉区按爆炸性粉尘环境危险区域划为11区。符合《爆炸危险环境电力装置设计规范》(GB 50058) 规定者可划为非爆炸危险区域。

(2) 设计

① 粉末静电喷涂工艺设计，粉末静电喷涂设备与器械的研制、设计与制造应符合《涂装作业安全规程 安全管理通则》(GB 7691) 的规定。

② 喷粉室安全卫生指标应符合以下规定：

a. 除喷枪出口等局部区域外，喷粉室内悬浮粉末平均浓度（即喷粉室出口排风管内浓度）应低于该粉末最低爆炸浓度值一半，未知其最低爆炸浓度（MEC）者，其最高浓度不允许超过15g/m^3。系统中若有抑爆设备，则喷粉室出口排风管中悬浮粉末的浓度允许超过最小爆炸浓度的50%。

b. 静电喷粉枪及其辅助装置的使用应符合《涂装作业安全规程 静电喷枪及其辅助装置安全技术条件》(GB 14773) 的要求。

c. 工作场所空气中总尘容许浓度为8mg/m^3。

d. 喷粉室开口面风速宜为0.3～0.6m/s。

(3) 场所

a. 粉末静电喷涂作业与喷漆作业不宜设置在同一作业区内。若设置在同一作业区内，其爆炸危险区域和火灾危险区域应按喷漆区划分。

b. 喷粉作业区宜布置在单层厂房内。如布置在多层厂房内，宜布置在建筑物顶层；如布置在多跨厂房内，宜布置在边跨，并符合《涂装作业安全规程 涂漆工艺安全及其通风净化》(GB 6514) 的有关规定。

c. 喷粉作业应在符合要求的喷粉室内进行。

d. 喷粉室应布置在不产生干扰气流的方位上，并应避免与产生或散逸水蒸气、酸雾以及其他具有黏附性、腐蚀性、易燃、易爆等介质的装置布置在一起，并应与产生以上介质的区域隔离布置。

e. 喷粉室不应兼作喷漆室。

(4) 防火、防爆

① 进入喷粉室的工件，其表面温度应比其所用粉末引燃温度低28℃。

② 喷粉区内应遵循以下规定：

a. 不允许存在发火源、明火和产生火花的设备及器具；

b. 禁止撞击或摩擦产生火花；

应选用不会引燃粉末或粉气混合物的取暖设备；

c. 应选用不会引燃粉末或粉气混合物的取暖设备；

d. 按《建筑灭火器配置设计规范》(GB 50140) 配置灭火器，但不宜使用易使粉末涂料飞扬或污染的灭火器。

③ 在自动喷粉室内，应安装可靠的报警装置和自动灭火系统。在发生火灾时，能自动切断供气系统和电源。

(5) 地面

喷粉区地面应采用不燃或难燃的防静电材料铺设。地面应平整、光滑，无缝隙、凹槽，便于清扫积粉。

(6) 照明

喷粉区应采用防尘型冷光源灯具照明。当采用透明材料作隔板照明时，应符合以下要求：

a. 采用固定式灯具作光源；

b. 用隔板将灯具与喷粉区隔开，其安装密封应能保证粉尘不会进入灯具；

c. 隔板应选用不易破损的，不燃或难燃材料；

d. 隔板上的沉积物厚度不允许影响规定的照度；

e. 隔板的表面温度不超过93℃。

(7) 设备

所有设备应满足工艺安全要求，设备的选用应符合《生产设备安全卫生设计总则》(GB 5083) 的要求。

a. 喷粉区内电气设备应采用防爆、防尘型电气设备，其选型应符合表7-10的规定。

表7-10 电气设备防爆结构的选型

编号	电气设备	防爆结构	爆炸危险场所11区		
			正压	IP65	IP54
1	电机	鼠笼式			P
		带电刷	P①		P
2	电器和仪表	固定安装		P	
3		移动式		P	
4		携带式		P	

① “P”表示适用。

b. 喷粉区内，接触粉体的设备表面温度不得高于粉末的软化点温度，电气设备表面温升应符合《爆炸危险环境电力装置设计规范》(GB 50058) 的规定。

(8) 安全色与安全标志

在喷粉区的醒目位置应设置符合要求的安全色与安全标志。

(9) 相对湿度

喷粉区应保持一定的相对湿度，自动连续喷涂的喷粉区空气相对湿度宜为40%～70%。

7.8.3 电气

(1) 电气线路

进入喷粉区内的电气线路应符合《爆炸危险环境电力装置设计规范》(GB 50058) 的规定。

(2) 静电接地

喷粉区内所有导体都应可靠接地，每组专设的静电接电体接地电阻应小于100Ω，带电体的带电区对大地总泄漏电阻一般应小于$1\times10^{6}\Omega$，特殊情况下可放宽至$1\times10^{9}\Omega$。挂具与工件的接触区域应采用尖刺或刀刃状，确保工件接地电阻不大于$1\times10^{6}\Omega$。也可采用静电消除器，消除工件的积聚电荷。

7.8.4 喷粉设备及辅助装置

(1) 喷粉室及其相连管道

a. 喷粉室应采用不燃材料制造。铝材不允许作为支撑构件，也不允许用作喷粉室及其连接管道。喷粉室的显示和观察面板及喷粉室连接管道允许用难燃材料制造。

b. 喷粉室室体及通风管道内壁应光滑，无凹凸缘；应保持喷粉室及其系统内不积聚粉末，并能使未涂着粉末有组织地导入回收装置。

c. 刚性回收装置和基本封闭的喷粉室应有足够的空间容积，并设置泄压装置。

d. 喷粉室内的静电喷涂枪电极与工件、室壁、导流板、挂具以及运载装置等间距宜不小于250mm。工件之间也应有足够大的距离，不得相互撞击。

e. 自动化生产的流水作业在喷粉室与回收装置之间应采取联锁控制，一旦有火情时，能迅速自动切断连接通道。

f. 自动喷粉室内应安装火灾报警装置，该装置应与关闭压缩空气、切断电源，以及启动自动灭火器、停止工件输送的控制装置进行联锁。

g. 自动喷涂的回收风机与喷枪应采用电气联锁保护。

(2) 烘干（固化）室

a. 烘干室包括烘箱、烘房及烘道，其设计、安装、使用安全应符合GB 14443的规定。

b. 进入烘干室的工件应避免撞击、振动、强气流冲刷。

c. 烘干室内工件上每公斤粉末应送入$10m^{3}$的新鲜空气，其可燃性气体允许浓度不应超过其爆炸极限的25%，空气中粉末含量应符合相关规定。

d. 烘干（固化）室的结构应便于清理积粉。

(3) 其他设备

a. 回收、供粉、筛粉等设备均应符合防爆相关要求。

b. 供粉、筛粉装置应采用不燃或难燃材料制作，并应设计成不外逸粉末、不易积聚粉末而易清理的结构形式。

c. 风机的轴承和其他运载设备的部件应设置防止粉尘侵入的防护装置。

7.8.5 通风与净化

① 通风净化应符合《涂装作业安全规程 涂漆工艺安全及其通风净化》(GB 6514) 的有关规定。

② 应从安全与职业健康两方面计算和核算喷粉室的排风量，为确保有足够排风量，应遵循以下原则进行计算：

a. 开口面应包括所有自动与手动操作口、工件进出口、悬链出入口、其他工艺安装孔；

b. 喷室内粉末最大悬浮量应包括所有自动、手动枪的最大出粉量，但应考虑到沉积到工件上减少的粉量和空喷时未沉积到工件上的粉量，以及供粉器返回喷室的悬浮粉量；

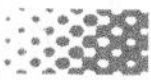

c. 风机排风量应附加10%～15%系统漏风量。

③ 喷粉室的铭牌上应标明额定最低排风量。

④ 回收系统。

a. 回收系统一级旋风分离应按吸入式将风机布置在旋风分离器出口，风机叶片宜选用铝合金材料制作，严禁使用塑料风机，如风机后串联袋式除尘器，而且为自动喷涂，则风机应选择防爆型。

b. 回收装置应选用导电材料制作。袋式过滤器应选择防静电滤料。

c. 过滤式回收装置应采用有效的清粉装置，不宜采用易积聚粉末的折叠式结构。自动喷涂时，应能自动检测系统阻力，当过滤器无气流通过或气流量减少到某设定值时，能停止作业。

d. 与喷粉室相连的粉末回收装置以及高效过滤器应设置能将爆炸压力引向安全位置的泄压装置。

e. 应定期校核风机排风量，如果排风量下降过大，应停止作业进行检修。

f. 连续自动喷粉作业的回收系统应配备风量监测器，当风量低于安全值时，喷粉装置能自动停止喷粉。

g. 排风机转动部件应为不发火材料，风机内部件不应产生相互摩擦、碰撞，并同时留有足够的间隙防止火花产生。转轴不允许因偏重或安装而改变同心度。

⑤ 通风管道应保持一定风速，同时应有良好接地，防止粉末和静电积聚。

⑥ 喷粉作业如循环使用排放废气时，应遵守以下规定：

a. 回流到作业区的空气含尘量不能超过3mg/m^3；

b. 不允许产生粉尘沉积；

c. 回流气体不含有易燃易爆气体；

d. 监测排出气体中粉尘浓度。

⑦ 含粉尘的排风管道应采用法兰连接的圆形管道敷设。

7.8.6 粉末涂料储存和输送

① 在喷粉区内只允许存放当班所需的粉末涂料，不应存放过多的粉末涂料。

② 用粉量较大的连续自动喷涂，粉末应储存在较大的密闭筒仓（容器）内，并应采取以下防护措施：

a. 筒仓（容器）应用围护栏杆围成安全隔离带，隔离带内严禁一切火种和热源进入；

b. 筒仓（容器）应使用导电材料制作并有效接地；

c. 卸料应防止粉末飞扬，若用旋转阀卸料，应防止粉末发黏、焦结；

d. 筒仓（容器）与喷粉区需设置防止燃烧或爆炸传递的装置。

③ 不应使用易产生静电积聚的材料包装粉末涂料，不应一次性连续大量投料和强烈抖动。

④ 不应将粉末涂料置于烘道、取暖设备等易触及热源的场所。

⑤ 粉末涂料不应与溶剂型涂料及稀释剂存放在一起。

⑥ 粉末涂料应用圆形管道输送，不应用其他异形管道输送。输送粉末涂料的管道宜采用防静电材料制作并有效接地，不宜用非金属材料管道做长距离输送。

⑦ 输送粉末管道管径不应过小，并具有足够大的弯曲半径。管道、阀门、管件应采用不易堵塞的结构，管道内壁光滑，不宜设置网格等妨碍输送的物体，并防止外界杂物混入。

7.8.7 操作与维护

① 喷粉操作应在排风机启动后至少 3min，方可开启高压静电发生器和喷粉装置。在停止作业时，应先停高压静电发生器和喷粉装置，3min 后再关闭风机。

② 以下设备或部件及其规定指标应做定期检查并做记录。检查其是否正常及符合有关规定。

a. 风机、回收装置及其风量、作业区粉末浓度、喷粉室内粉末浓度、喷粉室开口断面风速、粉尘排放浓度；

b. 风机轴承及其他运转部件是否黏附或焦结粉末，粉管及设备是否堵塞；

c. 高压静电发生器、喷枪接地、烘干（固化）室是否正常；

d. 设备器具检查和积粉清理周期（见表 7-11）。

表 7-11 积粉清理周期

序号	部位名称或指标	内容	周期/d
1	风机轴承及其他运转部件	粉尘黏附或焦结	1
2	风机抽风量	检查	7
3	喷粉室及作业区粉末浓度	检查	7
4	喷粉室开口处断面风速	检查	7
5	回收废气排放浓度	检查	30
6	喷粉室内积粉	检查	当班～1
7	挂具涂层	检查清理	随时
8	过滤式回收装置及净化器	检查清理	3～7
9	旋风回收装置及湿法净化器	检查	3～10
10	高压静电发生器、接地、烘干(固化)室	检查	7
11	作业区地面	检查	当班
12	设备、管道外壁	检查	3～7
13	墙壁及天花板	检查	3～7
14	粉管及输粉设备	检查堵塞漏粉	随时
15	回收排风与喷粉室联锁	检查	7

③ 当出现喷粉室开口断面风速低于最小设计风速、风机故障、回收供粉系统堵塞、高压系统故障、漏粉跑粉等非正常状态时，应停止作业，待故障排除后方可继续作业。

④ 喷粉室日常积粉清理和清粉换色时应注意呼吸系统的防护，并对所用器具采取接地等防静电措施。积粉清理宜采用负压吸入方式，不应采用吹扫的清理方式。

⑤ 应及时清除作业区地面、设备、管道、墙壁上沉积的粉末，以防止形成悬浮状粉气混合物。

⑥ 挂具上涂层应经常清理，以确保工件接地要求。

⑦ 及时清理烘干固化室加热元件表面积粉，以防止粉末裂解气化导致的燃烧。

⑧ 当自动喷粉系统处于运行状态时，除补喷工位持枪者手臂外，人体各部分均不应进入喷室。

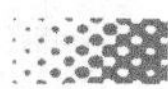

⑨ 不应在设备运行高压未切断时进行设备维修。

⑩ 在回收、净化装置的卸料口及卸料过程中，应有防止粉尘飞逸的措施。

⑪ 作业运行中应注意观察，挂具及工件不得有卡死、摇摆、碰撞和偏位滑落现象。

⑫ 操作人员应穿戴防静电工作服、鞋、帽，不应戴手套及金属饰物。

⑬ 操作人员应按《涂装作业安全规程 安全管理通则》（GB 7691）要求进行岗前培训。

⑭ 操作人员应定期进行身体检查。有职业禁忌证的人，不应从事喷粉作业。

第8章

涉爆粉尘企业隐患排查

本章基于北京市涉爆粉尘企业安全风险评估检查表（2016 版），结合最新粉尘防爆法规（中华人民共和国应急管理部 6 号令）和国家标准等，编制了金属粉尘、煤尘、粮食粉尘、饲料粉尘、烟草粉尘、亚麻纤维、木粉、橡胶塑料粉尘及其他可燃性粉尘（通用）的安全检查要点，包括安全基础管理检查部分和现场检查部分。安全基础管理检查包括机构和职责、管理制度、培训教育、劳动防护用品、安全风险辨识评估、隐患排查治理、应急救援预案与演练；现场检查部分分别从建（构）筑物结构与布局、爆炸危险场所、防爆电气设备、防雷防静电、通风和除尘、作业安全进行检查；阐述了现阶段涉爆粉尘企业重点整治事项、存在粉尘爆炸危险的行业领域重大安全生产事故隐患判定标准；最后对如何开展隐患治理验收工作进行了说明。

8.1 隐患排查检查表

可燃性粉尘主要有金属、煤炭、粮食、饲料、农副产品、林产品、合成材料等七类，如铝粉、镁粉、锌粉、钛粉、锆粉、煤粉、面粉、淀粉、糖粉、奶粉、血粉、鱼骨粉、烟草、棉花、茶叶粉、纤维粉、木粉、纸粉、橡胶塑料粉、染料粉等。

检查要点分为 7 大类，即机构和职责、管理制度、培训教育、劳动防护用品、安全风险辨识评估、隐患排查治理、应急救援预案与演练。安全基础管理为通用部分，适用各类企业粉尘防爆安全检查。作业场所管理也按 7 大类，共设置 9 个粉尘防爆安全检查要点，其中金属粉尘、煤尘、粮食粉尘、饲料粉尘、烟草粉尘、亚麻纤维、木粉、橡胶塑料粉尘分别对应金属粉尘、煤粉、粮食粉尘、饲料粉尘、烟草粉尘、亚麻纤维加工系统粉尘、木材加工粉尘、塑料与合成树脂粉尘防爆检查要点，其他粉尘对应粉尘爆炸危险作业场所通用安全检查技术要点。

8.1.1 安全基础管理检查要点

企业的安全基础管理包括五个部分：机构和职责、管理制度、培训教育、隐患排查治理

和应急救援预案与演练。安全基础管理的具体检查内容、检查方法及检查依据如表8-1所示。

表8-1 安全基础管理检查表

序号	检查项目	检查内容	检查方法	检查依据
1	机构和职责	金属冶炼单位应当设置安全生产管理机构或者配备专职安全生产管理人员。 其他工贸企业从业人员超过100人的,应当设置安全生产管理机构或者配备专职安全生产管理人员;从业人员在100人以下的,应当配备专职或者兼职的安全生产管理人员	查文件:机构或专职安全生产管理人员的证明文件、安全管理人员资格证书	《中华人民共和国安全生产法》(简称《安全生产法》)第24条
		生产经营单位的全员安全生产责任制应当明确各岗位的责任人员、责任范围和考核标准等内容。如单位安全生产责任制中明确主要负责人、相关部门负责人、生产车间负责人及粉尘作业岗位人员粉尘防爆安全职责	查文件:安全生产责任制文件。 询问:主要负责人是否了解《安全生产法》规定的安全职责;其他人员是否了解自己的安全生产职责	《中华人民共和国安全生产法》第22条。 《工贸企业粉尘防爆安全规定》(中华人民共和国应急管理部令第6号)第六条
2	管理制度	企业应建立粉尘防爆相关安全管理制度(包括除尘系统管理等)和岗位安全操作规程,安全操作规程应包含防范粉尘爆炸的安全作业和应急处置措施等内容。 粉尘防爆安全管理制度应当包括下列内容: (1)粉尘爆炸风险辨识评估和管控; (2)粉尘爆炸事故隐患排查治理; (3)粉尘作业岗位安全操作规程; (4)粉尘防爆专项安全生产教育和培训; (5)粉尘清理和处置; (6)除尘系统和相关安全设施设备运行、维护及检修、维修管理; (7)粉尘爆炸事故应急处置和救援	查文件:安全管理制度文件和安全操作规程文件。 现场检查:作业场所是否悬挂有操作规程	《工贸企业粉尘防爆安全规定》(中华人民共和国应急管理部令第6号)第七条。 《粉尘防爆安全规程》(GB 15577—2018)第4.2条
3	培训教育	生产经营单位的主要负责人和安全生产管理人员必须具备粉尘防爆的安全生产知识和管理能力	询问:主要负责人和安全生产管理人员粉尘防爆措施	《中华人民共和国安全生产法》第27条
		粉尘涉爆企业应当组织对涉及粉尘防爆的生产、设备、安全管理等有关负责人和粉尘作业岗位等相关从业人员进行粉尘防爆专项安全生产教育和培训,使其了解作业场所和工作岗位存在的爆炸风险,掌握粉尘爆炸事故防范和应急措施;未经教育培训合格的,不得上岗作业。 粉尘涉爆企业应当如实记录粉尘防爆专项安全生产教育和培训的时间、内容及考核等情况,纳入员工教育和培训档案	查文件:企业安全培训档案。 询问:现场作业人员作业危险因素及粉尘防爆措施。 现场检查:作业现场职业危害告知牌	《工贸企业粉尘防爆安全规定》(中华人民共和国应急管理部令第6号)第八条。 《粉尘防爆安全规程》(GB 15577—2018)第4.4条
4	劳动防护用品	粉尘涉爆企业应当为粉尘作业岗位从业人员提供符合国家标准或者行业标准的劳动防护用品,并监督、教育从业人员按照使用规则佩戴、使用	查文件:劳动防护用品配备标准及发放记录。 现场检查:从业人员佩戴、使用情况	《工贸企业粉尘防爆安全规定》(中华人民共和国应急管理部令第6号)第九条

续表

序号	检查项目	检查内容	检查方法	检查依据
5	安全风险辨识评估	粉尘涉爆企业应当定期辨识粉尘云、点燃源等粉尘爆炸危险因素，确定粉尘爆炸危险场所的位置、范围，并根据粉尘爆炸特性和涉粉作业人数等关键要素，评估确定有关危险场所安全风险等级，制定并落实管控措施，明确责任部门和责任人员，建立安全风险清单，及时维护安全风险辨识、评估、管控过程的信息档案。 涉及粉尘爆炸危险的工艺、场所、设施设备等发生变更的，粉尘涉爆企业应当重新进行安全风险辨识评估	查文件：安全风险清单	《工贸企业粉尘防爆安全规定》（中华人民共和国应急管理部令第6号）第十一条
6	隐患排查治理	企业应当结合粉尘爆炸风险管控措施，建立事故隐患排查清单，明确和细化排查事项、具体内容、排查周期及责任人员，及时组织开展事故隐患排查治理，如实记录隐患排查治理情况。构成工贸行业重大事故隐患判定标准规定的重大事故隐患的，应当按照有关规定制定治理方案，落实措施、责任、资金、时限和应急预案，及时消除事故隐患。 企业应根据GB 15577并结合自身工艺、设备、粉尘爆炸特性、爆炸防护措施及安全管理制度等制定粉尘防爆安全检查表，并定期开展粉尘防爆安全检查。企业应每季度至少检查一次，车间（或工段）应每月至少检查一次	查文件：事故隐患排查清单；安全检查台账及整改记录	《工贸企业粉尘防爆安全规定》（中华人民共和国应急管理部令第6号）第十二条。 《粉尘防爆安全规程》（GB 15577—2018）第4.3条
7	应急救援预案与演练	企业应编制粉尘爆炸事故应急预案，并定期开展应急演练。发生火灾或者粉尘爆炸事故后，粉尘涉爆企业应当立即启动应急响应并撤离疏散全部作业人员至安全场所，不得采用可能引起扬尘的应急处置措施	查文件：粉尘爆炸事故应急救援预案；应急演练记录	《工贸企业粉尘防爆安全规定》（中华人民共和国应急管理部令第6号）第十条。 《粉尘防爆安全规程》（GB 15577—2018）第4.5条

8.1.2 通用安全检查技术要点

粉尘爆炸危险作业场所通用安全检查表适用于除金属粉尘、煤尘、粮食粉尘、饲料粉尘、烟草粉尘、亚麻纤维、木粉、橡胶塑料粉尘行业外的其他行业，检查项目包括建（构）筑物结构与布局、爆炸危险场所、防爆电气设备、防雷防静电、通风和除尘、作业安全6个部分，具体检查内容、检查方法及检查依据如表8-2所示。

表8-2 粉尘爆炸危险作业场所通用安全检查表

序号	检查项目	检查内容	检查方法	检查依据
1	建（构）筑物结构与布局	存在粉尘爆炸危险的工艺设备或存在粉尘爆炸危险场所的建（构）筑物，不应设置在公共场所和居民区内，其防火间距应符合GB 50016的相关规定。应与其他建（构）筑物分离。处理有爆炸危险粉尘的干式除尘器和过滤器宜布置在厂房外的独立建筑中。该建筑与所属厂房的防火间距不应小于10m。 存在粉尘爆炸危险场所的建筑物宜为框架结构的单层建筑，其屋顶宜用轻型结构。如为多层建筑，应采用框架结构	查文件：建设项目竣工验收资料。 现场检查：生产厂区与周边建筑安全距离；建筑物结构、材质	《工贸企业粉尘防爆安全规定》（中华人民共和国应急管理部令第6号）第十四条。 《粉尘防爆安全规程》（GB 15577—2018）第5.1条。 《建筑设计防火规范（2018年版）》（GB 50016—2014）第3.4.1条

续表

序号	检查项目	检查内容	检查方法	检查依据
1	建(构)筑物结构与布局	存在粉尘爆炸危险场所的建筑物应设置符合 GB 50016 等要求的泄爆面积	现场检查:建(构)筑物泄爆口泄爆面积	《工贸企业粉尘防爆安全规定》(中华人民共和国应急管理部令第 6 号)第十四条。 《粉尘防爆安全规程》(GB 15577—2018)第 5.2 条。 《建筑设计防火规范(2018 年版)》(GB 50016—2014)第 3.6.4 条
		爆炸危险区域应设有两个以上出入口,其中至少有一个通向非爆炸危险区域,其出入口的疏散门应向外开启,通道确保畅通	现场检查:粉尘爆炸危险作业场所区域疏散门	《爆炸危险环境电力装置设计规范》(GB 50058—2014)第 4.1.4 条
		粉尘爆炸危险场所应设有安全疏散通道,疏散通道的位置和宽度应符合 GB 50016 的相关规定;安全疏散通道应保持畅通,疏散路线应设置应急照明和明显的疏散指示标志	现场检查:生产区域疏散路线、路标和应急照明	《粉尘防爆安全规程》(GB 15577—2018)第 5.6 条
		粉尘涉爆企业应当严格控制粉尘爆炸危险场所内作业人员数量,在粉尘爆炸危险场所内不得设置员工宿舍、休息室、办公室、会议室等	现场检查:粉尘爆炸危险场所作业人数、周边场所	《工贸企业粉尘防爆安全规定》(中华人民共和国应急管理部令第 6 号)第十四条。 《粉尘防爆安全规程》(GB 15577—2018)第 5.7 条
2	爆炸危险场所	粉尘爆炸危险场所的出入口、生产区域及重点危险设备设施等部位,应设置显著的安全警示标识标志。 有粉尘爆炸危险的建筑物出入口应设爆炸危险警示标志	现场检查:粉尘爆炸危险作业场所安全标志	《粉尘防爆安全规程》(GB 15577—2018)第 4.7 条。 《爆炸危险场所防爆安全导则》(GB/T 29304—2012)附录 F
3	防爆电气设备	粉尘爆炸危险场所内的电气设备应采用防爆电器,铭牌标识清楚,有防爆标志、防爆合格证号,外壳无裂缝、损伤,电机不得漏油	现场检查:电气设备设施防爆标志、防爆合格证	《工贸企业粉尘防爆安全规定》(中华人民共和国应急管理部令第 6 号)第十七条。 《爆炸性环境 第一部分:设备 通用要求》(GB/T 3836.1—2021)
		在爆炸性粉尘环境内,应尽量减少插座和局部照明灯具的数量,除尘室、除尘风机室、尘杂加工车间不宜安装插座和局部照明灯具,不宜使用移动电气设备。如需采用时,插座宜布置在爆炸性粉尘不易积聚的地点,局部宜布置在事故气流不易冲击的位置。插座开口的一面应朝下,且与垂直面的角度不应大于 60°	现场检查:照明灯、插座布置情况	《爆炸危险环境电力装置设计规范》(GB 50058—2014)第 5.1.1 条
		电气布线应敷设在钢管中;管线穿墙及楼板时,孔洞应采用非可燃性填料严密堵塞	现场检查:电气线路敷设方式	《爆炸危险环境电力装置设计规范》(GB 50058—2014)第 5.4.3 条
4	防雷防静电	粉尘爆炸危险作业场所的厂房(建构筑物)按《建筑物防雷设计规范》(GB 50057—2010)规定设置防雷系统,并可靠接地。 所有金属设备、装置外壳、金属管道、支架、构件、部件等,应采用防静电直接接地措施;不便或工艺不准许直接接地的,可通过导静电材料或制品间接接地;直接用于盛装起电粉料的器具、输送粉料的管道(带)等,应采用金属或防静电材料制成;金属管道连接处(如法兰),应进行防静电跨接	查文件:防雷防静电安全检测报告。 现场检查:防静电措施	《粉尘防爆安全规程》(GB 15577—2018)第 6.3.1 条、第 6.3.2 条

续表

序号	检查项目	检查内容	检查方法	检查依据
5	通风、除尘	处理有爆炸危险粉尘的除尘器、排风机的设置应符合下列规定： (1)不同类别的可燃性粉尘不应合用同一除尘系统； (2)粉尘爆炸危险场所除尘系统不应与带有可燃气体、高温气体或其他工业气体的风管及设备连通； (3)应按工艺分片(分区域)设置相对独立的除尘系统,并保证除尘系统有足够的风量,风管中不应有粉尘沉降； (4)不同防火分区的除尘系统不应连通	查文件：除尘器设计、安装单位资质。 现场检查：除尘器、排风机的设置情况	《工贸企业粉尘防爆安全规定》(中华人民共和国应急管理部令第6号)第十五条。 《工贸行业安全生产专项整治“百日清零行动”工作方案》(“粉6条”)。 《建筑设计防火规范(2018年版)》(GB 50016—2014)第9.3.5条。 《粉尘防爆安全规程》(GB 15577—2018)第8.1条
		所有产尘点均应装设吸尘罩,并保证有足够的吸尘风量,满足作业岗位职业卫生要求	查文件：作业岗位粉尘浓度检测报告。 现场检查：所有产尘点装设吸尘罩情况	《粉尘防爆安全规程》(GB 15577—2018)第8.2.1条
		处理有爆炸危险粉尘和碎屑的除尘器、过滤器、管道均应设置泄压装置。 净化有爆炸危险粉尘的干式除尘器和过滤器应布置在系统的负压段上	现场检查：除尘器、管道的泄压装置及布置	《工贸行业安全生产专项整治“百日清零行动”工作方案》(“粉6条”)。 《建筑设计防火规范(2018年版)》(GB 50016—2014)第9.3.8条
		除尘器宜安装于室外；如安装于室内,其泄爆管应直通室外,且长度小于3m,并根据粉尘属性设立隔(阻)爆装置。 排风设备不应布置在地下、半地下建筑(室)中	现场检查：除尘器、排风设备的布置	《粉尘爆炸危险场所用收尘器防爆导则》(GB/T 17919—2008)第4.1.8条。 《建筑设计防火规范(2018年版)》(GB 50016—2014)第9.3.9条
		袋式除尘器应采用脉冲喷吹等强力清灰方式进行可靠清灰。并根据除尘器类型、清灰方式、过滤风速、入口粉尘浓度等确定合理清理周期,清灰气源应符合产品说明书规定要求,并详细记录	查文件：除尘器设备日常维护保养和清灰记录	《工贸企业粉尘防爆安全规定》(中华人民共和国应急管理部令第6号)第十八条。 《粉尘爆炸危险场所用收尘器防爆导则》(GB/T 17919—2008)第4.3.1条、第6.1条
6	作业安全	在粉尘爆炸危险场所作业及检修应使用防爆工具。严禁敲击除尘器各金属部件	现场检查：作业场所日常使用工具	《工贸企业粉尘防爆安全规定》(中华人民共和国应急管理部令第6号)第十九条。 《粉尘防爆安全规程》(GB 15577—2018)第6.4.1条
		针对粉碎、研磨、造粒、砂光等易产生机械点燃源的工艺,粉尘涉爆企业应当规范采取杂物去除或者火花探测消除等防范点燃源措施	现场检查：杂物去除或者火花探测消除等防范点燃源措施	《工贸企业粉尘防爆安全规定》(中华人民共和国应急管理部令第6号)第十六条。 《工贸行业安全生产专项整治“百日清零行动”工作方案》(“粉6条”)
		粉尘爆炸危险场所不应存在明火。当需要进行动火作业时,应遵守下列规定： (1)由安全生产管理负责人批准并取得动火审批作业证； (2)动火作业前,应清除动火作业场所10m范围内的可燃粉尘并配备充足的灭火器材；	查文件：动火作业票证审批记录	《工贸企业粉尘防爆安全规定》(中华人民共和国应急管理部令第6号)第十九条。 《粉尘防爆安全规程》(GB 15577—2018)第6.2.1条

续表

序号	检查项目	检查内容	检查方法	检查依据
6	作业安全	(3)动火作业区段内涉粉作业设备应停止运行； (4)动火作业的区段应与其他区段有效分开或隔断； (5)动火作业后应全面检查设备内外部，确保无热熔焊渣遗留，防止粉尘阴燃； (6)动火作业期间和作业完成后的冷却期间，不应有粉尘进入明火作业场所	查文件：动火作业票证审批记录	《工贸企业粉尘防爆安全规定》（中华人民共和国应急管理部令第6号）第十九条。 《粉尘防爆安全规程》（GB 15577—2018）第6.2.1条
		检维修作业：生产系统应完全停止、现场积尘清理干净后，方可进行检维修作业；检维修作业如涉及有限空间作业应严格遵守"先通风、再检测、后作业"的原则，确定符合安全要求后，方可进入	查文件：受限空间作业票证审批记录	《工贸企业有限空间作业安全管理与监督暂行规定》（国家安全监管总局令第59号，国家安监总局令第80号修正）
		作业场所清洁应当遵守以下规定： (1)企业对粉尘爆炸危险场所应制定包括清扫范围、清扫方式、清扫周期等内容的粉尘清理制度； (2)所有可能沉积粉尘的区域（包括粉料储存间）及设备设施的所有部位应进行及时全面规范清扫； (3)应根据粉尘特性采用不产生扬尘的清扫方法，不应使用压缩空气进行吹扫，宜采用负压吸尘方式清洁	查文件：粉尘清扫制度。 现场检查：作业场所清洁情况及清扫工具	《工贸企业粉尘防爆安全规定》（中华人民共和国应急管理部令第6号）第十八条。 《工贸行业安全生产专项整治"百日清零行动"工作方案》（"粉6条"）。 《粉尘防爆安全规程》（GB 15577—2018）第9.1条、第9.4条、第9.5条
		企业应为粉尘作业人员配备防尘口罩、防静电手套、防静电鞋、防静电服或棉布工作服、防尘服、阻燃防护服等个体防护装备	查文件：粉尘作业人员安全防护用品发放台账。 现场检查：作业人员个体防护用品穿戴情况	《个体防护装备配备规范 第1部分：总则》（GB 39800.1—2020）
		企业应配备防爆电器维护人员，具备电气防爆知识，负责防爆电器的日常检查和维护	查文件：特种作业操作证	《危险场所电气防爆安全规范》（AQ 3009—2007）第7.1.2条
		粉尘环境爆炸危险区应按GB 50140规定要求配备专用灭火器和室外消防栓	现场检查：粉尘爆炸危险场所消防设施	《建筑设计防火规范（2018年版）》（GB 50016—2014）第8.1.2条、第8.1.9条。 《建筑灭火器配置设计规范》（GB 50140—2005）
		加强对检修承包单位的安全管理，在承包协议中明确规定双方的安全生产权利义务，对检修承包单位的检修方案中涉及粉尘防爆的安全措施和应急处置措施进行审核，并监督承包单位落实	查文件：承包协议	《工贸企业粉尘防爆安全规定》（中华人民共和国应急管理部令第6号）第二十条

8.1.3 各行业检查要点

根据粉尘的种类不同，在实际检查中的项目也有所区别。本节对金属粉尘、煤炭粉尘、粮食粉尘、饲料粉尘、烟草粉尘、亚麻纤维加工系统粉尘、木材加工粉尘、塑料与合成树脂粉尘进行安全检查阐述，具体如下所示。

(1) 金属粉尘防爆安全检查（专业部分）

金属粉尘防爆的检查项目包括建（构）筑物结构与布局、爆炸危险场所、防爆电气设备、防雷防静电、通风和除尘、作业安全6个部分。具体检查内容、检查方法及检查依据如表8-3所示。

表8-3 金属粉尘防爆安全检查表（专业部分）

序号	检查项目	检查内容	检查方法	检查依据
1	建(构)筑物结构与布局	存在粉尘爆炸危险的工艺设备或存在粉尘爆炸危险场所的建(构)筑物,不应设置在公共场所和居民区内,其防火间距应符合GB 50016的相关规定。按GB 50016规定的甲类火灾危险性建筑进行设计。应与其他建(构)筑物分离,与其他厂房建筑之间防火间距不得少于12m,与民用建筑之间不得少于25m。 存在粉尘爆炸危险场所的建筑物宜为框架结构的单层建筑,其屋顶宜用轻型结构。如为多层建筑,应采用框架结构	查文件:建设项目竣工验收资料。 现场检查:生产厂区与周边建筑安全距离;建筑物结构、材质	《工贸企业粉尘防爆安全规定》(中华人民共和国应急管理部令第6号)第十四条。 《粉尘防爆安全规程》(GB 15577—2018)第5.1条。 《建筑设计防火规范(2018年版)》(GB 50016—2014)第3.4.1条
		存在粉尘爆炸危险场所的建筑物应设置符合GB 50016等要求的泄爆面积	现场检查:建构筑物泄爆口泄爆面积	《工贸企业粉尘防爆安全规定》(中华人民共和国应急管理部令第6号)第十四条。 《粉尘防爆安全规程》(GB 15577—2018)第5.2条。 《建筑设计防火规范(2018版)》(GB 50016—2014)第3.6.4条
		对涉及粉尘爆炸危险的工程及工艺设计,当有专门的国家标准时,应符合标准规定;存在粉尘爆炸危险的工艺设备宜设置在露天场所;如厂房内有粉尘爆炸危险的工艺设备,宜设置在建筑物内较高的位置,并靠近外墙	现场检查:有粉尘爆炸危险的工艺设备设置位置	《粉尘防爆安全规程》(GB 15577—2018)第5.3条
		梁、支架、墙及设备等应具有便于清洁的表面结构	现场检查:梁、支架、墙及设备等表面结构	《粉尘防爆安全规程》(GB 15577—2018)第5.4条
		爆炸危险区域应设有两个以上出入口,其中至少有一个通向非爆炸危险区域,其出入口的疏散门应向外开启,通道确保畅通	现场检查:粉尘爆炸危险作业场所区域疏散门	《爆炸危险环境电力装置设计规范》(GB 50058—2014)第4.1.4条
		粉尘爆炸危险场所应设有安全疏散通道,安全疏散通道应保持畅通,疏散路线应设置应急照明和明显的疏散指示标志	现场检查:生产区域疏散路线、路标和应急照明	《粉尘防爆安全规程》(GB 15577—2018)第5.6条
		粉尘涉爆企业应当严格控制粉尘爆炸危险场所内作业人员数量,在粉尘爆炸危险场所内不得设置员工宿舍、休息室、办公室、会议室等	现场检查:粉尘爆炸危险场所作业人数、周边场所	《工贸企业粉尘防爆安全规定》(中华人民共和国应急管理部令第6号)第十四条。 《粉尘防爆安全规程》(GB 15577—2018)第5.7条
2	爆炸危险场所	粉尘爆炸危险场所的出入口、生产区域及重点危险设备设施等部位,应设置显著的安全警示标识标志。 持续进行金属制品磨削、打磨、抛光、抛丸喷砂的车间出入口,粉尘收尘装置存放区域出入口应设爆炸危险警示标志	现场检查:粉尘爆炸危险作业场所安全标志	《粉尘防爆安全规程》(GB 15577—2018)第4.7条。 《爆炸危险场所防爆安全导则》(GB/T 29304—2012)附录F
		铝镁粉厂房和库房内不应存放汽油、煤油、苯等易燃物	现场检查:粉尘爆炸危险作业场所、成品库房	《铝镁粉加工粉尘防爆安全规程》(GB 17269—2003)第4.7条

续表

序号	检查项目	检查内容	检查方法	检查依据
3	防爆电气设备	粉尘爆炸危险场所内的电气设备应采用防爆电器，铭牌标识清楚，有防爆标志、防爆合格证号，外壳无裂缝、损伤，电机不得漏油	现场检查：电气设备设施防爆标志、防爆合格证	《工贸企业粉尘防爆安全规定》(中华人民共和国应急管理部令第6号)第十七条。 《铝镁粉加工粉尘防爆安全规程》(GB 17269—2003)第10条。 《爆炸性环境 第1部分：设备通用要求》(GB/T 3836.1—2021)
		生产场所电气线路应采用镀锌钢管套管或铠装式保护，并在爆炸危险性较小的位置敷设。严禁采用绝缘导线或塑料管明设	现场检查：电气线路敷设方式	《国务院安委会办公室关于深入开展铝镁制品机加工企业安全生产专项治理的通知》(安委办〔2012〕38号)
4	防雷防静电	粉尘爆炸危险作业场所的厂房(建构筑物)按《建筑物防雷设计规范》(GB 50057—2010)规定设置防雷系统，并可靠接地。 所有金属设备、装置外壳、金属管道、支架、构件、部件等，应采用防静电直接接地措施；不便或工艺不准许直接接地的，可通过导静电材料或制品间接接地；直接用于盛装起电粉料的器具、输送粉料的管道(带)等，应采用金属或防静电材料制成；金属管道连接处(如法兰)，应进行防静电跨接	查文件：防雷防静电安全检测报告。 现场检查：防静电措施	《铝镁粉加工粉尘防爆安全规程》(GB 17269—2003)第10.6条。 《粉尘防爆安全规程》(GB 15577—2018)第6.3.1条、第6.3.2条
5	通风、除尘	处理有爆炸危险粉尘的除尘器、排风机的设置应符合下列规定： (1)不同类别的可燃性粉尘不应合用同一除尘系统； (2)粉尘爆炸危险场所除尘系统不应与带有可燃气体、高温气体或其他工业气体的风管及设备连通； (3)应按工艺分片(分区域)设置相对独立的除尘系统，并保证除尘系统有足够的风量，风管中不应有粉尘沉降； (4)不同防火分区的除尘系统不应连通	查文件：除尘器设计、安装单位资质。 现场检查：除尘器、排风机的设置情况	《工贸企业粉尘防爆安全规定》(中华人民共和国应急管理部令第6号)第十五条。 《工贸行业安全生产专项整治“百日清零行动”工作方案》(“粉6条”)。 《建筑设计防火规范(2018年版)》(GB 50016—2014)第9.3.5条。 《粉尘防爆安全规程》(GB 15577—2018)第8.1条
		所有产尘点均应装设吸尘罩，并保证有足够的吸尘风量，满足作业岗位职业卫生要求	查文件：作业岗位粉尘浓度检测报告。 现场检查：所有产尘点装设吸尘罩情况	《粉尘防爆安全规程》(GB 15577—2018)第8.2.1条
		处理有爆炸危险粉尘和碎屑的除尘器、过滤器、管道均应设置泄压装置。 净化有爆炸危险粉尘的干式除尘器和过滤器应布置在系统的负压段上	现场检查：除尘器、管道的泄压装置及布置	《工贸行业安全生产专项整治“百日清零行动”工作方案》(“粉6条”)。 《建筑设计防火规范(2018年版)》(GB 50016—2014)第9.3.8条
		除尘器宜安装于室外；如安装于室内，其泄爆管应直通室外，且长度小于3m，并根据粉尘属性设立隔(阻)爆装置。 排风设备不应布置在地下、半地下建筑(室)中	现场检查：除尘器、排风设备的布置	《粉尘爆炸危险场所用收尘器防爆导则》(GB/T 17919—2008)第4.1.8条。 《建筑设计防火规范(2018年版)》(GB 50016—2014)第9.3.9条

续表

序号	检查项目	检查内容	检查方法	检查依据
5	通风、除尘	袋式除尘器应采用脉冲喷吹等强力清灰方式进行可靠清灰。并根据除尘器类型、清灰方式、过滤风速、入口粉尘浓度等确定合理清理周期，清灰气源应符合产品说明书规定要求，并详细记录	查文件：除尘器设备日常维护保养和清灰记录	《工贸企业粉尘防爆安全规定》(中华人民共和国应急管理部令第6号)第十八条。 《粉尘爆炸危险场所用收尘器防爆导则》(GB/T 17919—2008)第4.3.1条、第6.1条
6	作业安全	在粉尘爆炸危险场所作业及检修应使用防爆工具。严禁敲击除尘器各金属部件	现场检查：作业场所日常使用工具	《工贸企业粉尘防爆安全规定》(中华人民共和国应急管理部令第6号)第十九条。 《粉尘防爆安全规程》(GB 15577—2018)第6.4.1条
		针对粉碎、研磨、造粒、砂光等易产生机械点燃源的工艺，粉尘涉爆企业应当规范采取杂物去除或者火花探测消除等防范点燃源措施	现场检查：杂物去除或者火花探测消除等防范点燃源措施	《工贸企业粉尘防爆安全规定》(中华人民共和国应急管理部令第6号)第十六条。 《工贸行业安全生产专项整治"百日清零行动"工作方案》("粉6条")
		粉尘爆炸危险场所不应存在明火。当需要进行动火作业时，应遵守下列规定： (1)由安全生产管理负责人批准并取得动火审批作业证； (2)动火作业前，应清除动火作业场所10m范围内的可燃粉尘并配备充足的灭火器材； (3)动火作业区段内涉粉作业设备应停止运行； (4)动火作业的区段应与其他区段有效分开或隔断； (5)动火作业后应全面检查设备内外部，确保无热熔焊渣遗留，防止粉尘阴燃； (6)动火作业期间和作业完成后的冷却期间，不应有粉尘进入明火作业场所	查文件：动火作业票证审批记录	《工贸企业粉尘防爆安全规定》(中华人民共和国应急管理部令第6号)第十九条。 《国务院安委会办公室关于深入开展铝镁制品机加工企业安全生产专项治理的通知》(安委办〔2012〕38号)。 《粉尘防爆安全规程》(GB 15577—2018)第6.2.1条
		在粉尘爆炸危险场所没有与明火作业等效的保护措施禁止使用旋转磨轮和旋转切盘进行研磨和切割	查文件：检维修作业票证记录	《粉尘防爆安全规程》(GB 15577—2018)第6.4.4条
		检维修作业：生产系统应完全停止、现场积尘清理干净后，方可进行检维修作业；检维修作业如涉及有限空间作业的应严格遵守"先通风、再检测、后作业"的原则，确定符合安全要求后，方可进入	查文件：受限空间作业票证记录	《国务院安委会办公室关于深入开展铝镁制品机加工企业安全生产专项治理的通知》(安委办〔2012〕38号)。 《工贸企业有限空间作业安全管理与监督暂行规定》(国家安监总局令第59号，国家安监总局令第80号修正)

续表

序号	检查项目	检查内容	检查方法	检查依据
6	作业安全	作业场所清洁应当遵守以下规定： (1)定期对生产场所残留的粉尘进行清理，清洁所有可能积累粉尘的场所，包括地面、墙角墙面、设备表面和横梁等，并及时对除尘器、吸排尘管道等设备的粉尘进行清理； (2)应当采用不产生火花、静电、扬尘等方法进行粉尘清理	现场检查：作业场所清洁情况	《工贸企业粉尘防爆安全规定》(中华人民共和国应急管理部令第6号)第十八条。 《工贸行业安全生产专项整治"百日清零行动"工作方案》("粉6条")。 《国务院安委会办公室关于深入开展铝镁制品机加工企业安全生产专项治理的通知》(安委办〔2012〕38号)
		严禁使用压缩空气正压吹扫粉尘	现场检查：作业场所粉尘清扫工具	《国务院安委会办公室关于深入开展铝镁制品机加工企业安全生产专项治理的通知》(安委办〔2012〕38号)。 《粉尘防爆安全规程》(GB 15577—2018)第8.3.2条
		企业应为粉尘作业人员配备防尘口罩、防静电手套、防静电鞋、防静电服或棉布工作服、防尘服、阻燃防护服等个体防护装备	查文件：粉尘作业人员安全防护用品发放台账。 现场检查：作业人员个体防护用品穿戴情况	《个体防护装备配备规范 第1部分：总则》(GB 39800.1—2020)
		企业应配备防爆电器维护人员，具备电气防爆知识，负责防爆电器的日常检查和维护	查文件：特种作业操作证	《危险场所电气防爆安全规范》(AQ 3009—2007)第7.1.2条
		清理、收集的粉尘应按规定存放；收集、储存的遇湿易燃金属粉尘必须采用防潮、防湿措施，严防粉尘遇湿自燃	现场检查：作业场所粉尘收集情况	《粉尘防爆安全规程》(GB 15577—2018)第9条
		粉尘爆炸危险区禁止使用与金属粉尘发生化学反应的灭火器材，如水雾、二氧化碳灭火器等	现场检查：粉尘爆炸危险场所消防设施情况	《铝镁粉加工粉尘防爆安全规程》(GB 17269—2003)第12.1.4条
		加强对检修承包单位的安全管理，在承包协议中明确规定双方的安全生产权利义务，对检修承包单位的检修方案中涉及粉尘防爆的安全措施和应急处置措施进行审核，并监督承包单位落实	查文件：承包协议	《工贸企业粉尘防爆安全规定》(中华人民共和国应急管理部令第6号)第二十条

(2) 煤粉防爆安全检查（专业部分）

煤炭粉尘防爆的检查项目包括建（构）筑物结构与布局、爆炸危险场所、防爆电气设备、防雷防静电、通风和除尘、作业安全6个部分，具体检查内容、检查方法及检查依据如表8-4所示。

表 8-4　煤粉防爆安全检查表（专业部分）

序号	检查项目	检查内容	检查方法	检查依据
1	建(构)筑物结构与布局	存在粉尘爆炸危险的工艺设备或存在粉尘爆炸危险场所的建(构)筑物，不应设置在公共场所和居民区内，其防火间距应符合 GB 50016 的相关规定。按 GB 50016 规定的乙类火灾危险性建筑进行设计。应与其他建(构)筑物分离，与其他厂房建筑之间防火间距不得少于 10m，与民用建筑之间不得少于 25m。 存在粉尘爆炸危险场所的建筑物宜为框架结构的单层建筑，其屋顶宜用轻型结构。如为多层建筑，应采用框架结构	查文件：建设项目竣工验收资料。 现场检查：生产厂区与周边建筑安全距离；建筑物结构、材质	《工贸企业粉尘防爆安全规定》(中华人民共和国应急管理部令第 6 号)第十四条。 《高炉喷吹烟煤系统防爆安全规程》(GB 16543—2008)第 5.2.1 条。 《粉尘防爆安全规程》(GB 15577—2018)第 5.1 条。 《建筑设计防火规范(2018 年版)》(GB 50016—2014)第 3.4.1 条
		存在粉尘爆炸危险场所的建筑物应设置符合 GB 50016 等要求的泄爆面积	现场检查：建(构)筑物泄爆口泄爆面积	《工贸企业粉尘防爆安全规定》(中华人民共和国应急管理部令第 6 号)第十四条。 《粉尘防爆安全规程》(GB 15577—2018)第 5.2 条。 《建筑设计防火规范(2018 年版)》(GB 50016—2014)第 3.6.4 条
		爆炸危险区域应设有两个以上出入口，其中至少有一个通向非爆炸危险区域，其出入口的疏散门应向外开启，通道确保畅通	现场检查：粉尘爆炸危险作业场所区域疏散门	《爆炸危险环境电力装置设计规范》(GB 50058—2014)第 4.1.4 条
		粉尘爆炸危险场所应设有安全疏散通道，安全疏散通道应保持畅通，疏散路线应设置应急照明和明显的疏散指示标志	现场检查：生产区域疏散路线、路标和应急照明	《粉尘防爆安全规程》(GB 15577—2018)第 5.6 条
		粉尘涉爆企业应当严格控制粉尘爆炸危险场所内作业人员数量，在粉尘爆炸危险场所内不得设置员工宿舍、休息室、办公室、会议室等	现场检查：粉尘爆炸危险场所作业人数、周边场所	《工贸企业粉尘防爆安全规定》(中华人民共和国应急管理部令第 6 号)第十四条。 《粉尘防爆安全规程》(GB 15577—2018)第 5.7 条
2	爆炸危险场所	粉尘爆炸危险场所的出入口、生产区域及重点危险设备设施等部位，应设置显著的安全警示标识标志。 在制粉、煤仓、收粉区域出入口应设爆炸危险警示标志	现场检查：粉尘爆炸危险作业场所安全标志	《粉尘防爆安全规程》(GB 15577—2018)第 4.7 条。 《爆炸危险场所防爆安全导则》(GB/T 29304—2012)附录 F
		制精系统的煤气燃烧器、磨煤机、布袋收粉、制输系统和喷吹系统的煤仓应设紧急充氮系统	现场检查：制粉系统、喷吹系统安全设施	《高炉喷吹烟煤系统防爆安全规程》(GB 16543—2008)第 5.6.4 条
		原煤储存系统应加喷水装置	现场检查：原煤储存系统喷水装置	《高炉喷吹烟煤系统防爆安全规程》(GB 16543—2008)第 5.6.7 条
		制粉系统应设固定式氧含量在线监测装置，并联锁到中控室，达到报警值时应报警并自动充氮，达到上限时应自动停机。系统排放尾气的氧含量在正常启动时不应超过 12%，非正常停车后启动时不应超过 8%	现场检查：中控室氧含量监测参数	《高炉喷吹烟煤系统防爆安全规程》(GB 16543—2008)第 5.7.3 条、第 7.2.2 条

续表

序号	检查项目	检查内容	检查方法	检查依据
3	防爆电气设备	煤尘爆炸危险场所的电气设备均应采用防爆电器，铭牌标识清楚，有防爆标志、防爆合格证号，外壳无裂缝、损伤，电机不得漏油	现场检查：电气设备设施防爆标志、防爆合格证	《工贸企业粉尘防爆安全规定》(中华人民共和国应急管理部令第6号)第十七条。 《爆炸性环境 第1部分：设备通用要求》(GB/T 3836.1—2021)
		磨粉机入口、布袋收粉器进口和内部、煤粉仓、仓式泵、储煤罐、喷吹罐等处应设置上限温度监控装置。磨煤机出口等关键部位应设置上、下限双温监控装置及报警装置。磨粉机出口温度不应超过80℃	现场检查：控制室温度监控参数	《高炉喷吹烟煤系统防爆安全规程》(GB 16543—2008)第5.7.1条、第7.2.2条
		电气布线应敷设在钢管中；管线穿墙及楼板时，孔洞应采用非可燃性填料严密堵塞	现场检查：电气线路敷设方式	《爆炸危险环境电力装置设计规范》(GB 50058—2014)第5.4.3.2条
4	防雷防静电	粉尘爆炸危险作业场所的厂房（建构筑物）按《建筑物防雷设计规范》(GB 50057—2010)规定设置防雷系统，并可靠接地。 所有设备、容器、管道均应设防静电接地，法兰之间应用导线跨接，并进行防静电设计校核	查文件：防雷防静电安全检测报告。 现场检查：防静电措施	《粉尘防爆安全规程》(GB 15577—2018)第6.3.1条。 《高炉喷吹烟煤系统防爆安全规程》(GB 16543—2008)第5.1.10条
5	通风和除尘	处理有爆炸危险粉尘的除尘器、排风机的设置应符合下列规定： (1)不同类别的可燃性粉尘不应合用同一除尘系统； (2)粉尘爆炸危险场所除尘系统不应与带有可燃气体、高温气体或其他工业气体的风管及设备连通； (3)应按工艺分片(分区域)设置相对独立的除尘系统，并保证除尘系统有足够的风量，风管中不应有粉尘沉降； (4)不同防火分区的除尘系统不应连通	查文件：除尘器设计、安装单位资质。 现场检查：除尘器、排风机的设置情况	《工贸企业粉尘防爆安全规定》(中华人民共和国应急管理部令第6号)第十五条。 《工贸行业安全生产专项整治"百日清零行动"工作方案》("粉6条")。 《建筑设计防火规范(2018年版)》(GB 50016—2014)第9.3.5条。 《粉尘防爆安全规程》(GB 15577—2018)第8.1条
		所有产尘点均应装设吸尘罩，并保证有足够的吸尘风量，满足作业岗位职业卫生要求	查文件：作业岗位粉尘浓度检测报告。 现场检查：所有产尘点装设吸尘罩情况	《粉尘防爆安全规程》(GB 15577—2018)第8.2.1条
		处理有爆炸危险粉尘和碎屑的除尘器、过滤器、管道，均应设置泄压装置。 净化有爆炸危险粉尘的干式除尘器和过滤器应布置在系统的负压段上	现场检查：除尘器、管道的泄压装置及布置	《工贸行业安全生产专项整治"百日清零行动"工作方案》("粉6条")。 《高炉喷吹烟煤系统防爆安全规程》(GB 16543—2008)第5.1.1条。 《建筑设计防火规范(2018年版)》(GB 50016—2014)第9.3.8条
		除压力容器外，所有煤粉容器与容器连接的管道端部和管道的拐弯处均应设置足够面积的泄爆孔，其朝向应不致危害人员及其他设备。当设置泄爆导管时，长度不应超过导管直径的10倍	查文件：煤粉容器及管道泄爆口设置情况	《高炉喷吹烟煤系统防爆安全规程》(GB 16543—2008)第5.5.1条

续表

序号	检查项目	检查内容	检查方法	检查依据
5	通风和除尘	袋式除尘器应采用脉冲喷吹等强力清灰方式进行可靠清灰。并根据除尘器类型、清灰方式、过滤风速、入口粉尘浓度等确定合理清理周期，清灰气源应符合产品说明书规定要求，并详细记录	查文件：除尘器设备日常维护保养和清灰记录	《工贸企业粉尘防爆安全规定》(中华人民共和国应急管理部令第6号)第十八条。《粉尘爆炸危险场所用收尘器防爆导则》(GB/T 17919—2008)第4.3.1条、第6.1条
6	作业安全	在粉尘爆炸危险场所作业及检修应使用防爆工具。严禁敲击除尘器各金属部件	现场检查：作业场所日常使用工具	《工贸企业粉尘防爆安全规定》(中华人民共和国应急管理部令第6号)第十九条。《粉尘防爆安全规程》(GB 15577—2018)第6.4.1条
		针对粉碎、研磨、造粒、砂光等易产生机械点燃源的工艺，粉尘涉爆企业应当规范采取杂物去除或者火花探测消除等防范点燃源措施	现场检查：杂物去除或者火花探测消除等防范点燃源措施	《工贸企业粉尘防爆安全规定》(中华人民共和国应急管理部令第6号)第十六条。《工贸行业安全生产专项整治"百日清零行动"工作方案》("粉6条")
		粉尘爆炸危险场所不应存在明火。当需要进行动火作业时，应遵守下列规定： (1)由安全生产管理负责人批准并取得动火审批作业证； (2)动火作业前，应清除动火作业场所10m范围内的可燃粉尘并配备充足的灭火器材； (3)动火作业区段内涉粉作业设备应停止运行； (4)动火作业的区段应与其他区段有效分开或隔断； (5)动火作业后应全面检查设备内外部，确保无热熔焊渣遗留，防止粉尘阴燃； (6)动火作业期间和作业完成后的冷却期间，不应有粉尘进入明火作业场所	查文件：动火作业票证审批记录	《工贸企业粉尘防爆安全规定》(中华人民共和国应急管理部令第6号)第十九条。《粉尘防爆安全规程》(GB 15577—2018)第6.2.1条。《高炉喷吹烟煤系统防爆安全规程》(GB 16543—2008)第8.6条
		检维修作业：生产系统应完全停止、现场积尘清理干净后，方可进行检维修作业；检维修作业如涉及有限空间作业的应严格遵守"先通风、再检测、后作业"的原则，确定符合安全要求后，方可进入	查文件：受限空间作业票证记录	《工贸企业有限空间作业安全管理与监督暂行规定》(国家安监总局令第59号，国家安监总局令第80号修正)
		厂房内人员活动区应有氧气和一氧化碳报警装置，防止一氧化碳中毒和氮气窒息	现场检查：氧气、一氧化碳报警装置设置情况	《高炉喷吹烟煤系统防爆安全规程》(GB 16543—2008)第5.7.11条
		应保持设备表面、厂房内无积粉和易燃物。定期清仓，清罐。检查除尘器，清除布袋灌肠	现场检查：设备、厂房清洁情况	《工贸企业粉尘防爆安全规定》(中华人民共和国应急管理部令第6号)第十八条。《工贸行业安全生产专项整治"百日清零行动"工作方案》("粉6条")。《高炉喷吹烟煤系统防爆安全规程》(GB 16543—2008)第8.1条

续表

序号	检查项目	检查内容	检查方法	检查依据
6	作业安全	宜设置移动式或固定式真空吸尘机组，不应用压缩空气清扫厂房和设备表面	现场检查：作业场所粉尘清扫工具	《高炉喷吹烟煤系统防爆安全规程》(GB 16543—2008) 第 5.1.11 条
		企业应为粉尘作业人员配备防尘口罩、防静电手套、防静电鞋、防静电服或棉布工作服、防尘服、阻燃防护服等个体防护装备	查文件：粉尘作业人员安全防护用品发放台账。 现场检查：作业人员个体防护用品穿戴情况	《个体防护装备配备规范 第 1 部分：总则》(GB 39800.1—2020)
		企业配备防爆电器维护人员，具备电气防爆知识，负责防爆电器的日常检查和维护	查文件：特种作业人员操作证	《危险场所电气防爆安全规范》(AQ 3009—2007) 第 7.1.2 条
		厂房内应设水雾式灭火系统或蒸汽灭火系统，禁止采用喷射水柱的灭火方法。煤粉容器内应设二氧化碳或磷酸盐类灭火装置或系统	现场检查：粉尘爆炸危险场所消防设施	《高炉喷吹烟煤系统防爆安全规程》(GB 16543—2008) 第 5.6.5 条
		加强对检修承包单位的安全管理，在承包协议中明确规定双方的安全生产权利义务，对检修承包单位的检修方案中涉及粉尘防爆的安全措施和应急处置措施进行审核，并监督承包单位落实	查文件：承包协议	《工贸企业粉尘防爆安全规定》(中华人民共和国应急管理部令第 6 号) 第二十条

(3) 粮食粉尘防爆安全检查（专业部分）

粮食粉尘防爆的检查项目包括建（构）筑物结构与布局、爆炸危险场所、防爆电气设备、防雷防静电、通风和除尘、作业安全 6 个部分，具体检查内容、检查方法及检查依据如表 8-5 所示。

表 8-5 粮食粉尘防爆安全检查表（专业部分）

序号	检查项目	检查内容	检查方法	检查依据
1	建(构)筑物结构与布局	存在粉尘爆炸危险的工艺设备或存在粉尘爆炸危险场所的建(构)筑物，不应设置在公共场所和居民区内，其防火间距应符合 GB 50016 的相关规定。按 GB 50016 规定的乙类火灾危险性建筑进行设计。应与其他建(构)筑物分离，与其他厂房建筑之间防火间距不得少于 10m，与民用建筑之间不得少于 25m。 存在粉尘爆炸危险场所的建筑物宜为框架结构的单层建筑，其屋顶宜用轻型结构。如为多层建筑，应采用框架结构	查文件：建设项目竣工验收资料。 现场检查：生产厂区与周边建筑安全距离；建筑物结构、材质	《工贸企业粉尘防爆安全规定》(中华人民共和国应急管理部令第 6 号) 第十四条。 《粉尘防爆安全规程》(GB 15577—2018) 第 5.1 条。 《建筑设计防火规范 (2018 年版)》(GB 50016—2014) 第 3.4.1 条
		存在粉尘爆炸危险场所的建筑物应设置符合 GB 50016 等要求的泄爆面积。 多层建筑应采用框架结构或在墙上设置泄爆口	现场检查：建构筑物结构、泄爆口泄爆面积	《工贸企业粉尘防爆安全规定》(中华人民共和国应急管理部令第 6 号) 第十四条。 《粉尘防爆安全规程》(GB 15577—2018) 第 5.2 条。 《粮食加工、储运系统粉尘防爆安全规程》(GB 17440—2008) 第 7.2 条
		爆炸危险区域应设有两个以上出入口，其中至少有一个通向非爆炸危险区域，其出入口的疏散门应向外开启，通道确保畅通	现场检查：粉尘爆炸危险作业场所区域疏散门	《爆炸危险环境电力装置设计规范》(GB 50058—2014) 第 4.1.4 条

续表

序号	检查项目	检查内容	检查方法	检查依据
1	建(构)筑物结构与布局	粉尘爆炸危险场所应设有安全疏散通道,疏散通道的位置和宽度应符合GB 50016的相关规定;安全疏散通道应保持畅通,疏散路线应设置应急照明和明显的疏散指示标志	现场检查:生产区域疏散路线、路标和应急照明	《粉尘防爆安全规程》(GB 15577—2018)第5.6条
		粉尘涉爆企业应当严格控制粉尘爆炸危险场所内作业人员数量,在粉尘爆炸危险场所内不得设置员工宿舍、休息室、办公室、会议室等	现场检查:粉尘爆炸危险场所作业人数、周边场所	《工贸企业粉尘防爆安全规定》(中华人民共和国应急管理部令第6号)第十四条。 《粉尘防爆安全规程》(GB 15577—2018)第5.7条
2	爆炸危险场所	粉尘爆炸危险场所的出入口、生产区域及重点危险设备设施等部位,应设置显著的安全警示标识标志。 在大米厂砻糠间、米糠间、面粉散存仓、立筒仓、灰间以及粉碎间、碾磨间、打包间、清理间、配粉间、饲料加工车间、立筒库、敞开式输送廊道(1m内)、地下输粮廊道、散装粮储存用房式仓、油厂原料库等场所的出入口应设爆炸危险警示标志	现场检查:粉尘爆炸危险作业场所安全标志	《粉尘防爆安全规程》(GB 15577—2018)第4.7条。 《爆炸危险场所防爆安全导则》(GB/T 29304—2012)附录F
3	防爆电气设备	粉尘爆炸危险场所内的电气设备应采用防爆型,铭牌标识清楚,有防爆标志、防爆合格证号,外壳无裂缝、损伤,电机不得漏油	现场检查:电气设备设施防爆标志、防爆合格证	《工贸企业粉尘防爆安全规定》(中华人民共和国应急管理部令第6号)第十七条。 《粮食加工、储运系统粉尘防爆安全规程》(GB 17440—2008)第6.2条。 《爆炸性环境 第1部分:设备通用要求》(GB/T 3836.1—2021)
		提升机应设置打滑、跑偏等安全保护装置;储粮仓必须设温度监控	现场检查:提升机、粮仓安全监控装置	《粮食加工、储运系统粉尘防爆安全规程》(GB 17440—2008)第6.1.8条、第6.2.7条
		应采用粉尘防爆照明装置,灯具和粮食净距离不应小于0.5m;应尽量减少插座和局部照明灯具的数量。如需采用时,插座宜布置在爆炸性粉尘不易积聚的地点,局部照明灯宜布置在事故气流不易冲击的位置。插座开口的一面应朝下,且与垂直面的角度不应大于60°	现场检查:灯具、插座设置情况	《粮食加工、储运系统粉尘防爆安全规程》(GB 17440—2008)第6.2条。 《爆炸危险环境电力装置设计规范》(GB 50058—2014)第5.1.1条
		电气布线应敷设在钢管中;管线穿墙及楼板时,孔洞应采用非可燃性填料严密堵塞	现场检查:电气线路敷设方式	《粮食加工、储运系统粉尘防爆安全规程》(GB 17440—2008)第6.3条。 《爆炸危险环境电力装置设计规范》(GB 50058—2014)第5.4.3.2条
4	防雷防静电	粉尘爆炸危险作业场所的厂房[建(构)筑物]按《建筑物防雷设计规范》(GB 50057—2010)规定设置防雷系统,并可靠接地。 所有金属设备、装置外壳、金属管道、支架、构件、部件等,应采用防静电直接接地措施;不便或工艺不准许直接接地的,可通过导静电材料或制品间接接地;直接用于盛装起电粉料的器具、输送粉料的管道(带)等,应采用金属或防静电材料制成;金属管道连接处(如法兰),应进行防静电跨接	查文件:防雷防静电安全检测报告。 现场检查:防静电措施	《粉尘防爆安全规程》(GB 15577—2018)第6.3.1条、第6.3.2条

续表

序号	检查项目	检查内容	检查方法	检查依据
5	通风、除尘	处理有爆炸危险粉尘的除尘器、排风机的设置应符合下列规定： (1)不同类别的可燃性粉尘不应合用同一除尘系统； (2)粉尘爆炸危险场所除尘系统不应与带有可燃气体、高温气体或其他工业气体的风管及设备连通； (3)应按工艺分片(分区域)设置相对独立的除尘系统，并保证除尘系统有足够的风量，风管中不应有粉尘沉降； (4)不同防火分区的除尘系统不应连通	查文件：除尘器设计、安装单位资质。 现场检查：除尘器、排风机的设置情况	《工贸企业粉尘防爆安全规定》(中华人民共和国应急管理部令第 6 号)第十五条。 《工贸行业安全生产专项整治“百日清零行动”工作方案》(“粉 6 条”)。 《建筑设计防火规范(2018 年版)》(GB 50016—2014)第 9.3.5 条。 《粉尘防爆安全规程》(GB 15577—2018)第 8.1 条
		所有产尘点均应装设吸尘罩，并保证有足够的吸尘风量，满足作业岗位职业卫生要求	查文件：作业岗位粉尘浓度检测报告。 现场检查：所有产尘点装设吸尘罩情况	《粉尘防爆安全规程》(GB 15577—2018)第 8.2.1 条
		处理有爆炸危险粉尘和碎屑的除尘器、过滤器、管道均应设置泄压装置。 净化有爆炸危险粉尘的干式除尘器和过滤器应布置在系统的负压段上	现场检查：除尘器、管道的泄压装置及布置	《工贸行业安全生产专项整治“百日清零行动”工作方案》(“粉 6 条”)。 《建筑设计防火规范(2018 年版)》(GB 50016—2014)第 9.3.8 条
		除尘器宜安装于室外；如安装于室内，其泄爆管应直通室外，且长度小于 3m，并根据粉尘属性设立隔(阻)爆装置。 排风设备不应布置在地下、半地下建筑(室)中	现场检查：除尘器、排风设备的布置	《粉尘爆炸危险场所用收尘器防爆导则》(GB/T 17919—2008)第 4.1.8 条。 《建筑设计防火规范(2018 年版)》(GB 50016—2014)第 9.3.9 条
		袋式除尘器应采用脉冲喷吹等强力清灰方式进行可靠清灰。并根据除尘器类型、清灰方式、过滤风速、入口粉尘浓度等确定合理清理周期，清灰气源应符合产品说明书规定要求，并详细记录	查文件：除尘器设备日常维护保养和清灰记录	《工贸企业粉尘防爆安全规定》(中华人民共和国应急管理部令第 6 号)第十八条。 《粉尘爆炸危险场所用收尘器防爆导则》(GB/T 17919—2008)第 4.3.1 条、第 6.1 条
6	作业安全	在粉尘爆炸危险场所作业及检修应使用防爆工具。严禁敲击除尘器各金属部件	现场检查：作业场所日常使用工具	《工贸企业粉尘防爆安全规定》(中华人民共和国应急管理部令第 6 号)第十九条。 《粉尘防爆安全规程》(GB 15577—2018)第 6.4.1 条
		针对粉碎、研磨、造粒、砂光等易产生机械点燃源的工艺，粉尘涉爆企业应当规范采取杂物去除或者火花探测消除等防范点燃源措施	现场检查：杂物去除或者火花探测消除等防范点燃源措施	《工贸企业粉尘防爆安全规定》(中华人民共和国应急管理部令第 6 号)第十六条。 《工贸行业安全生产专项整治“百日清零行动”工作方案》(“粉 6 条”)

续表

序号	检查项目	检查内容	检查方法	检查依据
6	作业安全	粉尘爆炸危险场所不应存在明火。当需要进行动火作业时，应遵守下列规定： (1)由安全生产管理负责人批准并取得动火审批作业证； (2)动火作业前，应清除动火作业场所10m范围内的可燃粉尘并配备充足的灭火器材； (3)动火作业区段内涉粉作业设备应停止运行； (4)动火作业的区段应与其他区段有效分开或隔断； (5)动火作业后应全面检查设备内外部，确保无热熔焊渣遗留，防止粉尘阴燃； (6)动火作业期间和作业完成后的冷却期间，不应有粉尘进入明火作业场所	查文件：动火作业票证审批记录	《工贸企业粉尘防爆安全规定》(中华人民共和国应急管理部令第6号)第十九条。 《粉尘防爆安全规程》(GB 15577—2018)第6.2.1条
		在粉尘爆炸危险场所没有与明火作业等效的保护措施禁止使用旋转磨轮和旋转切盘进行研磨和切割	查文件：检维修作业票证记录	《粉尘防爆安全规程》(GB 15577—2018)第6.4.4条
		检维修作业：生产系统应完全停止、现场积尘清理干净后，方可进行检维修作业；检维修作业如涉及有限空间作业的应严格遵守"先通风、再检测、后作业"的原则，确定符合安全要求后，方可进入	查文件：受限空间作业票证记录	《工贸企业有限空间作业安全管理与监督暂行规定》(国家安监总局令第59号，国家安监总局令第80号修正)
		作业场所清洁应当遵守以下规定： (1)企业对粉尘爆炸危险场所应制定包括清扫范围、清扫方式、清扫周期等内容的粉尘清理制度； (2)定期对生产场所残留的粉尘进行清理，清洁所有可能积累粉尘的场所，包括地面、墙角墙面、设备表面和横梁等，并及时对除尘器、吸排尘管道等设备的粉尘进行及时全面的清理； (3)应当采用不产生火花、静电、扬尘等方法进行粉尘清理； (4)严禁使用压缩空气正压吹扫，宜采用负压吸尘方式清洁； (5)清扫积尘时，应避免产生二次扬尘	查文件：粉尘清扫制度。 现场检查：作业场所清洁情况及清扫工具	《工贸企业粉尘防爆安全规定》(中华人民共和国应急管理部令第6号)第十八条。 《工贸行业安全生产专项整治"百日清零行动"工作方案》("粉6条")。 《粉尘防爆安全规程》(GB 15577—2018)第9.1条、第9.4条、第9.5条。 《粮食加工、储运系统粉尘防爆安全规程》(GB 17440—2008)第9条
		企业应为粉尘作业人员配备防尘口罩、防静电手套、防静电鞋、防静电服或棉布工作服、防尘服、阻燃防护服等个体防护装备	查文件：粉尘作业人员安全防护用品发放台账。 现场检查：作业人员个体防护用品穿戴情况	《个体防护装备配备规范 第1部分：总则》(GB 39800.1—2020)
		企业应配备防爆电器维护人员，具备电气防爆知识，负责防爆电器的日常检查和维护	查文件：特种作业操作证	《危险场所电气防爆安全规范》(AQ 3009—2007)第7.1.2条
		爆炸危险场所应配备干粉灭火器，在附近区域设置消防栓	现场检查：粉尘爆炸危险场所消防设施	《建筑设计防火规范(2018年版)》(GB 50016—2014)第8.1.2条、第8.1.9条。 《建筑灭火器配置设计规范》(GB 50140—2005)
		加强对检修承包单位的安全管理，在承包协议中明确规定双方的安全生产权利义务，对检修承包单位的检修方案中涉及粉尘防爆的安全措施和应急处置措施进行审核，并监督承包单位落实	查文件：承包协议	《工贸企业粉尘防爆安全规定》(中华人民共和国应急管理部令第6号)第二十条

（4）饲料粉尘防爆安全检查（专业部分）

饲料粉尘防爆的检查项目包括建（构）筑物结构与布局、爆炸危险场所、防爆电气设备、防雷防静电、通风和除尘、作业安全6个部分，具体检查内容、检查方法及检查依据如表8-6所示。

表8-6 饲料粉尘防爆安全检查表（专业部分）

序号	检查项目	检查内容	检查方法	检查依据
1	建(构)筑物结构与布局	存在粉尘爆炸危险的工艺设备或存在粉尘爆炸危险场所的建(构)筑物，不应设置在公共场所和居民区内，其防火间距应符合GB 50016的相关规定。按GB 50016规定的乙类火灾危险性建筑进行设计。应与其他建(构)筑物分离，与其他厂房建筑之间防火间距不得少于10m，与民用建筑之间不得少于25m。 存在粉尘爆炸危险场所的建筑物宜为框架结构的单层建筑，其屋顶宜用轻型结构。如为多层建筑，应采用框架结构	查文件：建设项目竣工验收资料。 现场检查：生产厂区与周边建筑安全距离；建筑物结构、材质	《工贸企业粉尘防爆安全规定》(中华人民共和国应急管理部令第6号)第十四条。 《粉尘防爆安全规程》(GB 15577—2018)第5.1条。 《建筑设计防火规范(2018年版)》(GB 50016—2014)第3.4.1条
		存在粉尘爆炸危险场所的建筑物应设置符合GB 50016等要求的泄爆面积	现场检查：建(构)筑物泄爆口泄爆面积	《工贸企业粉尘防爆安全规定》(中华人民共和国应急管理部令第6号)第十四条。 《粉尘防爆安全规程》(GB 15577—2018)第5.2条。 《建筑设计防火规范(2018年版)》(GB 50016—2014)第3.6.4条
		对涉及粉尘爆炸危险的工程及工艺设计，当有专门的国家标准时，应符合标准规定；存在粉尘爆炸危险的工艺设备宜设置在露天场所；如厂房内有粉尘爆炸危险的工艺设备，宜设置在建筑物内较高的位置，并靠近外墙	现场检查：有粉尘爆炸危险的工艺设备设置位置	《粉尘防爆安全规程》(GB 15577—2018)第5.3条
		梁、支架、墙及设备等应具有便于清洁的表面结构	现场检查：梁、支架、墙及设备等表面结构	《粉尘防爆安全规程》(GB 15577—2018)第5.4条
		爆炸危险区域应设有两个以上出入口，其中至少有一个通向非爆炸危险区域，其出入口的疏散门应向外开启，通道确保畅通	现场检查：粉尘爆炸危险作业场所区域疏散门	《爆炸危险环境电力装置设计规范》(GB 50058—2014)第4.1.4条
		粉尘爆炸危险场所应设有安全疏散通道，疏散通道的位置和宽度应符合GB 50016的相关规定；安全疏散通道应保持畅通，疏散路线应设置应急照明和明显的疏散指示标志	现场检查：生产区域疏散路线、路标和应急照明	《粉尘防爆安全规程》(GB 15577—2018)第5.6条
		粉尘涉爆企业应当严格控制粉尘爆炸危险场所内作业人员数量，在粉尘爆炸危险场所内不得设置员工宿舍、休息室、办公室、会议室等	现场检查：粉尘爆炸危险场所作业人数、周边场所	《工贸企业粉尘防爆安全规定》(中华人民共和国应急管理部令第6号)第十四条。 《粉尘防爆安全规程》(GB 15577—2018)第5.7条
2	爆炸危险场所	粉尘爆炸危险场所的出入口、生产区域及重点危险设备设施等部位，应设置显著的安全警示标识标志。 可能出现爆炸性环境的场所应设爆炸危险警示标志	现场检查：粉尘爆炸危险作业场所安全标志	《粉尘防爆安全规程》(GB 15577—2018)第4.7条。 《爆炸危险场所防爆安全导则》(GB/T 29304—2012)附录F

续表

序号	检查项目	检查内容	检查方法	检查依据
3	防爆电气设备	粉尘爆炸危险场所内的电气设备应采用防爆电器，铭牌标识清楚，有防爆标志、防爆合格证号，外壳无裂缝、损伤，电机不得漏油	现场检查：电气设备设施防爆标志、防爆合格证	《工贸企业粉尘防爆安全规定》(中华人民共和国应急管理部令第6号)第十七条。 《爆炸性环境 第1部分：设备通用要求》(GB/T 3836.1—2021)。 《饲料加工系统粉尘防爆安全规程》(GB 19081—2008)第7.3条
		斗式提升机应设置打滑、跑偏等安全保护装置，当发生故障时应能立即自动启动紧急联锁停机装置，停机反应时间不大于1s；燃油或燃气式烘干机的燃烧室应装有可靠的温度报警装置，烘干室应装有最低水分报警装置	现场检查：提升机、烘干机安全保护装置	《饲料加工系统粉尘防爆安全规程》(GB 19081—2008)第8.2.1条、第8.12条
		应采用粉尘防爆照明装置；应尽量减少插座和局部照明灯具的数量。如需采用时，插座宜布置在爆炸性粉尘不易积聚的地点，局部照明灯宜布置在事故气流不易冲击的位置。插座开口的一面应朝下，且与垂直面的角度不应大于60°	现场检查：灯具、插座设置情况	《爆炸危险环境电力装置设计规范》(GB 50058—2014)第5.1.1条
		电气布线应敷设在钢管中；管线穿墙及楼板时，孔洞应采用非可燃性填料严密堵塞	现场检查：电气线路敷设方式	《饲料加工系统粉尘防爆安全规程》(GB 19081—2008)第7.4.5条、第7.4.7条
4	防雷防静电	饲料粉尘爆炸危险场所防雷与接地设计应符合GB 50057的相关规定。饲料加工车间的防雷应按第二类防雷建筑物设防，其他建筑物按第三类设防	查文件：防雷防静电安全检测报告	《饲料加工系统粉尘防爆安全规程》(GB 19081—2008)第7.5.1条、第7.5.2条
		设备金属外壳、机架、管道等应可靠接地，连接处有绝缘时应做跨接，形成良好的通路，不得中断	现场检查：静电跨接	《饲料加工系统粉尘防爆安全规程》(GB 19081—2008)第7.5.5条
5	通风和除尘	饲料加工系统宜采用多个独立除尘系统实行粉尘控制，投料口应设独立除尘系统	查文件：除尘器设计、安装单位资质。 现场检查：除尘器的设置情况	《工贸企业粉尘防爆安全规定》(中华人民共和国应急管理部令第6号)第十五条。 《工贸行业安全生产专项整治"百日清零行动"工作方案》("粉6条")。 《饲料加工系统粉尘防爆安全规程》(GB 19081—2008)第9.3条
		所有产尘点均应装设吸尘罩，吸尘罩应尽量接近尘源，并保证有足够的吸尘风量，满足作业岗位职业卫生要求	查文件：作业岗位粉尘浓度检测报告。 现场检查：所有产尘点装设吸尘罩情况	《粉尘防爆安全规程》(GB 15577—2018)第8.2.1条。 《饲料加工系统粉尘防爆安全规程》(GB 19081—2008)第9.4条
		除尘器宜安装于室外；如安装于室内，其泄爆管应直通室外，且长度小于3m，并根据粉尘属性设立隔(阻)爆装置。 排风设备不应布置在地下、半地下建筑(室)中	现场检查：除尘器、排风设备的布置	《粉尘爆炸危险场所用收尘器防爆导则》(GB/T 17919—2008)第4.1.8条。 《建筑设计防火规范(2018年版)》(GB 50016—2014)第9.3.9条

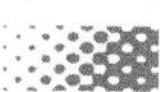

续表

序号	检查项目	检查内容	检查方法	检查依据
5	通风和除尘	袋式除尘器应采用脉冲喷吹等强力清灰方式进行可靠清灰。并根据除尘器类型、清灰方式、过滤风速、入口粉尘浓度等确定合理清理周期，清灰气源应符合产品说明书规定要求，并详细记录	查文件：除尘器设备日常维护保养和清灰记录	《工贸企业粉尘防爆安全规定》（中华人民共和国应急管理部令第6号）第十八条。 《粉尘爆炸危险场所用收尘器防爆导则》（GB/T 17919—2008）第4.3.1条、第6.1条
6	作业安全	在粉尘爆炸危险场所作业及检修应使用防爆工具。严禁敲击除尘器各金属部件	现场检查：作业场所日常使用工具	《工贸企业粉尘防爆安全规定》（中华人民共和国应急管理部令第6号）第十九条。 《粉尘防爆安全规程》（GB 15577—2018）第6.4.1条
		针对粉碎、研磨、造粒、砂光等易产生机械点燃源的工艺，粉尘涉爆企业应当规范采取杂物去除或者火花探测消除等防范点燃源措施	现场检查：杂物去除或者火花探测消除等防范点燃源措施	《工贸企业粉尘防爆安全规定》（中华人民共和国应急管理部令第6号）第十六条。 《工贸行业安全生产专项整治“百日清零行动”工作方案》（“粉6条”）
		动火作业： （1）系统运行时，不应实施明火作业； （2）应根据具体情况划分防火防爆作业区域，并明确各区域办理明火作业的审批权限； （3）实施明火作业前，应经单位安全或消防部门的批准，明火作业现场应有专人监护并配备充足的灭火器材； （4）待作业线完全停机并采取可靠的安全措施以后，方可进行焊接或切割； （5）防火防爆作业区域的建筑物，明火作业处10m半径范围内均应清扫干净，用水淋湿地面并打开所有门窗； （6）在与密闭容器相连的管道上作业时应采取以下措施：有隔离阀门的应确保阀门严密关闭，无隔离阀门的应拆除动火点两侧的管道并封闭管口或用隔离板将管道隔离； （7）仓顶部明火作业点10m半径范围内的所有仓顶孔、通风除尘口均应加盖并用阻燃材料覆盖； （8）料仓明火作业前，应排放仓内剩余物料，清除仓内积尘； （9）明火作业后，应随时监测直至作业部件降到室温； （10）焊接完毕，应待工件完全冷却后，方可进行涂漆等作业	查文件：动火作业票证审批记录	《工贸企业粉尘防爆安全规定》（中华人民共和国应急管理部令第6号）第十九条。 《饲料加工系统粉尘防爆安全规程》（GB 19081—2008）第5条。 《粉尘防爆安全规程》（GB 15577—2018）第6.2.1条

续表

序号	检查项目	检查内容	检查方法	检查依据
6	作业安全	作业场所清洁应当遵守以下规定： (1)企业对粉尘爆炸危险场所应制定包括清扫范围、清扫方式、清扫周期等内容的粉尘清理制度，及时清扫饲料加工设备转动、发热等部位的积尘； (2)宜采用负压吸尘装置进行清扫作业，不宜采用压缩空气进行清扫作业； (3)袋式除尘器滤袋在每次停车后应清理干净，清掉后的粉尘应从灰斗排除干净； (4)饲料加工系统内的设备停机后及检修前，应先彻底清除设备内部积料和设备外部积尘	查文件：粉尘清扫制度。 现场检查：作业场所清洁情况及清扫工具	《工贸企业粉尘防爆安全规定》(中华人民共和国应急管理部令第6号)第十八条。 《工贸行业安全生产专项整治"百日清零行动"工作方案》("粉6条")。 《粉尘防爆安全规程》(GB 15577—2018)第9.1条、第9.4条、第9.5条。 《饲料加工系统粉尘防爆安全规程》(GB 19081—2008)第4.10条、第9.12条
		没有采取与明火作业等有效的保护措施禁止使用旋转磨轮和旋转切盘进行研磨和切割	查文件：检、维修作业票证审批记录	《粉尘防爆安全规程》(GB 15577—2018)第6.4.4条
		企业应为粉尘作业人员配备防尘口罩、防静电手套、防静电鞋、防静电服或棉布工作服、防尘服、阻燃防护服等个体防护装备	查文件：粉尘作业人员安全防护用品发放台账。 现场检查：作业人员个体防护用品穿戴情况	《个体防护装备配备规范 第1部分：总则》(GB 39800.1—2020)
		企业应配备防爆电器维护人员，具备电气防爆知识，负责防爆电器的日常检查和维护	查文件：特种作业人员操作证	《危险场所电气防爆安全规范》(AQ 3009—2007)第7.1.2条
		饲料加工车间、筒仓进粮房、筒仓底层、成品库、原料库、副料库等部位，应在附近区域设置消防栓，配备灭火器	现场检查：粉尘爆炸危险场所消防设施	《饲料加工系统粉尘防爆安全规程》(GB 19081—2008)第6.3.4条
		加强对检修承包单位的安全管理，在承包协议中明确规定双方的安全生产权利义务，对检修承包单位的检修方案中涉及粉尘防爆的安全措施和应急处置措施进行审核，并监督承包单位落实	查文件：承包协议	《工贸企业粉尘防爆安全规定》(中华人民共和国应急管理部令第6号)第二十条

(5) 烟草粉尘防爆安全检查（专业部分）

烟草粉尘防爆的检查项目包括建（构）筑物结构与布局、爆炸危险场所、防爆电气设备、防雷防静电、通风和除尘、作业安全6个部分，具体检查内容、检查方法及检查依据如表8-7所示。

表 8-7 烟草粉尘防爆安全检查表（专业部分）

序号	检查项目	检查内容	检查方法	检查依据
1	建(构)筑物结构与布局	存在粉尘爆炸危险的工艺设备或存在粉尘爆炸危险场所的建(构)筑物，不应设置在公共场所和居民区内，其防火间距应符合 GB 50016 的相关规定，按 GB 50016 规定的丙类火灾危险性建筑进行设计。与其他厂房建筑之间不得低于 10m，与民用建筑之间不得低于 10m。 存在粉尘爆炸危险场所的建筑物宜为框架结构的单层建筑，其屋顶宜用轻型结构。如为多层建筑，应采用框架结构	查文件：建设项目竣工验收资料。 现场检查：生产厂区与周边建筑安全距离；建筑物结构、材质	《工贸企业粉尘防爆安全规定》(中华人民共和国应急管理部令第 6 号)第十四条。 《粉尘防爆安全规程》(GB 15577—2018)第 5.1 条。 《建筑设计防火规范(2018 年版)》(GB 50016—2014)第 3.4.1 条。 《烟草加工系统粉尘防爆安全规程》(GB 18245—2000)第 5.1 条
		存在粉尘爆炸危险场所的建筑物应设置符合 GB 50016 等要求的泄爆面积	现场检查：建(构)筑物泄爆口泄爆面积	《工贸企业粉尘防爆安全规定》(中华人民共和国应急管理部令第 6 号)第十四条。 《粉尘防爆安全规程》(GB 15577—2018)第 5.2 条。 《建筑设计防火规范(2018 年版)》(GB 50016—2014)第 3.6.4 条
		爆炸危险区域应设有两个以上出入口，其中至少有一个通向非爆炸危险区域，其出入口的疏散门应向外开启，通道确保畅通	现场检查：粉尘爆炸危险作业场所区域疏散门	《爆炸危险环境电力装置设计规范》(GB 50058—2014)第 4.1.4 条
		粉尘爆炸危险场所应设有安全疏散通道，疏散通道的位置和宽度应符合 GB 50016 的相关规定；安全疏散通道应保持畅通，疏散路线应设置应急照明和明显的疏散指示标志	现场检查：生产区域疏散路线、路标和应急照明	《粉尘防爆安全规程》(GB 15577—2018)第 5.6 条
		粉尘涉爆企业应当严格控制粉尘爆炸危险场所内作业人员数量，在粉尘爆炸危险场所内不得设置员工宿舍、休息室、办公室、会议室等	现场检查：粉尘爆炸危险场所作业人数、周边场所	《工贸企业粉尘防爆安全规定》(中华人民共和国应急管理部令第 6 号)第十四条。 《粉尘防爆安全规程》(GB 15577—2018)第 5.7 条
2	爆炸危险场所	粉尘爆炸危险场所的出入口、生产区域及重点危险设备设施等部位，应设置显著的安全警示标识标志。 除尘器、切丝设备、碎叶处理设备、薄片系统、卷烟设备所在车间出入口应设爆炸危险警示标志	现场检查：粉尘爆炸危险作业场所安全标志	《烟草加工系统粉尘防爆安全规程》(GB 18245—2000)第 7 条。 《爆炸危险场所防爆安全导则》(GB/T 29304—2012)附录 F
3	防爆电气设备	粉尘爆炸危险场所内的电气设备应采用防爆电器，铭牌标识清楚，有防爆标志、防爆合格证号，外壳无裂缝、损伤，电机不得漏油	现场检查：电气设备设施防爆标志、防爆合格证	《工贸企业粉尘防爆安全规定》(中华人民共和国应急管理部令第 6 号)第十七条。 《烟草加工系统粉尘防爆安全规程》(GB 18245—2000)第 6.2 条。 《爆炸危险场所防爆安全导则》(GB/T 29304—2012)附录 F

续表

序号	检查项目	检查内容	检查方法	检查依据
3	防爆电气设备	在爆炸性粉尘环境内，应尽量减少插座和局部照明灯具的数量。如需采用时，插座宜布置在爆炸性粉尘不易积聚的地点，局部照明灯宜布置在事故气流不易冲击的位置。插座开口的一面应朝下，且与垂直面的角度不应大于60°	现场检查：照明灯、插座布置情况	《爆炸危险环境电力装置设计规范》(GB 50058—2014)第5.1.1条
		电气布线应敷设在钢管中；管线穿墙及楼板时，孔洞应采用非可燃性填料严密堵塞	现场检查：电气线路敷设方式	《爆炸危险环境电力装置设计规范》(GB 50058—2014)第5.4.3条
4	防雷防静电	粉尘爆炸危险作业场所的厂房[建(构)筑物]按《建筑物防雷设计规范》(GB 50057—2010)规定设置防雷系统，并可靠接地。 所有金属设备、装置外壳、金属管道、支架、构件、部件等，应采用防静电直接接地措施；不便或工艺不准许直接接地的，可通过导静电材料或制品间接接地；直接用于盛装起电粉料的器具、输送粉料的管道(带)等，应采用金属或防静电材料制成；金属管道连接处(如法兰)，应进行防静电跨接	查文件：防雷防静电安全检测报告。 现场检查：防静电措施	《粉尘防爆安全规程》(GB 15577—2018)第6.3.1条、第6.3.2条
5	通风和除尘	处理有爆炸危险粉尘的除尘器、排风机的设置应符合下列规定： (1)不同类别的可燃性粉尘不应合用同一除尘系统； (2)粉尘爆炸危险场所除尘系统不应与带有可燃气体、高温气体或其他工业气体的风管及设备连通； (3)应按工艺分片(分区域)设置相对独立的除尘系统，并保证除尘系统有足够的风量，风管中不应有粉尘沉降； (4)不同防火分区的除尘系统不应连通	查文件：除尘器设计、安装单位资质。 现场检查：除尘器、排风机的设置情况	《工贸企业粉尘防爆安全规定》(中华人民共和国应急管理部令第6号)第十五条。 《工贸行业安全生产专项整治"百日清零行动"工作方案》("粉6条")。 《建筑设计防火规范(2018年版)》(GB 50016—2014)第9.3.5条。 《粉尘防爆安全规程》(GB 15577—2018)第8.1条。 《烟草加工系统粉尘防爆安全规程》(GB 18245—2000)第8.1条
		所有产尘点均应装设吸尘罩，并保证有足够的吸尘风量，满足作业岗位职业卫生要求	查文件：作业岗位粉尘浓度检测报告。 现场检查：所有产尘点装设吸尘罩情况	《粉尘防爆安全规程》(GB 15577—2018)第8.2.1条。 《烟草加工系统粉尘防爆安全规程》(GB 18245—2000)第8.3条
		处理有爆炸危险粉尘和碎屑的除尘器、过滤器、管道均应设置泄压装置。 净化有爆炸危险粉尘的干式除尘器和过滤器应布置在系统的负压段上	现场检查：除尘器、管道的泄压装置及布置	《工贸行业安全生产专项整治"百日清零行动"工作方案》("粉6条")。 《建筑设计防火规范(2018年版)》(GB 50016—2014)第9.3.8条

续表

序号	检查项目	检查内容	检查方法	检查依据
5	通风和除尘	除尘器宜单独安装于室外;如安装于室内,其泄爆管应直通室外,且长度小于3m,并根据粉尘属性设立隔(阻)爆装置。 排风设备不应布置在地下、半地下建筑(室)中	现场检查:除尘器、排风设备的布置	《粉尘爆炸危险场所用收尘器防爆导则》(GB/T 17919—2008)第4.1.8条。 《建筑设计防火规范(2018年版)》(GB 50016—2014)第9.3.9条。 《烟草加工系统粉尘防爆安全规程》(GB 18245—2000)第5.3条
		袋式除尘器应采用脉冲喷吹等强力清灰方式进行可靠清灰。并根据除尘器类型、清灰方式、过滤风速、入口粉尘浓度等确定合理清理周期,清灰气源应符合产品说明书规定要求,并详细记录	查文件:除尘器设备日常维护保养和清灰记录	《工贸企业粉尘防爆安全规定》(中华人民共和国应急管理部令第6号)第十八条。 《粉尘爆炸危险场所用收尘器防爆导则》(GB/T 17919—2008)第4.3.1条、第6.1条
6	作业安全	在粉尘爆炸危险场所作业及检修应使用防爆工具。严禁敲击除尘器各金属部件	现场检查:作业场所日常使用工具	《工贸企业粉尘防爆安全规定》(中华人民共和国应急管理部令第6号)第十九条。 《粉尘防爆安全规程》(GB 15577—2018)第6.4.1条
		针对粉碎、研磨、造粒、砂光等易产生机械点燃源的工艺,粉尘涉爆企业应当规范采取杂物去除或者火花探测消除等防范点燃源措施	现场检查:杂物去除或者火花探测消除等防范点燃源措施	《工贸企业粉尘防爆安全规定》(中华人民共和国应急管理部令第6号)第十六条。 《工贸行业安全生产专项整治"百日清零行动"工作方案》("粉6条")
		粉尘爆炸危险场所不应存在明火。当需要进行动火作业时,应遵守下列规定: (1)由安全生产管理负责人批准并取得动火审批作业证; (2)动火作业前,应清除动火作业场所10m范围内的可燃粉尘并配备充足的灭火器材; (3)动火作业区段内涉粉作业设备应停止运行; (4)动火作业的区段应与其他区段有效分开或隔断; (5)动火作业后应全面检查设备内外部,确保无热熔焊渣遗留,防止粉尘阴燃; (6)动火作业期间和作业完成后的冷却期间,不应有粉尘进入明火作业场所	查文件:动火作业票证审批记录	《工贸企业粉尘防爆安全规定》(中华人民共和国应急管理部令第6号)第十九条。 《粉尘防爆安全规程》(GB 15577—2018)第6.2.1条。 《烟草加工系统粉尘防爆安全规程》(GB 18245—2000)第4.8条
		没有采取与明火作业等有效的保护措施禁止使用旋转磨轮和旋转切盘进行研磨和切割	查文件:检维修作业票证审批记录	《粉尘防爆安全规程》(GB 15577—2018)第6.4.4条

续表

序号	检查项目	检查内容	检查方法	检查依据
6	作业安全	作业场所清洁应当遵守以下规定： (1)企业对粉尘爆炸危险场所应制定包括清扫范围、清扫方式、清扫周期等内容的粉尘清理制度； (2)所有可能沉积粉尘的区域(包括粉料储存间)及设备设施的所有部位应进行及时全面规范清扫； (3)应根据粉尘特性采用不产生扬尘的清扫方法，不应使用压缩空气进行吹扫，宜采用负压吸尘方式清洁	查文件：粉尘清扫制度。 现场检查：作业场所清洁情况及清扫工具	《工贸企业粉尘防爆安全规定》(中华人民共和国应急管理部令第6号)第十八条。 《工贸行业安全生产专项整治"百日清零行动"工作方案》("粉6条")。 《粉尘防爆安全规程》(GB 15577—2018)第9.1条、第9.4条、第9.5条
		企业应为粉尘作业人员配备防尘口罩、防静电手套、防静电鞋、防静电服或棉布工作服、防尘服、阻燃防护服等个体防护装备	查文件：粉尘作业人员安全防护用品发放台账。 现场检查：作业人员个体防护用品穿戴情况	《个体防护装备配备规范　第1部分：总则》(GB 39800.1—2020)
		企业应配备防爆电器维护人员，具备电气防爆知识，负责防爆电器的日常检查和维护	查文件：特种作业人员操作证	《危险场所电气防爆安全规范》(AQ 3009—2007)第7.1.2条
		爆炸危险场所应配备干粉灭火器，在附近区域设置消防栓	现场检查：粉尘爆炸危险场所消防设施	《烟草加工系统粉尘防爆安全规程》(GB 18245—2000)第4.9条
		加强对检修承包单位的安全管理，在承包协议中明确规定双方的安全生产权利义务，对检修承包单位的检修方案中涉及粉尘防爆的安全措施和应急处置措施进行审核，并监督承包单位落实	查文件：承包协议	《工贸企业粉尘防爆安全规定》(中华人民共和国应急管理部令第6号)第二十条

(6) 亚麻纤维加工系统粉尘防爆安全检查（专业部分）（棉纺企业参照执行）

亚麻纤维加工系统粉尘防爆的检查项目包括建（构）筑物结构与布局、爆炸危险场所、防爆电气设备、防雷防静电、通风和除尘、作业安全6个部分，具体检查内容、检查方法及检查依据如表8-8所示。

表8-8　亚麻纤维加工系统粉尘防爆安全检查表（专业部分）

序号	检查项目	检查内容	检查方法	检查依据
1	建(构)筑物结构与布局	安装有粉尘爆炸危险的工艺设备或存在可燃粉尘的建(构)筑物(纺纱厂的梳麻、前纺，原料厂的制麻车间)，按GB 50016规定的乙类火灾危险性建筑进行设计。与其他厂房建筑之间不得低于10m，与民用建筑之间不得低于25m。 存在粉尘爆炸危险场所的建筑物宜为框架结构的单层建筑，其屋顶宜用轻型结构。如为多层建筑，应采用框架结构	查文件：建设项目竣工验收资料。 现场检查：生产厂区与周边建筑安全距离；建筑物结构、材质	《工贸企业粉尘防爆安全规定》(中华人民共和国应急管理部令第6号)第十四条。 《粉尘防爆安全规程》(GB 15577—2018)第5.1条。 《建筑设计防火规范(2018年版)》(GB 50016—2014)第3.4.1条。 《亚麻纤维加工系统粉尘防爆安全规程》(GB 19881—2005)第6.1.2.2条
		通风机室、除尘室不得布置在地下室或半地下室内	现场检查：通风机室、除尘室布置情况	《亚麻纤维加工系统粉尘防爆安全规程》(GB 19881—2005)第6.1.2.3条

续表

序号	检查项目	检查内容	检查方法	检查依据
1	建(构)筑物结构与布局	各类麻库均不应设在地下,应有良好的通风设施	现场检查:麻库环境情况	《亚麻纤维加工系统粉尘防爆安全规程》(GB 19881—2005)第 6.1.2.4 条
		除尘室上层不得布置生产车间、辅助车间和生活间。除尘室内不应设置办公室、休息室	现场检查:除尘室布置情况	《工贸企业粉尘防爆安全规定》(中华人民共和国应急管理部令第 6 号)第十四条。 《亚麻纤维加工系统粉尘防爆安全规程》(GB 19881—2005)第 6.1.3.1 条
		除尘室应布置在直接对室外开门窗的附房或独立建筑物内,应采用框架结构,应采用不发生火花的地面,与相邻车间的隔墙应为防爆墙,防爆墙上不宜开孔洞或管线穿过	现场检查:建构筑物结构、材质	《亚麻纤维加工系统粉尘防爆安全规程》(GB 19881—2005)第 6.1.3.2 条
		除尘室应设置泄压设施,泄压面应设在靠近容易发生爆炸的部位,对外应避开人员集中的场所及主要交通道路	现场检查:除尘室泄压口设置位置情况	《工贸企业粉尘防爆安全规定》(中华人民共和国应急管理部令第 6 号)第十四条。 《亚麻纤维加工系统粉尘防爆安全规程》(GB 19881—2005)第 6.1.3.3 条
		有粉尘散放的车间(纺纱厂的梳麻、前纺,原料厂的制麻车间)宜采用有窗厂房,其建筑结构及厂房内表面应平整、光滑,便于清扫	现场检查:建筑及厂房内表面结构	《亚麻纤维加工系统粉尘防爆安全规程》(GB 19881—2005)第 6.1.2.2 条
2	爆炸危险场所	粉尘爆炸危险场所的出入口、生产区域及重点危险设备设施等部位,应设置显著的安全警示标识标志。 除尘室、除尘风机室、尘杂加工车间、梳麻间、前纺间、制麻间出入口应设爆炸危险警示标志	现场检查:粉尘爆炸危险作业场所安全标志	《亚麻纤维加工系统粉尘防爆安全规程》(GB 19881—2005)第 6.2.1 条。 《粉尘防爆安全规程》(GB 15577—2018)第 4.7 条。 《爆炸危险场所防爆安全导则》(GB/T 29304—2012)附录 F
3	防爆电气设备	爆炸危险场所电气设备应采用防爆型。铭牌标识清楚,有防爆标志、防爆合格证号,外壳无裂缝、损伤,电机不得漏油	现场检查:电气设备设施防爆标志、防爆合格证	《工贸企业粉尘防爆安全规定》(中华人民共和国应急管理部令第 6 号)第十七条。 《亚麻纤维加工系统粉尘防爆安全规程》(GB 19881—2005)第 6.2 条。 《爆炸性环境 第 1 部分:设备通用要求》(GB/T 3836.1—2021)
		在爆炸性粉尘环境内,应尽量减少插座和局部照明灯具的数量,除尘室、除尘风机室、尘杂加工车间不宜安装插座和局部照明灯具,不宜使用移动电气设备。如需采用时,插座宜布置在爆炸性粉尘不易积聚的地点,局部照明宜布置在事故气流不易冲击的位置。插座开口的一面应朝下,且与垂直面的角度不应大于 60°	现场检查:照明灯、插座布置情况	《爆炸危险环境电力装置设计规范》(GB 50058—2014)第 5.1.1 条。 《亚麻纤维加工系统粉尘防爆安全规程》(GB 19881—2005)第 6.2.3.4 条、第 6.2.3.5 条
		电气布线应敷设在钢管中;管线穿墙及楼板时,孔洞应采用非可燃性填料严密堵塞	现场检查:电气线路敷设方式	《爆炸危险环境电力装置设计规范》(GB 50058—2014)第 5.4.3 条

续表

序号	检查项目	检查内容	检查方法	检查依据
4	防雷防静电	粉尘爆炸危险作业场所的厂房[建(构)筑物]按《建筑物防雷设计规范》(GB 50057—2010)规定设置防雷系统,并可靠接地	查文件:防雷防静电安全检测报告	《粉尘防爆安全规程》(GB 15577—2018)第6.3.1条
		所有金属设备、装置外壳、金属管道、支架、构件、部件等,应采用防静电直接接地措施;金属管道连接处(如法兰),应进行防静电跨接	现场检查:防静电措施	《亚麻纤维加工系统粉尘防爆安全规程》(GB 19881—2005)第6.2.5.3条
5	通风和除尘	梳麻和前纺车间应分设独立的除尘系统	现场检查:除尘器的设置情况	《工贸企业粉尘防爆安全规定》(中华人民共和国应急管理部令第6号)第十五条。 《工贸行业安全生产专项整治"百日清零行动"工作方案》("粉6条")。 《亚麻纤维加工系统粉尘防爆安全规程》(GB 19881—2005)第6.3.1.1条
		含有可燃性粉尘和纤维的空气未经过除尘处理,不得循环使用。含有粉尘的空气在进入排风机前应先进行除尘处理	现场检查:除尘器管道布设情况	《工贸企业粉尘防爆安全规定》(中华人民共和国应急管理部令第6号)第十五条。 《亚麻纤维加工系统粉尘防爆安全规程》(GB 19881—2005)第6.3.4.1条
		不同区域的除尘设备应分别布置,不得与送、排风机空调布置在同一个房间内	现场检查:除尘设备布置情况	《工贸企业粉尘防爆安全规定》(中华人民共和国应急管理部令第6号)第十五条。 《工贸行业安全生产专项整治"百日清零行动"工作方案》("粉6条")。 《亚麻纤维加工系统粉尘防爆安全规程》(GB 19881—2005)第6.3.2.1条
		袋式除尘器应采用脉冲喷吹等强力清灰方式进行可靠清灰。并根据除尘器类型、清灰方式、过滤风速、入口粉尘浓度等确定合理清理周期,清灰气源应符合产品说明书规定要求,并详细记录	查文件:除尘器设备日常维护保养和清灰记录	《工贸企业粉尘防爆安全规定》(中华人民共和国应急管理部令第6号)第十八条。 《粉尘爆炸危险场所用收尘器防爆导则》(GB/T 17919—2008)第4.3.1条、第6.1条
		滤尘器不允许直接布置在车间内;干式除尘器应布置在除尘系统的负压段上	现场检查:除尘器布置情况	《亚麻纤维加工系统粉尘防爆安全规程》(GB 19881—2005)第6.3.2.3条
6	作业安全	在粉尘爆炸危险场所作业及检修应使用防爆工具。不允许使用铁锹清除麻尘	现场检查:作业场所日常使用工具	《工贸企业粉尘防爆安全规定》(中华人民共和国应急管理部令第6号)第十九条。 《亚麻纤维加工系统粉尘防爆安全规程》(GB 19881—2005)第5.8条

续表

序号	检查项目	检查内容	检查方法	检查依据
6	作业安全	针对粉碎、研磨、造粒、砂光等易产生机械点燃源的工艺，粉尘涉爆企业应当规范采取杂物去除或者火花探测消除等防范点燃源措施	现场检查：杂物去除或者火花探测消除等防范点燃源措施	《工贸企业粉尘防爆安全规定》(中华人民共和国应急管理部令第 6 号)第十六条。 《工贸行业安全生产专项整治"百日清零行动"工作方案》("粉 6 条")
		粉尘爆炸危险场所不应存在明火。当需要进行动火作业时，应遵守下列规定： (1)由安全生产管理负责人批准并取得动火审批作业证； (2)动火作业前，应清除动火作业场所 10m 范围内的可燃粉尘并配备充足的灭火器材； (3)动火作业区段内涉粉作业设备应停止运行； (4)动火作业的区段应与其他区段有效分开或隔断； (5)动火作业后应全面检查设备内外部，确保无热熔焊渣遗留，防止粉尘阴燃； (6)动火作业期间和作业完成后的冷却期间，不应有粉尘进入明火作业场所	查文件：动火作业票证审批记录	《工贸企业粉尘防爆安全规定》(中华人民共和国应急管理部令第 6 号)第十九条。 《粉尘防爆安全规程》(GB 15577—2018)第 6.2.1 条。 《亚麻纤维加工系统粉尘防爆安全规程》(GB 19881—2005)第 5.2 条
		装备必要的监测仪器设备，定点定时地对车间和除尘系统的空气含尘浓度、温度、湿度、压力等进行检测，建立档案	查文件：作业岗位粉尘浓度检测报告。 现场检查：作业场所粉尘现状	《亚麻纤维加工系统粉尘防爆安全规程》(GB 19881—2005)第 5.6 条
		作业场所清洁应当遵守以下规定： (1)企业对粉尘爆炸危险场所应制定包括清扫范围、清扫方式、清扫周期等内容的粉尘清理制度； (2)所有可能沉积粉尘的区域(包括粉料储存间)及设备设施的所有部位应进行及时全面规范清扫； (3)应根据粉尘特性采用不产生扬尘的清扫方法，不应使用压缩空气进行吹扫，宜采用负压吸尘方式清洁； (4)每月不得少于一次检修日(停产检修)，在检修的同时，要做好车间、设备的彻底清扫工作	查文件：粉尘清扫制度。 现场检查：作业场所清洁情况及清扫工具	《工贸企业粉尘防爆安全规定》(中华人民共和国应急管理部令第 6 号)第十八条。 《工贸行业安全生产专项整治"百日清零行动"工作方案》("粉 6 条")。 《粉尘防爆安全规程》(GB 15577—2018)第 9.1 条、第 9.4 条、第 9.5 条。 《亚麻纤维加工系统粉尘防爆安全规程》(GB 19881—2005)第 5.7 条
		企业配备防爆电器维护人员，具备电气防爆知识，负责防爆电器的日常检查和维护	查文件：特种作业人员操作证	《危险场所电气防爆安全规范》(AQ 3009—2007)第 7.1.2 条
		清出的尘杂应用容器具密封好，随清随运并应根据尘量的多少制定出相应的清扫周期	现场检查：作业场所粉尘清扫管理情况	《亚麻纤维加工系统粉尘防爆安全规程》(GB 19881—2005)第 5.9 条
		企业应为粉尘作业人员配备防尘口罩、防静电手套、防静电鞋、防静电服或棉布工作服、防尘服、阻燃防护服等个体防护装备	查文件：粉尘作业人员安全防护用品发放台账。 现场检查：作业人员个体防护用品穿戴情况	《个体防护装备配备规范 第 1 部分：总则》(GB 39800.1—2020)

续表

序号	检查项目	检查内容	检查方法	检查依据
6	作业安全	有亚麻纤维粉尘散发的场所，相对湿度不应低于65%。配备自动喷洒灭火系统及消防灭火装置	现场检查：粉尘爆炸危险场所消防设施	《亚麻纤维加工系统粉尘防爆安全规程》（GB 19881—2005）第4.4条、第5.3条
		加强对检修承包单位的安全管理，在承包协议中明确规定双方的安全生产权利义务，对检修承包单位的检修方案中涉及粉尘防爆的安全措施和应急处置措施进行审核，并监督承包单位落实	查文件：承包协议	《工贸企业粉尘防爆安全规定》（中华人民共和国应急管理部令第6号）第二十条

(7) 木材加工粉尘防爆安全检查表（专业部分）

木材加工系统粉尘防爆的检查项目包括建（构）筑物结构与布局、爆炸危险场所、防爆电气设备、防雷防静电、通风和除尘、作业安全6个部分，具体检查内容、检查方法及检查依据如表8-9所示。

表8-9 木材加工粉尘防爆安全检查表（专业部分）

序号	检查项目	检查内容	检查方法	检查依据
1	建(构)筑物结构与布局	存在粉尘爆炸危险的工艺设备或存在粉尘爆炸危险场所的建(构)筑物，不应设置在公共场所和居民区内，其防火间距应符合GB 50016的相关规定。按GB 50016规定的丙类火灾危险性建筑进行设计。应与其他建(构)筑物分离，与其他厂房建筑之间防火间距不得少于10m，与民用建筑之间不得少于10m。 存在粉尘爆炸危险场所的建筑物宜为框架结构的单层建筑，其屋顶宜用轻型结构。如为多层建筑，应采用框架结构	查文件：建设项目竣工验收资料。 现场检查：生产厂区与周边建筑安全距离；建筑物结构、材质	《工贸企业粉尘防爆安全规定》（中华人民共和国应急管理部令第6号）第十四条。 《粉尘防爆安全规程》（GB 15577—2018）第5.1条。 《建筑设计防火规范（2018年版）》（GB 50016—2014）第3.4.1条
		存在粉尘爆炸危险场所的建筑物应设置符合GB 50016等要求的泄爆面积	现场检查：建(构)筑物泄爆口泄爆面积	《工贸企业粉尘防爆安全规定》（中华人民共和国应急管理部令第6号）第十四条。 《粉尘防爆安全规程》（GB 15577—2018）第5.2条。 《建筑设计防火规范（2018年版）》（GB 50016—2014）第3.6.4条
		爆炸危险区域应设有两个以上出入口，其中至少有一个通向非爆炸危险区域，其出入口的疏散门应向外开启，通道确保畅通	现场检查：粉尘爆炸危险作业场所区域疏散门	《爆炸危险环境电力装置设计规范》（GB 50058—2014）第4.1.4条
		粉尘爆炸危险场所应设有安全疏散通道，疏散通道的位置和宽度应符合GB 50016的相关规定；安全疏散通道应保持畅通，疏散路线应设置应急照明和明显的疏散指示标志	现场检查：生产区域疏散路线、路标和应急照明	《粉尘防爆安全规程》（GB 15577—2018）第5.6条
		粉尘涉爆企业应当严格控制粉尘爆炸危险场所内作业人员数量，在粉尘爆炸危险场所内不得设置员工宿舍、休息室、办公室、会议室等	现场检查：粉尘爆炸危险场所作业人数、周边场所	《工贸企业粉尘防爆安全规定》（中华人民共和国应急管理部令第6号）第十四条。 《粉尘防爆安全规程》（GB 15577—2018）第5.7条

续表

序号	检查项目	检查内容	检查方法	检查依据
2	爆炸危险场所	粉尘爆炸危险场所的出入口、生产区域及重点危险设备设施等部位，应设置显著的安全警示标识标志。 干纤维仓、木粉仓以及正常生产过程中可燃性木粉云可能偶然地存在的区域或场所出入口应设爆炸危险警示标志	现场检查：粉尘爆炸危险作业场所安全标志	《木材加工系统粉尘防爆安全规范》（AQ 4228—2012）第4.2条。 《粉尘防爆安全规程》（GB 15577—2018）第4.7条。 《爆炸危险场所防爆安全导则》（GB/T 29304—2012）附录F
3	防爆电气设备	粉尘爆炸危险场所内的应采用防爆电气设备，铭牌标识清楚，有防爆标志、防爆合格证号，外壳无裂缝、损伤，电机不得漏油	现场检查：电气设备设施防爆标志、防爆合格证	《工贸企业粉尘防爆安全规定》（中华人民共和国应急管理部令第6号）第十七条。 《木材加工系统粉尘防爆安全规范》（AQ 4228—2012）第4.11条。 《爆炸性环境 第1部分：设备通用要求》（GB/T 3836.1—2021）
		在爆炸性粉尘环境内，应尽量减少插座和局部照明灯具的数量，除尘室、除尘风机室、尘杂加工车间不宜安装插座和局部照明灯具，不宜使用移动电气设备。如需采用时，插座宜布置在爆炸性粉尘不易积聚的地点，局部照明宜布置在事故气流不易冲击的位置。插座开口的一面应朝下，且与垂直面的角度不应大于60°	现场检查：照明灯、插座布置情况	《爆炸危险环境电力装置设计规范》（GB 50058—2014）第5.1.1条
		电气布线应敷设在钢管中；管线穿墙及楼板时，孔洞应采用非可燃性填料严密堵塞	现场检查：电气线路敷设方式	《爆炸危险环境电力装置设计规范》（GB 50058—2014）第5.4.3条
4	防雷防静电	粉尘爆炸危险作业场所的厂房[建（构）筑物]按《建筑物防雷设计规范》（GB 50057—2010）规定设置防雷系统，并可靠接地	查文件：防雷防静电安全检测报告	《粉尘防爆安全规程》（GB 15577—2018）第6.3.1条
		所有金属设备、装置外壳、金属管道、支架、构件、部件等，应采用防静电直接接地措施；不便或工艺不准许直接接地的，可通过导静电材料或制品间接接地；直接用于盛装起电粉料的器具、输送粉料的管道（带）等，应采用金属或防静电材料制成；金属管道连接处（如法兰），应进行防静电跨接	现场检查：防静电措施	《粉尘防爆安全规程》（GB 15577—2018）第6.3.2条
5	通风和除尘	处理有爆炸危险粉尘的除尘器、排风机的设置应符合下列规定： （1）不同类别的可燃性粉尘不应合用同一除尘系统； （2）粉尘爆炸危险场所除尘系统不应与带有可燃气体、高温气体或其他工业气体的风管及设备连通； （3）应按工艺分片（分区域）设置相对独立的除尘系统，并保证除尘系统有足够的风量，风管中不应有粉尘沉降； （4）不同防火分区的除尘系统不应连通	查文件：除尘器设计、安装单位资质。 现场检查：除尘器、排风机的设置情况	《工贸企业粉尘防爆安全规定》（中华人民共和国应急管理部令第6号）第十五条。 《工贸行业安全生产专项整治"百日清零行动"工作方案》（"粉6条"）。 《建筑设计防火规范（2018年版）》（GB 50016—2014）第9.3.5条。 《粉尘防爆安全规程》（GB 15577—2018）第8.1条

续表

序号	检查项目	检查内容	检查方法	检查依据
		所有产尘点均应装设吸尘罩，并保证有足够的吸尘风量，满足作业岗位职业卫生要求	查文件：作业岗位粉尘浓度检测报告。 现场检查：所有产尘点装设吸尘罩情况	《粉尘防爆安全规程》(GB 15577—2018)第8.2.1条。 《木材加工系统粉尘防爆安全规范》(AQ 4228—2012)第5.9条
5	通风和除尘	除尘器应设置在室外，且不应设置于建筑物屋顶；仅有火灾危害并有合格防护措施的，配备有抑爆系统或除尘器强度足以承受收集物发生爆炸无泄放时产生的最大爆燃压力，可布置在室内。设置在室内的非封闭式除尘器，应满足相关要求：(1)只用于收集木材加工机械产生的粉尘(粉尘中不包括金属粉末等)；(2)不用于具有机械进料功能的砂磨机、研磨刨床；(3)除尘器单机处理空气能力不应大于8640m³/h；(4)风机电机是完全封闭的，且具有风冷性能；(5)按除尘器有效运转的需求，应每天或者更短时间内清除收集到的粉尘；(6)除尘器的设置距任意出口的距离至少为6m，距日常操作中有人员出现的任何地方至少为6m；(7)同一房间内布置多个除尘器时，相互间的最小距离应为6m	现场检查：除尘器布置情况	《粉尘爆炸危险场所用收尘器防爆导则》(GB/T 17919—2008)第4.1.8条。 《木材加工系统粉尘防爆安全规范》(AQ 4228—2012)第6.2.5条
		袋式除尘器应采用脉冲喷吹等强力清灰方式进行可靠清灰。并根据除尘器类型、清灰方式、过滤风速、入口粉尘浓度等确定合理清理周期，清灰气源应符合产品说明书规定要求，并详细记录	查文件：除尘器设备日常维护保养和清灰记录	《工贸企业粉尘防爆安全规定》(中华人民共和国应急管理部令第6号)第十八条。 《粉尘爆炸危险场所用收尘器防爆导则》(GB/T 17919—2008)第4.3.1条、第6.1条
6	作业安全	在粉尘爆炸危险场所作业及检修应使用防爆工具。严禁敲击除尘器各金属部件	现场检查：作业场所日常使用工具	《工贸企业粉尘防爆安全规定》(中华人民共和国应急管理部令第6号)第十九条。 《粉尘防爆安全规程》(GB 15577—2018)第6.4.1条
		针对粉碎、研磨、造粒、砂光等易产生机械点燃源的工艺，粉尘涉爆企业应当规范采取杂物去除或者火花探测消除等防范点燃源措施	现场检查：杂物去除或者火花探测消除等防范点燃源措施	《工贸企业粉尘防爆安全规定》(中华人民共和国应急管理部令第6号)第十六条。 《工贸行业安全生产专项整治"百日清零行动"工作方案》("粉6条")
		粉尘爆炸危险场所不应存在明火。当需要进行动火作业时，应遵守下列规定： (1)由安全生产管理负责人批准并取得动火审批作业证； (2)动火作业前，应清除动火作业场所10m范围内的可燃粉尘并配备充足的灭火器材；	查文件：动火作业票证审批记录	《工贸企业粉尘防爆安全规定》(中华人民共和国应急管理部令第6号)第十九条。 《粉尘防爆安全规程》(GB 15577—2018)第6.2.1条

续表

序号	检查项目	检查内容	检查方法	检查依据
6	作业安全	(3)动火作业区段内涉粉作业设备应停止运行； (4)动火作业的区段应与其他区段有效分开或隔断； (5)动火作业后应全面检查设备内外部，确保无热熔焊渣遗留，防止粉尘阴燃； (6)动火作业期间和作业完成后的冷却期间，不应有粉尘进入明火作业场所	查文件：动火作业票证审批记录	《工贸企业粉尘防爆安全规定》(中华人民共和国应急管理部令第6号)第十九条。 《粉尘防爆安全规程》(GB 15577—2018)第6.2.1条
		在粉尘爆炸危险场所没有与明火作业等效的保护措施禁止使用旋转磨轮和旋转切盘进行研磨和切割	查文件：检维修作业票证记录	《粉尘防爆安全规程》(GB 15577—2018)第6.4.4条
		作业场所清洁应当遵守以下规定： (1)企业对粉尘爆炸危险场所应制定包括清扫范围、清扫方式、清扫周期等内容的粉尘清理制度； (2)所有可能沉积粉尘的区域(包括粉料储存间)及设备设施的所有部位应进行及时全面规范清扫； (3)应根据粉尘特性采用不产生扬尘的清扫方法，不应使用压缩空气进行吹扫，宜采用负压吸尘方式清洁	查文件：粉尘清扫制度。 现场检查：作业场所清洁情况及清扫工具	《工贸企业粉尘防爆安全规定》(中华人民共和国应急管理部令第6号)第十八条。 《工贸行业安全生产专项整治"百日清零行动"工作方案》("粉6条")。 《粉尘防爆安全规程》(GB 15577—2018)第9.1条、第9.4条、第9.5条
		企业应为粉尘作业人员配备防尘口罩、防静电手套、防静电鞋、防静电服或棉布工作服、防尘服、阻燃防护服等个体防护装备	查文件：粉尘作业人员安全防护用品发放台账。 现场检查：作业人员个体防护用品穿戴情况	《个体防护装备配备规范 第1部分：总则》(GB 39800.1—2020)
		企业应配备防爆电器维护人员，具备电气防爆知识，负责防爆电器的日常检查和维护	查文件：特种作业操作证	《危险场所电气防爆安全规范》(AQ 3009—2007)第7.1.2条
		爆炸危险场所应配备灭火器，在附近区域设置消防栓	现场检查：粉尘爆炸危险场所消防设施	《木材加工系统粉尘防爆安全规范》(AQ 4228—2012)第5.16条
		加强对检修承包单位的安全管理，在承包协议中明确规定双方的安全生产权利义务，对检修承包单位的检修方案中涉及粉尘防爆的安全措施和应急处置措施进行审核，并监督承包单位落实	查文件：承包协议	《工贸企业粉尘防爆安全规定》(中华人民共和国应急管理部令第6号)第二十条

(8) 塑料与合成树脂粉尘防爆安全检查表(专业部分)

塑料与合成树脂粉尘防爆的检查项目包括建(构)筑物结构与布局、爆炸危险场所、防爆电气设备、防雷防静电、通风和除尘、作业安全6个部分，具体检查内容、检查方法及检查依据如表8-10所示。

表 8-10　塑料与合成树脂粉尘防爆安全检查表（专业部分）

序号	检查项目	检查内容	检查方法	检查依据
1	建(构)筑物结构与布局	存在粉尘爆炸危险的工艺设备或存在粉尘爆炸危险场所的建(构)筑物，不应设置在公共场所和居民区内，其防火间距应符合 GB 50016 的相关规定。按 GB 50016 规定的乙类火灾危险性建筑进行设计。应与其他建(构)筑物分离，与其他厂房建筑之间防火间距不得少于 10m，与民用建筑之间不得少于 25m。含有 20 区、21 区、22 区建(构)筑物的四周应设有宽度不小于 3m 的消防通道。 存在粉尘爆炸危险场所的建筑物宜为框架结构的单层建筑，其屋顶宜用轻型结构。如为多层建筑物应采用框架结构	查文件：建设项目竣工验收资料。 现场检查：生产厂区与周边建筑安全距离；建筑物结构、材质	《工贸企业粉尘防爆安全规定》(中华人民共和国应急管理部令第 6 号)第十四条。 《粉尘防爆安全规程》(GB 15577—2018)第 5.1 条。 《建筑设计防火规范（2018 年版）》（GB 50016—2014）第 3.4.1 条。 《塑料生产系统粉尘防爆规范》(AQ 4232—2013)第 5.2.2 条
		存在粉尘爆炸危险场所的建筑物应设置符合 GB 50016 等要求的泄爆面积	现场检查：建(构)筑物泄爆口泄爆面积	《工贸企业粉尘防爆安全规定》(中华人民共和国应急管理部令第 6 号)第十四条。 《粉尘防爆安全规程》(GB 15577—2018)第 5.2 条。 《建筑设计防火规范(2018 年版)》（GB 50016—2014）第 3.6.4 条
		控制室、配电室应单独设置，且不宜设置在塑料粉尘爆炸性危险场所的上方	现场检查：控制室、配电室设置情况	《塑料生产系统粉尘防爆规范》（AQ 4232—2013）第 5.2.5 条
		对涉及粉尘爆炸危险的工程及工艺设计，当有专门的国家标准时，应符合标准规定；存在粉尘爆炸危险的工艺设备宜设置在露天场所；如厂房内有粉尘爆炸危险的工艺设备，宜设置在建筑物内较高的位置，并靠近外墙	现场检查：有粉尘爆炸危险的工艺设备设置位置	《粉尘防爆安全规程》(GB 15577—2018)第 5.3 条
		梁、支架、墙及设备等应具有便清洁的表面结构。 对不易清理的建(构)筑物以及设备(设施)表面及边棱，应采用倾角不小于 60°的倾斜面设计	现场检查：梁、支架、墙及设备等表面结构	《粉尘防爆安全规程》(GB 15577—2018)第 5.4 条。 《塑料生产系统粉尘防爆规范》(AQ 4232—2013)第 5.2.3 条
		爆炸危险区域应设有两个以上出入口，其中至少有一个通向非爆炸危险区域，其出入口的疏散门应向外开启，通道确保畅通	现场检查：粉尘爆炸危险作业场所区域疏散门	《爆炸危险环境电力装置设计规范》(GB 50058—2014)第 4.1.4 条
		粉尘爆炸危险场所应设有安全疏散通道，疏散通道的位置和宽度应符合 GB 50016 的相关规定；安全疏散通道应保持畅通，疏散路线应设置应急照明和明显的疏散指示标志	现场检查：生产区域疏散路线、路标和应急照明	《粉尘防爆安全规程》(GB 15577—2018)第 5.6 条
		粉尘涉爆企业应当严格控制粉尘爆炸危险场所内作业人员数量，在粉尘爆炸危险场所内不得设置员工宿舍、休息室、办公室、会议室等	现场检查：粉尘爆炸危险场所作业人数、周边场所	《工贸企业粉尘防爆安全规定》(中华人民共和国应急管理部令第 6 号)第十四条。 《粉尘防爆安全规程》(GB 15577—2018)第 5.7 条

续表

序号	检查项目	检查内容	检查方法	检查依据
2	爆炸危险场所	粉尘爆炸危险场所的出入口、生产区域及重点危险设备设施等部位，应设置显著的安全警示标识标志。 粉尘装置、粉料传送系统、排风机室、搅拌机、研磨机、干燥机和包装设备等场所出入口应设爆炸危险警示标志	现场检查：粉尘爆炸危险作业场所安全标志	《粉尘防爆安全规程》(GB 15577—2018)第4.7条。 《爆炸危险场所防爆安全导则》(GB/T 29304—2012)附录F
3	防爆电气设备	爆炸危险场所电气设备应采用防爆型。铭牌标识清楚，有防爆标志、防爆合格证号，外壳无裂缝、损伤，电机不得漏油	现场检查：电气设备设施防爆标志、防爆合格证	《工贸企业粉尘防爆安全规定》(中华人民共和国应急管理部令第6号)第十七条。 《塑料生产系统粉尘防爆规范》(AQ 4232—2013)第5.3条。 《爆炸性环境 第1部分：设备通用要求》(GB/T 3836.1—2021)
		在爆炸性粉尘环境内，应尽量减少插座和局部照明灯具的数量，除尘室、除尘风机室、尘杂加工车间不宜安装插座和局部照明灯具，不宜使用移动电气设备。如需采用时，插座宜布置在爆炸性粉尘不易积聚的地点，局部照明宜布置在事故气流不易冲击的位置。插座开口的一面应朝下，且与垂直面的角度不应大于60°	现场检查：照明灯、插座布置情况	《爆炸危险环境电力装置设计规范》(GB 50058—2014)第5.1.1条。 《亚麻纤维加工系统粉尘防爆安全规程》(GB 19881—2005)第6.2.3.4条、第6.2.3.5条
		电气布线应敷设在钢管中；管线穿墙及楼板时，孔洞应采用非可燃性填料严密堵塞	现场检查：电气线路敷设方式	《爆炸危险环境电力装置设计规范》(GB 50058—2014)第5.4.3条
		分选与造粒机前安装磁分离装置，防止金属碎片进入装置产生撞击火花	现场检查：分选与造粒机前磁分离装置	《塑料生产系统粉尘防爆规范》(AQ 4232—2013)第7.2.2条
4	防雷防静电	粉尘爆炸危险作业场所的厂房[建(构)筑物]按《建筑物防雷设计规范》(GB 50057—2010)规定设置防雷系统，并可靠接地。 所有金属设备、装置外壳、金属管道、支架、构件、部件等，应采用防静电直接接地措施；不便或工艺不准许直接接地的，可通过导静电材料或制品间接接地；直接用于盛装起电粉料的器具、输送粉料的管道(带)等，应采用金属或防静电材料制成；金属管道连接处(如法兰)，应进行防静电跨接	查文件：防雷防静电安全检测报告。 现场检查：防静电措施	《粉尘防爆安全规程》(GB 15577—2018)第6.3.1条、第6.3.2条
5	通风和除尘	处理有爆炸危险粉尘的除尘器、排风机的设置应符合下列规定： (1)不同类别的可燃性粉尘不应合用同一除尘系统； (2)粉尘爆炸危险场所除尘系统不应与带有可燃气体、高温气体或其他工业气体的风管及设备连通； (3)应按工艺分片(分区域)设置相对独立的除尘系统，并保证除尘系统有足够的风量，风管中不应有粉尘沉降； (4)不同防火分区的除尘系统不应连通	查文件：除尘器设计、安装单位资质。 现场检查：除尘器、排风机的设置情况	《工贸企业粉尘防爆安全规定》(中华人民共和国应急管理部令第6号)第十五条。 《工贸行业安全生产专项整治"百日清零行动"工作方案》("粉6条")。 《建筑设计防火规范(2018年版)》(GB 50016—2014)第9.3.5条。 《粉尘防爆安全规程》(GB 15577—2018)第8.1条

续表

序号	检查项目	检查内容	检查方法	检查依据
5	通风和除尘	所有产尘点均应装设吸尘罩,并保证有足够的吸尘风量,满足作业岗位职业卫生要求	查文件:作业岗位粉尘浓度检测报告。 现场检查:所有产尘点装设吸尘罩情况	《粉尘防爆安全规程》(GB 15577—2018)第8.2.1条
		处理有爆炸危险粉尘和碎屑的除尘器、过滤器、管道均应设置泄压装置。 净化有爆炸危险粉尘的干式除尘器和过滤器应布置在系统的负压段上	现场检查:除尘器、管道的泄压装置及布置	《工贸行业安全生产专项整治"百日清零行动"工作方案》("粉6条")。 《建筑设计防火规范(2018年版)》(GB 50016—2014)第9.3.8条
		除尘器宜安装于室外;如安装于室内,其泄爆管应直通室外,且长度小于3m,并根据粉尘属性设立隔(阻)爆装置。 排风设备不应布置在地下、半地下建筑(室)中	现场检查:除尘器、排风设备的布置	《粉尘爆炸危险场所用收尘器防爆导则》(GB/T 17919—2008)第4.1.8条。 《建筑设计防火规范(2018年版)》(GB 50016—2014)第9.3.9条
		袋式除尘器应采用脉冲喷吹等强力清灰方式进行可靠清灰。并根据除尘器类型、清灰方式、过滤风速、入口粉尘浓度等确定合理清理周期,清灰气源应符合产品说明书规定要求,并详细记录	查文件:除尘器设备日常维护保养和清灰记录	《工贸企业粉尘防爆安全规定》(中华人民共和国应急管理部令第6号)第十八条。 《粉尘爆炸危险场所用收尘器防爆导则》(GB/T 17919—2008)第4.3.1条、第6.1条
6	作业安全	在粉尘爆炸危险场所作业及检修应使用防爆工具。严禁敲击除尘器各金属部件	现场检查:作业场所日常使用工具	《工贸企业粉尘防爆安全规定》(中华人民共和国应急管理部令第6号)第十九条。 《粉尘防爆安全规程》(GB 15577—2018)第6.4.1条
		针对粉碎、研磨、造粒、砂光等易产生机械点燃源的工艺,粉尘涉爆企业应当规范采取杂物去除或者火花探测消除等防范点燃源措施	现场检查:杂物去除或者火花探测消除等防范点燃源措施	《工贸企业粉尘防爆安全规定》(中华人民共和国应急管理部令第6号)第十六条。 《工贸行业安全生产专项整治"百日清零行动"工作方案》("粉6条")
		粉尘爆炸危险场所不应存在明火。当需要进行动火作业时,应遵守下列规定: (1)由安全生产管理负责人批准并取得动火审批作业证; (2)动火作业前,应清除动火作业场所10m范围内的可燃粉尘并配备充足的灭火器材; (3)动火作业区段内涉粉作业设备应停止运行; (4)动火作业的区段应与其他区段有效分开或隔断; (5)动火作业后应全面检查设备内外部,确保无热熔焊渣遗留,防止粉尘阴燃; (6)动火作业期间和作业完成后的冷却期间,不应有粉尘进入明火作业场所	查文件:动火作业票证审批记录	《工贸企业粉尘防爆安全规定》(中华人民共和国应急管理部令第6号)第十九条。 《粉尘防爆安全规程》(GB 15577—2018)第6.2.1条

续表

序号	检查项目	检查内容	检查方法	检查依据
6	作业安全	清理聚合釜时，制定具体的操作方案。应采用盲板将聚合釜与系统隔开，用氮气置换聚合釜内残留的可燃气体后再用空气置换	查文件：清理聚合釜安全规程	《塑料生产系统粉尘防爆规范》（AQ 4323—2013）第 6.1.2 条
		脱气合格后的粉料应及时包装，不应在物仓内长时间存放	现场检查：粉料存放情况	《塑料生产系统粉尘防爆规范》(AQ 4323—2013)第 6.4.6 条
		粒料仓的粘壁料厚度不应大于 2mm，定期检查和清理粒料仓内粘壁料和块状料	现场检查：粒料仓的粘壁料厚度	《塑料生产系统粉尘防爆规范》(AQ 4323—2013)第 6.4.7 条
		应及时清理下料包装与运输作业场所及其过程中散落的粉尘，采取措施防止塑料粉尘飞扬	现场检查：作业场所粉尘情况	《塑料生产系统粉尘防爆规范》(AQ 4323—2013)第 6.5.2 条
		检维修作业：生产系统完全停止、现场积尘清理干净后，方可进行检维修作业；检维修作业如涉及有限空间作业的应严格遵守“先通风、再检测、后作业”的原则，确定符合安全要求后，方可进入	查文件：受限空间作业票证审批记录	《工贸企业有限空间作业安全管理与监督暂行规定》(国家安全监管总局令第 59 号，国家安监总局令第 80 号修正)
		作业场所清洁应当遵守以下规定： (1)企业对粉尘爆炸危险场所应制定包括清扫范围、清扫方式、清扫周期等内容的粉尘清理制度； (2)所有可能沉积粉尘的区域(包括粉料储存间)及设备设施的所有部位应进行及时全面规范清扫； (3)应根据粉尘特性采用不产生扬尘的清扫方法，不应使用压缩空气进行吹扫，宜采用负压吸尘方式清洁	查文件：粉尘清扫制度。 现场检查：作业场所清洁情况及清扫工具	《工贸企业粉尘防爆安全规定》(中华人民共和国应急管理部令第 6 号)第十八条。 《工贸行业安全生产专项整治“百日清零行动”工作方案》(“粉 6 条”)。 《粉尘防爆安全规程》(GB 15577—2018)第 9.1 条、第 9.4 条、第 9.5 条
		企业应为粉尘作业人员配备防尘口罩、防静电手套、防静电鞋、防静电服或棉布工作服、防尘服、阻燃防护服等个体防护装备	查文件：粉尘作业人员安全防护用品发放台账。 现场检查：作业人员个体防护用品穿戴情况	《个体防护装备配备规范 第 1 部分：总则》(GB 39800.1—2020)
		企业应配备防爆电器维护人员，具备电气防爆知识，负责防爆电器的日常检查和维护	查文件：特种作业操作证	《危险场所电气防爆安全规范》(AQ 3009—2007)第 7.1.2 条
		应按有关消防规定建立企业防火制度和动火制度，定期进行防火检查。配备消防器材、室外消防栓	现场检查：粉尘爆炸危险场所消防设施	《塑料生产系统粉尘防爆规范》(AQ 4323—2013)第 9.3 条
		加强对检修承包单位的安全管理，在承包协议中明确规定双方的安全生产权利义务，对检修承包单位的检修方案中涉及粉尘防爆的安全措施和应急处置措施进行审核，并监督承包单位落实	查文件：承包协议	《工贸企业粉尘防爆安全规定》(中华人民共和国应急管理部令第 6 号)第二十条

8.2　隐患治理要点

应急管理部办公厅关于印发《工贸行业安全生产专项整治“百日清零行动”工作方案》

的通知（应急厅函〔2022〕127号）中提出重点整治范围和实现事项。

8.2.1 粉尘涉爆企业重点整治事项

根据《工贸行业安全生产专项整治“百日清零行动”工作方案》（应急厅函〔2022〕127号）（以下简称“粉6条”）的规定，粉尘涉爆企业重点整治事项如下。

① 不同种类的可燃性粉尘、可燃性粉尘与可燃气体等易加剧爆炸危险的介质共用一套除尘系统，不同防火分区的除尘系统互联互通。

② 干式除尘系统未规范采用泄爆、惰化、抑爆、抗爆等控爆措施。

③ 除尘系统采用重力沉降方式除尘，或者采用干式巷道式构筑物作为除尘风道。

④ 铝镁等金属粉尘除尘系统未采用负压除尘方式。其他可燃性粉尘除尘系统采用正压吹送粉尘时，未规范采取火花探测消除等防范点燃源措施。

⑤ 粉碎、研磨、造粒、砂光等易产生机械火花的工艺，未规范采取杂物去除或火花探测消除等防范点燃源措施。

⑥ 未按规范制定粉尘清理制度，作业现场和相关设备设施积尘未及时规范清扫。铝镁等金属粉尘的收集、储存等处置环节未落实防水防潮、通风、氢气监测等必要的防爆措施。

8.2.2 重大安全生产事故隐患判定标准

根据《国家安全监管总局关于印发〈工贸行业重大生产安全事故隐患判定标准(2017版)〉的通知》(安监总管四〔2017〕129号)的规定，重大安全生产事故隐患判定标准如下。

① 粉尘爆炸危险场所设置在非框架结构的多层建构筑物内，或与居民区、员工宿舍、会议室等人员密集场所安全距离不足。

② 可燃性粉尘与可燃气体等易加剧爆炸危险的介质共用一套除尘系统，不同防火分区的除尘系统互联互通。

③ 干式除尘系统未规范采用泄爆、隔爆、惰化、抑爆等任一种控爆措施。

④ 除尘系统采用正压吹送粉尘，且未采取可靠的防范点燃源的措施。

⑤ 除尘系统采用粉尘沉降室除尘，或者采用干式巷道式构筑物作为除尘风道。

⑥ 铝镁等金属粉尘及木质粉尘的干式除尘系统未规范设置锁气卸灰装置。

⑦ 粉尘爆炸危险场所的20区未使用防爆电气设备设施。

⑧ 在粉碎、研磨、造粒等易于产生机械点火源的工艺设备前，未按规范设置去除铁、石等异物的装置。

⑨ 木制品加工企业，与砂光机连接的风管未规范设置火花探测报警装置。

⑩ 未制定粉尘清扫制度，作业现场积尘未及时规范清理。

8.3 隐患治理验收

8.3.1 验收前准备工作

① 制定验收工作方案。方案包括验收工作组织、时间安排、参与验收的单位和人员、验收内容、工作步骤等，并于验收前5个工作日将隐患整改技术方案和隐患整改情况上报安

全监管部门及有关参加验收工作的专家。

② 准备验收资料。企业在验收工作前应准备隐患整改技术方案、涉爆粉尘隐患整改工程图纸和隐患整改情况报告、有关安全设备的说明书、粉尘清扫制度、除尘等设备设施运行维护检修制度、动火审批等制度以及专项应急预案等文件资料。

③ 成立验收工作组。企业应聘请有关专家组织成立验收工作组。验收专家可在《北京市安全生产委员会关于开展涉爆粉尘企业事故隐患治理专项行动的通知》（京安发〔2016〕11号）中列出的安全生产专家名单中选择，也可聘请其他有关专家，聘请的专家应具有高级技术职称，且具有粉尘防爆或防火防爆等专业知识和服务验收工作的能力，并应留存参与验收的专家、中介服务机构的资格及资质证明文件。企业应按照属地政府部门对隐患整改工作的要求，邀请有关政府部门参加对隐患整改工作验收，对竣工验收活动和验收结果进行监督。

8.3.2　整改验收

① 严格审查资料。企业组织召开竣工验收会议，应由企业负责人汇报隐患整改工程情况，包括整改方案制定情况、资金投入情况、涉爆粉尘场所隐患整改情况、安全设备安装使用情况、涉爆粉尘安全管理情况等。验收工作组应依据国家粉尘防爆安全标准，对照隐患整改方案和隐患整改情况报告进行重点审查。

② 严格现场核查。验收工作组应严格按照国家标准和隐患整改工程设计方案逐一进行现场核查并填写隐患治理验收记录表。验收中要对是否存在《工贸行业重大事故隐患判定标准》（中华人民共和国应急管理部〔2023〕第10号）中的涉爆粉尘企业十项重大事故隐患等进行重点审查把关。

③ 形成验收意见。验收工作组经充分沟通讨论后形成验收意见，明确做出隐患整改工程验收合格或不合格的结论，指出不合格项，提出整改建议。验收工作组对隐患整改验收意见负责。凡存在《工贸行业重大事故隐患判定标准》（中华人民共和国应急管理部〔2023〕第10号）重大事故隐患之一的、除尘系统或有关设备设施存在明显缺陷的，以及其他严重违反安全生产法律法规问题的，验收结论均为不合格。

第9章

粉尘防爆安全管理

本章首先介绍北京市自2016年以来在粉尘防爆安全管理方面的工作方法和主要成效；然后介绍粉尘防爆主要国家相关文件及标准规范，粉尘防爆基础管理内容，主要设备设施日常维护的要求，粉尘爆炸风险评估及分级管控，以及粉尘爆炸安全风险告知与安全警示标志的要求。本章对系统全面地开展粉尘防爆安全管理具有一定指导意义。

9.1 北京市粉尘防爆安全管控实践

9.1.1 北京涉爆粉尘隐患治理概况

自2016年8月以来，北京市、区应急管理部门多措并举，相继开展了风险评估、集中培训、指导服务、执法检查、约谈通报等工作，全力以赴推进冶金等工业企业开展涉爆粉尘隐患治理，取得明显成效。据统计，2016年12月全市涉爆粉尘企业共有501家，通过隐患治理、疏解整治，截至2022年7月，全市共有涉爆粉尘企业177家（不含医药），全部完成了隐患整改验收，基本消除了涉爆粉尘“十大重点隐患”。

北京市于2016年8月至2018年12月在全市行政区域内开展了涉爆粉尘企业事故隐患治理专项行动，通过3年专项行动，北京市取缔关闭了存在重大隐患或难以整改到位的涉爆粉尘企业，并监督上账的涉爆粉尘企业完成隐患整改；2019年开展了“回头看”检查，先后发布《北京市应急管理局关于开展涉爆粉尘企业事故隐患“清零行动”的通知》（京应急发〔2020〕26号）和《北京市2021年工贸行业安全生产监管工作要点》（京应急发〔2021〕14号），并开展了涉爆粉尘企业事故隐患治理效果情况评估。

在涉爆粉尘企业隐患治理过程中，北京市应急局组织专家先后编写了《北京市粉尘防爆专项整治工作指导手册》《北京市涉爆粉尘企业安全管理指导书》《北京市涉爆粉尘隐患治理专项行动——相关标准汇编》《涉爆粉尘企业操作人员培训考核试题》《工贸企业粉尘防爆安全宣传手册》，并开展北京市涉爆粉尘隐患治理示范企业创建工作；随着涉爆粉尘隐患治理工作逐步完成，北京市将监管工作要点放在企业整改后的粉尘防爆安全管理和粉尘防爆安全设备设施的运行维护，并出台了DB11/T 1827—2021《粉尘防爆安全管理规范》。

 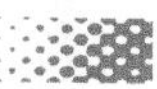

随着新版《中华人民共和国安全生产法》《工贸企业粉尘防爆安全规定》（应急管理部第6号）的实施，结合北京市近年来隐患治理情况，北京市在2022年开展《涉爆粉尘企业粉尘爆炸风险分级管控指南》编制工作。

9.1.2　典型工贸企业“清零行动”整改效果分析

2021年北京市应急局对典型工贸企业“清零行动”整改效果进行了抽查与分析，发现重大隐患出现的频率由高到低依次为：

① 干式除尘系统未采用泄爆、隔爆、惰化、抑爆等任一种防控爆措施；

② 未制定粉尘清扫制度，作业现场积尘未及时规范清理；

③ 除尘系统采用正压吹送粉尘，且未采取可靠的控制点燃源的措施；

④ 在粉碎、研磨、造粒等易于产生机械点火源的工艺设备前，未按规范设置去除铁、石等异物的装置。

一般技术类隐患出现的频率由高到低依次为：

① 未落实防雷、防静电等措施，设备设施未按要求接地；

② 袋式除尘器进、出风口未设置压差监测报警装置；

③ 干式除尘器泄爆口未朝向安全区域，或泄爆方向无法满足安全要求时未采用无焰泄爆装置；

④ 不能通过泄压导管向室外泄爆的室内容器未安装无焰泄爆装置。

一般管理类隐患出现的频率由高到低依次为：

① 未设置安全警示标识标志；

② 未制定检修作业制度，无检修审批记录；

③ 未进行粉尘爆炸风险辨识、评估；

④ 未定期开展粉尘防爆安全检查；

⑤ 未定期开展应急演练。

从企业行业类型与隐患之间的联系看，农副食品加工行业企业的一般技术类隐患和管理类隐患数最多，主要技术类隐患为未落实防雷、防静电等措施，设备设施未接地或接地不符合标准规范要求；主要管理类隐患为粉尘爆炸危险场所出入口、生产区域及重点危险设备设施等部位，未设置显著的安全警示标识标志；粉尘爆炸危险场所未制定设备设施检修安全作业制度和应急处置措施，检修作业未进行审批，无审批记录。

9.1.3　粉尘防爆安全管控策略

① 加强法规标准宣贯，落实企业主体责任。加强《中华人民共和国安全生产法》《工贸企业粉尘防爆安全规定》《粉尘防爆安全管理规范》《北京市生产经营单位安全生产主体责任规定》等新出台和修订的法律法规和标准规范的宣传贯彻工作。一方面，加强对监督检查人员的粉尘防爆执法检查技能培训，使其了解最新的法律法规和标准要求，提高其行政执法的准确性和专业性。另一方面，督促企业按照最新国家和北京市要求完善粉尘防爆安全管控措施和设备设施隐患治理工作，落实粉尘防爆企业主体责任。

② 推进回头看，巩固隐患治理成效。通过隐患排查工作发现了部分企业遗留的重大隐患和大部分企业存在的其他共性问题，为各级监管部门有的放矢地开展执法监管活动提供了

重要支撑。同时，由于各类涉爆粉尘企业安全生产管理水平参差不齐，对粉尘爆炸隐患治理工作的重视程度存在差异，安全设备设施存在老化、故障等情况，致使各类事故隐患依然存在。为从根本上消除事故隐患，巩固治理成果，提升全市涉爆粉尘企业安全生产整体水平，开展隐患排查回头看工作，确保突出问题“清根见底”，一般问题“动态清零”。

③ 科学评估，分级管控。2022 年开展《涉爆粉尘企业粉尘爆炸风险分级管控指南》编制工作；基于科学的风险评估理论，结合全市涉爆粉尘企业行业特征，从粉尘基本特性、工艺设备、涉粉人数、管理水平等角度建立科学的涉爆粉尘企业风险评估方法，通过科学评估掌握各企业的粉尘爆炸风险等级，逐步实现涉爆粉尘企业的分级管控，针对不同爆炸风险等级的企业，从工艺设备、安全设施、安全管理等方面提出针对性的差异化控制和监管措施。

④ 标准引领，保证质量提升。在隐患排查中发现的安全制度不健全、管理落实不到位、管理文件不完善等安全管理类隐患是目前大部分涉爆粉尘企业存在的问题，北京市应急局出台了《粉尘防爆安全管理规范》（DB11/T 1827—2021），针对涉爆粉尘企业关心的制度建设、风险管控与隐患治理、安全设备设施管理、教育培训、人员行为管理、粉尘清理、检修过程管理、应急管理等做出了详细的规定，为涉爆粉尘企业安全管理体系建设奠定了坚实的基础。

9.2 粉尘防爆相关文件和标准

9.2.1 国家相关文件

①《工贸企业粉尘防爆安全规定》(应急管理部令 6 号)。

②《工贸行业重大生产安全事故隐患判定标准(2017 版)》(安监总管四〔2017〕129 号)。

③《国家安全监管总局办公厅关于 2017 年工贸行业粉尘防爆专项整治工作进展情况的通报》(安监总厅管四函〔2018〕33 号)。

④《安全监管总局办公厅关于 2016 年工贸行业粉尘防爆专项整治工作情况的通报》(安监总厅管四函〔2017〕43 号)。

⑤《国家安全监管总局办公厅关于广东深圳精艺星五金加工厂“4・29”粉尘爆炸事故的通报》(安监总厅管四〔2016〕39 号)。

⑥《工贸行业粉尘防爆专项整治重点问题和隐患》(安监总厅管四〔2016〕39 号)。

⑦《工贸行业重点可燃性粉尘目录(2015 版)》。

⑧《国务院安委会办公室关于落实江苏省苏州昆山市中荣金属制品有限公司“8・2”特别重大爆炸事故调查报告有关整改措施的通知》(安委办函〔2015〕4 号)。

⑨《国家安全监管总局办公厅关于内蒙古根河市金河兴安人造板有限公司“1・31”较大粉尘爆炸事故的通报》(安监总厅管四〔2015〕12 号)。

⑩《工贸行业可燃性粉尘作业场所工艺设施防爆技术指南(试行)》(安监总厅管四〔2015〕84 号)。

9.2.2 标准规范

①《粉尘防爆安全规程》(GB 15577—2018)。

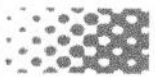

②《粉尘防爆术语》(GB/T 15604—2008)。

③《粉尘爆炸泄压指南》(GB/T 15605—2008)。

④《粉尘爆炸危险场所用收尘器防爆导则》(GB/T 17919—2008)。

⑤《粮食加工、储运系统粉尘防爆安全规程》(GB 17440—2008)。

⑥《烟草加工系统粉尘防爆安全规程》(GB 18245—2000)。

⑦《饲料加工系统粉尘防爆安全规程》(GB 19081—2008)。

⑧《亚麻纤维加工系统粉尘防爆安全规程》(GB 19881—2005)。

⑨《纺织工业粉尘防爆安全规程》(GB 32276—2015)。

⑩《高炉喷吹烟煤系统防爆安全规程》(GB 16543—2008)。

⑪《涂装作业安全规程粉末静电喷涂工艺安全》(GB 15607—2008)。

⑫《铝镁粉加工粉尘防爆安全规程》(GB 17269—2003)。

⑬《监控式抑爆装置技术要求》(GB/T 18154—2000)。

⑭《耐爆炸设备》(GB/T 24626—2009)。

⑮《抑制爆炸系统》(GB/T 25445—2010)。

⑯《防止静电事故通用导则》(GB 12158—2006)。

⑰《爆炸性环境 第 1 部分:设备 通用要求》(GB/T 3836.1—2021)。

⑱《爆炸性环境 第 12 部分:可燃性粉尘物质特性 试验方法》(GB/T 3836.12—2017)。

⑲《爆炸性环境 第 15 部分:电气装置的设计、选型和安装》(GB/T 3836.15—2017)。

⑳《爆炸危险环境电力装置设计规范》(GB 50058—2014)。

㉑《电气装置安装工程爆炸和火灾危险环境电气装置施工及验收规范》(GB 50257—2014)。

㉒《铝镁制品机械加工粉尘防爆安全技术规范》(AQ 4272—2016)。

㉓《粉尘爆炸危险场所用除尘系统安全技术规范》(AQ 4273—2016)。

㉔《粮食立筒仓粉尘防爆安全规范》(AQ 4229—2013)。

㉕《粮食平房仓粉尘防爆安全规范》(AQ 4230—2013)。

㉖《塑料生产系统粉尘防爆规范》(AQ 4232—2013)。

㉗《木材加工系统粉尘防爆安全规程》(AQ 4228—2012)。

9.3 粉尘防爆基础管理

9.3.1 一般要求

① 企业粉尘防爆管理应与企业现有管理相融合。

② 企业应建立粉尘防爆安全生产责任制，明确责任人员及责任范围、考核标准。

③ 企业应建立粉尘防爆安全管理制度，应至少包括但不限于：

a. 粉尘爆炸风险辨识、评估和管控制度；

b. 粉尘作业岗位安全管理制度；

c. 粉尘防爆安全教育培训制度；

d. 粉尘清理制度；

e. 除尘系统和安全设备设施运行、维护及检修管理制度；

f. 粉尘爆炸事故应急管理制度。

④ 企业应在粉尘爆炸风险辨识的基础上，编制岗位安全操作规程。粉尘爆炸危险场所内的工艺、设备发生变更后应及时修订或更新岗位安全操作规程，并保存相关记录。

⑤ 企业应优先采用安全监测、报警、联锁、联动一体化的粉尘防爆安全设备设施，并确保正常运行。

⑥ 企业新建、改建、扩建涉及粉尘爆炸风险的工程项目，其预防和控制粉尘爆炸事故的安全设施应与主体工程同时设计、同时施工、同时投入生产和使用。

⑦ 企业应定期开展粉尘防爆专项安全教育培训，普及粉尘防爆安全知识和有关法规、标准。

⑧ 企业安全管理档案中应包含粉尘防爆安全管理工作内容，涉及粉尘防爆安全教育培训情况、隐患排查治理情况、安全设备设施使用说明、维护保养和检测记录等。

9.3.2 风险管控与隐患排查治理

① 企业应结合粉尘爆炸危险性及自身产尘工艺特点确定粉尘爆炸危险场所，并对其进行粉尘爆炸危险区域划分，在此基础上分析、评估粉尘爆炸风险，建立粉尘爆炸危险区域划分图和风险辨识管控清单，制定并落实风险分级管控措施。在确定粉尘爆炸危险性时，企业宜委托有检测能力的单位进行测定。

② 当发生下列情况，企业应及时更新粉尘爆炸风险辨识管控清单：

a. 颁布实施新的相关法律法规、标准规范；

b. 组织机构和人员发生重大调整；

c. 生产工艺、设备设施、除尘方式、粉尘成分等发生变化；

d. 发生粉尘爆炸事故或对事故、事件有新的认识；

e. 发现存在粉尘爆炸重大事故隐患。

③ 企业应充分分析产尘原因，合理改善产尘工艺，尽可能减少产尘量。

④ 企业应向粉尘爆炸危险场所作业人员如实告知作业场所和工作岗位存在的粉尘爆炸危险因素、防范措施以及事故应急措施，并在粉尘爆炸危险场所入口等显著位置张贴粉尘爆炸安全风险告知牌。

⑤ 企业应在粉尘爆炸危险场所的出入口、生产区域及重点危险设备设施等部位，设置显著的安全警示标识。

⑥ 企业应结合本单位实际情况，建立粉尘爆炸事故隐患排查表，明确和细化排查项目、具体要求、存在问题、整改措施、责任人和完成时间。

⑦ 企业应按粉尘爆炸事故隐患排查表逐项检查，并及时开展隐患治理工作，如实记录隐患排查治理情况并将隐患排查表存档。企业应每季度至少排查一次，车间应每月至少排查一次，班组应每周至少排查一次。针对不能立即整改的隐患，应制定整改方案，并对方案实施过程进行跟踪、核查。

9.3.3 安全教育培训

① 企业应定期组织粉尘防爆专项安全教育培训，且应至少包括以下内容：

a. 粉尘防爆基本知识；

b. 粉尘防爆相关法规、标准；

c. 粉尘爆炸危险场所安全生产规章制度和操作规程；

d. 粉尘爆炸风险辨识管控清单及防范措施；

e. 企业现有除尘系统和粉尘防爆安全设备设施的操作规程及日常维护保养；

f. 粉尘爆炸事故的应急处置措施；

g. 典型粉尘爆炸事故案例。

② 企业主要负责人、安全管理人员、粉尘爆炸危险场所作业人员、检维修人员及应急救援人员每年接受粉尘防爆专项安全教育培训时间应不少于 16 学时，考核合格后允许上岗作业。相关培训记录应留档保存。

③ 对新招用、换岗、离岗 6 个月以上，以及采用新工艺、新技术、新材料或使用新设备的粉尘爆炸危险场所作业人员，应重新进行粉尘防爆专项安全教育培训。

9.3.4　检查与维护

① 企业应对除尘系统和粉尘防爆安全设备设施进行定期检查和维护。

② 企业应保证粉尘防爆安全设备设施正常有效，定期检查并做好相关记录。

③ 停产停业的企业在复工复产前应建立粉尘防爆安全设备设施检查清单，对其运行情况进行逐一确认，确保安全可靠。

④ 企业应定期对除尘系统的等电位跨接和接地进行检查和维护，确保接地电阻不大于 4Ω，并做好相关记录。

⑤ 企业应确保去除杂物装置的有效性，并结合实际杂物产生情况定期清理维护，做好相关记录。

⑥ 企业对粉尘爆炸危险场所相关的防雷装置应至少每半年检测一次，检测应由具有防雷检测资质的单位进行，并出具检测报告。

⑦ 企业应确保除尘系统配备的粉尘防爆安全设备设施处于正常运行的工作状态，在除尘系统安装、改造时对其安全设备设施应进行验收检测，在使用期内应每两年进行一次定期检测，相关监测报警装置应至少每半年进行一次校验，并保留相关记录。

9.3.5　应急管理

① 企业应在粉尘爆炸危险场所明显和便于取用的位置配备灭火器等必要的消防器材以及个体防护用具、急救用品等应急物资，并定期检查，确保完好有效。灭火器的选择和配备应符合《建筑灭火器配置设计规范》(GB 50140) 的相关要求。

② 企业应按《生产经营单位生产安全事故应急预案编制导则》(GB/T 29639) 的有关规定编制粉尘爆炸事故专项应急预案，并针对可能存在粉尘爆炸风险的重点部位和重点工作岗位制定现场处置方案。当事故发生后，企业应按照应急预案立即组织开展应急处置工作。

③ 企业每年应至少组织一次粉尘爆炸事故专项应急预案演练，每半年至少组织一次现场处置方案演练，对演练效果进行评估并做好记录。

9.4 粉尘防爆设备设施日常维护

9.4.1 一般要求

① 企业应建立设备、设施检修作业制度和台账。所有检修作业应记录并存档。

② 企业应配备用于维护和维修作业的防爆工具。

③ 输送设备的轴应每天检查，根据需要进行润滑维护。

④ 维修时应在被维修设备的动力配电箱和控制室挂牌，并有专人值守。

⑤ 维修时，企业安全主管人员或安全技术人员应在场监督。

⑥ 维修前应彻底清扫作业区域地面、墙面、设备上、设备内的粉尘。

a. 如果地面粉尘难以清扫，应在维修作业区域洒水。

b. 如果金属粉尘厚度超过 1mm，不应在粉尘上洒水。

c. 可燃金属粉尘区域应保持通风良好，防止氢气积累。

⑦ 维修作业过程中，拆除其内有粉尘的设备、管道时，应采取防止粉尘飞扬的措施。

⑧ 维修作业过程中不应敲打设备和管道。

⑨ 动火作业应在安全区域进行。如必须在可燃粉尘危险场所动火维修，应进行风险分析并经过企业安全主管审批。

9.4.2 除尘系统的日常维护

除尘系统是由吸尘罩或吸尘柜、风管、风机、除尘器及控制装置组成的用于捕集气固两相流中固体颗粒物的装置。设置除尘系统时应根据粉尘的种类选取除尘器，根据现场情况进行布局。

除尘器应尽量设置在室外，减少爆炸产生的危害，除尘器与进、出风管的连接方式及卸灰装置宜采用焊接。除尘器应设置进、出风口风压差监测报警装置，除尘器安装或滤袋更换在不超过 8h 的使用期内应记录除尘器的进、出口风压的监测数值（新更换的滤袋的压差一般为 800Pa，旧滤袋的压差一般为 1000Pa）。当进、出口风压力变化大于或小于正常值的 20%时，监测装置应发出声光报警信号。

除尘系统中的风管宜采用钢质金属材料制造，连接除尘器的进风管应采用圆形横截面风管，风管内不能有粉尘沉积。

除尘器应安装泄爆装置。当除尘器位于室外，可以通过爆破片直接泄压。泄压口应朝向安全区域。当空间局限，泄压可能对过往作业人员或其他建筑物、设备造成危害时，采用挡板将泄压气流导向安全区域；当除尘器位于室内靠墙位置时，泄压口通过泄压导管导出至室外安全区域。泄压导管的长度不应超过 6m；如除尘器不靠墙，或室外区域不能泄压，采用无火焰泄压装置。当泄爆装置动作时，除尘系统及其服务的工艺系统应停机。

9.4.3 火花探测及消除装置

火花探测及消除装置用于探测粉尘输送管道中夹杂的火星或者火花，利用红外线高敏感探测器探测，及时报警，并启动下游的喷淋装置及时熄灭火花，达到保护设备的目的。

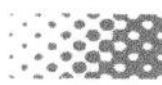

火花探测及熄灭装置的供水压力（现场检查应注意水压表是否正常），应满足设备供应商对喷淋水压的要求，除尘器喷淋压力应满足设备供应商的要求；供水压力检测应与控制系统联锁。

对于干式除尘器安装位置，除尘净室与脏室均设喷淋装置。对竖装的滤袋和滤筒除尘器，在设置一套的情况下，喷淋装置应设置在净室。

火花探测器一般设置检测到 3～4 个火花即发出报警并启动灭火装置。新安装的除尘器或刚更换完的滤袋，企业可以做火花探测报警实验测试。

粉尘爆炸大多发生在过滤装置、料仓、干燥设备和输送管道中。因此，火花探测及消除装置需要安装的点较多，位置点则需根据工业现场实际情况而定。将工业现场按监控点的位置分成若干区域，对每个区域进行检验，若检验结果发现该区域有若干危险火花探测点，则安装火花探测及消除装置，并需注意以下事项。

① 不同的火花探测及消除装置应严格按照厂家提供的安装说明进行安装，每一个火花探测及消除装置的控制器相互独立。

② 火花探测及消除装置安装位置应能准确检测到产生的火花并消除，同时不能影响其他设备的正常使用。火花探测器与喷头的距离一般应为 8～10m；如果两者之间的安装距离过近，喷头则来不及消除探测到的火花。

③ 室外水喷淋管应采用防冻措施，如采用电伴热带等。

④ 须有专门的负责人对火花探测及消除装置的功能定期进行检查，检查是否存在传感器失灵无法检测到火花或者火花消除装置不能起到消除火花的状况，若存在则应及时进行维修。

9.4.4　隔爆阀的使用和维护

隔爆阀主要用于连接两个工艺单元的管道上，可分为主动隔爆装置和被动隔爆装置两种，也可分为单向隔爆和双向隔爆装置。隔爆阀作为一种隔爆装置可以防止爆炸从初始位置向其他工艺单元传播，避免“二次”爆炸事故，从而减轻爆炸伤害。隔爆阀在爆炸时能够起到隔断作用。在工业场所应有专人负责，确定管路上备有隔爆阀，定期检查其是否损坏，及时进行维修或者更换。

隔爆装置宜设置在厂房建筑物的外部；按照粉尘爆炸特性、除尘器和风管的抗爆强度选用隔爆装置，并确定隔爆装置在主风管上的安装位置（准确的安装位置应该由设备厂家根据实验结果给出。隔爆阀一般安装在距除尘器 3～7m 的横向主风管上）；隔爆装置启动应与除尘系统的控制装置联锁。

9.4.5　泄爆膜的使用和维护

泄爆膜也称爆破片，是防止承压设备发生超压破坏或出现过度真空的重要安全泄放装置。泄爆膜装置由爆破片和夹持器等零部件组成。爆破片是在标定爆破压力及温度下爆破泄压的元件，夹持器则是在承压设备的适当部位装接夹持爆破片的辅助元件。

安装无焰泄爆装置时，应保证内部的泄爆片向下打开至平面，不挡泄爆网，以保证爆炸时向上泄爆（安装时铭牌在下面）。泄爆膜安装在设备上时应保证无泄漏，爆炸时具有泄放能力。由专人定期检查泄爆膜装置，如发现其破损，及时更换。

9.5 粉尘爆炸风险评估

为有效预防粉尘爆炸事故发生，实现对粉尘爆炸事故风险分级管控，提出粉尘爆炸风险评估方法。以粉尘爆炸发生的可能性和严重度为一级指标，以人员分布、建筑布局、设备设施等为二级指标，以安全管理措施为补偿指标，构建粉尘爆炸风险评估指标体系；然后采用层次分析法（AHP）和熵值法进行组合赋权，确定各个指标权重，建立粉尘爆炸风险评估模型，定量评估粉尘爆炸风险，并予以分级；最后应用评估方法评估某涉爆粉尘企业的粉尘爆炸风险。

9.5.1 粉尘爆炸风险评估指标体系

（1）可能性指标

可能性指标是衡量粉尘爆炸发生概率的重要参数，而粉尘爆炸发生的可能性主要取决于外界环境及点火源的有效性。

① 爆炸性粉尘环境出现的频率。形成爆炸性粉尘环境是发生粉尘爆炸的前提。按照爆炸性粉尘出现的频率和持续时间，将爆炸性粉尘环境划分为20区、21区、22区及非爆炸危险区。

由于现场通常是20区、21区、22区共存，甚至可能同一车间内存在多个20区，所以单纯地以20区、21区、22区来确定现场粉尘爆炸风险不够准确。故本书提出以20区占现场的容积比作为分析指标，容积比范围在0%～100%。为便于分级及计算，结合大量现场调研，现将该范围均分为4级，爆炸性粉尘环境出现频率见表9-1。

表9-1 爆炸性粉尘环境出现频率

分级	赋值	描述
Ⅰ	1	20区空间占车间净容积比＜0.25
Ⅱ	2	0.25≤20区空间占车间净容积比＜0.5
Ⅲ	3	0.5≤20区空间占车间净容积比＜0.75
Ⅳ	4	20区空间占车间净容积比≥0.75

② 点火源引燃的有效性。点火引燃的有效性受粉尘着火敏感度影响，敏感度越高越容易着火，点火源有效性越高。对可燃性粉尘的最小点燃能（MIE）、粉尘云最低着火温度（MITC）和粉尘层最小的着火温度（MITL）进行综合度量，进行点火源有效性分级，见表9-2。

表9-2 点火源有效性分级

分级		MITC或MITL/℃			
		600	400～600	200～400	≤200
MIE/mJ	≤50	Ⅱ	Ⅲ	Ⅳ	Ⅴ
	50～500	Ⅰ	Ⅱ	Ⅲ	Ⅳ
	500～1000	Ⅰ	Ⅰ	Ⅱ	Ⅲ
	＞1000	Ⅰ	Ⅰ	Ⅰ	Ⅱ

其中，取MITC或MITL中的较低值来确定分级；Ⅰ～Ⅴ对应赋值为1～5。

（2）严重度指标

严重度指标是分析粉尘爆炸后果的重要参数，主要受到物质特性、粉尘数量、设备设施、人员分布及建筑布局等的影响。

① 物质特性。可用粉尘爆炸指数（K_{st}）表示物质特性对粉尘爆炸后果严重度的影响，可燃性粉尘物质特性的分级，见表 9-3。

表 9-3　可燃性粉尘物质特性分级

K_{st}/(MPa·m/s)	等级	赋值
$K_{st}<20$	Ⅰ	1
$20\leqslant K_{st}<30$	Ⅱ	2
$30\leqslant K_{st}$	Ⅲ	3

② 粉尘数量。采用三硝基甲苯（TNT）当量法表征粉尘数量对爆炸后果严重度的影响，分级见表 9-4。

表 9-4　可燃性粉尘数量分级

TNT 当量/kg	等级	赋值
TNT<1	Ⅰ	1
1≤TNT<10	Ⅱ	2
10≤TNT<50	Ⅲ	3
50≤TNT	Ⅳ	4

③ 设备设施。根据场所封闭程度、工艺设备复杂度以及安全设备设施使用情况确定设备设施危险分数，涉爆粉尘场所设备设施安全等级分值可由现场安全检查表打分得出，并由设施设备检查的得分比＝实得分/(满分－空项得分）得出分级结果，见表 9-5。

检查表包含设备设施、建筑布局、安全管理措施 3 部分内容。以文献［12］中所规定 10 项重大隐患为否决项，一旦发现不合格，直接评为最低等级。其他检查项的依据均为现行标准规范，每条一分，不满足任意一项扣除相应分值。如果现场未涉及某一检查项，则列为空项不评分。

表 9-5　涉爆粉尘场所设施分级

设施设备检查得分比	等级	赋值
0.9～1	Ⅰ	1
0.8～0.9	Ⅱ	2
<0.8	Ⅲ	3

④ 人员分布。可由表 9-6 确定人员分布的等级。

表 9-6　人员分布等级

人员分布/人	等级	赋值
≤10	Ⅰ	1
11～30	Ⅱ	2
31～100	Ⅲ	3
≥100	Ⅳ	4

⑤ 建筑布局。建筑结构布局以及可能发生爆炸的设备设施场所在建筑中的位置对于爆炸传播以及爆炸后果严重度会产生影响，建筑布局得分可由现场安全检查表打分得出，并由建筑布局得分比＝实得分/(满分－空项得分）得出分级结果，分级见表 9-7。

表 9-7 建筑布局分级

建筑布局得分比	等级	赋值
0.9～1	Ⅰ	1
0.8～0.9	Ⅱ	2
<0.8	Ⅲ	3

粉尘爆炸后果的严重度受到现场客观因素的影响，需结合现场实际情况由安全检查结果得出。

(3) 补偿系数指标

定期的粉尘清理等安全管理措施可以有效降低粉尘爆炸发生的可能性和后果的严重程度，利用安全补偿系数（安全管理措施）来反映这些措施的有效水平，安全管理措施得分比（M）分级见表 9-8。

表 9-8 安全管理措施得分比分级

安全管理措施得分比 M	等级	赋值
0.9～1	Ⅲ	3
0.8～0.9	Ⅱ	2
<0.8	Ⅰ	1

粉尘爆炸可能性与粉尘爆炸严重性以及安全管理措施构成指标体系，如图 9-1 所示。该指标体系中安全管理措施作为补偿指标独立存在，对粉尘爆炸可能性和严重性均有影响。粉尘防爆安全设备设施在严重度指标中的“设备设施”中已考虑，在补偿措施中不再重复考虑。

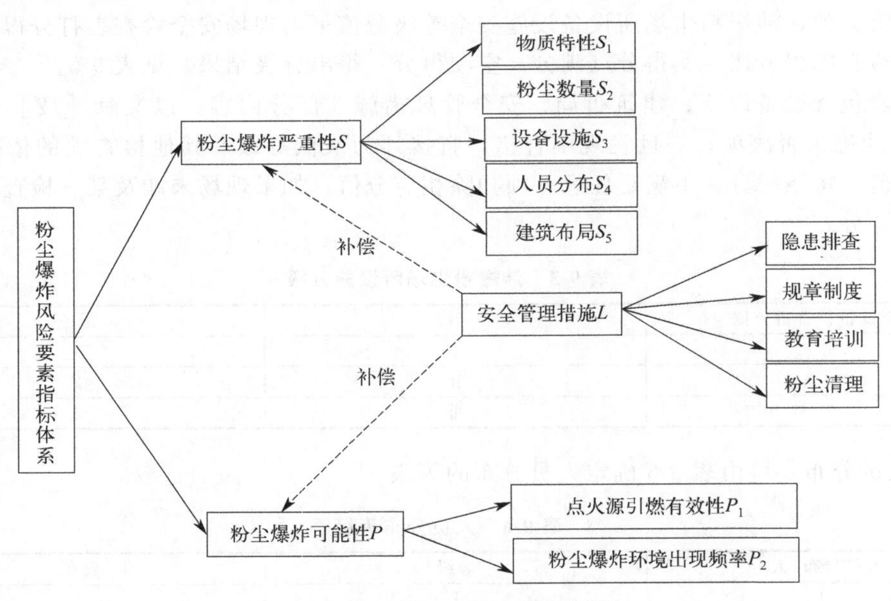

图 9-1 粉尘爆炸风险评估指标体系

9.5.2 风险评估方法

(1) 权重确定方法

根据粉尘爆炸风险评估指标体系以及分级，应用 AHP 和熵值法分析指标体系，分别对各要素赋权，最后以组合赋权的方法修正层次分析赋权，缩小两种权重的差异性，在一定程度上弥补主客观单一赋权的不足。

在得到主观层次分析权重 W 以及客观熵值 e_j 的基础上，组合权重修正步骤具体如下：

① 修正因子定义为 v，则修正向量表示为

$$V=(v_1,v_2,\cdots,v_j,\cdots,v_n)$$

$$v_j=1-e_j \tag{9-1}$$

② 利用修正因子 v_j 客观修正主观权重的结果

$$w'_j=w_jv_j \tag{9-2}$$

式中，w_j 为主观方法获得的权重；w'_j 为修正后的 $W''_j=(w''_1,w''_2,\cdots,w''_n)$ 权重大小。

③ 归一化处理 $W'_j=(w'_1,w'_2,\cdots,w'_n)$，最终得到组合权重 W''_j，其中

$$w''_j=\frac{w'_j}{\sum_{j=1}^{n}w'_j} \tag{9-3}$$

（2）风险计算

① 原始风险值。设粉尘爆炸发生的可能性值为 P，粉尘爆炸后果严重性值为 S，则粉尘爆炸原始风险值为：

$$R'=PS \tag{9-4}$$

② 实际风险值。由原始风险值和安全补偿系数，对数据结果进行适当处理，方便分级比较，可得实际风险值为：

$$R=\frac{R'}{L} \tag{9-5}$$

9.5.3 风险分级

一般将粉尘爆炸风险等级划分为特高（风险值大于60）、高（风险值30～60）、中（风险值9～30）、低（风险值1～9）、可忽略（风险值小于1）5级，现计算各分级区间与总区间的比值，并以此确定风险评估方法的风险分级，见表9-9。

表9-9 风险分级

风险等级	指南中风险分级	风险分级
特高	$R>60$	$R>13$
高	$30<R\leqslant60$	$5.5<R\leqslant13$
中	$9<R\leqslant30$	$2.25<R\leqslant5.5$
低	$1<R\leqslant9$	$0.25<R\leqslant2.25$
可忽略	$R\leqslant1$	$R\leqslant0.25$

为便于现场计算及比较，将低风险和可忽略风险合并处理，得到粉尘爆炸风险等级：特高、高、较高、一般、低。为确保风险分级的科学性、合理性，以下对该分级结果进行验证。

若企业各项指标均做到最好，即风险等级均为最低水平，但不采取任何安全措施，则此时粉尘爆炸风险可视为一般，由所述风险评估方法计算该极端情况风险值为1，同理可将其余指标设为最高，得到风险等级为较高或高，依次进行验证，发现风险值均在1～2区间，此时粉尘爆炸风险可视为一般。现假设涉爆粉尘现场任意两项指标风险等级均为最高，其余

指标最低，不采取任何防护措施，计算风险值在 2～3 内，此时粉尘爆炸风险应达到较高水平。令所有指标均为最差结果，则风险分值极限可达到 13，现结合企业实际情况，考虑各评估指标的极限得分，对表 9-9 风险分值区间进行压缩取整，最终得到本评估方法的风险分级为特高、高、较高、一般、低，其对应的风险分值区间分别为 $R>4$、$3<R\leqslant4$、$2<R\leqslant3$、$1<R\leqslant2$、$R\leqslant1$。

9.5.4 评估流程

粉尘爆炸风险评估流程如下：首先对企业进行现场检查，通过安全检查表等方法收集现场资料，对各评估指标进行赋值；其次，通过 AHP 法和熵值法对评估指标进行赋权，然后运用组合赋权法确定分析权重，将赋值乘以权重，计算原始风险值；最后通过对企业安全管理措施情况检查，确定安全补偿系数，计算实际风险值，最终确定粉尘爆炸风险等级。

9.5.5 风险评估方法应用示例

以北京市某涉爆粉尘企业为例开展粉尘爆炸风险评估。某生产制造公司有南北 2 个厂区，其中北厂区可能存在粉尘爆炸风险，地点位于市郊区。北厂区的主要工艺为：低压成型（或重力成型）→机加工→研磨抛光→表面处理→送南厂组装。主要原材料为铜锭，年黄铜用量约 2500t，涉及粉尘的车间为北厂区的成型车间与研磨车间。

车间正常运行时，经检查 2 个车间 20 区可知：成型车间 20 区空间占车间净容积比小于 25%，研磨车间 20 区空间占车间净容积比大于 25%，小于 30%。综上，该企业 20 区空间占比大于 25%，小于 50%，依据表 9-1，分级为Ⅱ级，赋值为 2。

此次评估需分别采集成型及研磨车间涉爆粉尘样品，并测试完整的爆炸性参数，结合表 9-2 对 2 个车间粉尘点火有效性进行分级，见表 9-10。

表 9-10 粉尘爆炸性参数

参数/项目	成型粉尘	研磨粉尘
MITC/℃	>800	(425,450)
可燃性粉尘的 MIE/mJ	>1000	>1000
粉尘爆炸指数	1.7	1.78
点火源有效性分级	Ⅰ	Ⅰ
赋值	1	1

分别对 2 个车间的物质特性、粉尘数量、设备设施、人员分布及建筑布局进行爆炸后果严重度分析。

① 物质特性。经测，2 个车间粉尘爆炸指数 K_{st} 分别为 1.7 和 1.78，参照表 9-3，等级为Ⅰ，赋值为 1。

② 粉尘数量。经测，2 个车间粉尘数量均小于 200g，参照表 9-4，等级为Ⅰ，赋值为 1。

③ 设备设施。采用安全检查表法总体评价该企业 2 个车间的设备设施，总分为 52 分，得分为 34 分，得分比大于 90%，等级为Ⅰ，赋值为 1。

④ 人员分布。该公司涉尘人数 50 人，依据表 9-6，等级为Ⅲ，赋值为 3。

⑤ 建筑布局。采用安全检查表法总体评价该企业 2 个车间的建筑布局，总分为 11 分，得分为 8 分，得分比小于 80%，等级为Ⅲ，赋值为 3。

用AHP法及熵值法对各指标进行组合赋权，分析得到权重结果，见表9-11。

表9-11　某生产制造公司粉尘爆炸风险评估指标权重

目标层	准则层	要素层	AHP法确定权重	熵值法确定权重	组合权重
粉尘爆炸风险 R	粉尘爆炸严重度 S	物质特性 S_1	0.1758	0.20	0.35
		粉尘数量 S_2	0.0470	0.23	0.11
		设备设施 S_3	0.0909	0.20	0.18
		人员分布 S_4	0.1133	0.20	0.23
		建筑布局 S_5	0.0730	0.18	0.13
	粉尘爆炸可能性 P	点火源有效性 P_1	0.2500	0.52	0.52
		粉尘出现频率 P_2	0.2500	0.48	0.48

粉尘爆炸可能性 $P=P_1+P_2=C_6+2C_7=1.48$。后果严重度 $S=\sum_{i=1}^{5} S_i C_i=1.72$。

由式(9-4)得出原始风险值 $R'=PS=2.54$。由现场安全检查可知：安全补偿系数 $L=2$，则实际风险值 $R=R'/L=1.27<2$，该企业粉尘爆炸风险等级为一般。评估结果表明：该企业在安全设备设施方面存在较多问题，如除尘器缺少压差监控报警装置、粉尘爆炸危险区域未使用防爆电器等。

9.6　粉尘爆炸风险分级管控

粉尘涉爆企业应按照安全风险类型和等级分层，分专业落实安全风险管控职责；安全风险管控层级确定参照表9-12确定；安全风险管控的责任部门宜依据诱导性因素的业务归属确定。

表9-12　安全风险管控层级确定表

风险等级	责任部门
重大风险	主要负责人
较大风险	分管负责人
一般风险	部门级
低风险	班组级

粉尘涉爆企业应根据运行情况和危险有害因素变化动态评估、调整风险等级和管控层级：

① 存在隐患的部位场所、设备设施、作业活动应提级管控；

② 较大以上风险区域的检修、维修作业宜提级管理；

③ 多专业协同作业宜提级管理；

④ 交叉作业宜提级管理；

⑤ 企业认为应当提级管控的情形。

粉尘涉爆企业重大安全风险管控应由主要负责人组织实施，制定专项管控方案。

粉尘涉爆企业应对重大安全风险汇总并登记造册。

粉尘涉爆企业应依据安全风险评估的结果分别绘制风险分布图、安全风险比较图。

粉尘涉爆企业各管控层级应有与管控范围相对应的安全风险分布图和管控清单。

粉尘涉爆企业应利用信息化技术推动本单位风险分级管控信息化建设，将安全风险清单、安全风险图等资料电子化，建立并及时更新安全风险数据库。

9.7 粉尘爆炸安全风险告知与安全标志

企业应进行风险告知并设置安全警示标识。在涉爆粉尘场所或车间入口处设置明显的“粉尘爆炸安全风险告知牌”，如图 9-2 所示。

图 9-2 粉尘爆炸安全风险告知牌

在具有粉尘爆炸危险的设备，如除尘器、粉仓、粮仓等上设置“当心爆炸”等安全警示标志；在泄压口附近应设置明显的警示标志，如“泄爆危险　请勿靠近”，防止人员在附近停留，如图 9-3 所示。

图 9-3 粉尘爆炸安全警示标志

附录

粉尘爆炸特性参数

附表 1-1　粉尘爆炸性测试数据（国外）

粉尘名称	不同粒径的质量分数/%								粉尘云的着火性和爆炸性					粉尘层	
									$1m^3$ 或 20L 装置			改良型哈特曼	G-G 炉	VDI	DIN
	<粒径(μm)							中位径/μm	LEL/(g/m^3)	p_{max}/MPa	K_{max}/(MPa·m/s)	<63μm 爆炸等级	MITC/℃	MIE/mJ	MITL/℃
	500	250	125	71	63	32	20								
铝粉				94		88	79	<10	60	1.12	51.5		560		430
铝粉				98		70	45	22		1.25	40.0		650		270
铝粉				99		64	47	22	30	1.15	110.0		500		>450
铝粉				94		60	17	29	30	1.24	41.5	St3	710		>450
铝颗粒				100		96		23	30	1.10	32.0		850		>450
铝颗粒				99		16	2	41	60	1.02	10.0		>850		>450
铝颗粒	92		26	6				170	不着火				>850		>450
铝碎片	80		35	20				190					620	>1800	>450
铝碎片	79		29	17				240	不着火				>850		>450
铁铝合金(50：50)				93		68	48	21	250	0.94	23.0		760		>450
铝镁合金			47					130		1.04	5.2	St1	>850		>450
铝镍合金				95		86		<10		1.14	30.0				
铝镍(50：50)				37		18		90	不着火				>850		>450
青铜粉						97	60	18	750	0.41	3.1	St1	390		260
钙铝合金(30：70)						68	46	22		1.12	42.0		600		>450
硅钙合金(旋风分离器)				94		75	48	21	60	0.98	20.0	St2	770		>440
硅钙合金				87		55		28					770	145	>450
铁(除尘器)				98		82	67	12	500	0.52	5.0		580		>450
羰基铁							96	<10	125	0.61	11.1	St2	310		300
铬铁				96		82	73	<10	500	0.64	8.6		>850		>450
锰铁				99		97	90	<10		0.68	8.4		730		>450

续表

粉尘名称	不同粒径的质量分数/%								粉尘云的着火性和爆炸性					粉尘层	
									1m^3 或 20L 装置			改良型哈特曼	G-G 炉	VDI	DIN
	<粒径(μm)							中位径/μm	LEL/(g/m^3)	p_{max}/MPa	K_{max}/(MPa·m/s)	<63μm 爆炸等级	MITC/℃	MIE/mJ	MITL/℃
	500	250	125	71	63	32	20								
铁硅镁(22:45:26)				99		77	57	17		0.94	16.9		670	210	>450
铁硅(22:78)				97		70	47	21	125	0.92	8.7		>850		>450
硬质合金(TiC,TiN,WC,VC,Mo)		100	95		68	40		43	(200)			St1			
钴铝钛(62:18:20)				92		61	41	25	500	0.74	13.4		730		>450
镁				100		70		28	30	1.75	50.8				
镁	99		1					240	500	0.70	1.2	St2	760		>450
铁硅镁(24:47:17)				99		70	47	21		0.99	26.7		560		>450
锰(电解)				82		70	57	16		0.63	15.7		(330)		285
锰(电解)				70		41		33		0.66	6.9				
钼				100		96	92	<10	不着火				>850		390
铌(6%Al)	87	44	24			3		250	(200)			St1			
硅				99		98	97	<10	125	1.02	12.6		>850	54	>450
硅(布袋收尘器)						100	99	<10	60	0.95	11.6		>850	250	>450
硅(收尘器)				90		70	57	16	60	0.94	10.0		800		>450
钢粉(100铬6)					100	74			(30)	0.40	(8.2)	St2			
钽/铌				97		90	80	<10		0.66	3.7		700		450
钛				98		55	24						450		>450
钛(预氧化)				77		46	26						380		400
Ti/TiO$_2$(沉积)	61	40	28		12	6		310	(100)			St3			
锌(涂层)				91		72	53	19		0.60	8.5	St1	800		>450
锌(涂层)				93		70		21	250	0.68	9.3		790		>450
锌(收尘)							99	<10	250	0.67	12.5	St2	570		440
锌(收尘)				97		91	72	10	125	0.73	17.6	St1			
硬脂酸钠				92		67	45	22	30	0.88	12.3	St1	670		熔融
硬脂酸锌									(100)			St2			
硬脂酸锌				95		86	72	13					520	5	熔融
硬脂精/铅				99		95	75	15	60	0.91	11.1		600	3	>450
硬脂精/钙				100		89	64	16	30	0.93	13.3		620	25	>450
硬脂酸	12							1300	8	0.72	3.4	St2	500		熔融
对钛酸二腈					100	78			<30	0.88	26.0	St2			
2,2-硫代二乙酸				48		27	18	75	30	0.65	7.2	St1	350		410
硫脲	56		1					460	250	0.35	0.8	St1	440		熔融
偏苯三酸酐	4							1250	30	0.68	3.3		740	>2500	熔融
柠檬酸三钠	36	2	1					800				St1			
酪氨酸,最终产品	100		99			48		10				St2			
酪氨酸,初级产品	99		96		91	74		15				St2			
粘胶纤维					100	94		13	(100)			St1			
酒石酸	100	5	1					480				St1			
氨基氰锌				99		96	94	<10	不着火				>850		>450

续表

粉尘名称	不同粒径的质量分数/%								粉尘云的着火性和爆炸性					粉尘层	
									1m³ 或 20L 装置			改良型哈特曼	G-G 炉	VDI	DIN
	<粒径(μm)							中位径/μm	LEL/(g/m³)	p_{max}/MPa	K_{max}/(MPa·m/s)	<63μm 爆炸等级	MITC/℃	MIE/mJ	MITL/℃
	500	250	125	71	63	32	20								
氨基氰锌	47	34			27	14		600		0.48	(5.3)	不着火			
吡啶硫酸锌						100			(500)			St1			
乙基纤维素				66		40		40		0.81	16.2		(330)		275
氯乙醛	98	79	33		13	3		170	(200)			St1			
氰基丙烯酸甲酯	69		20					260	30	1.01	26.9	St2	500		>450
双氰胺				99		98	97	<10		0.37	0.9		>850		>450
1,3-二乙基二苯基脲				98		93	83	<10	15	0.88	16.3	St2	530		熔融
1,3-二乙基二苯基脲	8							1300	30	0.87	11.6	St2	600		熔融
二甲基对钛酸盐						60		27	30	0.97	24.7		460		>450
二苯基脲烷	93		49	27				128	30	0.89	21.8	St2	660		熔融
二苯基脲烷	31							1100	30	0.76	5.1	St2	660		熔融
乳化剂(50%CH,30%)(油脂)			89	50		11		71	30	0.96	16.7		430	17	390
二洛铁			71	33				95	15	0.83	26.7		500	5	>450
延胡索酸	100	75	24		15	11		215	(100)			St2			
环氧树脂硬化剂				97		85	60	17	60	1.00	6.4		>850		熔融
尿素	4	2	<1					2900				St1			
环六亚甲基四胺				100		69	42	27	30	1.05	28.6		530		
环六亚甲基四胺	100		30	9				155		1.00	22.4				熔融
纤维素离子交换树脂								<10	60	1.00	9.1	St2	410		>450
纤维素离子交换树脂				27		9		112	30	0.94	11.2		(350)		>465
己二酸				98		92	86	<10	60	0.80	9.7	St2	580		熔融
抗老化剂					100	67		<32	15	0.82	25.6	St2			
蒽	89		20	7				235	15	0.87	23.1		600		>450
蒽						100		<10		1.06	36.4				
蒽				100		90	75	12	30	0.91	9.1				
偶氮甲酰胺						100		<10		1.23	17.6				
苯甲酸									(30)			St2			
盐酸甜菜碱				93		85	78	<10	60	0.98	11.4	St2	400		>450
甜菜碱-水合物	34		4					710	60	0.82	6.3	St1	510		>450
二苯酚十六烯				98		80	60	15		0.90	27.0				
酯酸钙			74	41		25	17	92	500	0.52	0.9	St1	730		>460
酪朊				99		65	40	24	30	0.85	11.5		560		>450
酪朊酸钠(除尘器)				100		99	77	17	60	0.88	11.7		560	740	>450
羧基甲基纤维素				97		89		<15		0.92	18.4				
羧基甲基纤维素				50		20	12	71	125	0.89	12.7	St1	390		320
甲基纤维素				96		87	30	22		1.00	15.7		400	12	380
甲基纤维素				100		69	10	29	60	1.00	15.2		400	105	>450
甲基纤维素				93		37	12	37	30	1.01	20.9		410	29	450
冷凝物(酚)				92		74	50	20	15	0.82	17.1	St2	560		熔融
右旋甘露醇				61		24	13	67	60	0.76	5.4	St1	460		熔融

续表

粉尘名称	不同粒径的质量分数/%								粉尘云的着火性和爆炸性					粉尘层	
	<粒径(μm)							中位径/μm	1m³ 或 20L 装置			改良型哈特曼 <63μm 爆炸等级	G-G 炉	VDI	DIN
	500	250	125	71	63	32	20		LEL/(g/m³)	p_{max}/MPa	K_{max}/(MPa·m/s)		MITC/℃	MIE/mJ	MITL/℃
密胺				98		95	88	<10	1000	0.05	0.1	St1	>850		>450
过氧化密胺				61		56	46	24	250	1.22	7.3	St1	>850		380
磷酸密胺					100	79		22				St1			
太酸密胺				99		89	65	16	125	0.81	5.2	St1	910		熔融
金属皂(Ba/Pb 硬脂酸盐)					100	48			15	0.81	18.0	St2			
金属皂(Zn 葡酸盐)					100	80			15	0.81	11.9	St2			
异丁烯胺	42							580		0.85	11.3		530	180	>450
萘	89		66		35	12		95	15	0.85	17.8		660	<1	>450
萘二甲酐						97	69	16	60	0.90	9.0		690	3	熔融
2-萘酚				100		96	94	<10		0.84	13.7		430	5	>450
氨基钠									(200)			St2			
环磺酸钠	97	52	13		5	2		260				St1			
氢氨腈钠			95	90		28	8	40	125	0.70	4.7		460		熔融
木质硫酸钠			100		63	20		58	(200)			St1			
油吸收剂(疏水纤维素)			65	51		31	21	65	60	0.72	4.2		540		>450
多聚甲醛				89		65	41	23	60	0.99	17.8	St2	460		>480
多聚甲醛				86		58	37	27	60	1.07	22.2		460		>450
果胶			86	61		21		59	60	0.95	16.2		460		300
果胶酶				91		47	20	34	60	1.06	17.7		510	180	>450
季戊四醇(除尘器)				100		98	86	<10	30	0.96	12.0		470	<1	熔融
季戊四醇			90	33		6	3	85	30	0.91	18.8		490	6	熔融
季戊四醇	86		47	36		20	12	135	30	0.90	15.8			27	熔融
酞酸酐									(100)			St2			
聚氧化乙烯	99	83	53		29	14		115	(30)			St2			
多糖					100	78		23	(500)			St1			
丙二醇藻朊酸盐			57	24				115	125	0.88	8.2		440		450
水杨酸									(30)			St2			
皂角苷				93		77	65	13		0.94		St1	440		>450
硬脂酸铅			99	96		90	80	<10					480	<1	熔融
硬脂酸铅							90	12	30	0.92	15.2	St2	630		熔融
硬脂酸钙				99		92	84	<10					520	9	熔融
硬脂酸钙						92	80	<10	30	0.92	9.9		580	16	>450
硬脂酸钙	100		43	25				145	30	0.92	15.5		550	12	>450
硬脂酸镁									(100)			St2			
棉			98	72		38	25	44	(100)	0.72	2.4	St1	560		350
纤维素			92	71		20	3	51	60	0.93	6.6		500	250	380
木尘				90		47	7	33					500	100	320
木尘	58		57	55		43	39	80					480	7	310
木尘(板屑)				70		30		43	60	0.92	10.2	St2	490		320

续表

粉尘名称	不同粒径的质量分数/%								粉尘云的着火性和爆炸性					粉尘层	
									1m³ 或 20L 装置			改良型哈特曼	G-G 炉	VDI	DIN
	<粒径(μm)							中位径/μm	LEL/(g/m³)	p_{max}/MPa	K_{max}/(MPa·m/s)	<63μm 爆炸等级	MITC/℃	MIE/mJ	MITL/℃
	500	250	125	71	63	32	20								
木/纸板/黄麻									30	0.58	2.6		610	245	360
木/纸板/黄麻/树脂									30	0.84	6.7		520	3	350
木质素粉			96	85		66	57	18	15	0.87	20.8		470		>450
纸粉				91		83	73	<10		0.57	1.8		580		360
薄绵纸粉			75	58				54	30	0.86	5.2	St2	540		300
苯酚树脂处理过的纸粉				100		90	25	23	30	0.98	19.0		490		310
泥炭(15%水分)			84	58		26	3	58	60	1.09	15.7	St1	480		320
泥炭(22%水分)			82	65		40	15	46	125	0.84	6.9	St1	470		320
泥炭(31%水分)			87	76		43	20	38	125	0.81	6.4		500		320
泥炭(41%水分)			88	76		40	18	39		不着火			500		315
泥炭(设备底部)			78	48		22		74	125	0.83	5.1	St1	490		310
泥炭(沉积尘)				66		33	11	49	60	0.95	14.4		(360)		295
纸浆				93		76		29		0.98	16.8				
乙酰基水杨酸					100				15	0.79	21.7	St2			
氨基非那宗						100	98	<10		1.03	23.8		330		>450
L(+)-抗坏血酸				93		75	61	14	60	0.66	4.8	St2	490		熔融
抗坏血酸				92		38	15	39	60	0.90	11.1	St2	460		熔融
咖啡因					100				30	0.82	16.5	St2			熔融
半胱氨酸水合物				100		98	94	<10	125	0.74	4.0		420	>2000	熔融
L-胱氨酸				100		95	69	15	60	0.85	14.2		400	40	熔融
毛地黄叶				59		42		46	250	0.85	7.3				
二甲基氨基非那宗						100		<10		1.00	33.7				
2-乙氧基苯甲酰胺					100				15	0.86	21.4	St2			熔融
杀菌剂(克菌丹)			100		99	93		5	(500)			St1			
杀菌剂(有机锌化物)						99	96	<10	60	0.90	15.4		480		300
杀菌剂(代森锰)				98		97	93	<10					380	>2500	200
甲硫氨酸				100		99	95	<10	30	0.94	14.3		390	9	熔融
甲硫氨酸				100		98	87	<10	30	0.87	12.8		390	100	熔融
L(+)-抗坏血酸钠				97		67	45	23	60	0.84	11.9	St1	380		380
农药				99		98	95	<10	60	0.86	15.1		410		320
聚丙烯-丁二烯	79	37	24					200	60	0.92	14.7	St2	480		>450
环氧树脂(作粉衣用)		100	82		58	28		55	(100)			St2			
2,5-酸酚纤维素				100		89	53	19	30	0.98	18.0		520		>450
玻璃聚酯树脂	92	91	89		80	72		14	(100)			St2			
橡胶				93		45		34	(100)	0.74	10.6	St2			
橡胶粉(磨粉机)			78	43		12		80	30	0.85	13.8		500	13	230
树脂(吸尘器)				97		44		40	30	0.87	10.8		460		熔融
环氧树脂(60%树脂,36%TiO_2)				99		67	43	23		0.78	15.5				

续表

粉尘名称	不同粒径的质量分数/%								粉尘云的着火性和爆炸性					粉尘层	
	<粒径(μm)							中位径/μm	1m³ 或 20L 装置			改良型哈特曼 <63μm 爆炸等级	G-G 炉 MITC/℃	VDI MIE/mJ	DIN MITL/℃
	500	250	125	71	63	32	20		LEL/(g/m³)	p_{max}/MPa	K_{max}/(MPa·m/s)				
环氧树脂				95		60	36	26	30	0.79	12.9	St1	510		熔融
含铝环氧树脂				90		46		34		0.89	20.8		570		熔融
三聚氰酰胺树脂				99		84	55	18	125	1.02	11.0	St1	840		>450
三聚氰酰胺树脂				66		24	13	57	60	1.05	17.2	St1	470		>450
苯酚树脂				100		99	94	<10	15	0.93	12.9	St2	610		>450
苯酚甲醛树脂	100	98	81		50	30		60	(100)						
聚酰胺树脂				95		84	64	15	30	0.89	10.5		450		熔融
聚甲基丙烯酸酯	56				100	33			15	0.80	19.9				
聚硅氧烷树脂	91		59	39		20	13	100	60	0.72	8.0		480		熔融
生橡胶			58	40		20		95	30	0.95	19.2		450		230
聚苯乙烯(共聚物)			32	11				155	30	0.84	11.0		450		熔融
聚苯乙烯(硬泡沫)	30		10	5				760		0.84	2.8				
聚氨酯					100	90		3	<30	0.78	(15.6)				
聚酯酸乙烯(共聚物)						83	50	20	60	0.87	8.6	St2	660		熔融
聚乙烯醇				74		55	44	26	60	0.89	12.8	St2	460		熔融
聚乙烯醇				57		29	9	56		0.83	8.3	St1	460		熔融
聚氯乙烯						100		<10		0.84	16.8				
聚氯乙烯			46	15				125		0.77	6.8		530		340
聚氯乙烯(E_m,97.5%PVC)				97		73	26	25	125	0.82	4.2		750	>2000	>450
聚氯乙烯(E_m,97%PVC)				60		31	14	51	125	0.85	6.3		790	>2000	350
聚氯乙烯(悬浮)			66	23				105	125	0.77	4.5	St1	510		>450
聚氯乙烯(悬浮)			30					137	不着火				>800		>450
脲-甲醛(成型后粉)				99		91	75	13	60	1.02	13.6	St1	700		390
三聚氰胺-甲醛(成型后粉)				93		86	70	14	60	1.02	18.9	St1	800		>440
静电涂层粉(环氧)				100		70		29	30	0.89	10.0	St2	540		熔融
静电涂层粉(聚氨酯)				100		66	22	29	30	0.78	8.9	St1	490		熔融
虫胶					100	33			15	0.76	14.4	St2			
蜡					100	95		10	15	0.87	26.9	St2			
合成橡胶			66	46		18	9	80	15	0.86	14.5	St2	450		240
异丁烯酸、甲酯-丁二烯-苯乙烯			45	18				135	30	0.86	12.0		470	11	熔融
异丁烯酸甲酯-丁二烯-苯乙烯			34	11				150	30	0.84	11.4		480	30	熔融
聚丙烯酰胺(布袋除尘器)				100		95	81	10	250	0.59	1.2	St1	780		410
聚丙烯酰胺(布袋除尘器)			100	63		11	1	62	125	0.69	3.8		460	>1800	420

续表

粉尘名称	不同粒径的质量分数/%								粉尘云的着火性和爆炸性					粉尘层	
									1m³ 或 20L 装置			改良型哈特曼	G-G 炉	VDI	DIN
	<粒径(μm)							中位径/μm	LEL/(g/m³)	p_{max}/MPa	K_{max}/(MPa·m/s)	<63μm 爆炸等级	MITC/℃	MIE/mJ	MITL/℃
	500	250	125	71	63	32	20								
聚丙烯腈(32%H_2O)			95	47		16		63	60	0.74	4.1				
聚酯								<10		1.01	19.4		570		熔融
聚乙烯			91	51		10		72		0.75	6.7		440		熔融
聚乙烯	82		8	2				280		0.62	2.0		470		熔融
聚乙烯(高压)			98	93		65	10	26		0.87	10.4		490		>450
聚乙烯(低压)						95	86	<10	(30)	0.80	15.6	St2	420		熔融
聚乙烯(低压)			36	10				150	125	0.74	5.4	St1	480		熔融
聚乙烯(低压)	90		20	9				245	125	0.75	4.6	St1	460		熔融
聚甲基丙烯醇酸(除尘器)				90		70	48	21	30	0.94	26.9	St2	550		熔融
聚甲基丙烯酰胺			45	15				105	30	0.96	12.5	St2	530		熔融
聚丙烯				92		61	40	25	(30)	0.84	10.1	St2	410		熔融
聚丙烯	100		12					162	(200)	0.77	3.8	St1	440		熔融
活性炭				99		80	55	18	60	0.88	4.4		790		>450
活性炭				88		64		22	不着火				670		335
活性炭(16%水分)			84	65		38		46	125	0.84	6.7		(630)		
褐煤			83	69		40	20	41		0.91	12.3		420	160	230
褐煤(静电除尘器)			75	60		27		55	60	0.90	14.3	St1	450		240
褐煤(磨粉机)			71	56		38	30	60		0.89	10.7		420	230	230
褐煤/无烟煤(80：20)				66		43	24	40	60	0.86	10.8		440	>4000	230
褐煤/无烟煤(20：80)				91		85	80	<10		0.04	0.1		590		280
褐煤焦	93		18	13				290	250	0.84	11.5	St1	560		>450
石墨化褐煤				82		55	35	28	不着火				>850		>450
木炭				99		88	67	14	60	0.90	1.0	St1	520		320
木炭				95		85	58	19	60	0.85	11.7		540		270
木炭	36							>500	不着火				>850		>450
沥青				83		54	32	29	15	0.84	11.7		550		熔融
烟煤				97		93	85	<10		0.90	5.5		590		270
烟煤			76	65		46	37	38	125	0.86	8.6		610		360
无烟煤(布袋除尘器)				99		97	85	<10	不着火				>850		360
烟煤(高挥发分)							99	4	60	0.91	5.9		510		260
玉米淀粉				99		98	94	<10		1.02	12.8		520	300	>450
玉米淀粉				94		81	60	16	60	0.97	15.8	St1	520		440
大米淀粉(水化)				29		15		120	60	0.93	19.0	St2	480		555
大米淀粉				99		74	54	18					470	90	390
大米淀粉				86		62	52	18		1.00	19.0	St2	530		420
小麦淀粉						84	50	20	60	0.98	13.2	St2	500		535
烟草			81	64		29		49		0.48	1.2		470		280

续表

粉尘名称	不同粒径的质量分数/%								粉尘云的着火性和爆炸性					粉尘层	
	＜粒径(μm)								1m³ 或 20L 装置			改良型哈特曼	G-G 炉	VDI	DIN
	500	250	125	71	63	32	20	中位径/μm	LEL/(g/m³)	p_{max}/MPa	K_{max}/(MPa·m/s)	＜63μm 爆炸等级	MITC/℃	MIE/mJ	MITL/℃
木薯晶				61		42		44	125	0.90	5.3	St1	(450)		290
茶叶(6%水分)					100				30	0.81	6.8				
茶叶(红茶,吸尘器收集)			64	48		26	16	76	125	0.82	5.9	St1	510		300
肉粉			69	52		31	21	62	60	0.85	10.6	St1	540		＞450
小麦粉								50					500	540	＞450
小麦粉			97	60		32	25	57	60	0.83	8.7		430		＞450
小麦粉					100									＞100	
小麦粉 550				60		34	25	56	60	0.74	4.2		470	400	＞450
奶糖				99		92	77	10	60	0.83	7.5		440	14	熔融
奶糖				98		64	32	27	60	0.83	8.2	St1	490		460
糖(冰糖)				88		70	52	19					470		＞450
可可豆壳粉					100				125	0.81	6.8			＞250	
可可(糖混合物)	53		20					500	125	0.74	4.3	St1	580		460
土豆粒粉					100					0.64	2.1			＞250	
土豆粉			86	53		26	17	65	125	0.91	6.9		480		＞450
乳糖(布袋除尘器)				83		60	47	22	125	0.69	2.9		450	80	＞450
乳糖(旋风除尘器)				97		70	41	23	60	0.77	8.1	St2	520		＞450
玉米粒浮渣(湿度 9%)	98	67	40		23	16		165	30	0.87	11.7			＞10	
奶粉			34	18				165	60	0.81	9.0		460	75	330
奶粉	98		15	8				235	60	0.82	7.5		450	80	320
奶粉(低脂)	100	100	99		60	17		46	30	0.75	10.9			＞100	
奶粉(高脂、喷雾干燥)				30				88	60	0.86	8.3	St1	520		330
乳清脂乳化剂	62		7	2				400		0.72	3.8		450	90	420
橄榄晶					100				125	1.04	7.4			＞1000	
大米粉					100				60	0.74	5.7			＞100	
黑麦粉			94	76		58	15	29		0.89	7.9		490		＞450
黄豆粉				85		63	50	20	(200)	0.92	11.0	St1	620		280
土豆淀粉					100				30	0.78	4.3			＞1000	
土豆淀粉				100		50	17	32		(0.94)	(8.9)		520	＞3200	＞450
肉卤粉(21%淀粉)					100					0.51	1.2			＞1000	
柠檬晶					100				60	0.77	3.9			250	
葡萄糖(磨碎)			100		94	71		22				St2			
葡萄糖				38		5	4	80	60	0.43	1.8	St1	500		570
脂肪(乳清混合物)	76		11	3				330		0.70	2.3		450	180	410
脂肪粉(48%脂肪)		100	75		24	7		92	30	0.64	2.0	St2			

续表

粉尘名称	不同粒径的质量分数/%								粉尘云的着火性和爆炸性					粉尘层	
									1m³ 或 20L 装置			改良型哈特曼	G-G 炉	VDI	DIN
	<粒径(μm)							中位径/μm	LEL/(g/m³)	p_{max}/MPa	K_{max}/(MPa·m/s)	<63μm 爆炸等级	MITC/℃	MIE/mJ	MITL/℃
	500	250	125	71	63	32	20								
脂肪粉(48%脂肪)					100									>100	
鱼食	68		23		12			320	125	0.70	3.5		530		
果糖(布袋除尘器)	99		39	17				150	60	0.90	10.2		430	<1	熔融
果糖	92		15					200	60	0.70	2.8		440	180	440q
果糖	81							400	125	0.64	2.7		530	>4000	熔融
大麦粉	79	51	25		8	3		240						100	
大麦粉					100				125	0.77	8.3				
燕麦粉	64		24		8			295	750	0.60	1.4	St1			350
小麦粉				48		30		80	60	0.93	11.2	St1			290
小麦粉	100	81	50		32	25		125				St2			
咖啡(布袋除尘器)				100		99	89	<10	60	0.90	9.0		470		>450
精炼咖啡					100					0.68	1.1			>500	
有机染料(蓝)				99		98	95	<10		0.90	7.3		710		360
有机染料(土黄)				86		29	11	44					690		450
有机染料(红)								<10	50	1.12	24.9		520		熔融
有机染料(红)				65		33	23	52	60	0.98	23.7	St2	470		>450
有机染料(偶氮黄)				100		98	95	<10	60	1.10	28.8	St2	480		熔融
有机染料(亮桃红)			91	73		25		46					610	>4000	450
有机染料(棕)									(200)			St1			
有机染料(酞花青)				96		86		<10	(200)	0.88	7.3	St1	770		355
品红基				74		45	26	36		0.84	11.5		640		熔融
烟煤烯			23	11				260	30	0.76	6.3		500		熔融
光亮保护剂				97		92	83	<10		0.89	21.4		530		>450
光亮保护剂				100		93		<15		1.00	31.0				
肥皂								65	30	0.91	11.1		580		熔融
平整剂(环氧基)					100	77		24	(200)			St1			
平整剂(聚脂基)					100	85		19	(500)			St1			
洗涤剂(磺酸钠)	88		14					275	30	0.90	26.7	St2	330		熔融
蜡原料(烷基苯基硫酸)												St1			
蜡原料(磺酸烯烃)			50	28				105	30	0.85	11.5		390		>590
棉花种子	65		24	10				245	125	0.77	3.5	St1	(480)		350
糊精				57		26	5	55		0.88	10.9		490		>450
小麦麸粉(研磨)				78		28	13	48	30	0.87	10.5		540		熔融
血粉			93	61		27	5	57	60	0.94	8.5		610		>450
熟啤酒花	52		14	9				490		0.82	9.0		420		279
皮革粉(除尘器)									(100)			St2			
亚麻(含油)	63		21					300		0.60	1.7		(440)		230
石松子					100	91									280
油页岩粉				99		79	50	20	125	0.52	3.5		520		290

续表

粉尘名称	不同粒径的质量分数/%								粉尘云的着火性和爆炸性					粉尘层	
									1m³ 或 20L 装置			改良型哈特曼	G-G 炉	VDI	DIN
	<粒径(μm)							中位径/μm	LEL/(g/m³)	p_{max}/MPa	K_{max}/(MPa·m/s)	<63μm 爆炸等级	MITC/℃	MIE/mJ	MITL/℃
	500	250	125	71	63	32	20								
油页岩粉				71		50	39	32	不着火				610		>450
草粉	96		26					200	125	0.80	4.7		470		310
核桃壳粉									(100)			St1			
NH_4NO_3-二氰胺(66：34)				60		42	35	50	250	0.70	2.1		390		>450
石墨(99.5%C)					100	97		7	<30	0.59	7.1				680
碳纤维(99%C)									(100)			St1			
二硫化钼				92		75	53	19	250	0.56	3.7	St1	520		320
石油焦				93		75	59	15	125	0.76	4.7	St1	690		280
石油焦			83	51		22	14	71	125	0.38	0.3		750		>450
石油焦			94	86		64	47	22	250	0.68	1.4		>850		>450
红磷				100		92	59	18		0.79	52.6		400		349
煤烟							99	5	60	0.92	8.5		750		590
煤烟(收尘器)								<10	30	0.88	8.8		640		570
硫				97		85	71	12					240	<1	250
硫				96		70	51	20	30	0.68	15.1	St2	280		
硫				86		23		40					330	3	270
硫			53			7		120					370	5	270
碳化钛									(100)			St2			
氧化钛									(200)			St1			
氧化钛									(200)			St2			
飞灰(电除尘)			100		99	92		6	125	0.19	3.5	不着火			
浓缩灰				87		61	48	21	60	0.86	9.1		580		260
斑脱土/沥青/煤/有机物(15：45：35：5)		90			55			54	(100)			St1			
斑脱土/煤(50：50)		98	86		69	41		42	(100)			St1			
斑脱土衍生物+有机物				89		45	23	35	60	0.74	12.3		430		>450
硬脂酸铅钙混合物		98			70			35	(100)			St2			
碎衬垫(磨粉)				98		95	89	<10	250	0.69	7.1		530		310
刷尘(Al尘)				99		74	30	25	30	1.14	36.0		590	<1	450
CaC/联氨/Mg(72：18：10)		99		93		87	80	8	125	0.58	3.0				
沉降室泥浆			99	91		62	45	23	60	0.77	9.6		430		260
磨光尘(Al)			44	26				150		0.50	1.8		440		320
磨光尘(Zn)		60	35		15	2		190	(200)			St1			350
磨光尘(黄铜)									(100)			St1			
研磨铝粉					100	85			(30)	(0.57)	(21.4)	St2			
研磨锌粉					100	67			(500)	(0.23)	(2.4)	St1			
研磨钛粉	89	64	37		18	4		170	(100)			St2			
研磨、磨光聚酯粉				99		96	91	<10					530	<1	>450
喷沙尘(轻金属)					100	82			15	0.76	24.2	St2			280

续表

粉尘名称	不同粒径的质量分数/%								粉尘云的着火性和爆炸性					粉尘层	
									1m³ 或 20L 装置			改良型哈特曼	G-G 炉	VDI	DIN
	<粒径(μm)							中位径/μm	LEL/(g/m³)	p_{max}/MPa	K_{max}/(MPa·m/s)	<63μm 爆炸等级	MITC/℃	MIE/mJ	MITL/℃
	500	250	125	71	63	32	20								
浸入磨光剂	46							600	(30)	0.62	1.1	St1	580		340
纺织纤维（天然＋合成）									(30)			St1			
调色剂							100	<10	60	0.89	19.6			4	熔融
调色剂							100	<10	30	0.87	13.7			<1	熔融
调色剂				100		96	48	21	60	0.88	13.4			<1	熔融
调色剂				100		95	30	23	60	0.88	14.5			8	熔融
调色剂/铁粉				58		37		60	60	0.82	16.9				>450
调色剂树脂				98		78	55	18						<1	>450
硬脂酸锌斑脱土（90：10）									(100)			St2			
硬脂酸锌/斑脱土（20：60）												St1			

注：1. 摘自《工业过程的粉尘爆炸》，耳克霍夫著，1991。

2. 测定最小点火能是用 VDI(德国工程师协会)方法(1987 年)，这种方法是被 IEC 采纳的方法，它与美国矿业局的方法不同，后者所测数值要比前者高很多。

3. 测量粉尘层的最低着火温度是按德国国家标准 DIN，这种方法也被 IEC 采用。此测试方法即测定热板上 5mm 厚粉尘发生炽热时热板的温度。

附表 1-2　粉尘爆炸性测试数据（国内）

序号	粉尘名称	中位径/μm	湿度/%	灰分/%	MITC/℃		LEL/(g/m³)		MIE/mJ	哈特曼		20L		比电阻/(Ω·cm)
					粉尘云	粉尘层	15L	20L		p_{max}/MPa	(dp/dt)/(MPa/s)	p_{max}/MPa	K_{max}/(MPa·m/s)	
1	中国石松子	35.5	4.8	0.9	420	270		20～30	6～10			0.70	12.2	3.9×10^{10}
2	玉米淀粉（抚顺）	15.2	8.5	0.6	420	540		50～60	25～35			0.82	11.5	3.5×10^{10}
3	玉米淀粉	29			420		83		40	0.74	31.8			
4	米粉（东北）	58.2	8.2	1.1	400	400		50～60	27～35			0.78	7.3	9.6×10^{10}
5	米粉	35			400		80		77	0.46	8.9			
6	面粉（东北）	52.7	8	1.2	420	>560		70～80	30～60			0.68	8.0	9.8×10^{9}
7	精粉（东北）	52.2	6.8	0.5	420	500		80～90	30～45			0.63	5.0	1.9×10^{10}
8	小麦粉尘	<40			390				88	4.3	74			
9	亚麻粉尘（哈尔滨）	65.3	4.8	1.2	460	290		60～70	6～9			5.7	8.7	$>10^{12}$
10	棉花（中国）		12.9	4.3		350		40～50				5.6	15	
11	硅钙粉（59%、28%）	12.4	0.04		560		53	60	2～5	6.0	554	8.4	19.8	
12	铝粉	13.5							2～6	5.9	450			

续表

序号	粉尘名称	中位径/μm	湿度/%	灰分/%	MITC/℃		LEL/(g/m³)		MIE/mJ	哈特曼		20L		比电阻/(Ω·cm)
					粉尘云	粉尘层	15L	20L		p_{max}/MPa	(dp/dt)/(MPa/s)	p_{max}/MPa	K_{max}/(MPa·m/s)	
13	烟煤粉(挥发分28%)	<63			620	239	33		>380	2.5	67			
14	烟煤(挥发分29%)	16.4			600	240		30～40				8.0	14.9	
15	褐煤(挥发分43%)	17.5			600	240		40～50				7.5	14.5	
16	无烟煤(挥发分11%)	13.8			860	340								

附表 1-3 工贸行业重点可燃性粉尘目录（2015 版）

序号	名称	中位径/μm	爆炸下限/(g/m³)	最小点火能/mJ	最大爆炸压力/MPa	爆炸指数/(MPa·m/s)	粉尘云引燃温度/℃	粉尘层引燃温度/℃	爆炸危险性级别
一、金属制品加工									
1	镁粉	6	25	<2	1	35.9	480	>450	高
2	铝粉	23	60	29	1.24	62	560	>450	高
3	铝铁合金粉	23			1.06	19.3	820	>450	高
4	钙铝合金粉	22			1.12	42	600	>450	高
5	铜硅合金粉	24	250		1	13.4	690	305	高
6	硅粉	21	125	250	1.08	13.5	>850	>450	高
7	锌粉	31	400	>1000	0.81	3.4	510	>400	较高
8	钛粉						375	290	较高
9	镁合金粉	21		35	0.99	26.7	560	>450	较高
10	硅铁合金粉	17		210	0.94	16.9	670	>450	较高
二、农副产品加工									
11	玉米淀粉	15	60		1.01	16.9	460	435	高
12	大米淀粉	18		90	1	19	530	420	高
13	小麦淀粉	27			1	13.5	520	>450	高
14	果糖粉	150	60	<1	0.9	10.2	430	熔化	高
15	果胶酶粉	34	60	180	1.06	17.7	510	>450	高
16	土豆淀粉	33	60		0.86	9.1	530	570	较高
17	小麦粉	56	60	400	0.74	4.2	470	>450	较高
18	大豆粉	28			0.9	11.7	500	450	较高
19	大米粉	<63	60		0.74	5.7	360		较高
20	奶粉	235	60	80	0.82	7.5	450	320	较高
21	乳糖粉	34	60	54	0.76	3.5	450	>450	较高
22	饲料	76	60	250	0.67	2.8	450	350	较高
23	鱼骨粉	320	125		0.7	3.5	530		较高
24	血粉	46	60		0.86	11.5	650	>450	较高
25	烟叶粉尘	49			0.48	1.2	470	280	一般
三、木制品/纸制品加工									
26	木粉	62		7	1.05	19.2	480	310	高
27	纸浆粉	45	60		1	9.2	520	410	高

续表

序号	名称	中位径/μm	爆炸下限/(g/m³)	最小点火能/mJ	最大爆炸压力/MPa	爆炸指数/(MPa·m/s)	粉尘云引燃温度/℃	粉尘层引燃温度/℃	爆炸危险性级别
四、纺织品加工									
28	聚酯纤维	9			1.05	16.2			高
29	甲基纤维	37	30	29	1.01	20.9	410	450	高
30	亚麻	300			0.6	1.7	440	230	较高
31	棉花	44	100		0.72	2.4	560	350	较高
五、橡胶和塑料制品加工									
32	树脂粉	57	60		1.05	17.2	470	>450	高
33	橡胶粉	80	30	13	0.85	13.8	500	230	较高
六、冶金/有色/建材行业煤粉制备									
34	褐煤粉尘	32	60		1	15.1	380	225	高
35	褐煤/无烟煤(80∶20)粉尘	40	60	>4000	0.86	10.8	440	230	较高
七、其他									
36	硫黄	20	30	3	0.68	15.1	280		高
37	过氧化物	24	250		1.12	7.3	>850	380	高
38	染料	<10	60		1.1	28.8	480	熔化	高
39	静电粉末涂料	17.3	70	3.5	0.65	8.6	480	>400	高
40	调色剂	23	60	8	0.88	14.5	530	熔化	高
41	萘	95	15	<1	0.85	17.8	660	>450	高
42	弱防腐剂	<15			1	31			高
43	硬脂酸铅	15	60	3	0.91	11.1	600	>450	高
44	硬脂酸钙	<10	30	16	0.92	9.9	580	>450	较高
45	乳化剂	71	30	17	0.96	16.7	430	390	较高

注："其他"类中所列粉尘主要为工贸行业企业生产过程中使用的辅助原料、添加剂等，需结合工艺特点、用量大小等情况，综合评估爆炸风险。

附表 1-4　可燃性粉尘极限氧含量（以 N_2 或 CO_2 稀释）

粉尘	极限氧浓度氮气/空气(摩尔分数)/%	极限氧浓度二氧化碳/空气(摩尔分数)/%
农业		
咖啡		17
玉米粉		11
糊精	11	14
豆粉		15
淀粉		12
蔗糖	10	14
化学		
乙烯二氨四醋酸		13
靛红酸酐		13
甲硫氨酸(蛋氨酸)		15
呋喃唑酮(痢特灵)		19
硫化二苯胺(吩噻嗪)		17
五硫化二磷		12
水杨酸	15	17
木质素磺酸钠		17
硬脂酸和硬脂酸金属盐	10.6	13

续表

粉尘	极限氧浓度氮气/空气(摩尔分数)/%	极限氧浓度二氧化碳/空气(摩尔分数)/%
	碳	
木炭		17
烟煤		17
次烟煤		15
褐煤		15
	金属	
铝	5	2
锑		16
铬		14
铁		10
镁	0	0
锰		14
硅	11	12
钍	2	0
钛	4	0
铀	1	0
钒	14	
锌	9	10
锆	0	0
	杂物	
纤维素		13
纸		13
沥青		11
污水污泥		14
硫黄		12
木屑		16
	塑胶成分	
壬二酸(杜鹃花酸)		14
双酚 A		12
干酪素,凝乳酵素		17
环六亚甲基四胺	13	14
间苯二酸		14
多聚甲醛	8	12
季戊四醇	13	14
邻苯二甲酸酐		14
对苯二甲酸		15
	塑胶-特殊树脂	
苯并呋喃-茚树脂(古马隆树脂)		14
木质素		17
氯代苯酚		16
松木渣		13
松脂,DK		14
硬脂橡胶		15
虫胶		14
树脂酸钠	13	14

续表

粉尘	极限氧浓度氮气/空气(摩尔分数)/%	极限氧浓度二氧化碳/空气(摩尔分数)/%
塑胶-热塑性树脂		
乙缩醛		11
丙烯腈		13
羧甲基纤维素		16
纤维素醋酸酯	9	11
纤维三醋酸酯		12
纤维素醋酸丁酸酯		14
乙基纤维素		11
甲基纤维素		13
甲基丙烯酸甲酯		11
尼龙		13
聚碳酸酯		15
聚乙烯		12
聚苯乙烯		14
聚醋酸乙烯酯		17
聚乙烯基丁醛		14
塑胶-热固性树脂		
烯丙醇		13
间苯二甲酸二甲酯		13
对苯二甲酸二甲酯		12
环氧树脂		12
三聚氰胺甲醛树脂		15
聚对苯二甲酸乙二酯(聚酯合成纤维)		13
脲-甲醛塑料(尿素甲醛)		16

附表 1-5 可燃性粉尘极限氧含量（以 N_2 稀释）

粉尘	质量平均粒径/μm	极限氧浓度氮气/空气(摩尔分数)/%
纤维素塑料材料		
纤维素	22	9
纤维素	51	11
木屑	27	10
食物和饲料		
豌豆粉	25	15
玉米粉	17	17
麦芽酒糟	25	11
黑麦粉	29	13
淀粉衍生物	24	14
小麦粉	60	11
煤		
褐煤	42	12
褐煤	63	12
褐煤	66	12
褐煤	51	15
烟煤	17	14

续表

粉尘	质量平均粒径/μm	极限氧浓度氮气/空气(摩尔分数)/%
塑料,树脂,橡胶		
树脂	<63	10
橡胶粉	95	11
聚丙烯腈纤维	26	10
高压聚乙烯(polyethylene,h,p.)	26	10
药物,农药		
氨基比林	<10	9
蛋氨酸	<10	12
中间产物,添加剂		
硬脂酸钡	<63	13
过氧化苯甲酰	59	10
双酚 A	34	9
月桂酸镉	<63	14
硬脂酸镉	<63	12
硬脂酸钙	<63	12
甲基纤维素	70	10
对苯二甲酸二甲酯	27	9
二茂铁	95	7
六甲基硅脲	65	9
萘酐	16	12
2-萘酚	<30	9
多聚甲醛	23	6
季戊四醇	<10	11
金属,合金		
铝	22	5
钙/铝合金	22	6
镁硅铁合金	17	7
硅铁合金	21	12
镁合金	21	3
其他无机产物		
煤灰	<10	12
煤灰	13	12
煤灰	16	12
其他		
膨润土衍生物	43	12

附表 1-6 氮气惰化可燃粉尘极限氧含量

可燃粉尘		中粒径值/μm	氮气惰化极限氧浓度 LOC(体积分数)/%
纤维材料	纤维素	22	9
	纤维素	51	11
	木粉	27	10
食品和饲料	豆粉	25	15
	玉米淀粉	17	9
	发芽大麦废料	25	11
	黑麦粉	29	13
	淀粉衍生物	24	14
	小麦粉	60	11

续表

可燃粉尘		中粒径值/μm	氮气惰化极限氧浓度 LOC(体积分数)/%
煤粉	褐煤	42	12
	褐煤	63	12
	褐煤	66	12
	褐煤粉	51	15
	烟煤	17	14
塑料、树脂、橡胶	树脂	<63	10
	橡胶粉	95	11
	聚丙烯腈	26	10
	聚乙烯	26	10
医药品、杀虫剂	氨基比林	<10	9
	蛋氨酸	<10	12
中间产品、添加剂	硬脂酸钡	<63	13
	过氧化苯甲酰	59	10
	双酚 A	34	9
	月桂酸镉	<63	14
	硬脂酸镉	<63	12
	硬脂酸钙	<63	12
	甲基纤维素	70	10
	对苯二甲酸二甲酯	27	9
	二茂铁	95	7
	双(三甲基硅基)三氟乙酰胺	65	9
	萘酸酐	16	12
	2-萘酚	<30	9
	多聚甲醛	23	6
	季戊四醇	<10	11
金属粉、合金粉	铝粉	22	5
	钙铝合金	22	6
	镁硅铁合金	17	7
	硅铁合金	21	12
	镁合金	21	3
其他无机产品	烟灰	<10	12
	烟灰	13	12
	烟灰	16	12
其他	膨润土衍生物	43	12

附表 1-7 常见粉尘的最小点火能量

粉尘	最小点火能/mJ	粉尘	最小点火能/mJ
干玉米淀粉	4.5	石松子粉	6
大麦蛋白质粉	13	大麦淀粉	18
大米粉	30	亚麻粉	6
大麦纤维	47	玉米淀粉(湿度 100%)	27
甲基纤维素	12	萘二甲酐	3
萘	1	2-苯酚	5
木尘	7	纸屑	3
黄麻	3	树脂	3
橡胶粉	13	奶粉	75
褐煤粉	160	硫	1
烟煤粉	380	铝粉	2
硅钙粉	2	铁硅镁粉	210
煤粉	40	钛粉	10

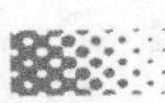

续表

粉尘	最小点火能/mJ	粉尘	最小点火能/mJ
聚乙烯	10	聚苯乙烯	15
聚丙烯	25	聚丙烯腈	20
聚丙烯酰胺	30	聚碳酸酯	30
聚氨酯	15	酚醛树脂	10
尼龙	20	棉纤维	25

附表 1-8　常用物质的电阻率

名称	电阻率/(Ω·cm)	名称	电阻率/(Ω·cm)
硅漆	$10^{16}\sim10^{17}$	绝缘纸	$10^{9}\sim10^{12}$
沥青	$10^{15}\sim10^{17}$	尼龙布	$10^{11}\sim10^{13}$
石蜡	$10^{16}\sim10^{19}$	油毡	$10^{8}\sim10^{12}$
人造蜡	$10^{13}\sim10^{16}$	干燥木材	$10^{10}\sim10^{14}$
凡士林	$10^{11}\sim10^{15}$	导电橡胶	$2\times10^{2}\sim2\times10^{3}$
木棉	10^{9}	天然橡胶	$10^{14}\sim10^{17}$
羊毛	$10^{9}\sim10^{11}$	硬橡胶	$10^{15}\sim10^{18}$
丙烯纤维	$10^{10}\sim10^{12}$	氯化橡胶	$10^{13}\sim10^{15}$
绝缘化合物	$10^{11}\sim10^{15}$	聚乙烯	$>10^{18}$
纸	$10^{5}\sim10^{10}$	聚苯乙烯	$10^{16}\sim10^{17}$
聚四氟乙烯	$10^{16}\sim10^{19}$	聚酯树脂	$10^{12}\sim10^{15}$
糠醛树脂	$10^{10}\sim10^{13}$	丙烯树脂	$10^{14}\sim10^{17}$
酚醛树脂	$10^{12}\sim10^{14}$	环氧树脂	$10^{16}\sim10^{17}$
尿素树脂	$10^{10}\sim10^{14}$	钠玻璃	$10^{8}\sim10^{15}$
聚硅氧烷树脂	$10^{11}\sim10^{13}$	云母	$10^{13}\sim10^{15}$
密胺树脂	$10^{12}\sim10^{14}$	琥珀	10^{18}

参考文献

[1] 中华人民共和国劳动部职业安全卫生与锅炉压力容器监察局．工业防爆实用技术手册[M]. 沈阳：辽宁科学技术出版社，1996.

[2] 靳江红，王晓冬，庞磊．电气防爆技术[M]. 北京：化学工业出版社，2016.

[3] 毕明树，杨国刚．气体和粉尘爆炸防治工程学[M]. 北京：化学工业出版社，2012.

[4] 爆炸性环境 第 1 部分：设备通用要求．GB/T 3836.1—2021[S].

[5] 爆炸性环境 第 4 部分：由本质安全型“i”保护的设备．GB/T 3836.4—2021[S].

[6] 爆炸性环境 第 5 部分：由正压外壳“p”保护的设备．GB/T 3836.5—2021[S].

[7] 爆炸性环境 第 9 部分：由浇封型“m”保护的设备．GB/T 3836.9—2021[S].

[8] 爆炸性环境 第 12 部分：可燃性粉尘物质特性 试验方法．GB/T 3836.12—2019[S].

[9] 爆炸性环境 第 15 部分：电气装置的设计、选型和安装．GB/T 3836.15—2017[S].

[10] 爆炸性环境 第 26 部分：静电危害 指南．GB/T 3836.26—2019[S].

[11] 爆炸性环境 第 27 部分：静电危害 试验．GB/T 3836.27—2019[S].

[12] 爆炸性环境 第 28 部分：爆炸性环境用非电气设备 基本方法和要求．GB/T 3836.28—2021[S].

[13] 爆炸性环境 第 29 部分：爆炸性环境用非电气设备 结构安全型“c”、控制点燃源型“b”、液浸型“k”．GB/T 3836.29—2021[S].

[14] 爆炸性环境 第 31 部分：由防粉尘点燃外壳“t”保护的设备．GB/T 3836.31—2021[S].

[15] 爆炸性环境 第 35 部分：爆炸性粉尘环境场所分类．GB/T 3836.35—2021[S].

[16] 工贸企业粉尘防爆安全规定[Z]. 应急管理部第 6 号令 2021.

[17] 工贸行业重大生产安全事故隐患判定标准（2017 版）[Z]. 安监总管四〔2017〕129 号,2017.

[18] 工贸行业重点可燃性粉尘目录（2015 版）[Z]. 安监总厅管四〔2015〕84 号,2015.

[19] 粉尘防爆安全规程．GB 15577—2018[S].

[20] 粉尘爆炸泄压指南．GB/T 15605—2008[S].

[21] 耐爆炸设备．GB/T 24626—2009[S].

[22] 监控式抑爆装置技术要求．GB/T 18154—2000[S].

[23] 抑制爆炸系统．GB/T 25445—2010[S].

[24] 建筑设计防火规范（2018 年版）．GB 50016—2014[S].

[25] 排风罩的分类及技术条件．GB/T 16758—2008[S].

[26] 工业建筑供暖通风与空气调节设计规范．GB 50019—2015[S].

[27] 防止静电事故通用导则．GB 12158—2006[S].

[28] 建筑物防雷设计规范．GB 50057—2010[S].

[29] 粉尘爆炸危险场所用收尘器防爆导则．GB/T 17919—2008[S].

[30] 粮食加工、储运系统粉尘防爆安全规程．GB 17440—2008[S].

[31] 烟草加工系统粉尘防爆安全规程．GB 18245—2000[S].

[32] 饲料加工系统粉尘防爆安全规程．GB 19081—2008[S].

[33] 亚麻纤维加工系统粉尘防爆安全规程．GB 19881—2005[S].

[34] 纺织工业粉尘防爆安全规程．GB 32276—2015[S].

[35] 涂装作业安全规程粉末静电喷涂工艺安全．GB 15607—2008[S].

[36] 木工(材)车间安全生产通则．GB 15606—2008[S].

[37] 铝镁粉加工粉尘防爆安全规程 . GB 17269—2003[S].

[38] 爆炸危险环境电力装置设计规范 . GB 50058—2014[S].

[39] 爆炸性环境爆炸预防和防护 第 1 部分：基本原则和方法 . GB/T 25285. 1—2021[S].

[40] 粉尘爆炸危险场所用除尘系统安全技术规范 . AQ 4273—2016[S].

[41] 危险场所电气防爆安全规范 . AQ 3009--2007[S].

[42] 粉尘防爆安全管理 . DB11/T 1827—2021.

[43] 靳江红，李鑫磊，王庆 . 粉尘爆炸风险评估方法及应用研究 [J] . 中国安全科学学报，2019，29(7)：164-169.